机器人工作站
三维仿真设计

普通高等学校新工科校企共建智能制造相关专业系列教材

机器人工作站

三维仿真设计

主　编　梅志敏　张　融
　　　　李　硕
副主编　李家伟　陈　艳
　　　　陈　鑫　熊颖清

華中科技大學出版社
http://www.hustp.com
中国·武汉

内 容 简 介

本书以 SolidWorks 为设计平台，介绍了 7 个机器人相关工作站的三维设计与仿真项目。

项目一介绍 SolidWorks 的基本概况，包括软件安装、界面认知和各功能块的使用等，项目二介绍二维草图的绘制，项目三介绍工业机器人本体建模的思路、原理和步骤，项目四在项目三基础上对机器人本体进行装配，项目五介绍了机器人末端工具的设计与安装，项目六以前期机器人本体为载体，介绍了外围工作站的设计方法和过程，项目七介绍了工业机器人的运动仿真。各章节要素齐全、逻辑清晰、内容充实。

本书适合普通本科机器人工程、智能制造工程、自动化、机械电子工程、电气及其自动化工程等相关专业学生作为教材使用，也可供高等职业院校工业机器人技术、机电一体化技术等专业师生学习，还可供从事工业机器人应用开发、调试与现场维护的工程师阅读参考。

图书在版编目(CIP)数据

机器人工作站三维仿真设计/梅志敏，张融，李硕主编. —武汉：华中科技大学出版社，2021. 6

ISBN 978-7-5680-7269-4

Ⅰ. ①机… Ⅱ. ①梅… ②张… ③李… Ⅲ. ①工业机器人-工作站-三维-仿真设计 Ⅳ. ①TP242. 2

中国版本图书馆 CIP 数据核字(2021)第 122165 号

机器人工作站三维仿真设计

Jiqiren Gongzuozhan Sanwei Fangzhen Sheji

梅志敏　张融　李硕　主编

策划编辑：袁　冲

责任编辑：史永霞

封面设计：孢　子

责任监印：朱　玢

出版发行：华中科技大学出版社（中国·武汉）　电话：(027)81321913

武汉市东湖新技术开发区华工科技园　邮编：430223

录　　排：武汉蓝色匠心图文设计有限公司

印　　刷：武汉市籍缘印刷厂

开　　本：787mm×1092mm　1/16

印　　张：18　插页：2

字　　数：484 千字

版　　次：2021 年 6 月第 1 版第 1 次印刷

定　　价：49.00 元

前言 QIANYAN

近年来，随着中国制造2025和德国工业4.0战略稳步推进，我国机器人技术产业如雨后春笋般呈现爆发式增长，推动了工业产业智能升级和制造业高质量发展的进程，已成为全球新一轮科技和产业革命的重要切入点。同时，随着每年高等教育“新工科”专业的设立，机器人相关专业课程建设也迎来良好契机，不仅包括机器人工程、智能制造工程和机械工程等本科专业，还包括工业机器人技术和智能制造技术等专科专业。本书正是在此背景下组织编写的，极大地改善了高校开展机器人及应用生产线的设计参考资料的资源库，服务各相关专业制定合适的机器人人才培养方案和学科建设规划。

本书共包括7个机器人相关工作站三维设计与仿真项目，项目一介绍SolidWorks的基本概况，包括软件安装、界面认知和各功能块的使用等，项目二介绍二维草图的绘制，项目三介绍工业机器人本体建模的思路、原理和步骤，项目四在项目三基础上对机器人本体进行装配，项目五介绍了机器人末端工具的设计与安装，项目六以前期机器人本体为载体，介绍了外围工作站的设计方法和过程，项目七介绍了工业机器人的运动仿真。各章节要素齐全、逻辑清晰、内容充实。

本书获得了武昌工学院的教材立项，其主要特色如下：

(1)理实虚一体化，知行合一。通过本书的学习，学生不仅可以把机器人技术理论中抽象的工业场景转化为三维实体，在真实的机器人设计平台中进行设计，而且可以在虚拟的SolidWorks环境中，利用3D结构的物理仿真和3D可视化窗口观察设计效果。这样的设计方式能够激发学生的兴趣，培养学生理论联系实际的能力，为在“新工科”背景下提高机器人工程人才质量奠定基础。

(2)采用SolidWorks模块化的建模方式，设计的结构具有很强的通用性。本书引导学生在解决一个复杂系统问题时，自外向内逐层把系统结构划分成若干模块，每个模块实现一个特定的设计功能，所有的模块按某种方法组装起来，成为一个机器人整体。

(3)本书中的设计大部分按照机器人设计原理、设计内容、注意事项的结构进行编写，每个设计均提供结构设计和仿真设计多个SolidWorks模型。结构设计要求学生将理论转化为SolidWorks指令，仿真设计以小组为单位，将仿真设计的程序移植到平台上，对比设计结果。学生可直接在电子版的设计报告上填写设计过程的实现和设计结果的分析等相关内容。

(4)遵循“阶梯式”的创新人才培养模式。本书中的设计由浅到深，从机器人基础草图的设计、机器人本体结构设计、机器人工作站系统设计到机器人系统仿真，逐渐深化知识体系、固化学习效果，不断激发学习热情，充实学习者的获得感。

本书由武昌工学院梅志敏、张融和武昌首义学院李硕担任主编，由武昌工学院李家伟、文华学院陈艳、武汉商学院陈鑫和武汉东湖学院熊颖清担任副主编。其中，项目一由梅志敏编写，项目二由张融编写，项目三由李硕编写，项目四由陈艳编写，项目五由陈鑫编写，项目六由熊颖清编写，项目七由舒慧编写。他们都来自机器人专业教学一线，具有丰富的机器人工作站应用经验。本书结合其所从事的教学与多年行业工作经验，借鉴国内外同行最新研究成果，为满足新时期应用型本科教育机器人专业教学改革与发展的具体要求而编写。

本书配有 PPT、机器人相关设计的源文件、习题等资源，以二维码形式供读者参考学习。

本书适合作为机器人相关专业的教材，也可供机器人技术应用岗位的工程技术人员参考。

本书在编写过程中获得了各兄弟院校（编委会成员所在院校）的大力支持，在此一并致谢。

由于时间有限，书中难免存在不足之处，请广大读者批评指正。

编者

2021 年 6 月

目录 MULU

项目一

SolidWorks 与工业机器人

近年来，信息化、智能化技术逐步应用于各行各业，对先进制造业的提质增效起到了举足轻重的作用，同时，机器人技术与装备在智能制造业的应用步伐逐步加快，推动了中国制造 2025 和智能制造业的向好发展。然而，这些新技术、新装备的快速投产，急需高效的设计产能与其配套，SolidWorks 具有较好的兼容性与设计灵活性，是机器人工作站集成设计行业的首选平台。本章将从 SolidWorks 平台及其与工业机器人的密切联系进行介绍，让读者充分了解学习 SolidWorks 对机器人系统工作站集成设计岗位的重要性。

1.1 SolidWorks 介绍

1.1.1 SolidWorks 软件的认识

SolidWorks 公司成立于 1993 年，总部位于马萨诸塞州的康克尔郡（Concord, Massachusetts）内。从 1995 年推出第一套 SolidWorks 三维机械设计软件至 2010 年，已经拥有位于全球的办事处，并经由 300 家经销商在全球 140 个国家进行销售与分销该产品。1997 年，SolidWorks 被法国达索系统（Dassault Systemes）公司收购，作为达索中端主流市场的主打品牌。

SolidWorks 软件是世界上第一个基于 Windows 开发的三维 CAD 系统。由于技术创新符合 CAD 技术的发展潮流和趋势，SolidWorks 公司于两年间成为 CAD/CAM 产业中获利最高的公司。良好的财务状况和用户支持使得 SolidWorks 每年都有数十乃至数百项的技术创新，公司也获得了很多荣誉。SolidWorks 在 1995—1999 年获得全球微机平台 CAD 系统评比第一名；从 1995 年至今，已经累计获得十七项国际大奖，其中仅从 1999 年起，美国权威的 CAD 专业杂志 CADENCE 连续 4 年授予 SolidWorks 最佳编辑奖，以表彰 SolidWorks 的创新、活力和简明。至此，SolidWorks 所遵循的易用、稳定和创新三大原则得到了全面的落实和证明，使用它，设计师能大大缩短设计时间。

由于 SolidWorks 出色的技术和市场表现，在 1997 年法国达索系统公司以三亿一千万美元的高额市值将 SolidWorks 全资并购。公司原来的风险投资商和股东，以一千三百万美元的风险投资，获得了高额的回报，创造了 CAD 行业的世界纪录。并购后的 SolidWorks 以原来的品牌和管理技术队伍继续独立运作，成为 CAD 行业一家高素质的专业化公司，SolidWorks 三维机械设计软件也成为达索最具竞争力的 CAD 产品。

由于使用了 Windows OLE 技术、直观式设计技术、先进的 Parasolid 内核以及良好的与第三方软件的集成技术，SolidWorks 成为全球装机量最大、最好用的软件。有资料显示，目前全球发放的 SolidWorks 软件使用许可约 28 万份，涉及航空航天、机车、食品、机械、国防、交通、模具、电子通信、医疗器械、娱乐工业、日用品/消费品、离散制造等分布于全球 100 多个国家的约 3.1 万家企业。在教育市场上，每年来自全球 4300 所教育机构的近 145 000 名学生通过 SolidWorks 的培训课程。国内外一批著名学府也在应用 SolidWorks 进行教学。

据世界上著名的人才网站检索，与其他 3D CAD 系统相比，与 SolidWorks 相关的招聘广告比其他软件的总和还要多，这比较客观地说明了越来越多的工程师使用 SolidWorks，越来越多的企业雇用 SolidWorks 人才。据统计，全世界用户每年使用 SolidWorks 的时间已达 5500 万小时。

1.1.2 SolidWorks 软件的安装

1. 计算机硬件要求

(1)CPU 芯片：一般要求 Pentium 3 以上，推荐使用 Intel 公司生产的“酷睿”系列双核以上的芯片。

(2)内存：一般要求 2GB 以上。如果要装配大型部件或产品，进行结构、运动仿真分析或产生数控加工程序，则建议使用 8GB 以上的内存。

(3)显卡：一般要求支持 OpenGL 的 3D 显卡，分辨率为 1024×768 以上，推荐使用 64MB 以上的显卡。如果显卡性能太低，打开软件后，其会自动退出。

(4)网卡：以太网卡。

(5)硬盘：安装 NX 软件系统的基本模块，需要 8GB 左右的硬盘空间，考虑到软件启动后虚拟内存及获取联机帮助的需要，建议在硬盘上准备 10GB 以上的空间。

(6)鼠标：强烈建议使用三键(带滚轮)鼠标，如果使用二键鼠标或不带滚轮的三键鼠标，会极大地影响工作效率。

(7)显示器：一般要求使用 15in 以上显示器。

(8)键盘：标准键盘。

2. SolidWorks 软件安装步骤

(1)如图 1-1 所示，在 SolidWorks 安装文件上右击，在右键菜单中单击“打开”。

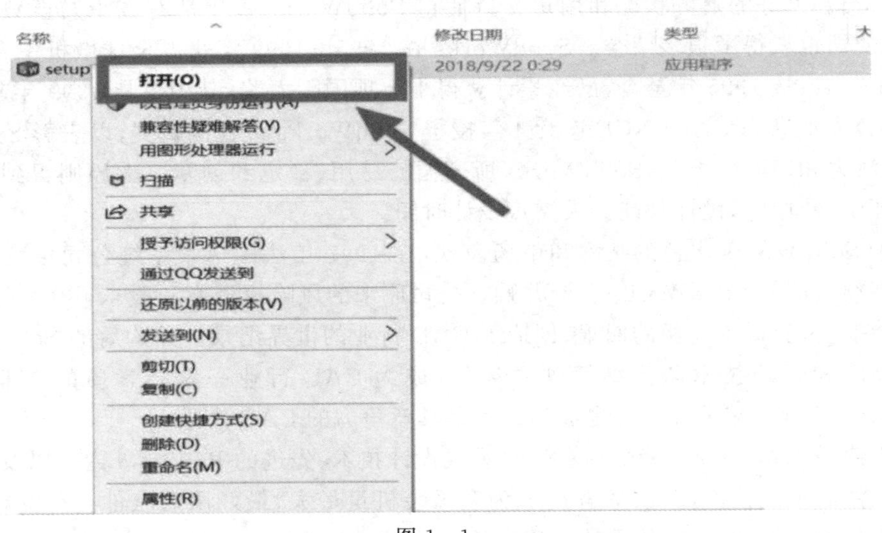

图 1-1

(2)如图 1-2 所示，进入 SolidWorks 欢迎界面，单击“下一步”进行安装。

图 1-2

(3)如图 1-3 所示，勾选需要安装的产品（SolidWorks 产品众多，尽量只选择自己需要的产品），然后单击“下一步”。

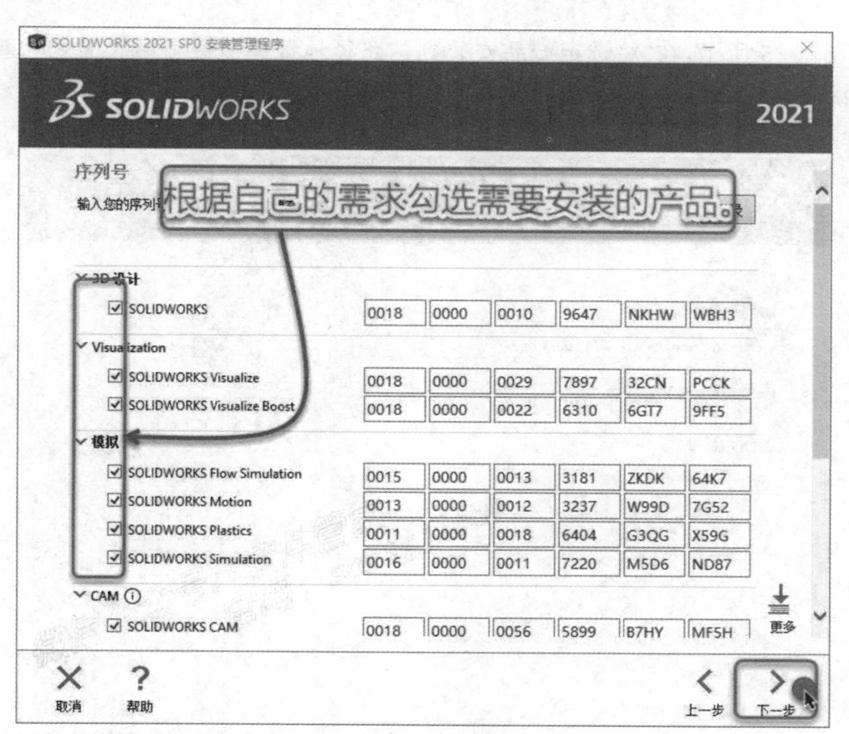

图 1-3

(4)如图 1-4 所示，单击“安装位置”后的“更改”。

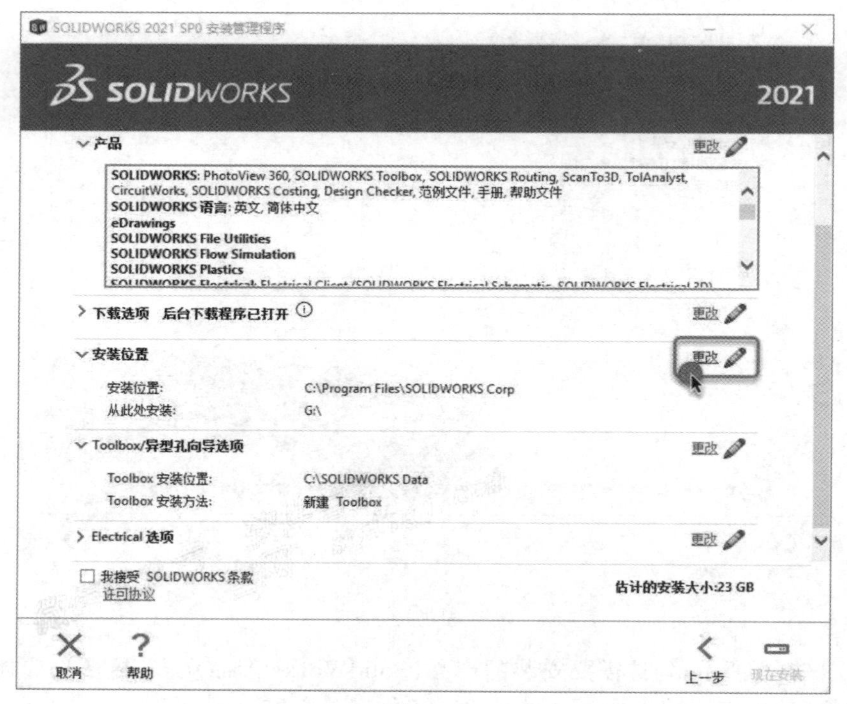

图 1－4

（5）如图 1－5 所示，在“将选定产品安装到：”路径地址中更改安装位置（这里将 C 改为 D，表示安装到 D 盘，建议不要安装到 C 盘），然后单击“返回到摘要”。

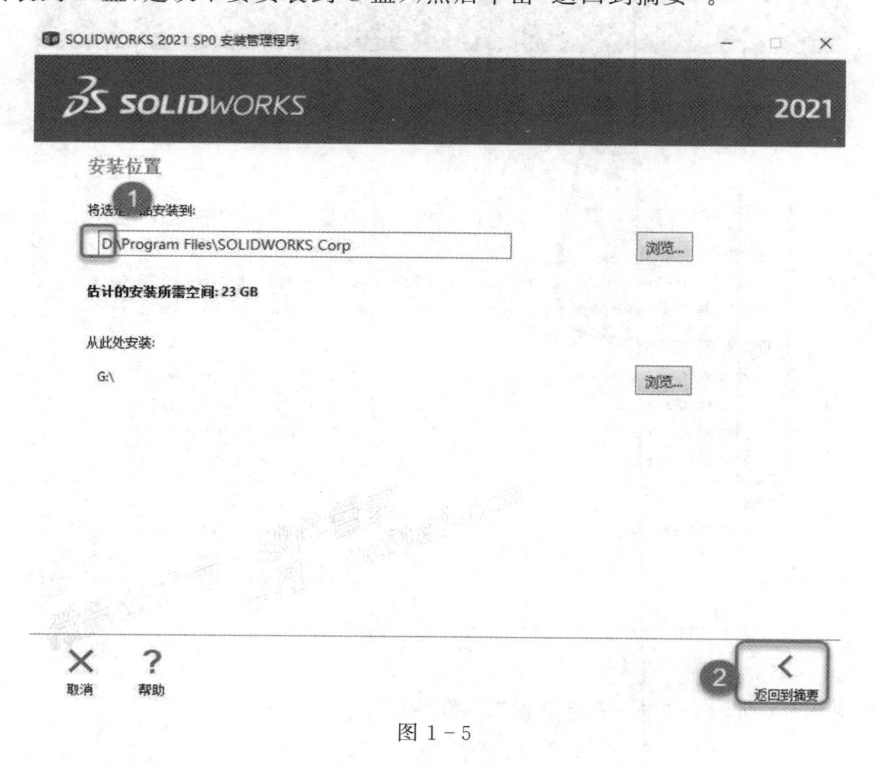

图 1－5

(6)如图 1-6 所示,单击"Toolbox/异型孔向导选项"后的"更改"。

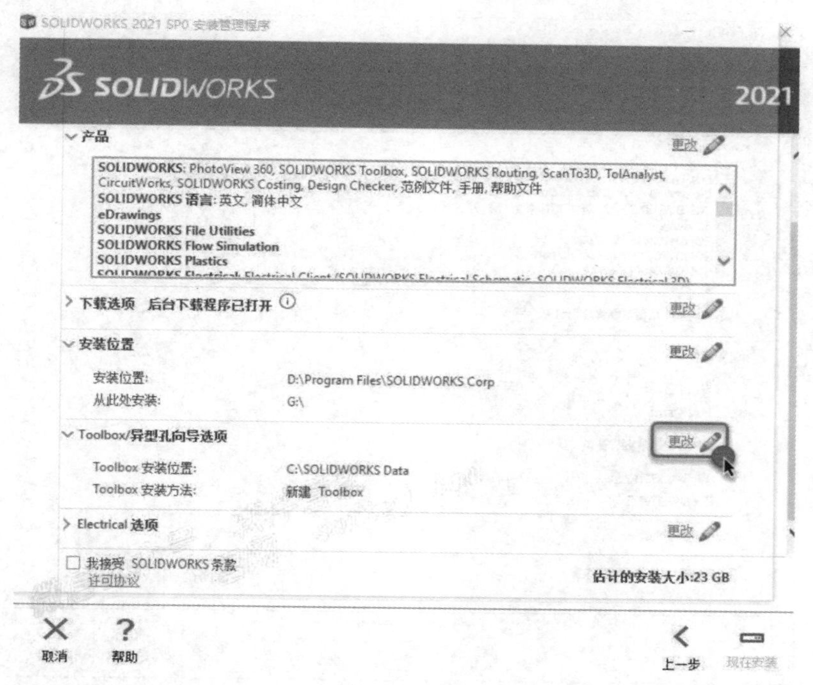

图 1-6

(7)如图 1-7 所示,更改"创建新的 SOLIDWORKS 2021 Toolbox:"路径地址中的安装位置(这里将 C 改为 D,表示安装到 D 盘,建议不要安装到 C 盘),然后单击"返回到摘要"。

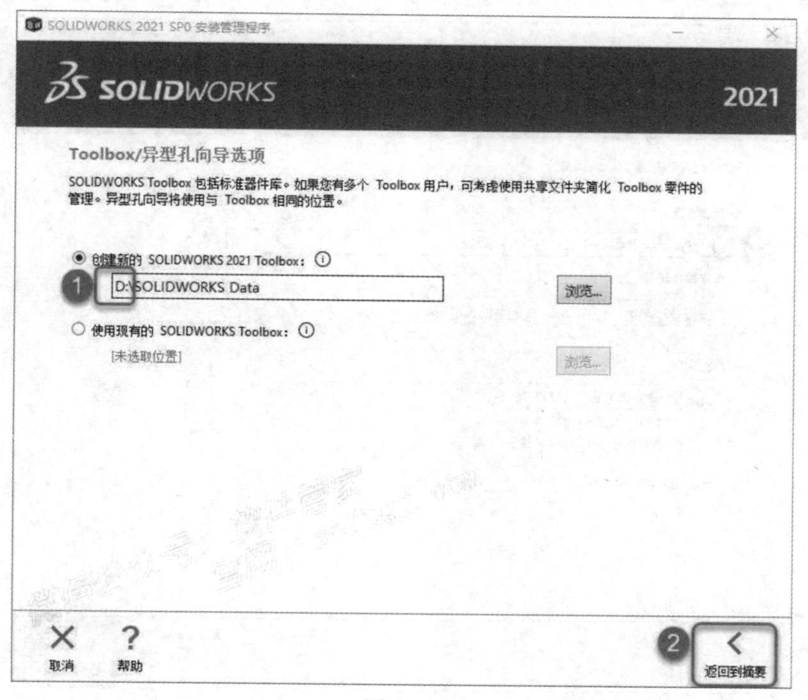

图 1-7

(8)如图 1－8 所示，单击“Electrical 选项”后的“更改”。

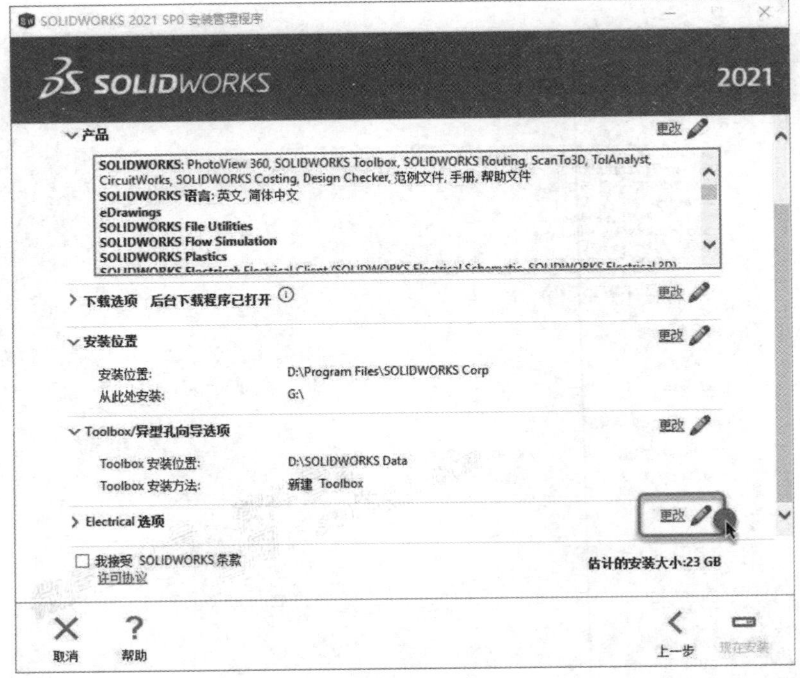

图 1－8

(9)如图 1－9 所示，更改“数据位置”路径地址中的安装位置(这里将 C 改为 D，表示安装到 D 盘，建议不要安装到 C 盘)，然后单击“返回到摘要”。

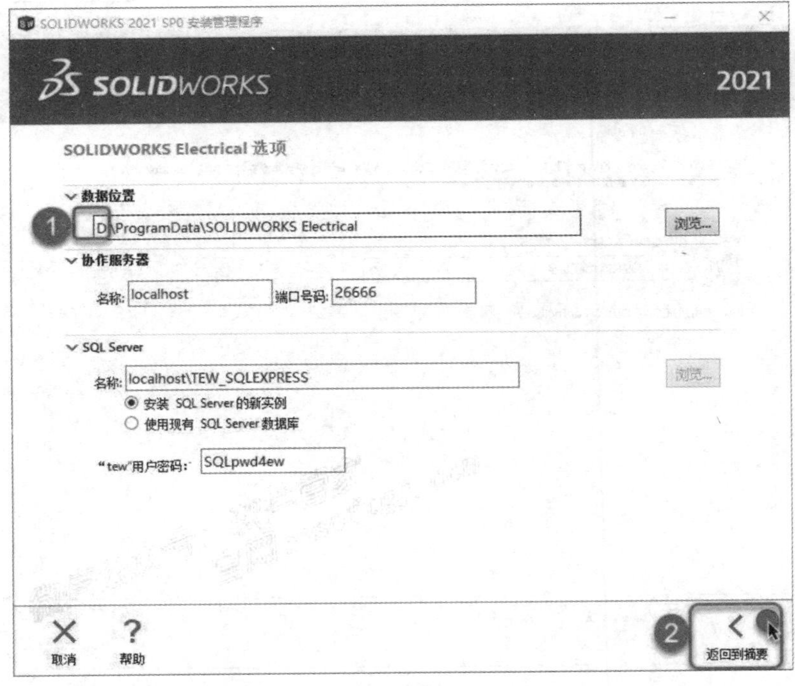

图 1－9

(10)如图 1－10 所示,勾选“我接受 SOLIDWORKS 条款”后,单击“现在安装”。

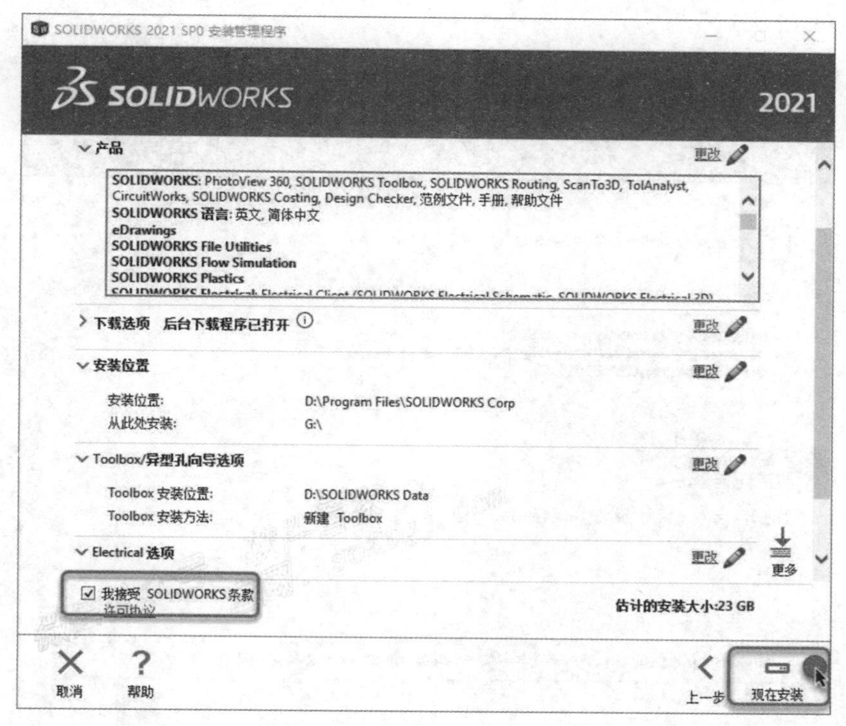

图 1－10

(11)如图 1－11 所示,软件正在安装。

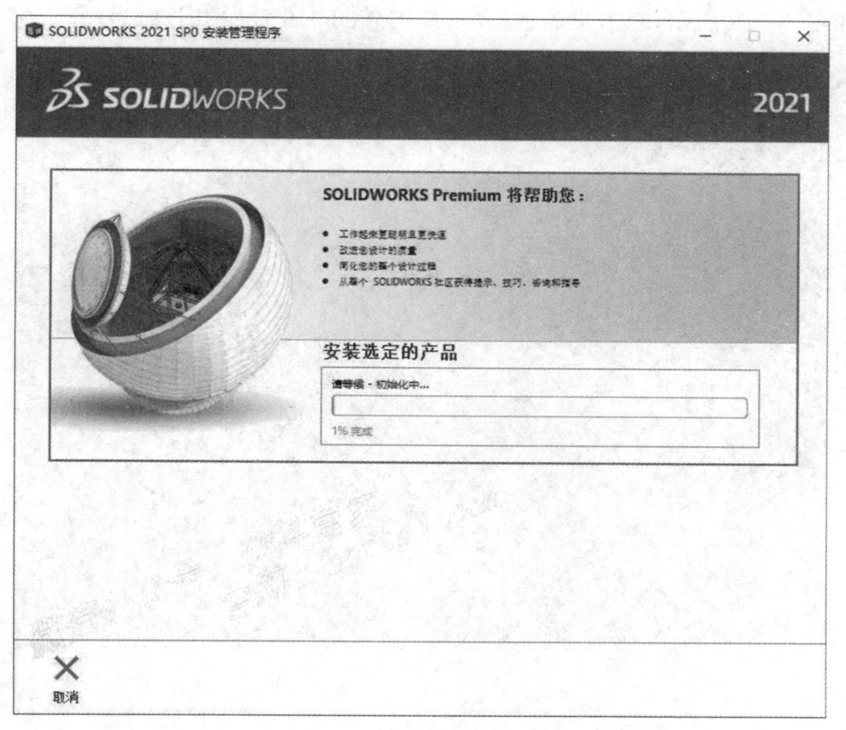

图 1－11

(12)如图 1－12 所示，取消勾选“为我显示 SOLIDWORKS 2021 中的新增功能”，选择“不，谢谢”，单击“完成”。

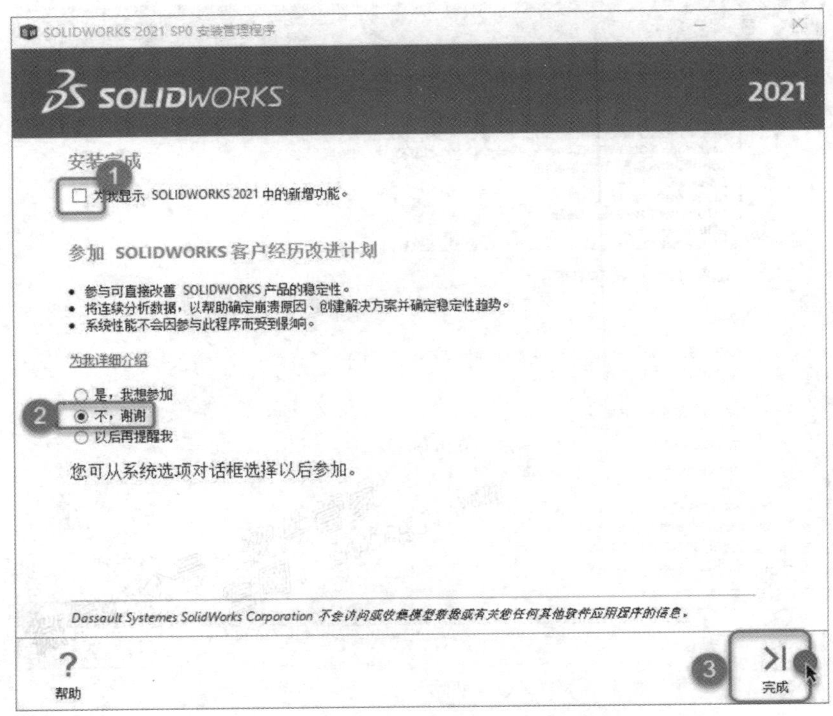

图 1－12

(13)如图 1－13 所示，双击桌面上的“SOLIDWORKS 2021”图标，启动软件。

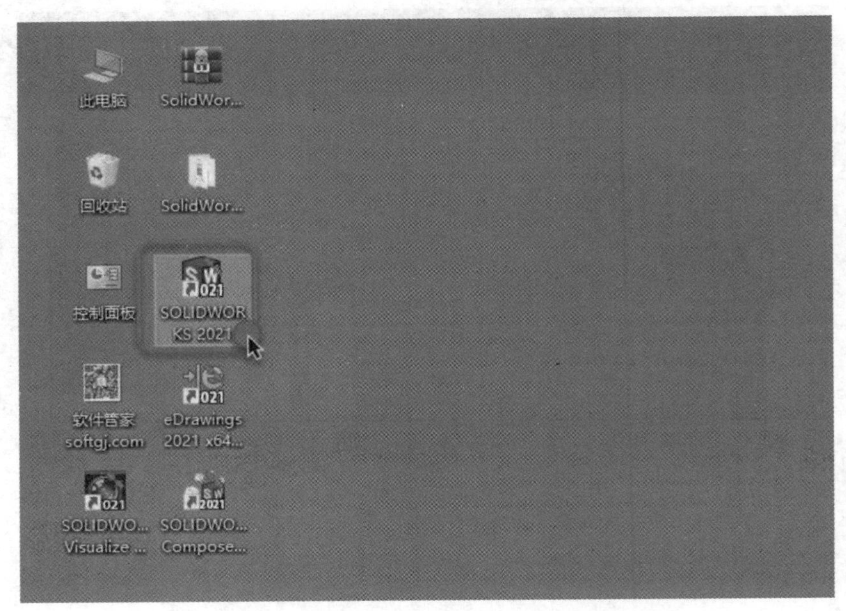

图 1－13

(14)如图 1-14 所示,单击“接受”按钮。

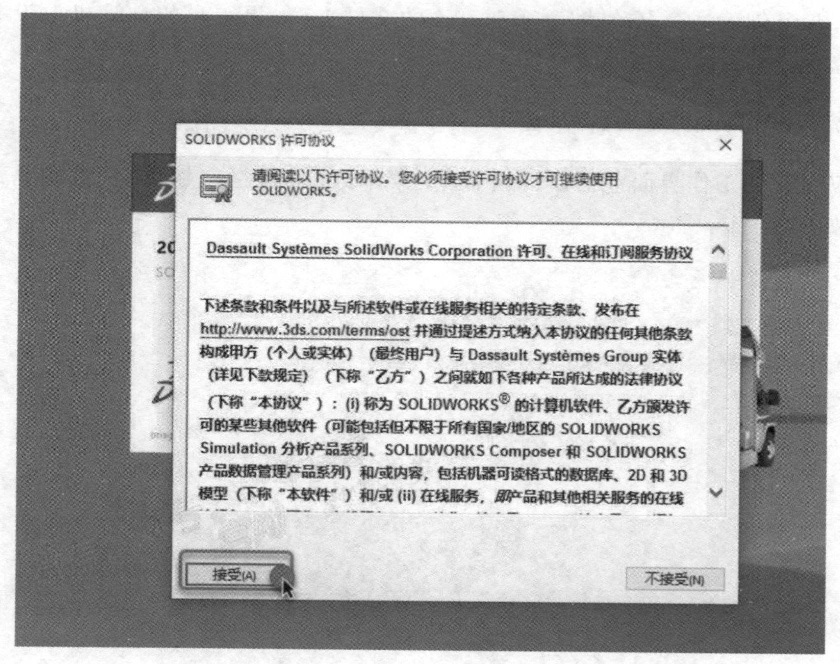

图 1-14

(15)如图 1-15 所示,安装成功。

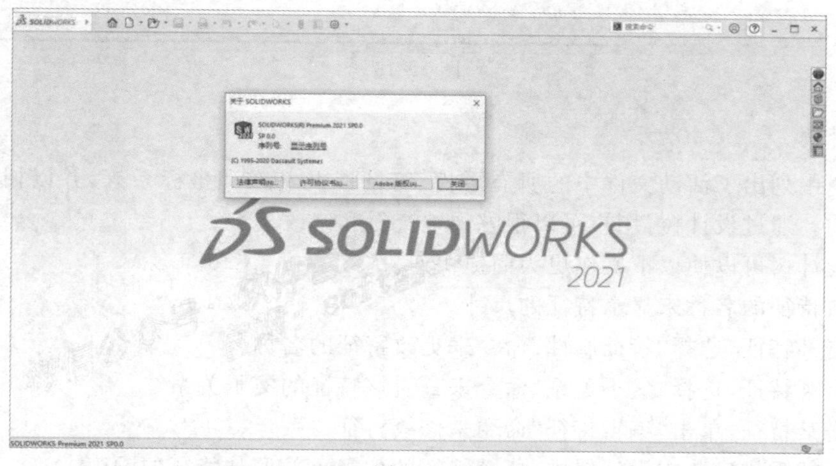

图 1-15

1.2 SolidWorks 工作界面、环境设置和基本操作

1.2.1 创建用户文件夹

使用 SolidWorks 软件时,应注意文件的目录管理。如果文件管理混乱,就会造成系统找不到正确的相关文件,从而严重影响 SolidWorks 软件的全相关性,同时也会使文件的保

存、删除等操作产生混乱。因此，应按照操作者的姓名、产品名称（或型号）建立用户文件夹。如本书在E盘上创建一个名称为sw－course的文件夹（如果用户的计算机上没有E盘，也可以在D盘上创建）。

1.2.2 SolidWorks 工作界面

SolidWorks 的工作界面包括设计树、下拉菜单区、工具栏按钮区、任务窗格、图形区和状态栏等，如图1－16所示。

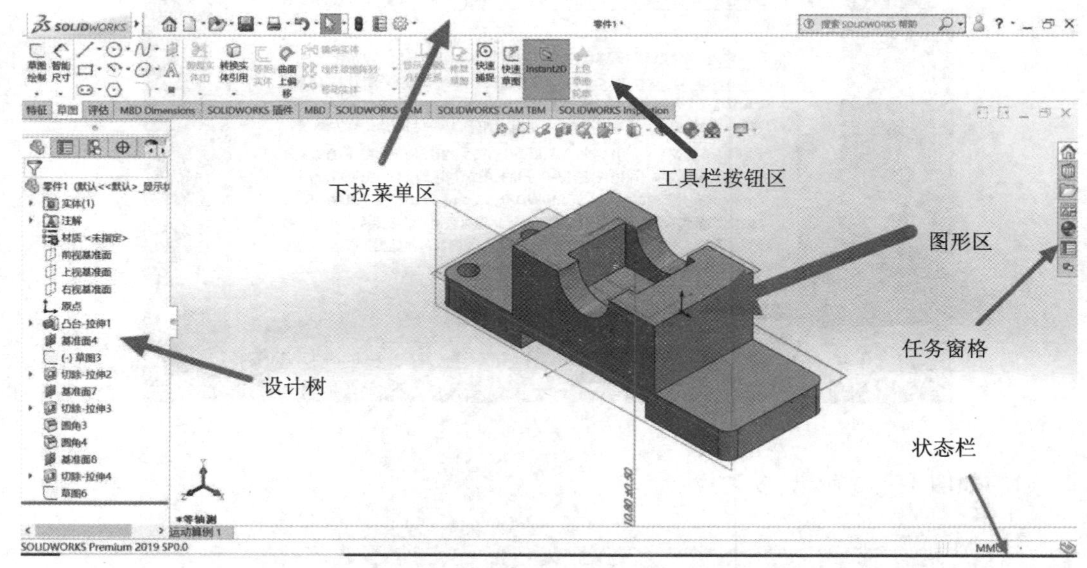

图1－16

1. 设计树

设计树中列出了活动文件中的所有零件、特征以及基准和坐标系等，并以树的形式，显示模型结构。通过设计树，用户可以很方便地查看和修改模型。

利用设计树可以使以下操作更为简捷快速。

- 双击特征的名称来显示特征的尺寸。
- 右击某特征，选择“特征属性”命令来更改特征的名称。
- 右击某特征，选择“父子关系”命令来查看该特征的父子关系。
- 右击某特征，单击“编辑特征”命令来修改特征参数。
- 将特征重排序。在设计树中，拖动特征的位置重新调整特征的顺序。

2. 下拉菜单区

下拉菜单区包含创建、保存、修改模型和设置 SolidWorks 环境的一些命令。

3. 工具栏按钮区

工具栏中的命令按钮为快速进入命令及设置工作环境提供了极大的方便，用户可以根据具体情况定制工具栏。

注意：用户会看到有些菜单命令和按钮处于非激活状态（呈灰色），这是因为它们目前还没有处在发挥功能的环境中，一旦进入有关环境，它们便会自动被激活。

图 1－17 所示为常用工具栏。

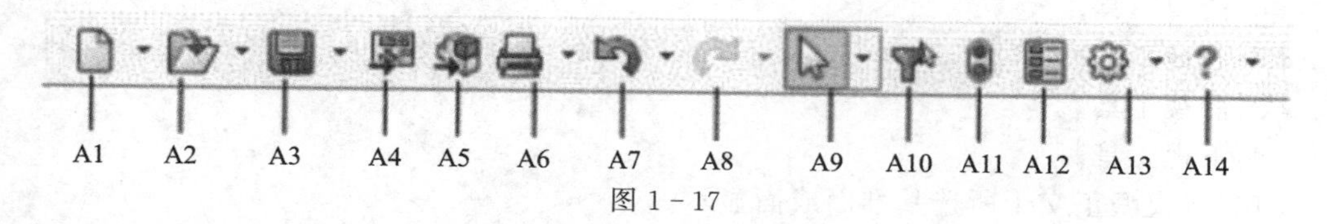

图 1－17

A1:创建新的文件。
A2:打开已经存在的文件。
A3:保存激活的文件。
A4:生成当前零件或装配体的新工程图。
A5:生成当前零件或装配体的新装配体。
A6:打印激活的文件。
A7:撤销上一次操作。
A8:重做上一次撤销的操作。
A9:选择草图实体、边线、顶点和零部件等。
A10:切换选择过滤器工具栏的显示。
A11:重建零件、装配体或工程图。
A12:显示激活文档的摘要信息。
A13:更改 SolidWorks 选项设置。
A14:显示 SolidWorks 帮助主题。
图 1－18 所示为视图工具栏。

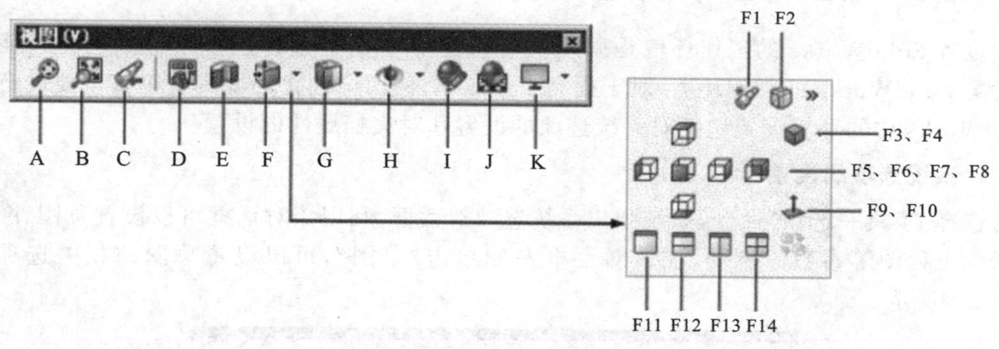

图 1－18

A:整屏显示全部视图。
B:缩放图纸以适应窗口。
C:显示上一个视图。
D:以 3D 动态操纵模型视图进行选择。
E:使用一个或多个横断面、基准面来显示零件或装配体的剖视图。
F1:添加新的视图。
F2:视图选择器。
F3:上视工具。
F4:以等轴测视图显示模型。

F5:左视工具。

F6:前视工具。

F7:右视工具。

F8:后视工具。

F9:下视工具。

F10:将模型正交于所选基准面或面显示。

F11:显示单一视图。

F12:显示水平二视图。

F13:显示竖直二视图。

F14:显示四视图。

G:为活动视图更改显示样式。

H:在图形区域中更改项目的显示状态。

I:在模型中编辑实体的外观。

J:给模型应用特定的布景。

K:切换各种视图设定,如 RealView、阴影、环境封闭及透视图。

4. 状态栏

在用户操作软件的过程中,状态栏会实时地显示当前的操作、当前的状态以及与当前操作相关的提示信息等,以引导用户操作。

5. 图形区

图形区是 SolidWorks 各种模型图像的显示区。

1.2.3 SolidWorks 环境设置

设置 SolidWorks 的工作环境是用户学习和使用 SolidWorks 应该掌握的基本技能,合理设置 SolidWorks 的工作环境,对于提高工作效率、使用个性化环境具有极其重要的意义。SolidWorks 中的环境设置包括对系统选项的设置和对文档属性的设置。

1. 系统选项的设置

选择"工具—选项"命令,系统弹出系统选项对话框,利用该对话框可以设置草图、颜色、显示和工程图等参数。例如,在该对话框左侧单击"草图",可以设置草图的相关选项,如图 1-19所示。

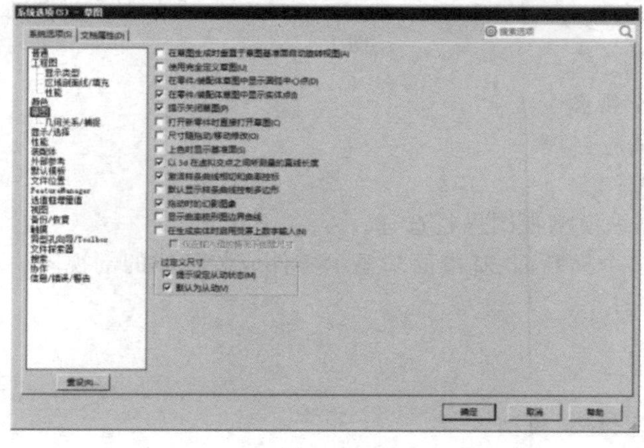

图 1-19

在系统选项对话框中的左侧单击“颜色”，在“颜色方案设置”区域可以设置 SolidWorks 环境的颜色，如图 1－20 所示；单击“另存为方案”按钮，可以将设置的颜色方案保存。

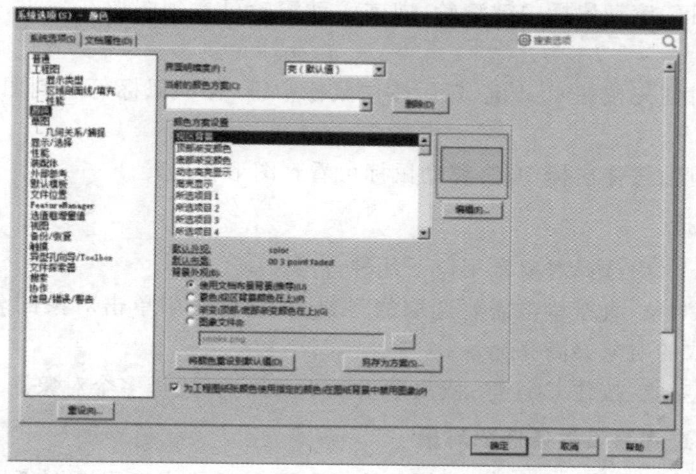

图 1－20

2. 文档属性的设置

选择下拉菜单“工具—选项”命令，系统弹出系统选项对话框；单击“文档属性”选项卡，在这里可以设置有关工程图及草图的一些参数（具体的参数定义在后面会陆续讲到），如图 1－21所示。

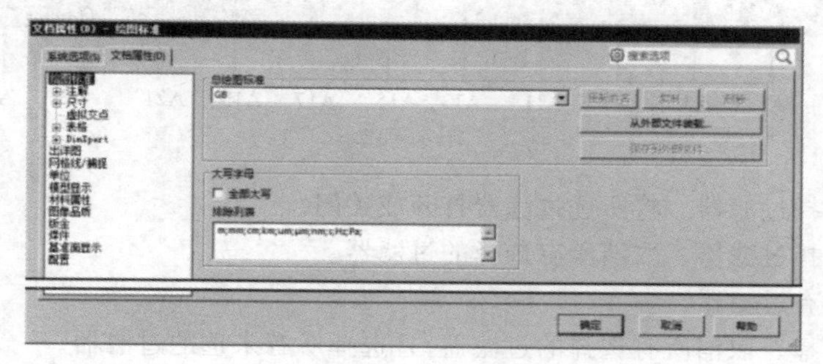

图 1－21

1.2.4 SolidWorks 基本操作技巧

使用 SolidWorks 软件以鼠标操作为主，用键盘输入数值。执行命令时，主要是用鼠标单击工具图标，也可以选择下拉菜单或用键盘输入按键来执行命令。

1. 鼠标的操作

与其他 CAD 软件类似，SolidWorks 提供各种鼠标按键的组合功能，包括执行命令、选择对象、编辑对象，以及对视图和模型的平移、旋转和缩放等。

在 SolidWorks 工作界面中选中的对象被加亮。选择对象时，在图形区与在设计树上选择是相同的，并且是相互关联的。

移动视图是最常用的操作，如果每次都单击工具栏中的按钮，将会浪费用户很多时间。

在 SolidWorks 中可以使用鼠标快速地完成视图的移动。

SolidWorks 中用鼠标操作视图的说明如下：

• 缩放图形区：滚动鼠标中键滚轮，向前滚动滚轮可看到图形在缩小，向后滚动滚轮可看到图形在放大。

• 平移图形区：先按住 Ctrl 键，然后按住鼠标中键，移动鼠标可看到图形随鼠标移动而移动。

• 旋转图形区：按住鼠标中键，移动鼠标可看到图形在旋转。

2. 对象的选择

在 SolidWorks 中选择对象常用以下几种方法。

• 选取单个对象：直接单击需要选取的对象；在设计树中单击对象的名称，即可选择对应的对象，被选取的对象会高亮显示。

• 选取多个对象：按住 Ctrl 键，依次单击多个对象，可选择多个对象。

3. 利用选择过滤器工具条选取对象

图 1－22 所示的选择过滤器工具条有助于在图形区域或工程图图纸区域选择特定项。例如，选择面的过滤器将只允许用户选取面。

在标准工具栏中单击选择过滤器按钮，将激活选择过滤器工具条。

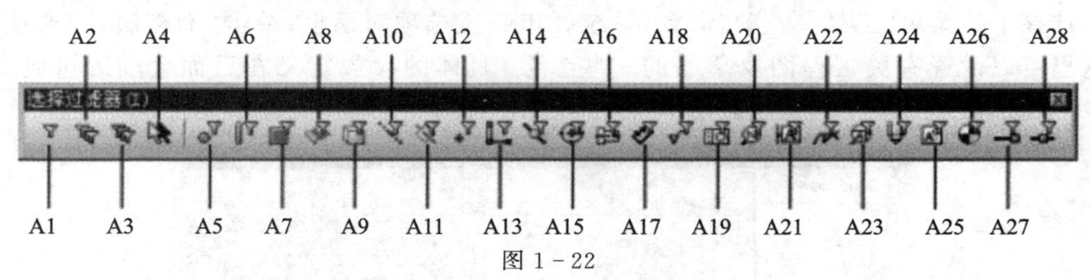

图 1－22

A1：切换选择过滤器。将所选过滤器打开或关闭。

A2：消除选择过滤器。取消所有选择的过滤器。

A3：选择所有过滤器。

A4：逆转选择。取消所有选择的过滤器，且选择所有未选的过滤器。

A5：过滤顶点。按下该按钮，可选取顶点。

A6：过滤边线。按下该按钮，可选取边线。

A7：过滤面。按下该按钮，可选取面。

A8：过滤曲面实体。按下该按钮，可选取曲面实体。

A9：过滤实体，用于选取实体。

A10：过滤基准轴，用于选取实体基准轴。

A11：过滤基准面，用于选取实体基准面。

A12：过滤草图点，用于选取草图点。

A13：过滤草图线段，用于选取草图线段。

A14：过滤中间点，用于选取中间点。

A15：过滤中心符号线，用于选取中心符号线。

A16：过滤中心线，用于选取中心线。

A17:过滤尺寸/孔标注,用于选取尺寸/孔标注。

A18:过滤表面粗糙度符号,用于选取表面粗糙度符号。

A19:过滤几何公差,用于选取几何公差。

A20:过滤注释零件序号,用于选取注释零件序号。

A21:过滤基准特征,用于选取基准特征。

A22:过滤焊接符号,用于选取焊接符号。

A23:过滤基准目标,用于选取基准目标。

A24:过滤装饰螺纹线,用于选取装饰螺纹线。

A25:过滤块,用于选取块。

A26:过滤销钉符号,用于选取销钉符号。

A27:过滤连接点,用于选取连接点。

A28:过滤步路点,用于选取步路点。

1.3 SolidWorks与工业机器人的应用

1.3.1 工业机器人的应用领域

1. 机械加工应用

机械加工行业中机器人的应用量并不高,只占了2%,原因是市面上有许多自动化设备可以胜任机械加工的任务。机械加工机器人主要应用的领域包括零件铸造、激光切割以及水射流切割。

2. 机器人喷涂应用

这里的机器人喷涂主要指的是涂装、点胶、喷漆等工作,只有4%的工业机器人应用于喷涂。喷涂机器人如图1-23所示。

3. 机器人装配应用

装配机器人主要从事零部件的安装、拆卸以及修复等工作。近年来机器人传感器技术的飞速发展,使机器人的应用越来越多样化,同样也使机器人装配应用的比例下滑。常见的应用在装配上的机器人包括冲压机械手和上下料机械手(见图1-24)。装配机器人如图1-25所示。

图1-23

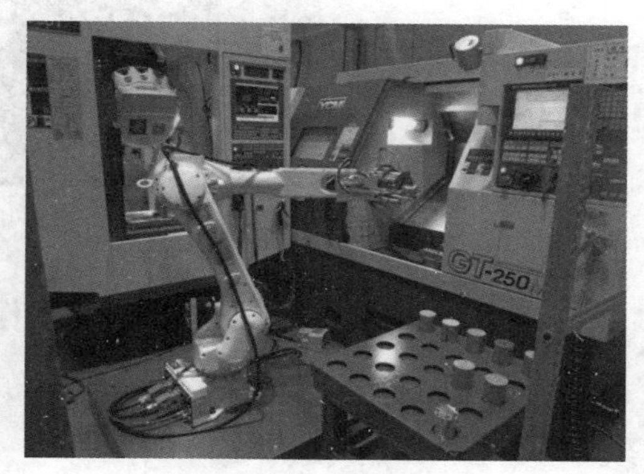

图1-24

4. 机器人焊接应用

机器人焊接应用主要包括在汽车行业中使用的点焊和弧焊，一般点焊机器人比弧焊机器人更受欢迎，但是弧焊机器人近年来的发展势头十分迅猛。许多加工车间都逐步引入焊接机器人(见图 1-26)，用来实现自动化焊接作业。

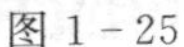

图 1-25

图 1-26

5. 机器人搬运应用

目前搬运仍然是机器人的第一大应用领域，约占机器人应用整体的 40%。许多自动化生产线使用机器人进行上下料、搬运以及码垛等操作。近年来，随着协作机器人的兴起，搬运机器人(见图 1-27)的市场份额一直呈增长态势。

图 1-27

1.3.2 SolidWorks 在机器人工作站设计中的应用

通常，从事机器人设计与开发的企业为充分降低制造成本和设计风险，在投产前会在三维设计平台上进行设计方案的仿真论证。

图1-28所示是机器人本体三维设计，图1-29所示是码垛机器人工作站三维设计，图1-30所示是压铸机器人工作站三维设计，图1-31所示是机器人综合应用工作站三维设计。

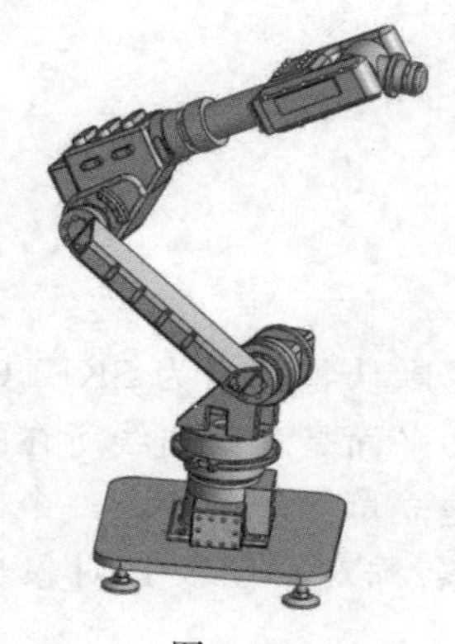

图1-28

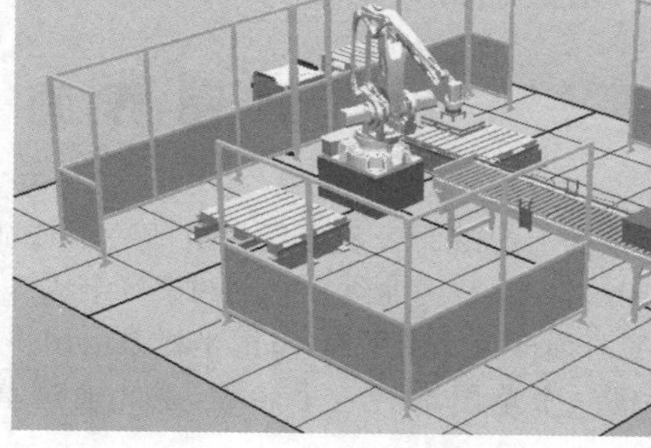

图1-29

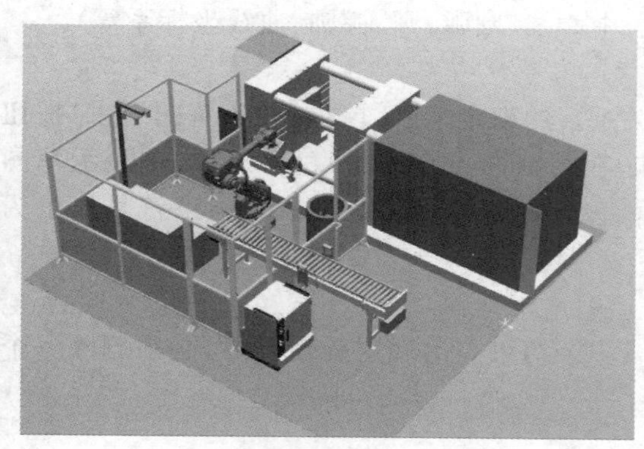

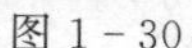

图1-30

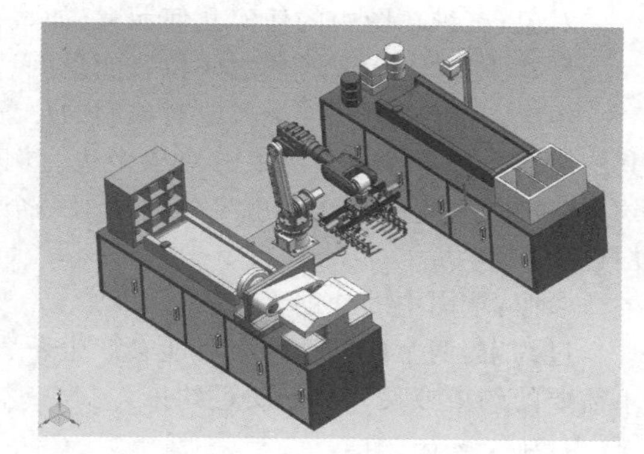

图1-31

机器人工作站的设计远不止这些，可结合具体应用和设计需求进行设计与优化，开启SolidWorks与工业机器人工作站集成设计的大门。

习题一

1.1　SolidWorks的界面分哪几个区域？主要功能模板有哪些？

1.2　如何用鼠标实现模型的平移？

1.3　如何用鼠标实现模型的旋转？

1.4　工业机器人的应用领域有哪些？

1.5　请从应用角度，举例说明利用SolidWorks三维设计平台可设计出哪些工业机器人系统工作站。

项目二

二维草图绘制

2.1 草图界面

草图是位于指定平面上的由曲线和点所组成的一个特征，其默认特征名为 SKETCH。草图由草图平面、草图坐标系、草图曲线和草图约束等组成。草图平面是草图曲线所在的平面，草图坐标系的 XY 平面即为草图平面，草图坐标系由用户在建立草图时确定。一个模型可以包含多个草图，每一个草图都有一个名称，系统通过草图名称对草图及其对象进行引用。

草图相关的专业术语如下。

对象：二维草图中的任何几何元素（如直线、中心线、圆弧、圆、椭圆、曲线坐标系等）。

尺寸：对象大小或对象之间位置的量度。

约束：定义对象几何关系或对象间的位置关系。约束定义后，单击“显示草图约束”按钮其约束符号会出现在被约束的对象旁边。例如，在约束两条直线垂直后，再单击“显示草图约束”按钮，垂直的直线旁边将分别显示一个垂直约束符号。默认状态下，约束符号显示为白色。

参照：草图中的辅助元素。

过约束：两个或多个约束可能会产生矛盾或多余约束。出现这种情况时，必须删除一个不需要的约束或尺寸以解决过约束。

1. 进入草图环境

进入草图环境一共有以下两种方式。

方式一：启动 SolidWorks 软件后，选择下拉菜单 文件(F) — 新建(N)... 命令，系统弹出图 2-1 所示的“新建 SOLIDWORKS 文件”对话框；选择“零件”模板，单击 确定 按钮，系统进入零件建模环境。

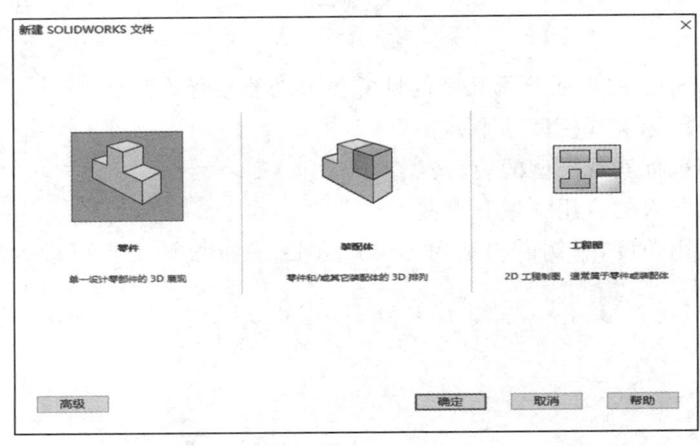

图 2-1

方式二：选择下拉菜单 插入(I) — 草图绘制 命令，选取前视基准面作为草图基准面，系统进入草图设计环境（见图 2-2）。

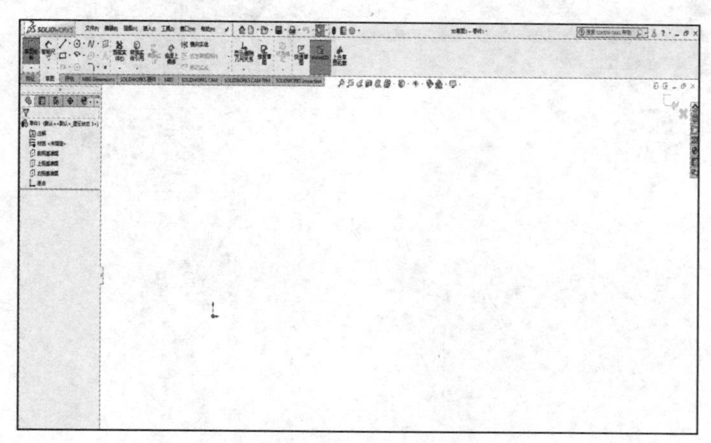

图 2-2

2. 退出草图环境

在草图设计环境中，选择下拉菜单 插入(I) → 退出草图 命令（或单击图形区左上角的“退出草图”按钮），即可退出草图设计环境。

3. 草图工具

图 2-3 所示为草图工具栏。

图 2-3

直线：通过两个端点绘制直线，如图 2-4 所示。
圆：通过两点或三点绘制圆，如图 2-5 所示。
样条曲线：通过多个点绘制样条曲线，如图 2-6 所示。

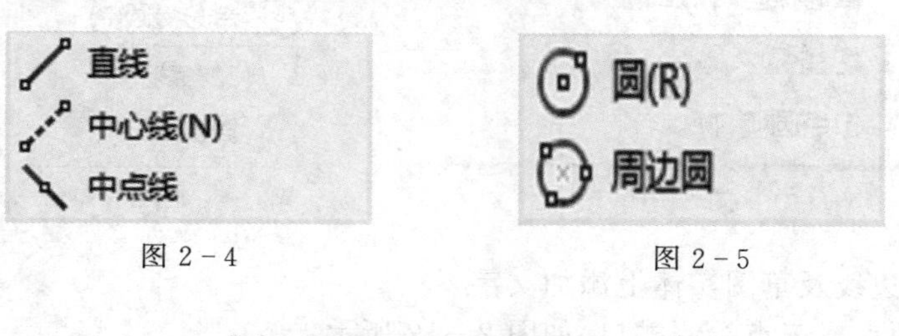

图 2-4　　图 2-5

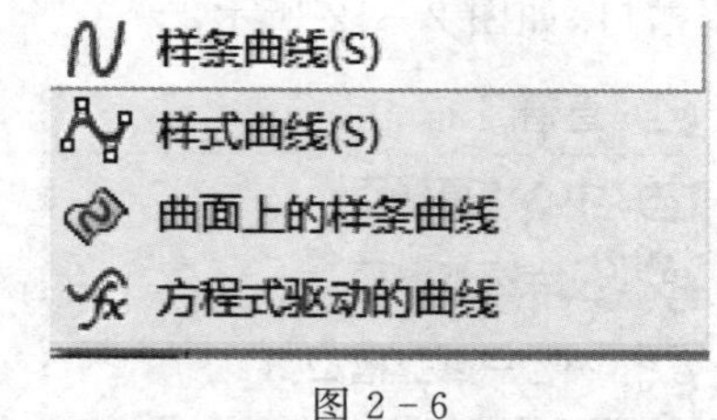

图 2-6

基准面：插入基准面到 3D 草图，如图 2-7 所示。

图 2-7

矩形：通过两点或三点绘制矩形，如图 2-8 和图 2-9 所示。

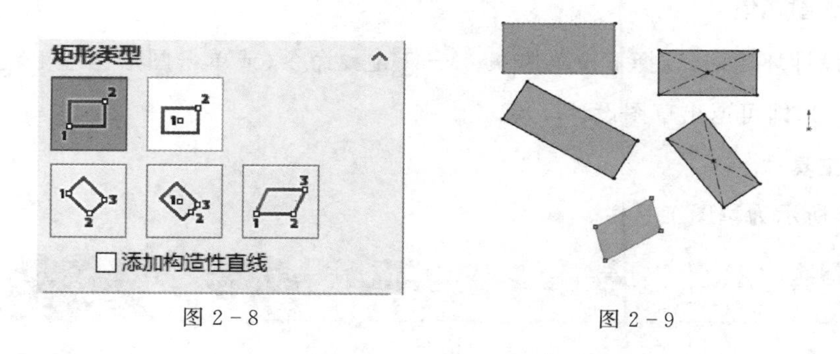

图 2-8　　　　图 2-9

圆弧：通过两点或三点绘制圆弧，如图 2-10 所示。

椭圆：定义椭圆的圆心，拖动椭圆的两个轴，定义椭圆的大小，如图 2-11 所示。

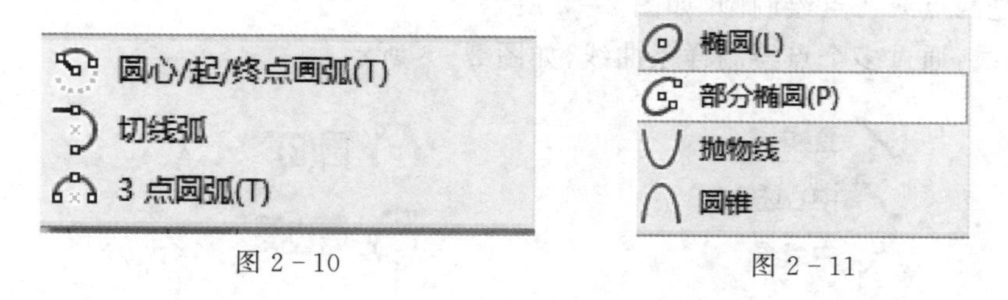

图 2-10　　　　图 2-11

文字：在面、边线及草图实体上添加文字。

槽口：通过两点或三点绘制槽口，如图 2-12 所示。

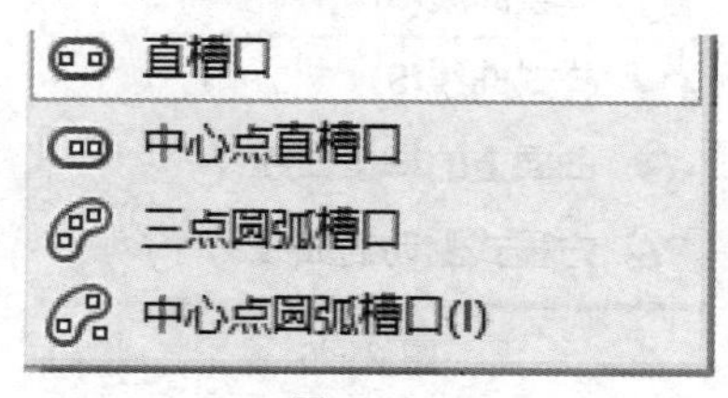

图 2-12

多边形：通过与圆相切的方式绘制多边形，如图 2－13 所示。

圆角：通过两条直线绘制圆角，如图 2－14 所示。

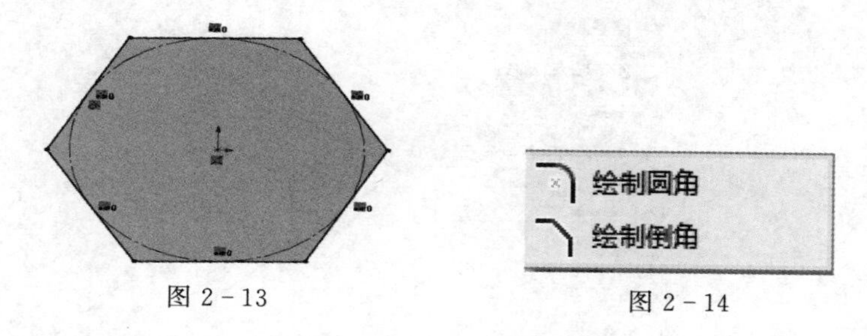

图 2－13　　图 2－14

点：图 2－15 所示为“点”指令弹出的窗口。

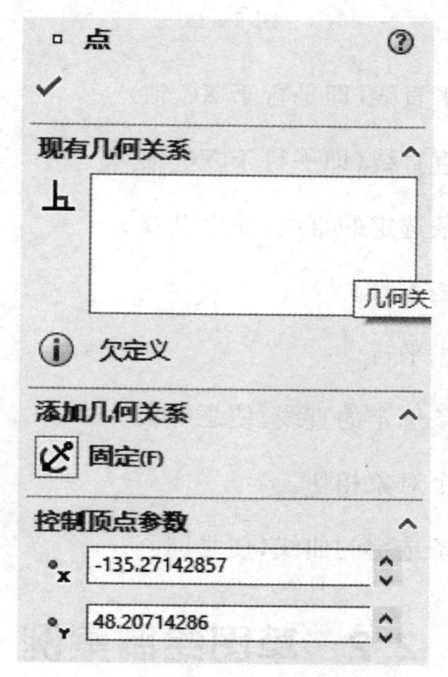

图 2－15

智能尺寸：使用 智能尺寸 选项，在选择几何体后，系统会自动根据所选择的对象搜寻合适的尺寸类型进行匹配。图 2－16 为智能尺寸的设置窗口。

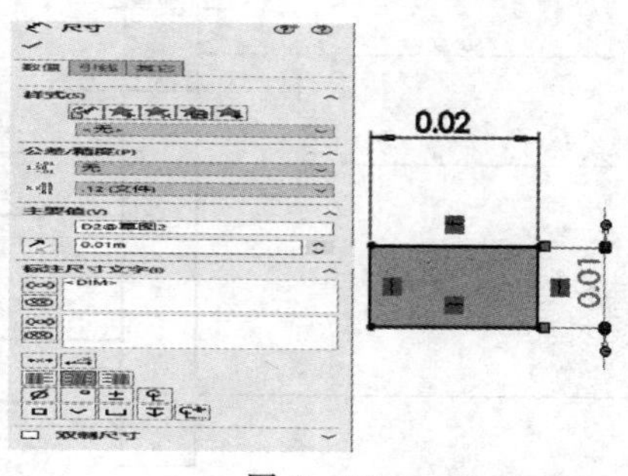

图 2－16

角度:标注线之间的角度关系,如图 2-17 所示。

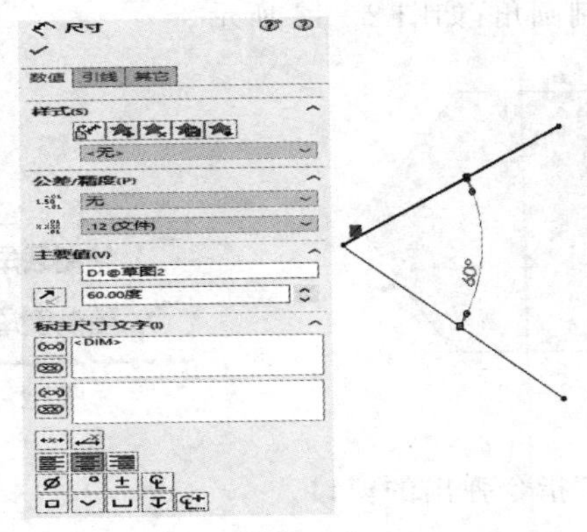

图 2-17

水平:约束直线为水平直线(即平行于 XC 轴)

竖直:约束直线为竖直直线(即平行于 YC 轴)。

共线:约束两条或多条选定的直线,使之共线。

垂直:约束两直线互相垂直。

平行:约束两直线互相平行。

相等:约束两条或多条选定的直线,使之等长。

相切:约束所选的两个对象相切。

同心:约束两条或多条选定的曲线,使之同心。

2.2 草图绘制案例

2.2.1 草图绘制案例一

图 2-18 所示为机器人末端夹爪完成草图。其绘制步骤如下。

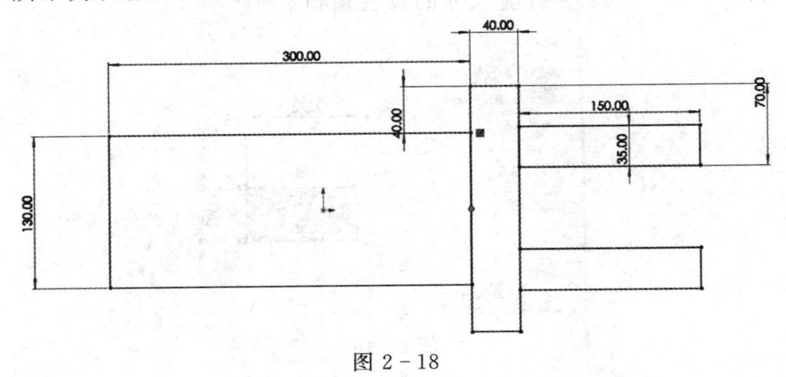

图 2-18

(1)如图 2-19 所示,在“文件”中选择“新建”,再选择“零件”选项,单击“确定”按钮。

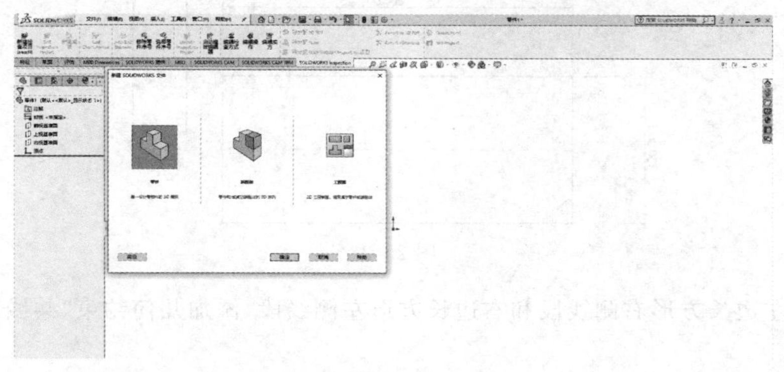

图 2-19

(2)单击前视基准面,进入草图绘制界面,绘制一个长方形,如图 2-20 所示。

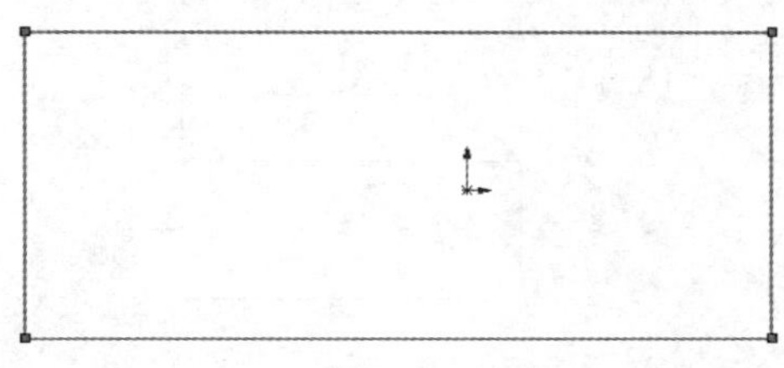

图 2-20

(3)上下尺寸设置为 130 mm,左右尺寸设置为 300 mm,如图 2-21 所示。

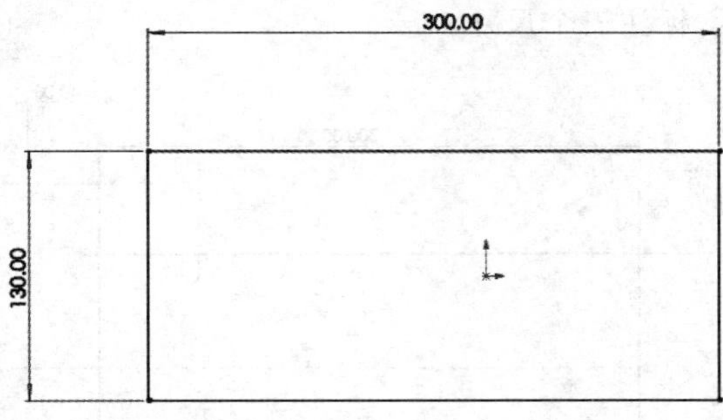

图 2-21

(4)选择左右线段添加中心线,如图 2-22 所示。

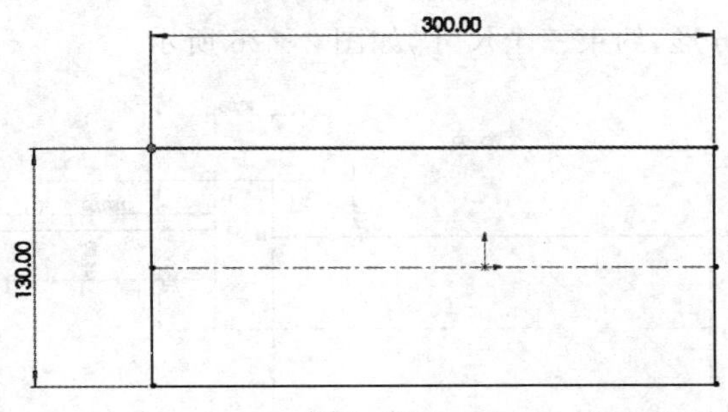

图 2-22

(5)再绘制一个长方形,如图 2-23 所示。

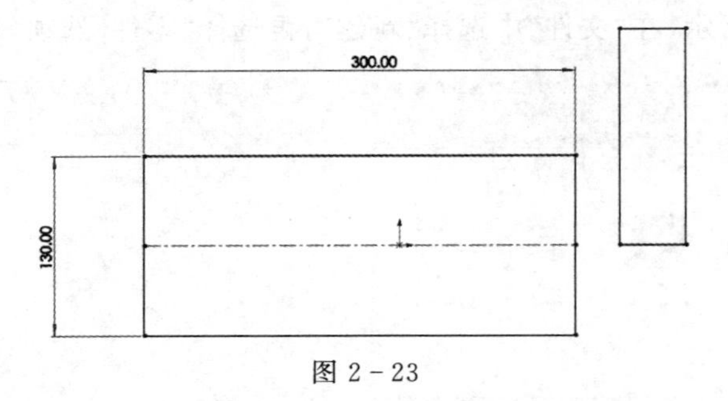

图 2-23

(6)选择左边长方形右侧线段和右边长方形左侧线段,添加几何约束“共线”,如图 2-24 所示。

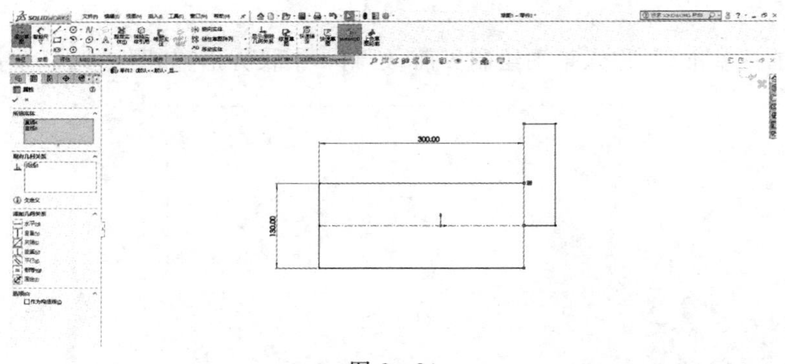

图 2-24

(7)如图 2-25 所示,标注三个尺寸。

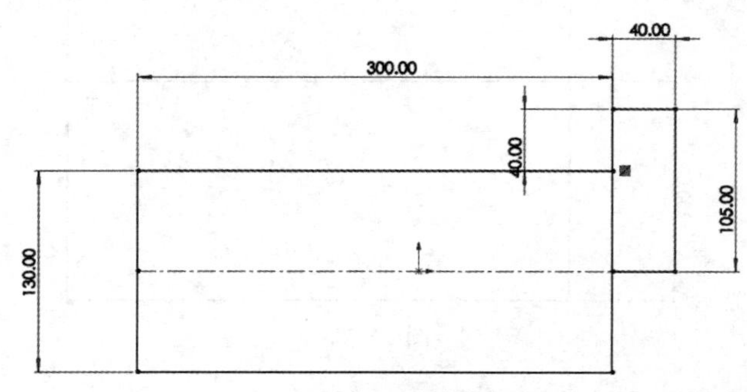

图 2-25

(8)再绘制一个长方形,约束三个尺寸,如图 2-26 所示。

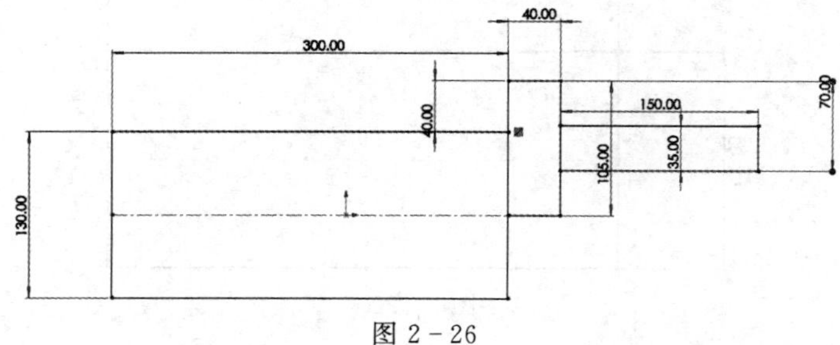

图 2-26

(9)在工具列表中选择 镜向实体 指令,镜向刚才的两个长方形,中心线选择添加的中心线,如图 2-27 所示。

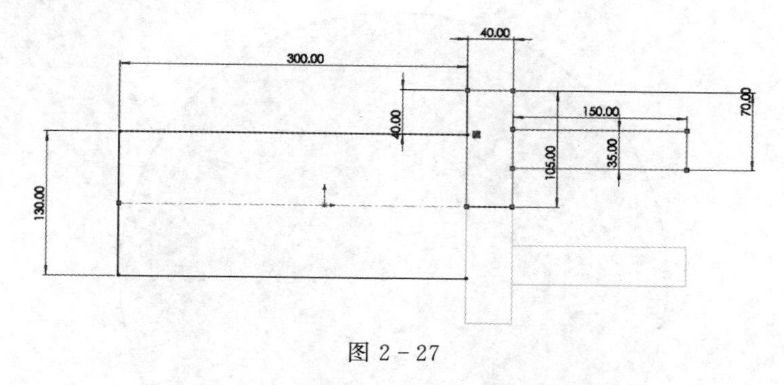

图 2-27

(10)适当删除一些非必要线条,如图 2-28 所示。

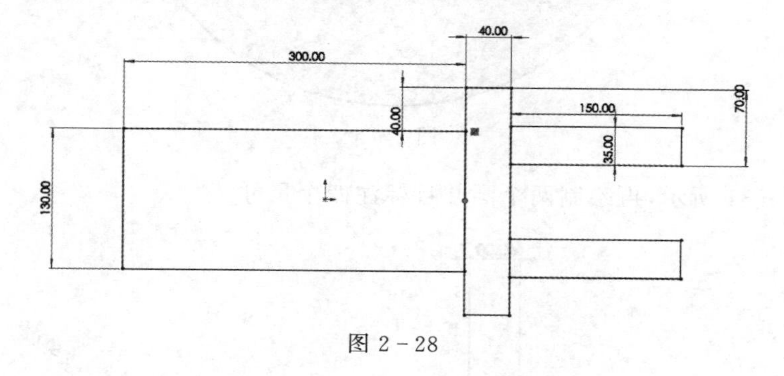

图 2-28

2.2.2 草图绘制案例二

图 2-29 所示为机器人末端法兰的完成草图。

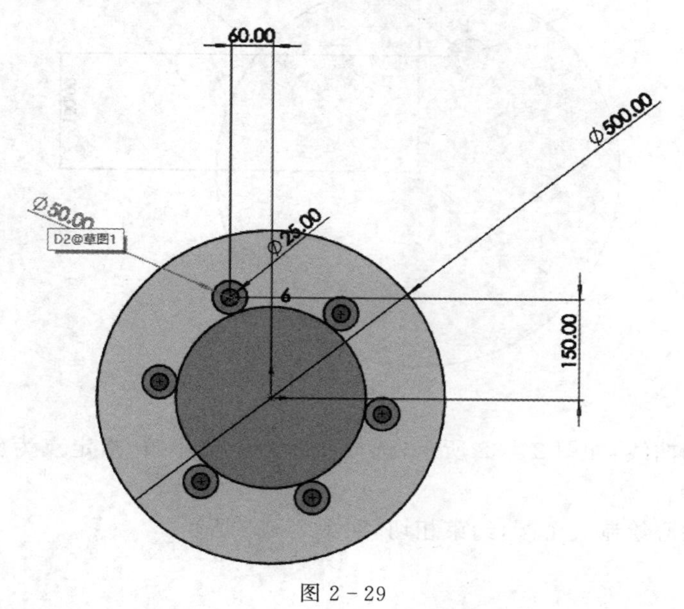

图 2-29

(1)如图 2-30 所示,先绘制一个直径尺寸为 500 mm 的圆。

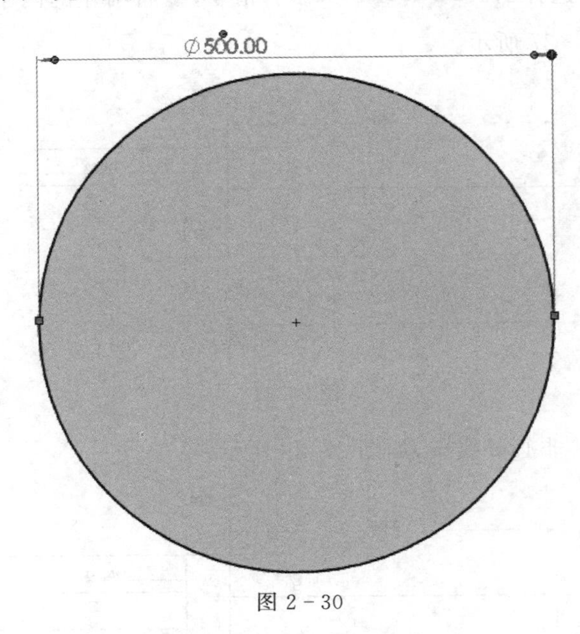

图 2-30

(2)如图 2-31 所示,再绘制两个圆并且标注四个尺寸。

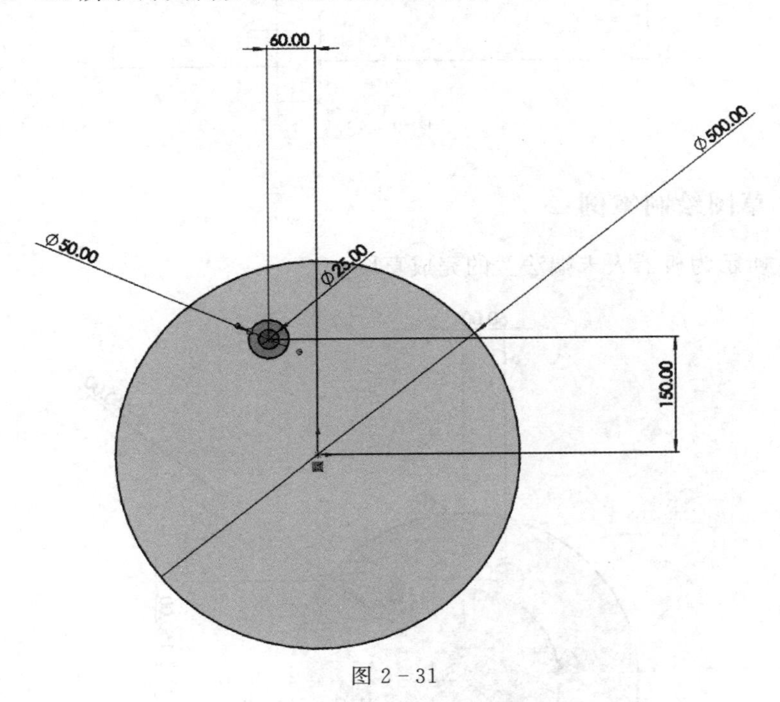

图 2-31

(3)单击阵列曲线,如图 2-32 所示,选择曲线为两个小圆,指定点为坐标轴原点,数量为 6,节距角为 60。

(4)在大圆中心绘制一个圆,约束相切,如图 2-33 所示。

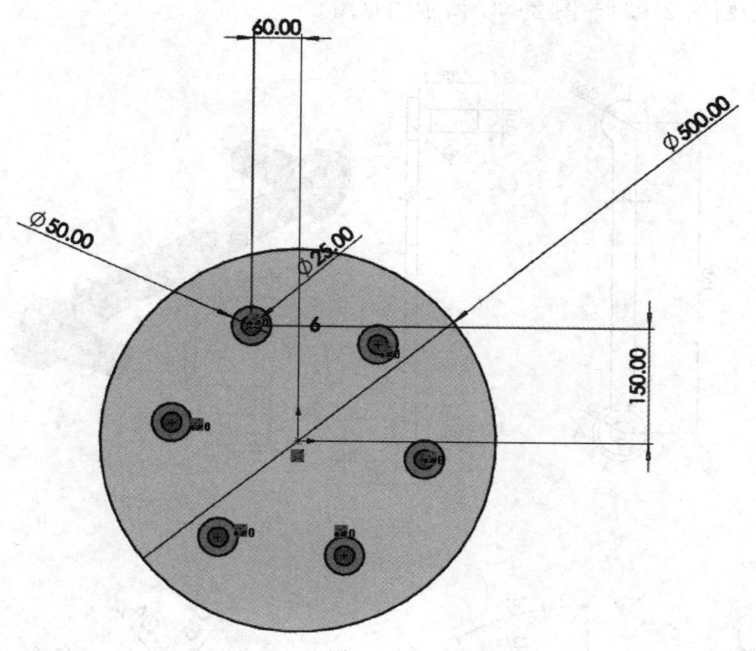

图 2-32

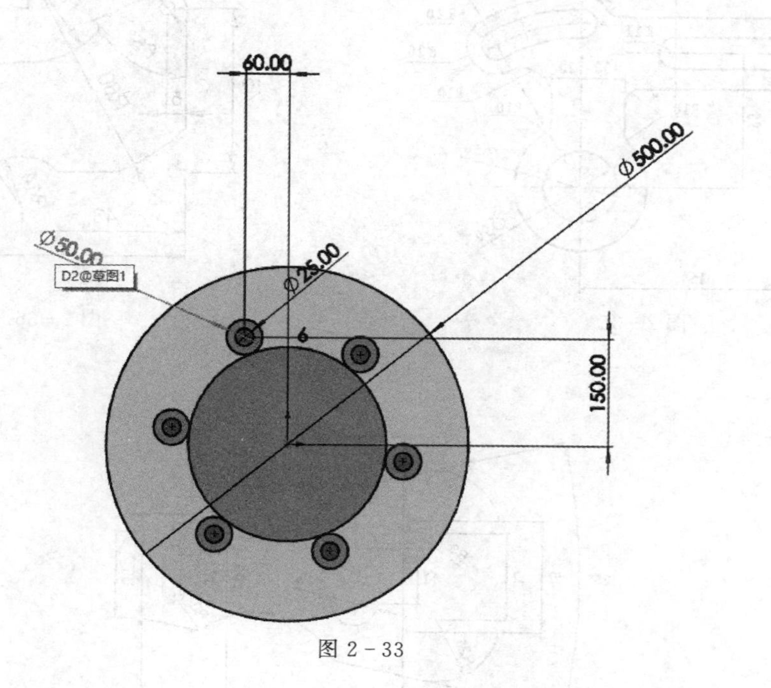

图 2-33

习题二

2.1 绘制本项目 2.2 节中的案例一机器人末端夹爪和案例二机器人末端法兰盘。

2.2 简述“复制草图”和“派生草图”的区别。

2.3　请绘制图 2－34～图 2－37 所示的草图。

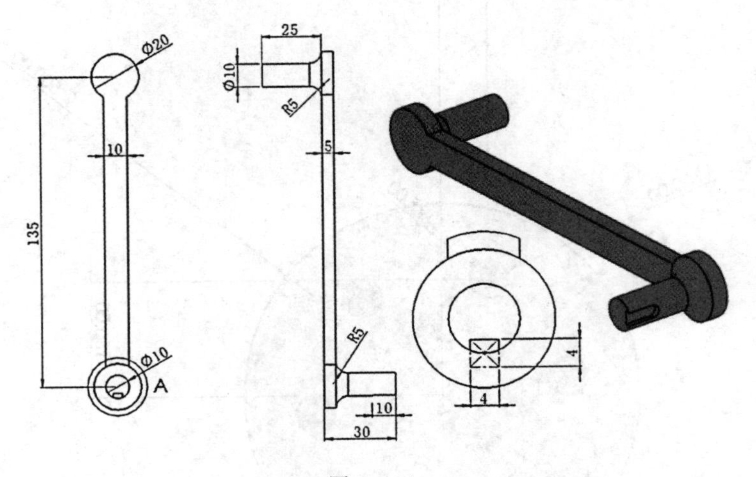

图 2－34

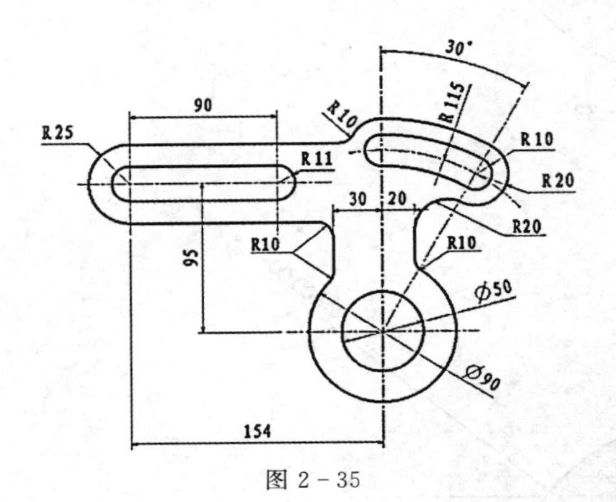

图 2－35

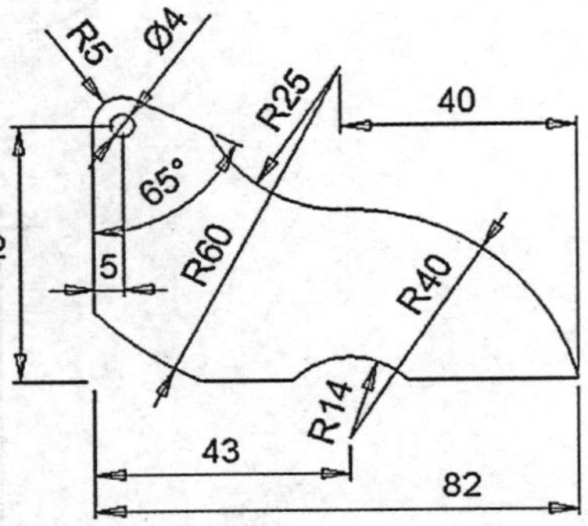

图 2－36

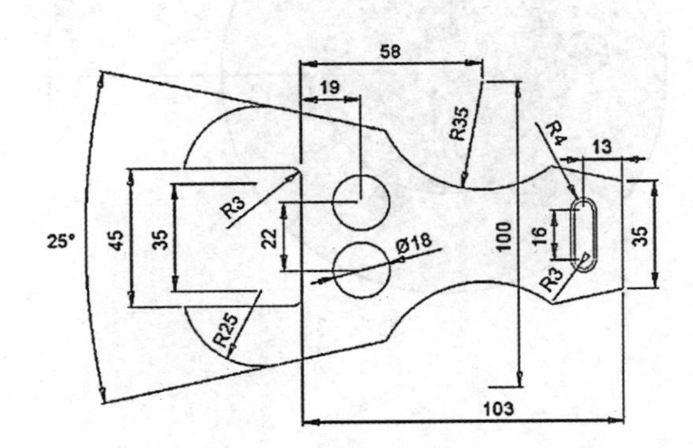

图 2－37

项目三

工业机器人本体建模

3.1 机器人轴的建模

3.1.1 1 轴的建模

(1)打开 SolidWorks 软件,新建一个零件。

(2)选择前视基准面,单击"正视于"按钮,选择草图绘制,开始绘制草图。选择圆形绘制工具,以原点为圆心绘制一个直径为 240 mm 的圆,并标注尺寸,如图 3-1 所示。完成后单击左上角的"退出草图"。

(3)选择步骤(2)中创建的草图,单击工具栏中的特征,单击"拉伸凸台/基体"。在凸台-拉伸属性栏中进行属性设置:方向 1 中选择"给定深度",拉伸深度为 3 mm,如图 3-2 所示。单击确认,完成拉伸设置。

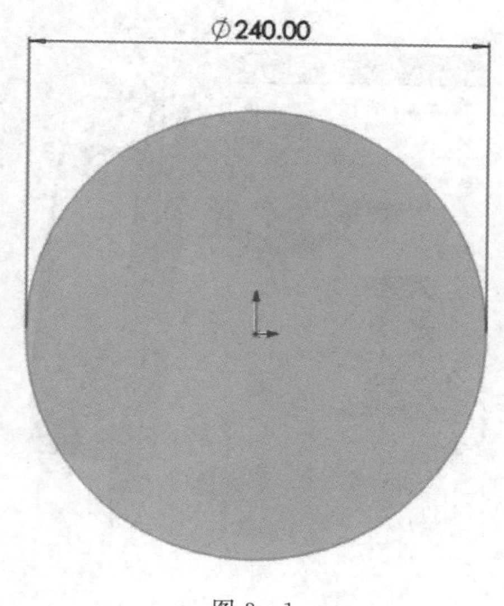

图 3-1

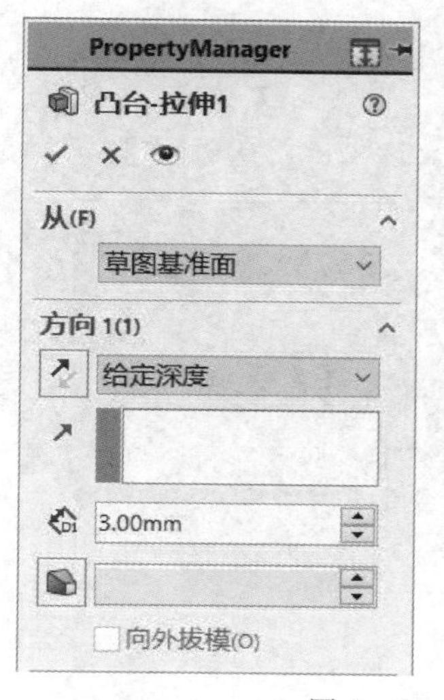

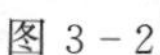

图 3-2

(4)右击图 3-2 中圆柱的上表面,单击"草图绘制",单击左侧特征中正在绘制的草图,单击"正视于"按钮,绘制图 3-3 所示的草图。

(5)选择步骤(4)中绘制的草图,对其进行拉伸,拉伸深度为 70 mm,勾选"合并结果",如图 3-4 所示。单击确认。

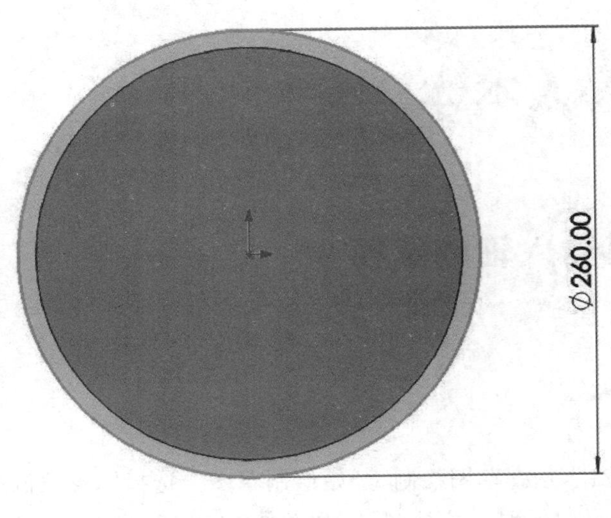

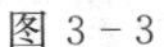
图 3-3

图 3-4

(6)选择步骤(5)中所创建的实体，选择其上表面，绘制图 3-5 所示的草图，并标注尺寸。进行拉伸，拉伸深度为 20 mm，勾选“合并结果”，如图 3-6 所示。

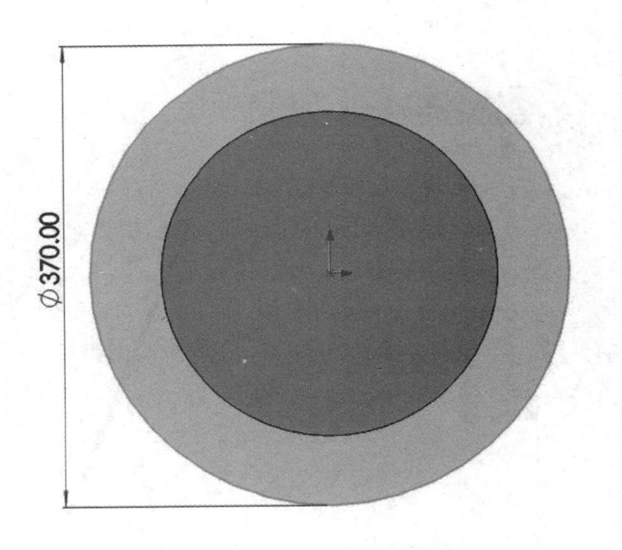

图 3-5

图 3-6

(7)导入圆角。单击工具栏中的圆角工具，选择图 3-7 所示的边线，设置圆角属性栏中的参数：将圆角参数中的“对称”改为“非对称”，横向参数为 5 mm，纵向参数为 15 mm。

(8)选择步骤(6)中所创建的实体，选择其上表面，绘制图 3-8 所示的草图，进行拉伸，拉伸深度为 80 mm，合并结果，如图 3-9 所示。

(9)选择步骤(6)中所创建的实体，选择其上表面，绘制图 3-10 所示的草图，选择该草图，单击工具栏中的“拉伸切除”，在其属性栏中设置给定深度为 80 mm，如图 3-11 所示。单击确认。

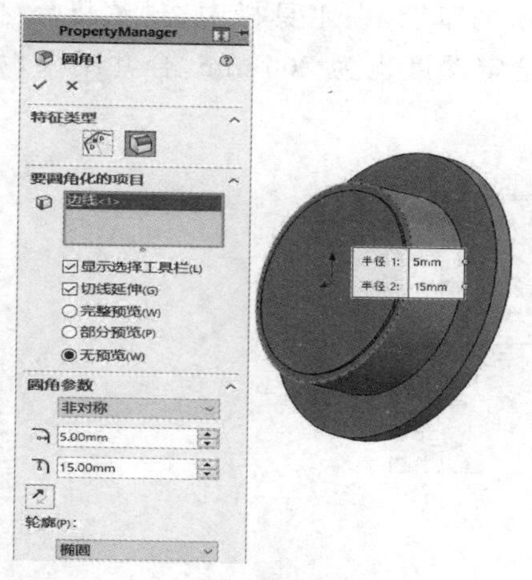

图 3-7

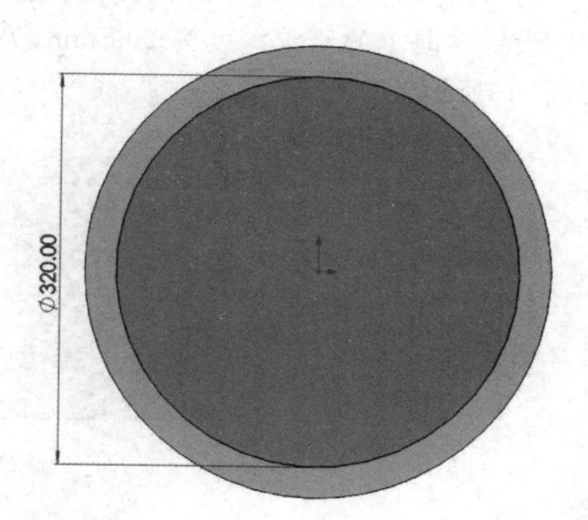

图 3-8

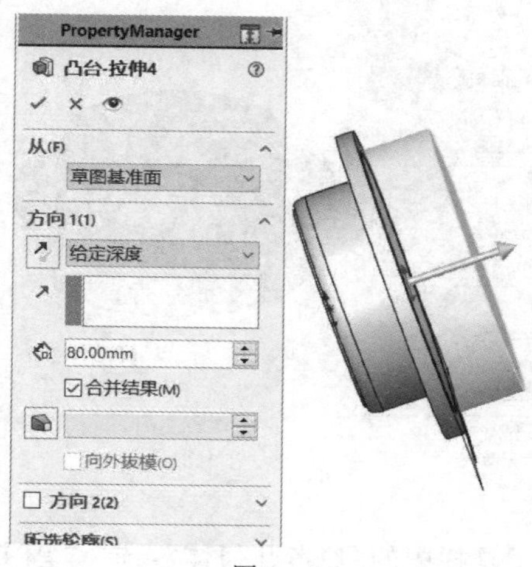

图 3-9

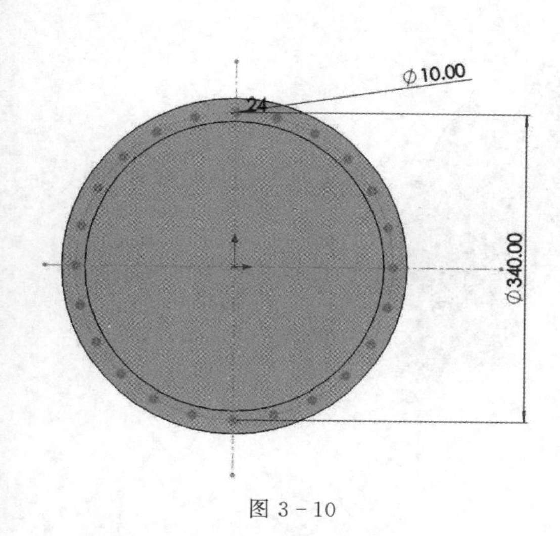

图 3-10

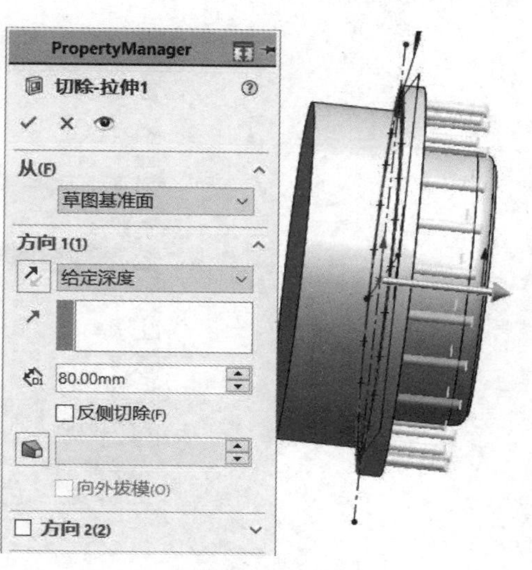

图 3-11

(10)选择上视基准面为绘图面，绘制图 3－12 所示的草图，在工具栏中选择“凸台/拉伸”，设置方向 1 的给定深度为 200 mm，另一方向的给定深度也为 200 mm，合并结果，如图 3－13所示。

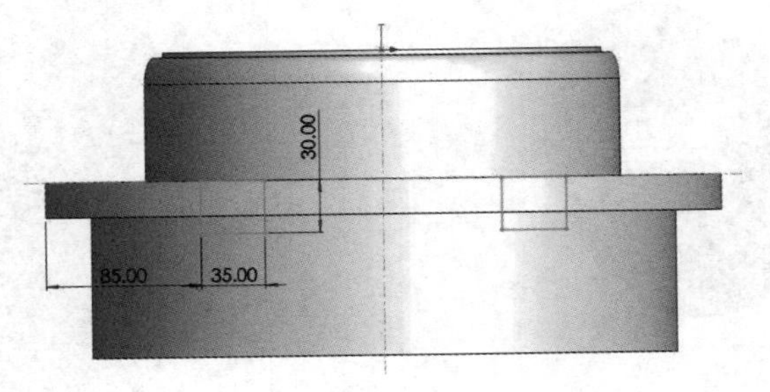

图 3－12

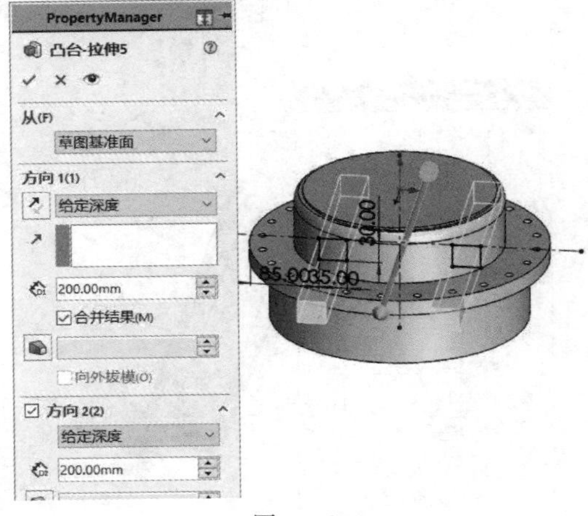

图 3－13

(11)创建基准面。单击工具栏中的“参考几何体”，选择“基准面”，在基准面的属性栏中选择图 3－14 所示的“面<1>”，并将该面下沉 15 mm，单击确认，形成基准面。

图 3－14

(12)在步骤(11)所创建的基准面上绘制图 3-15 所示的草图,并将其拉伸成实体,给定深度为 75 mm,合并结果,如图 3-16 所示。

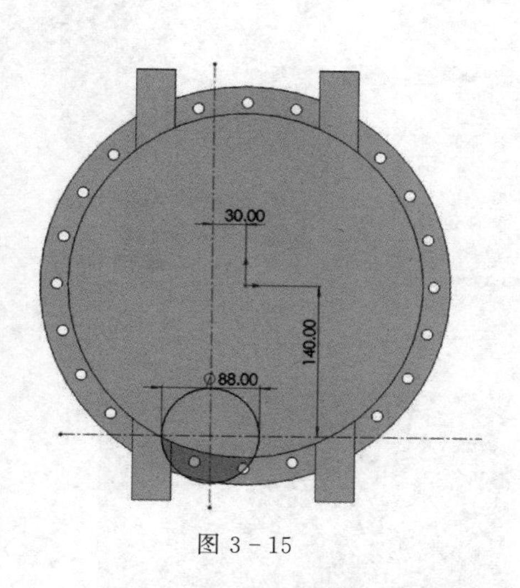

图 3-15

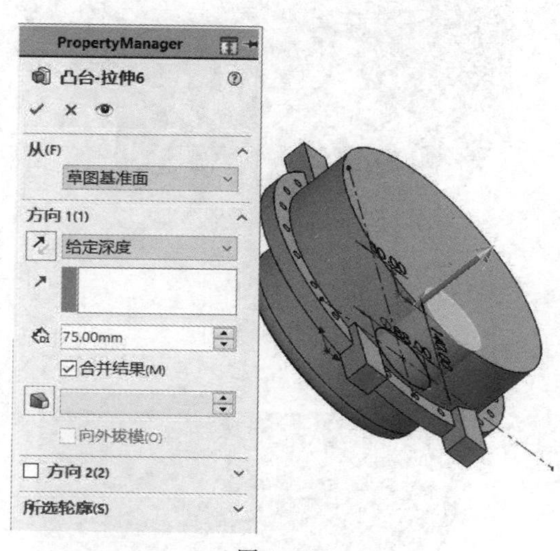

图 3-16

(13)选择图 3-17 所示的面,创建基准面,基准面与选择的面的距离为 35 mm,勾选"反转等距",单击确认。

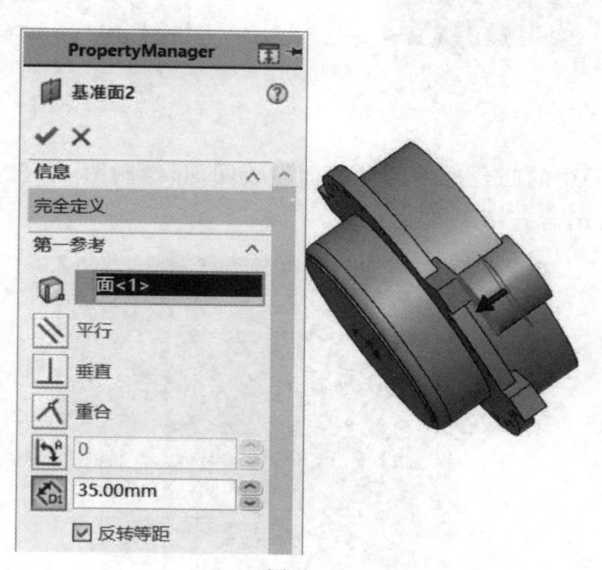

图 3-17

(14)在步骤(13)所建立的基准面上绘制图 3-18 所示的草图,选择该草图,单击"凸台/拉伸",将属性栏中的给定深度改为"成形到一面",选择图 3-19 所示的面,合并结果。单击确认。

(15)选择图 3-20 所示的面,在该面上绘制图 3-21 所示的草图。将其拉伸,给定深度为 8 mm,合并结果。

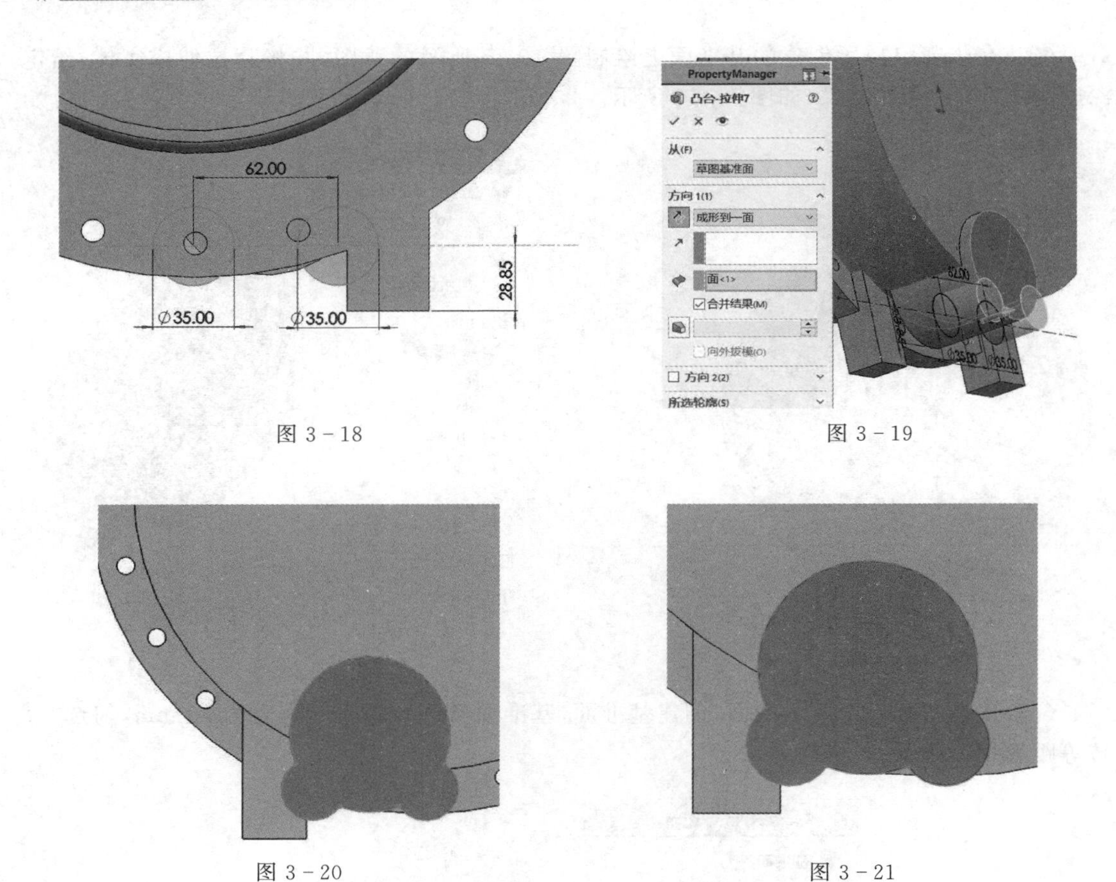

图 3-18

图 3-19

图 3-20

图 3-21

(16)选择步骤(15)中的凸台拉伸的外截面做绘图面，绘制图 3-22 所示的草图。凸台拉伸给定深度为 15 mm，合并结果。

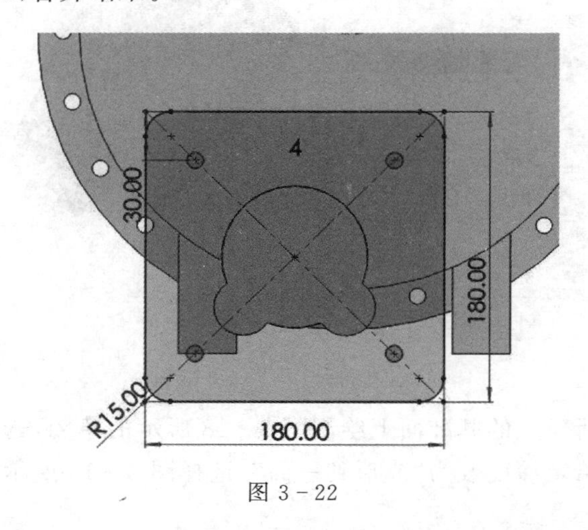

图 3-22

(17)选择图 3-23 所示的面为绘图面，绘制图 3-24 所示的草图，选择该草图，单击“拉伸切除”，设置给定深度为 10 mm。

图 3-23

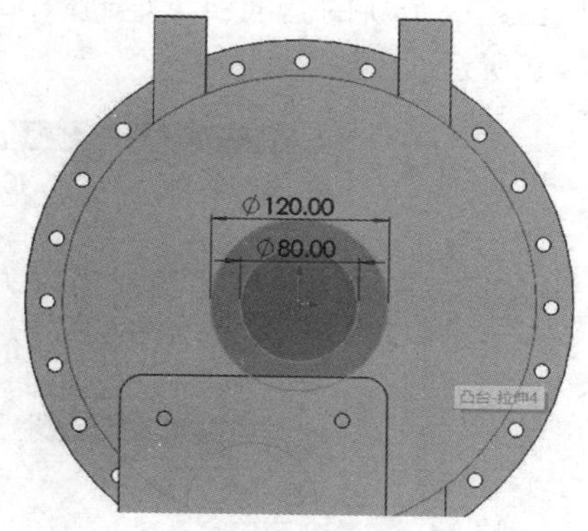

图 3-24

(18)选择步骤(17)中所选择的绘图面，绘制图 3-25 所示的草图，进行拉伸切除操作，设置给定深度为 15 mm。

(19)创建一个基准面，以上视基准面为参考面，距离为 50 mm，如图 3-26 所示。

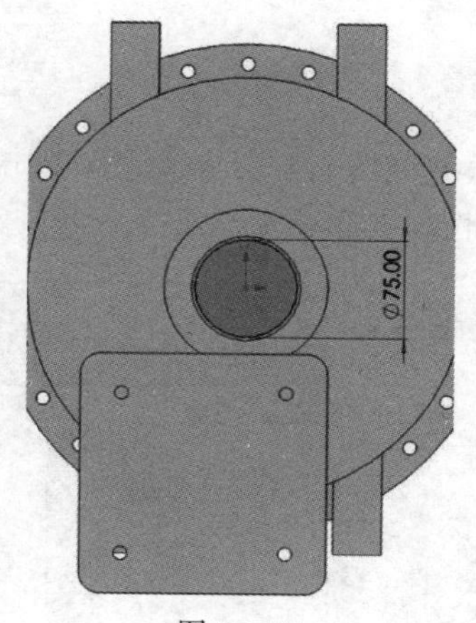

图 3-25

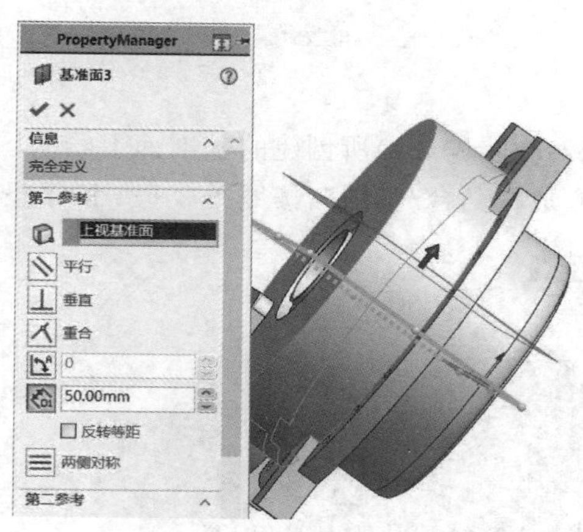

图 3-26

(20)绘制图 3-27 所示的草图，拉伸时正向(方向 1)给定深度为 3 mm，方向 2 的给定深度为 35 mm，不合并结果，如图 3-28 所示。

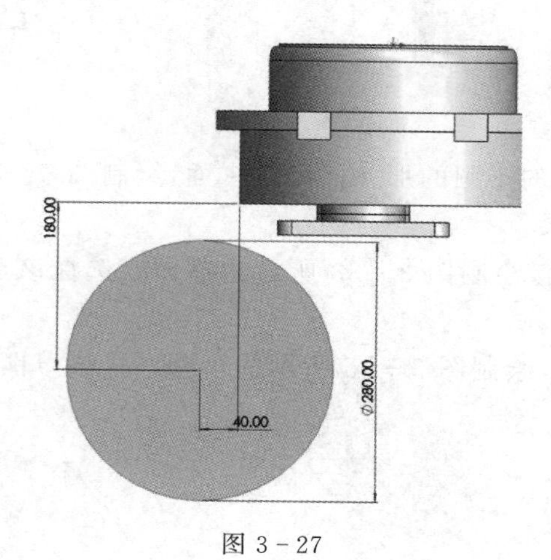

图 3-27

PropertyManager

凸台-拉伸10

从(F)

草图基准面

方向 1(1)

给定深度

3.00mm

合并结果(M)

向外拔模(O)

方向 2(2)

给定深度

35.00mm

图 3-28

(21)创建一个新的基准面,以步骤(20)中创建的实体的圆面为参考面,距离为 60 mm,如图 3-29 所示。

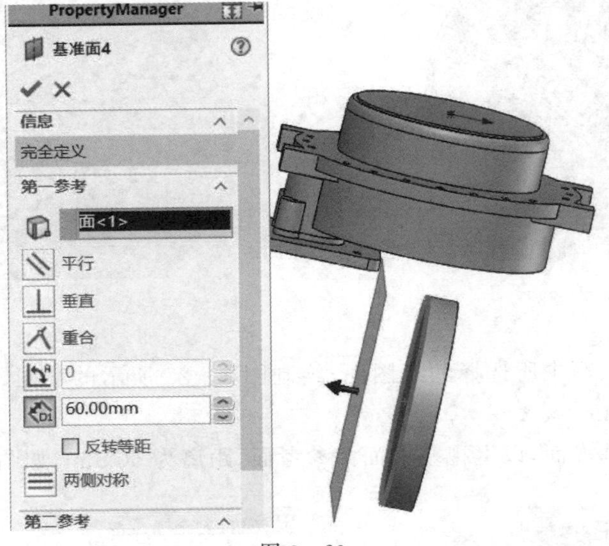

图 3-29

(22)在步骤(21)所创建的基准面上绘制图 3-30 所示的草图。选择该草图,单击工具栏中的"放样凸台/基体",按照图 3-31 所示设置放样的属性栏。单击确认。

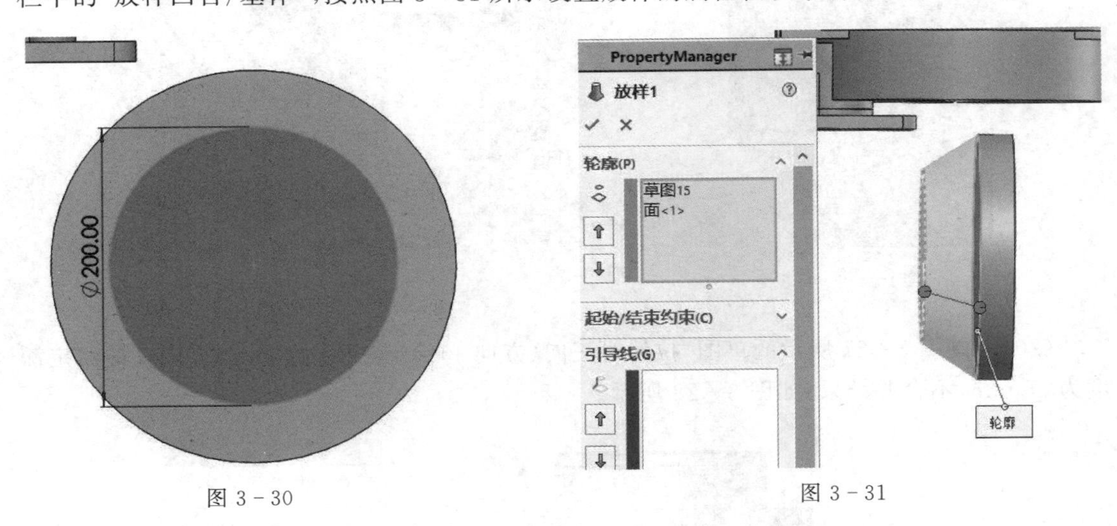

图 3-30

图 3-31

(23)选择步骤(22)中创建的放样凸台的小圆的那一面做绘图面,绘制图 3-32 所示的草图,将其拉伸 50 mm,形成实体,合并结果。

(24)选择步骤(23)中创建的实体表面,绘制图 3-33 所示的草图。选择该草图,单击"拉伸切除",给定深度为 35 mm,单击确认。

(25)选择图 3-34 所示的面为绘图面,绘制图 3-35 所示的草图。将该草图拉伸成实体,其属性栏和效果如图 3-36 所示。

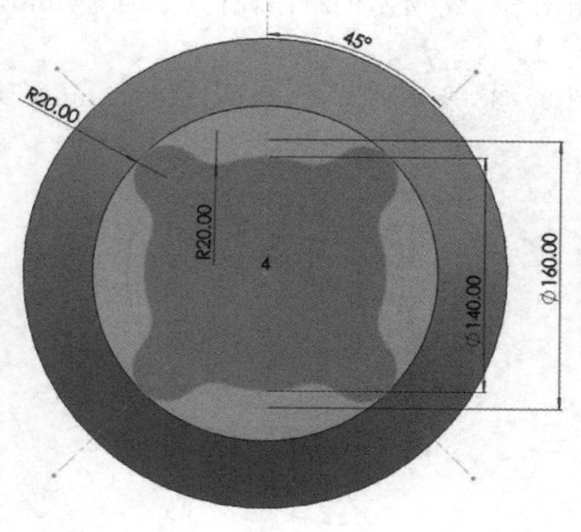

图 3-32

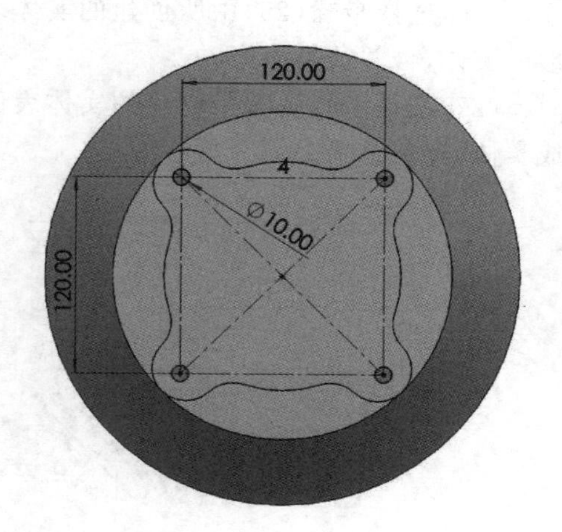

图 3-33

图 3-34

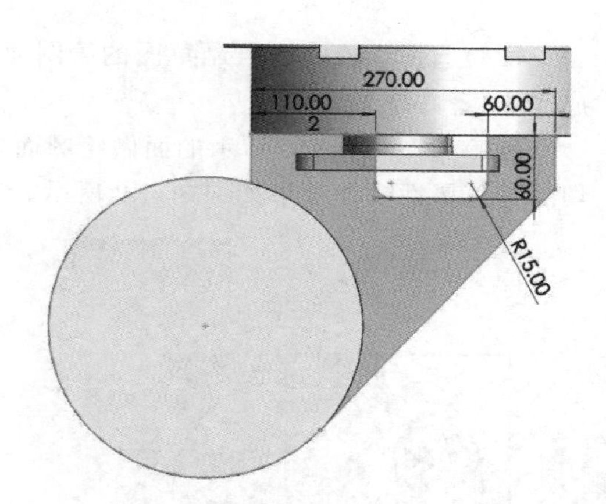

图 3-35

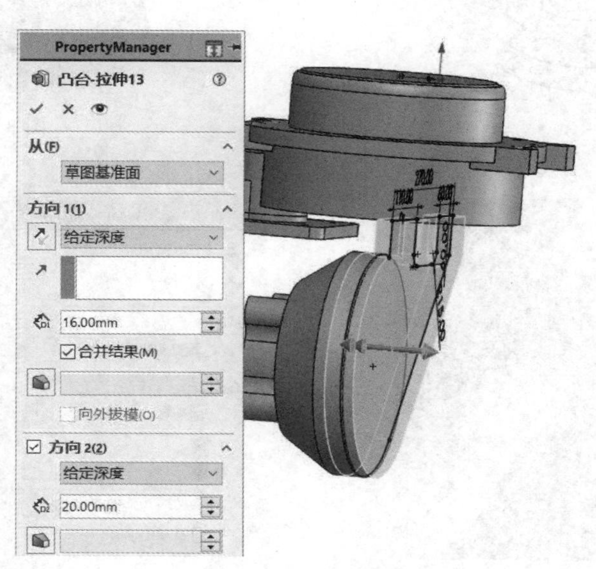

图 3-36

(26)选择步骤(25)中所创建的实体表面，绘制图 3－37 所示的草图，将其拉伸 30 mm，形成实体，合并结果。

(27)选择步骤(26)中创建的实体表面，绘制图 3－38 所示的草图，将其拉伸 25 mm，形成实体，合并结果。

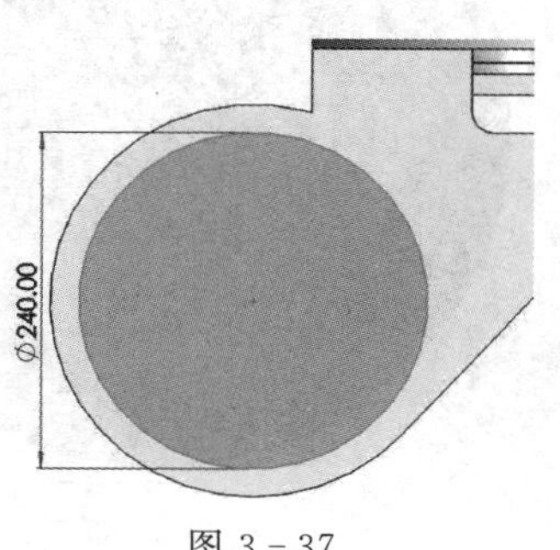

图 3－37

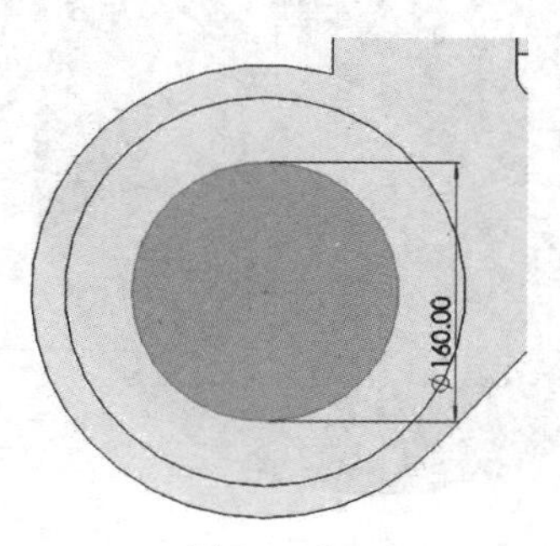

图 3－38

(28)选择步骤(26)绘制草图的绘图面，绘制图 3－39 所示的草图，将其拉伸 16 mm，形成实体，合并结果。

(29)选择图 3－40 所示的面做绘图面，绘制图 3－41 所示的草图，单击工具栏中的“拉伸切除”，其属性栏和效果如图 3－42 所示。

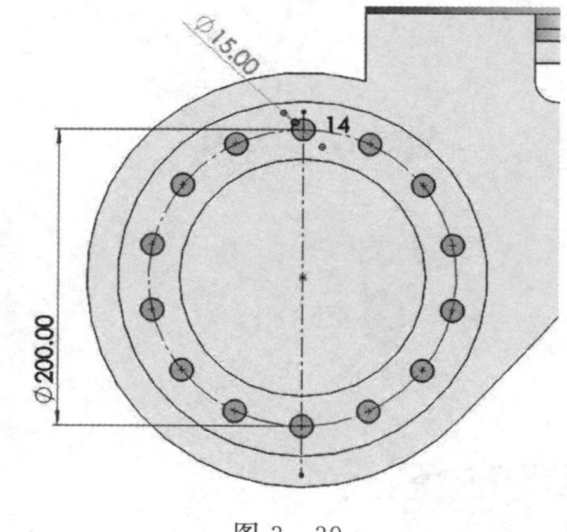

图 3－39

图 3－40

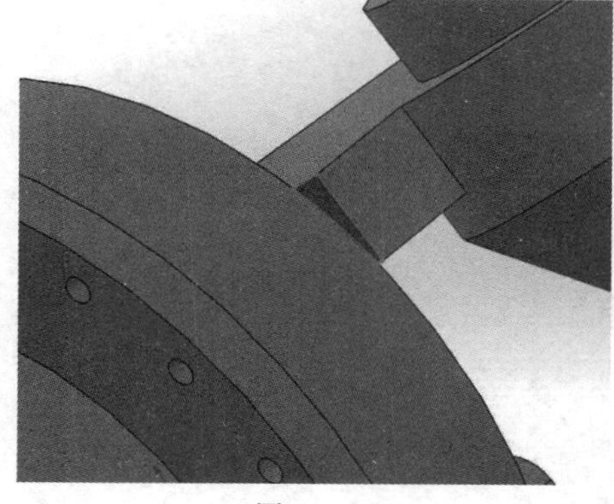

图 3－41

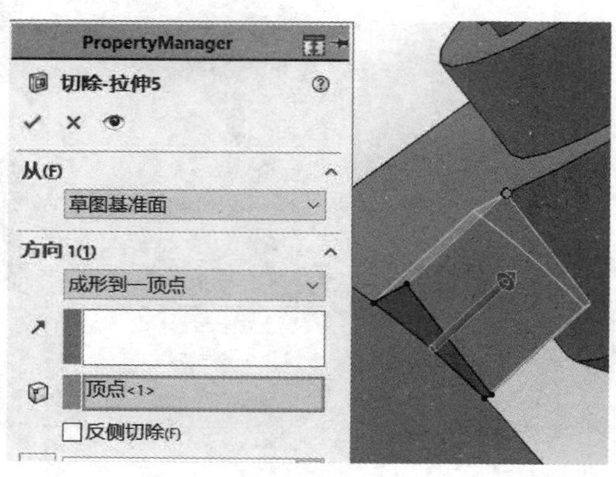

图 3－42

(30)选择图 3-43 所示的绘图面,绘制图 3-44 所示的草图,将其拉伸 10 mm,形成实体,合并结果。

图 3-43

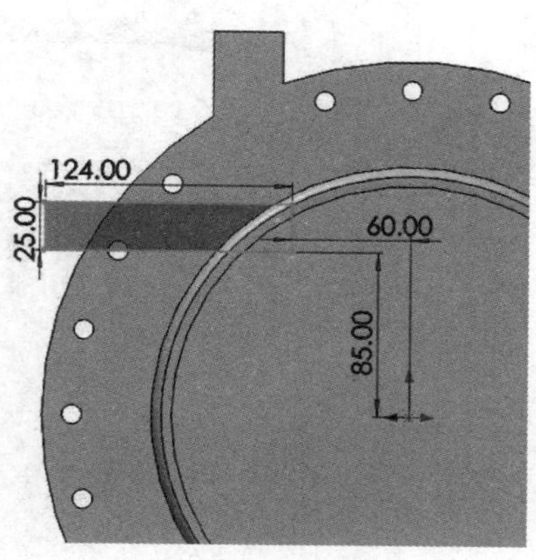

图 3-44

(31)选择步骤(30)所创建的实体表面,绘制图 3-45 所示的草图,单击工具栏中的“拉伸切除”,设置深度为 10 mm。

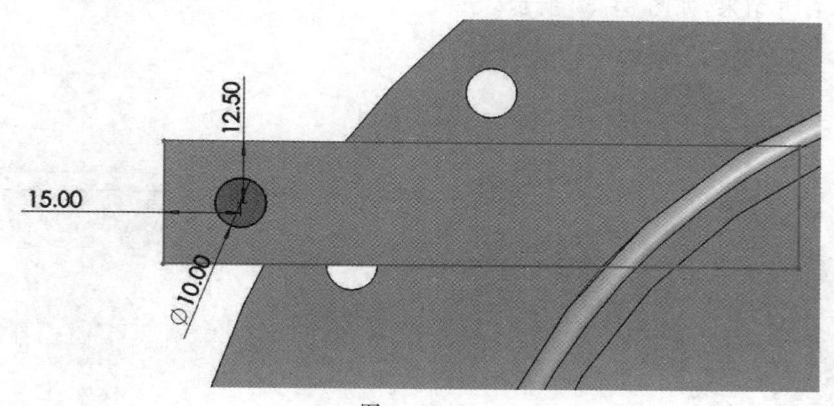

图 3-45

(32)如图 3-46 所示,选择边线导入圆角,半径为 2 mm。

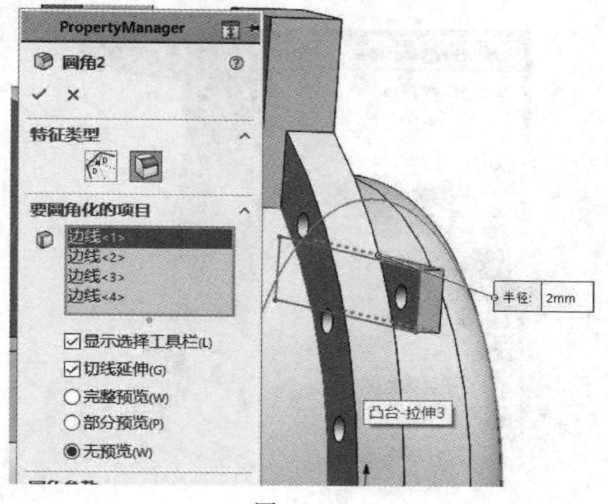

图 3-46

(33)单击工具栏中的“异向孔向导”，孔的规格和位置如图 3－47 所示。一共插入四个孔，图 3－47 上有两个孔，另外两个孔的位置与图 3－47 所示的孔对称。

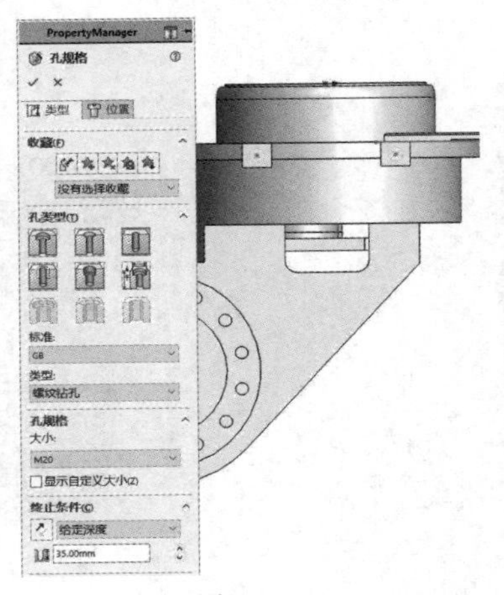

图 3－47

(34)选择图 3－48 所示的面为绘图面，绘制图 3－49 所示的草图，将其拉伸 15 mm，反转拉伸方向，合并结果，如图 3－50 所示。

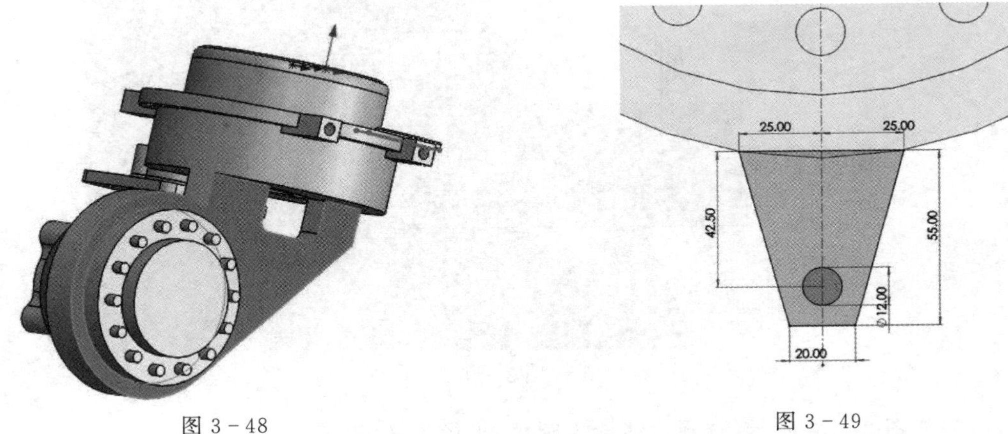

图 3－48

图 3－49

图 3－50

(35)选择步骤(34)绘图时的绘图面,绘制图 3 - 51 所示的草图,将其拉伸 18 mm,形成实体,拉伸方向与步骤(34)一致,合并结果。

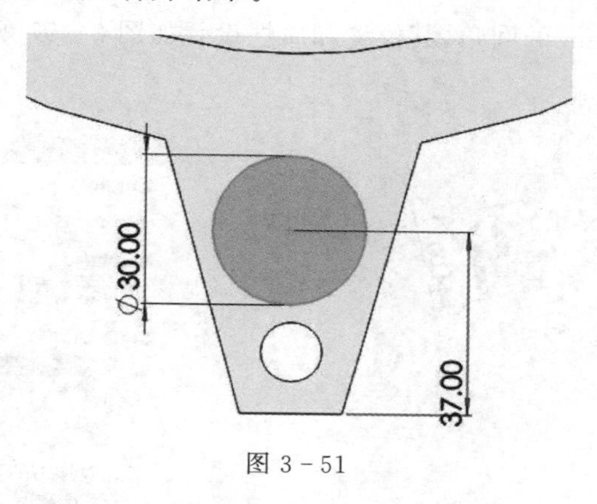

图 3 - 51

(36)选择图 3 - 52 所示的面为绘图面,绘制图 3 - 53 所示的草图,将其拉伸切除20 mm。单击确认。

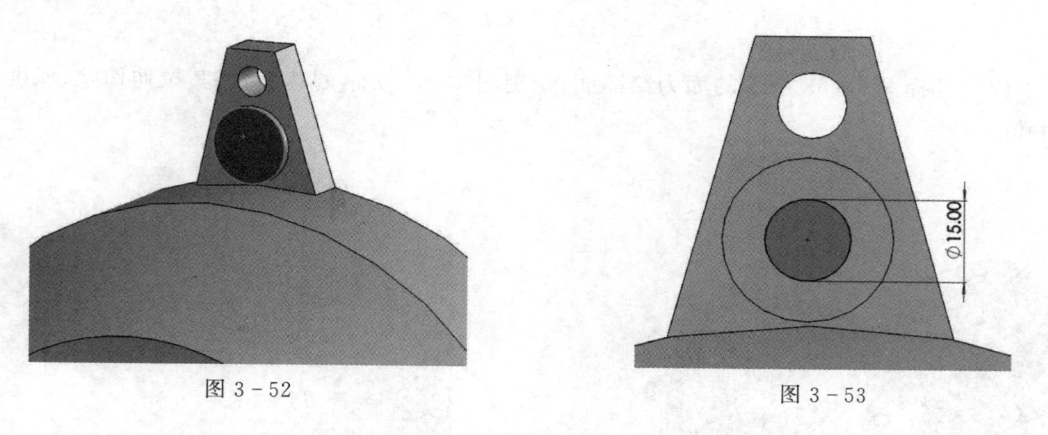

图 3 - 52　　图 3 - 53

(37)导入半径为 5 mm 的圆角,其属性设置和位置如图 3 - 54 所示。

(38)选择图 3 - 48 所示的绘图面,绘制图 3 - 55 所示的草图,将其拉伸 2 mm,形成实体,合并结果。

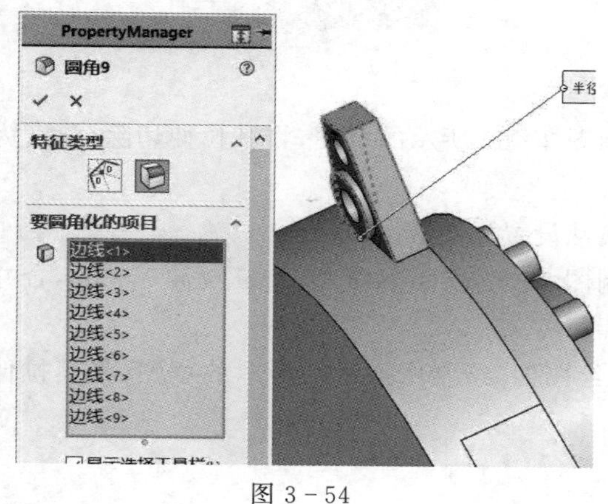

图 3 - 54

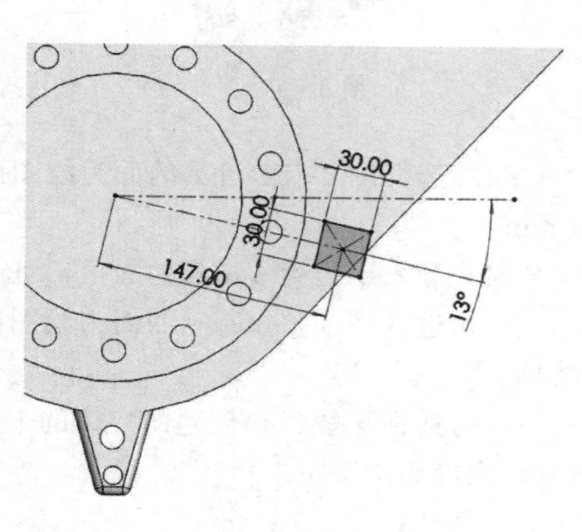

图 3 - 55

(39)选择步骤(38)中创建的实体的上表面为绘图面，绘制图 3-56 所示的草图，将其拉伸 35 mm，合并结果。

(40)导入半径为 5 mm 的圆角，其位置和属性设置如图 3-57 所示。

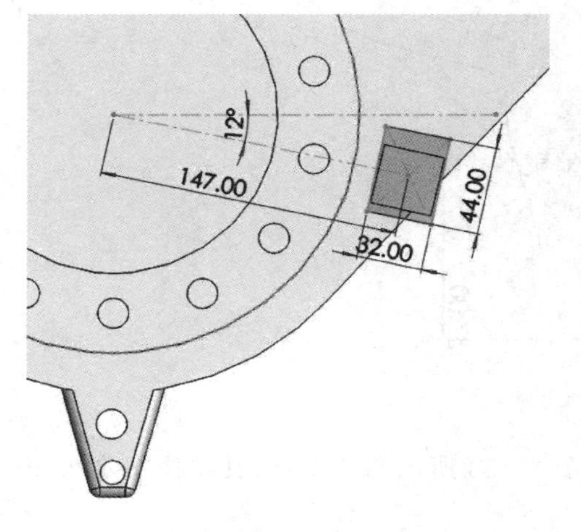

图 3-56

图 3-57

(41)选择图 3-58 所示的面为绘图面，绘制图 3-59 所示的草图，将其拉伸切除，深度为 4 mm。

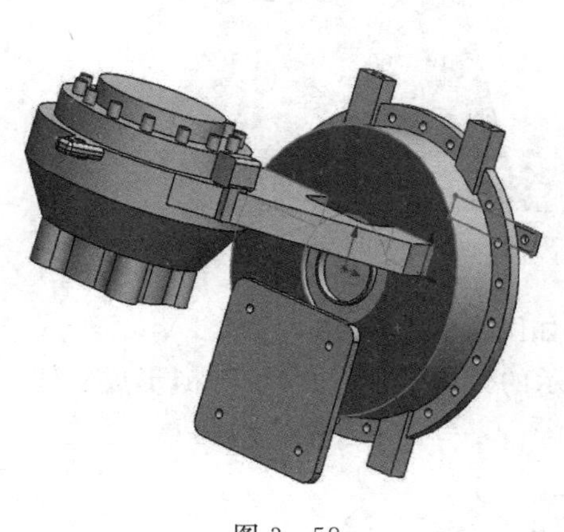
图 3-58

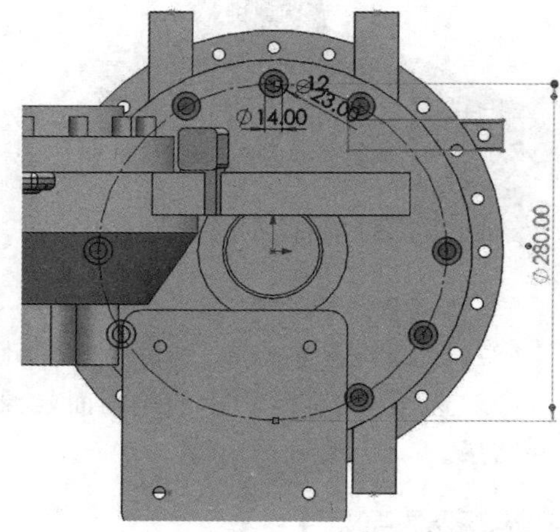

图 3-59

(42)选择图 3-58 所示的面为绘图面，绘制图 3-60 所示的草图，将其拉伸切除，深度为 4 mm。

(43)导入半径为 6 mm 的圆角，其位置和属性设置如图 3-61 所示。

(44)选择图 3-58 所示的面为绘图面，绘制图 3-62 所示的草图，将其拉伸 10 mm，合并结果。

(45)选择步骤(44)创建的实体的上表面为绘图面，绘制图 3-63 所示的草图，将其拉伸切除，深度为 27 mm。

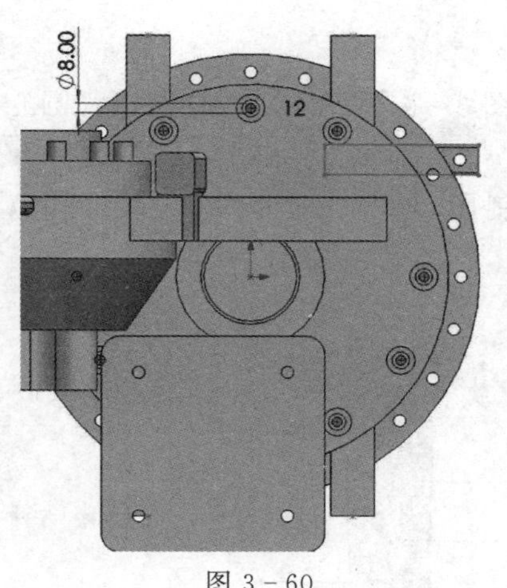

图 3-60

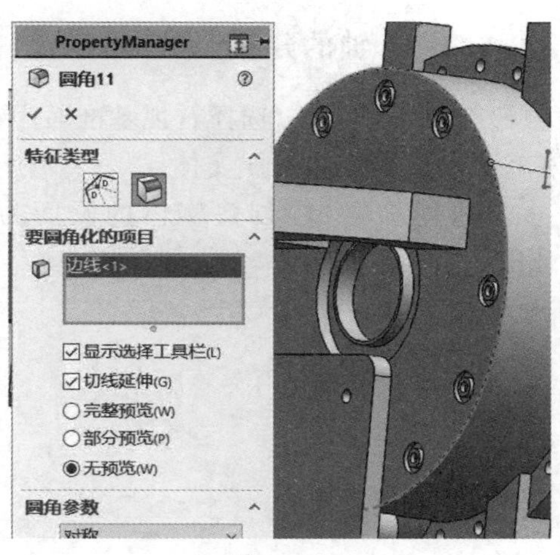

图 3-61

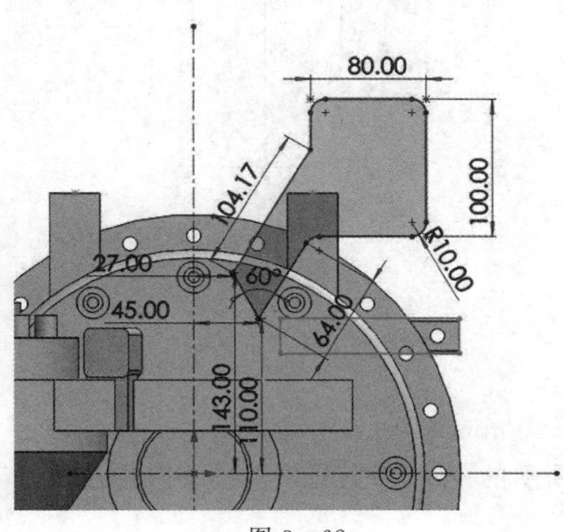

图 3-62

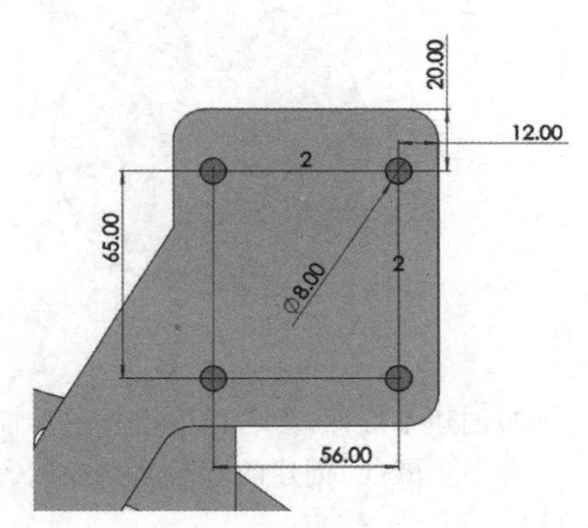

图 3-63

(46)1 轴整体图如图 3-64 所示。单击保存,文件名为 1 轴。

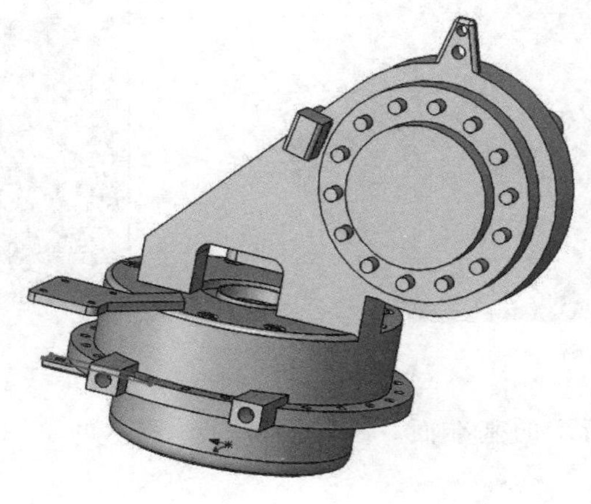

图 3-64

3.1.2 2轴的建模

(1)新建一个零件，选择右视基准面为绘图面，绘制图3-65所示的草图(原点为圆心)，将该草图拉伸4 mm，形成实体。

(2)选择步骤(1)创建实体的圆面为绘图面，绘制图3-66所示的草图，将其拉伸150 mm，合并结果。

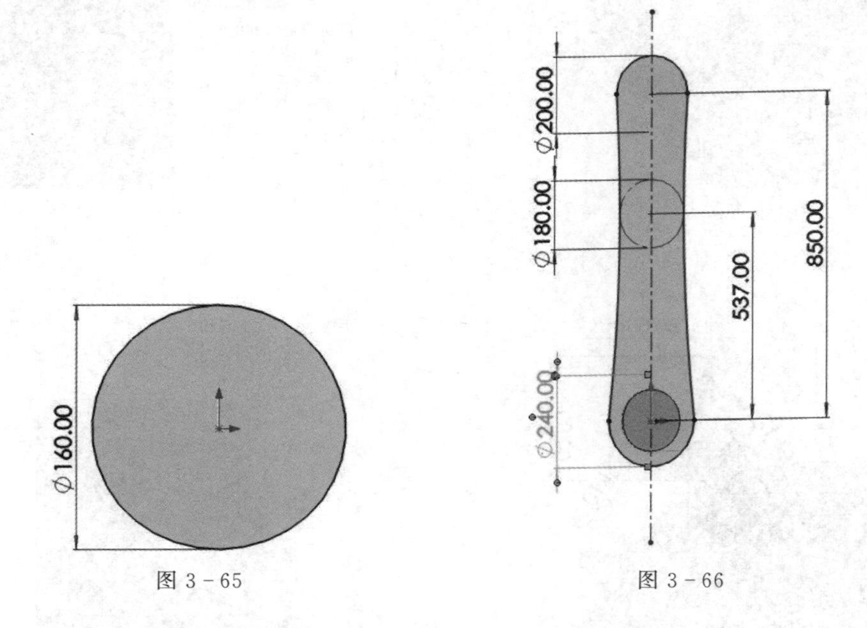

图3-65　　　　图3-66

(3)创建基准面，参考面为上视基准面，距离为40 mm，如图3-67所示。

(4)在步骤(3)创建的基准面上绘制图3-68所示的草图，对其进行拉伸切除操作，深度为150 mm。

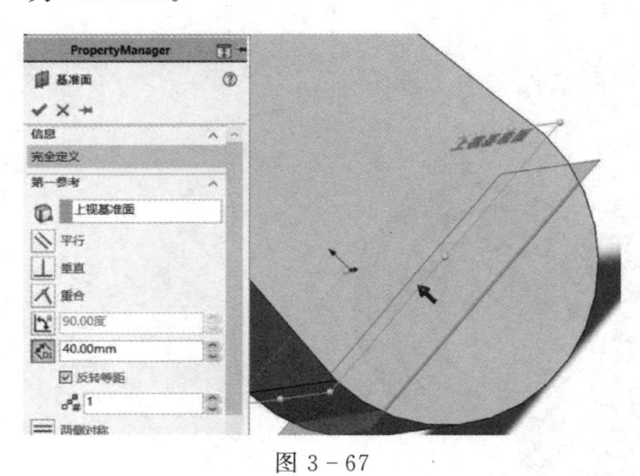

图3-67

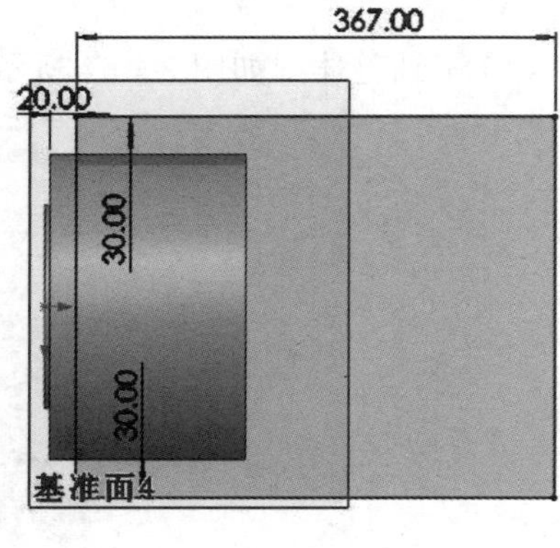

图3-68

(5)创建图3-69所示的基准面。绘制图3-70所示的草图，将其拉伸切除，深度为150 mm。

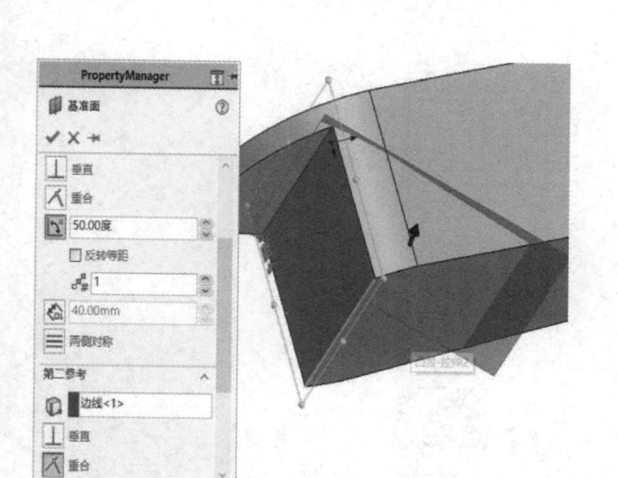

图 3-69

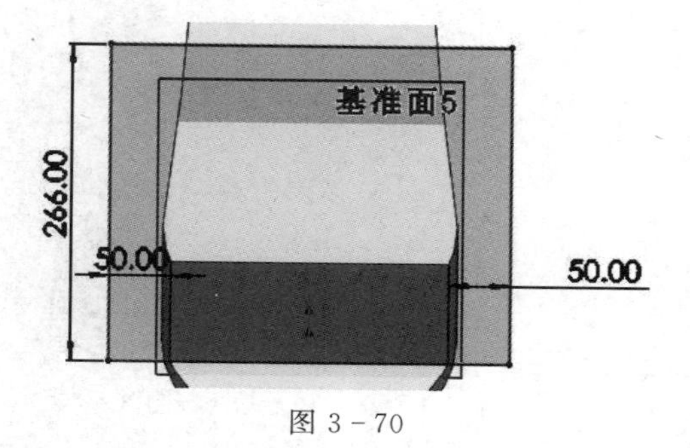

图 3-70

(6)创建图 3-71 所示的基准面。单击工具栏中的“线性阵列”,选择“镜向”,以图 3-71 所建立的基准面作为镜向面,做图 3-72 所示的镜向实体。

(7)创建图 3-73 所示的基准面,在该基准面上绘制图 3-74 所示的草图。

(8)选择图 3-75 所示的面为绘图面,绘制图 3-76 所示的草图。

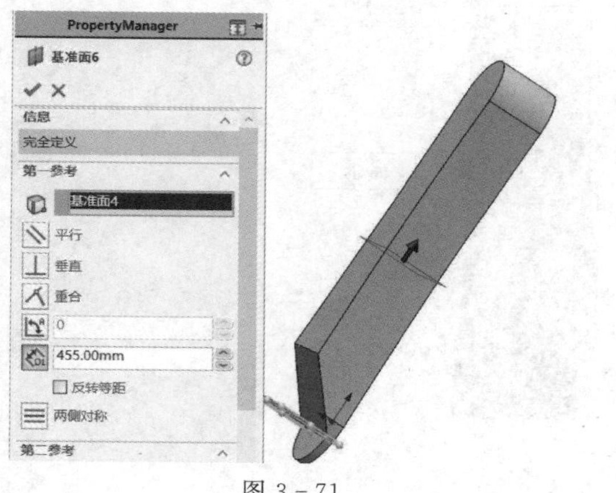

图 3-71

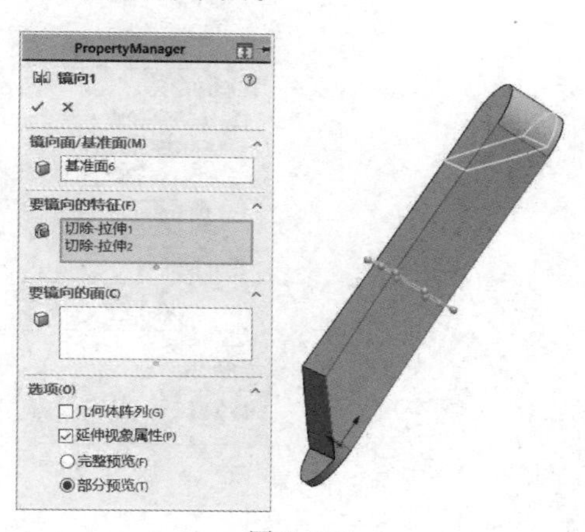

图 3-72

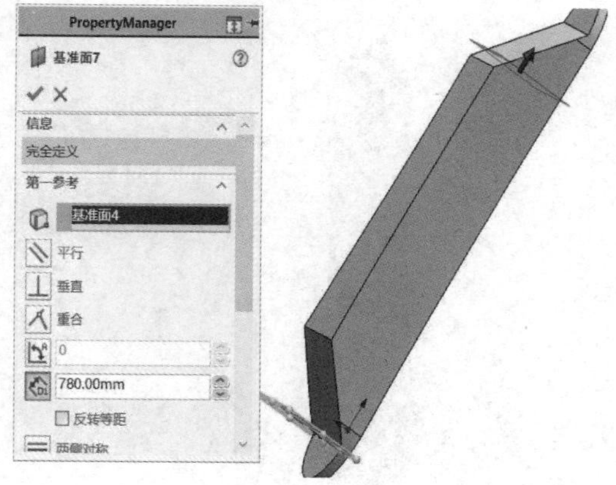

图 3-73

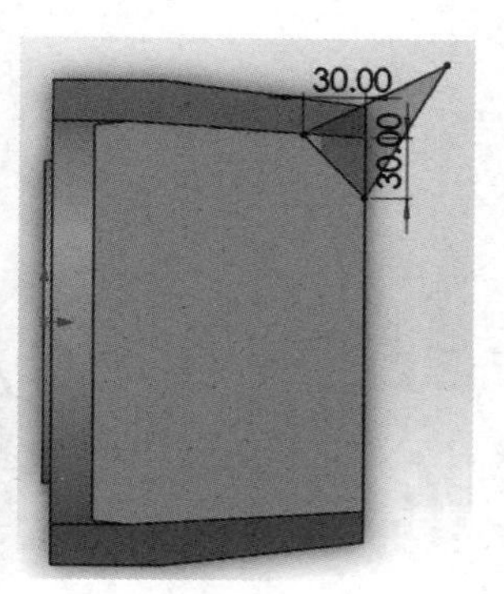

图 3-74

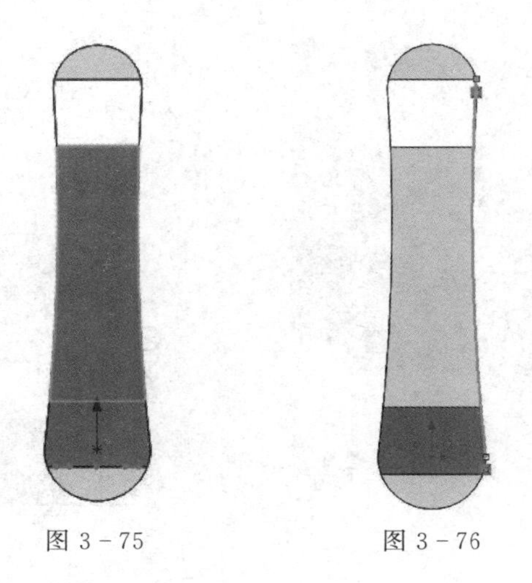

图 3-75　　　　图 3-76

(9)单击工具栏中的“扫描切除”,以图 3-74 所示的草图为截面,以图 3-76 所示的草图为路径,进行扫描切除,如图 3-77 所示。用同样的方法将另一侧扫描切除。

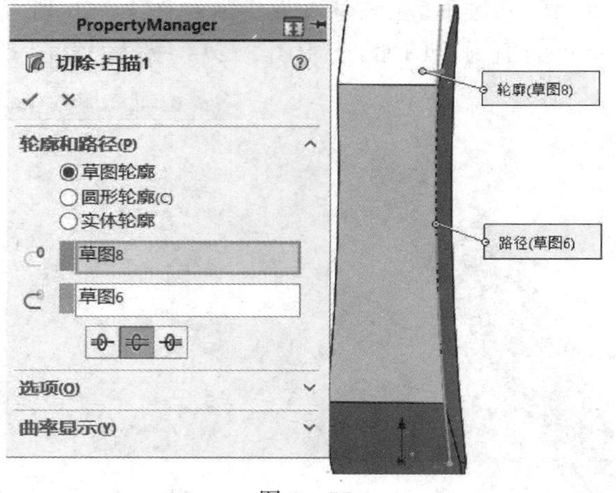

图 3-77

(10)选择图 3-78 所示的面为绘图面,绘制图 3-79 所示的草图,并将其拉伸 15 mm,形成实体,合并结果。

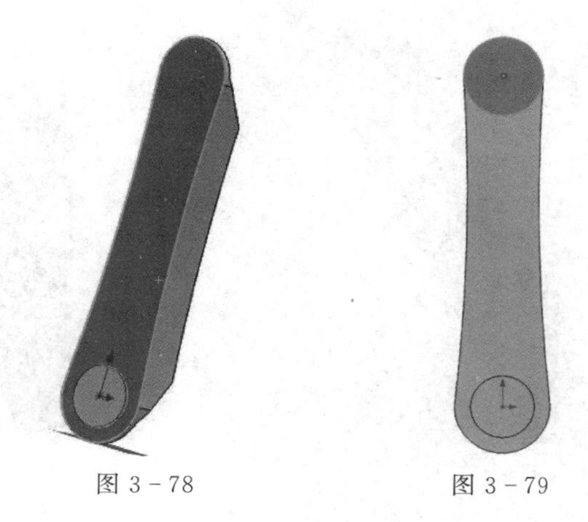

图 3-78　　　　图 3-79

(11)选择步骤(10)中建立实体的圆面为绘图面,绘制图 3-80 所示的草图,并将其拉伸 8 mm,形成实体,合并结果。

(12)选择图 3-81 所示的面为绘图面,绘制图 3-82 所示的草图。然后在与之对称的另一面绘制相同的草图。

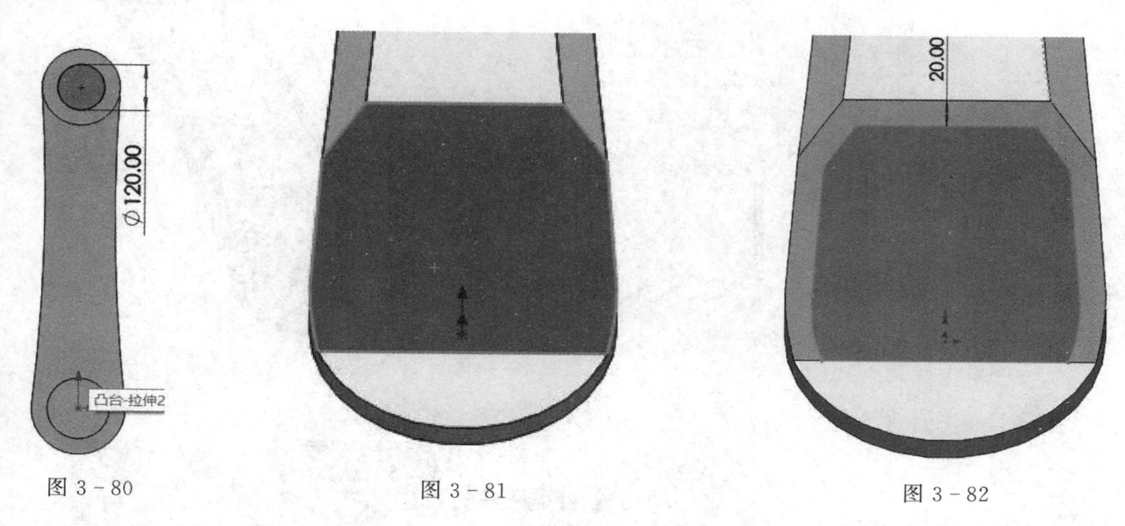

图 3-80　　图 3-81　　图 3-82

(13)创建图 3-83 所示的基准面,并在该基准面上绘制图 3-84 所示的草图。

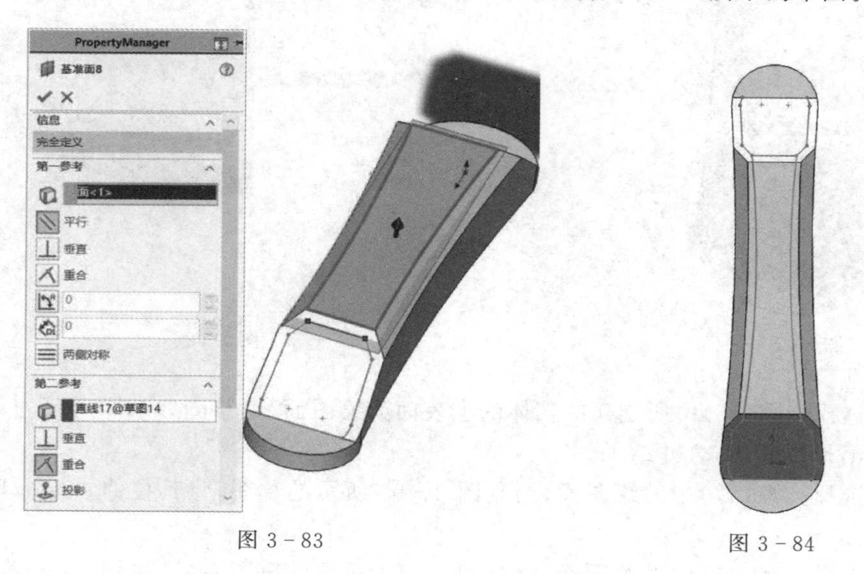

图 3-83　　图 3-84

(14)单击工具栏中的"放样切除",以步骤(12)所创建的草图为轮廓,以步骤(13)所创建的草图为引导线,进行放样切除,如图 3-85 所示。

(15)选择图 3-86 所示的面为绘图面,绘制图 3-87 所示的草图,将其拉伸 4 mm,形成实体,合并结果。

(16)选择图 3-88 所示的边线,导入半径为 4 mm 的圆角。

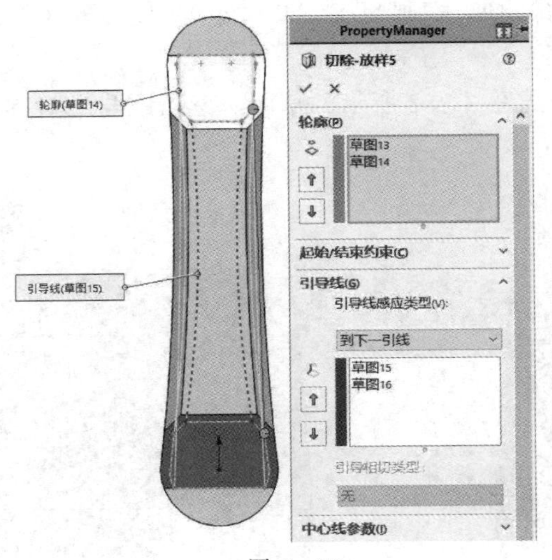

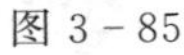
图 3-85

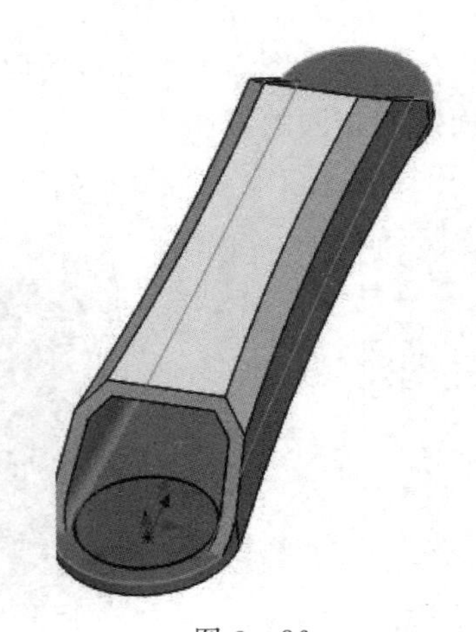
图 3-86

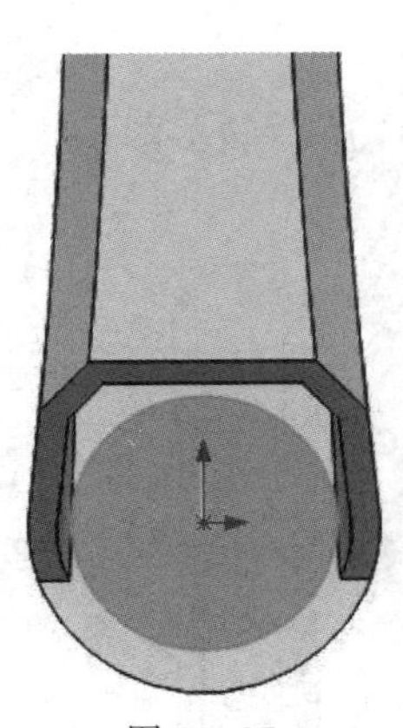
图 3-87

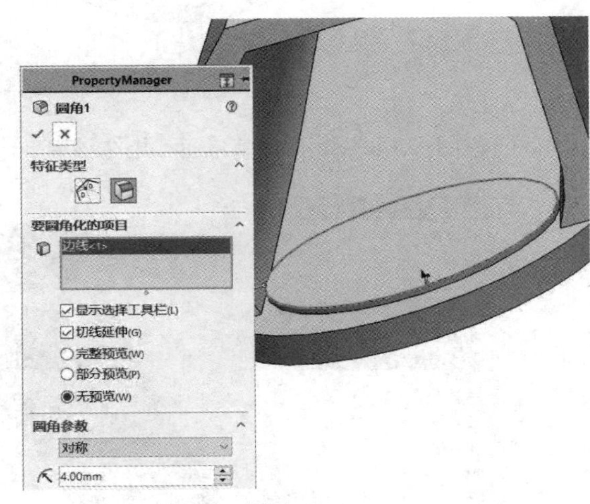

图 3-88

(17)选择步骤(15)中所创建的实体的上表面为绘图面，绘制图 3-89 所示的草图，将其拉伸 4 mm，形成实体，合并结果。

(18)选择步骤(17)中的绘图面，绘制图 3-90 所示的草图，将其拉伸 4 mm，形成实体，合并结果。

(19)选择步骤(15)中的绘图面，绘制图 3-91 所示的草图，将其拉伸 5 mm，形成实体，合并结果。

(20)选择步骤(19)中所创建实体的上表面，依次绘制图 3-92、图 3-93 所示的草图，并将它们依次拉伸 4 mm，形成实体，合并结果。

(21)选择图 3-94 所示的面为绘图面，绘制图 3-95 所示的草图，并将其拉伸 5 mm，形成实体，合并结果。

(22)选择图 3-96 所示的边线，导入半径为 10 mm 的圆角。

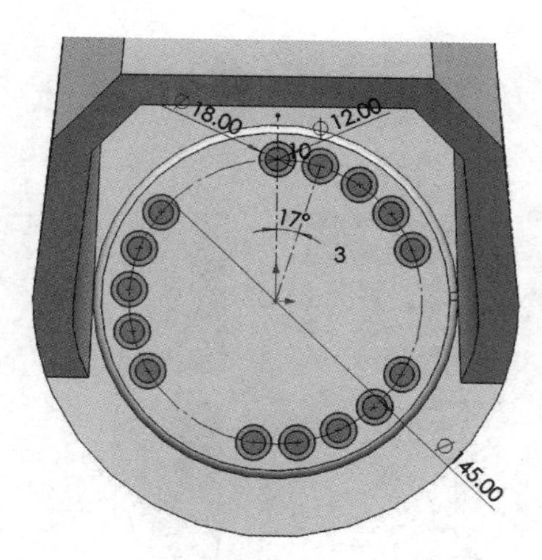

图 3－89

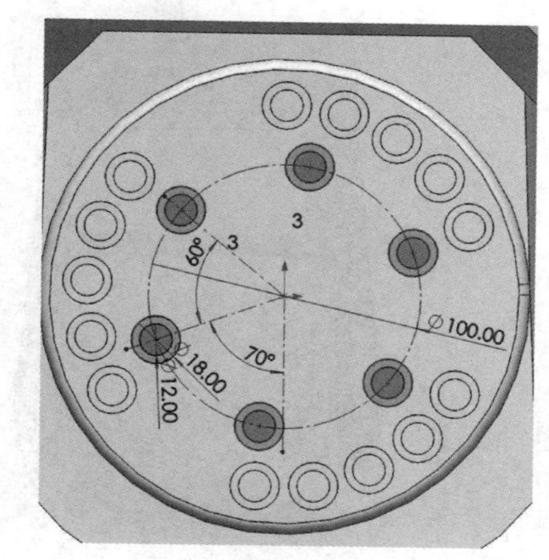

图 3－90

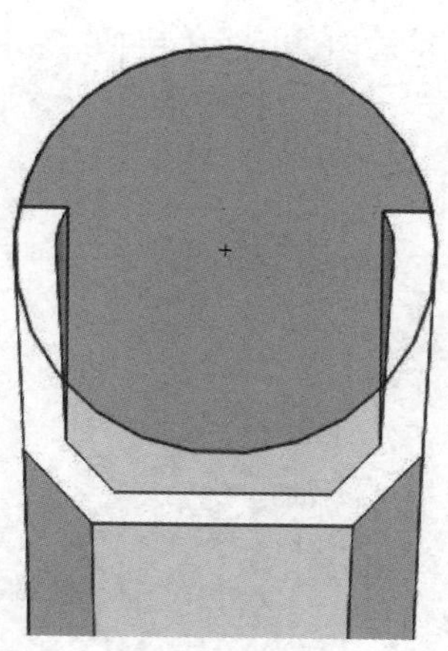
图 3－91

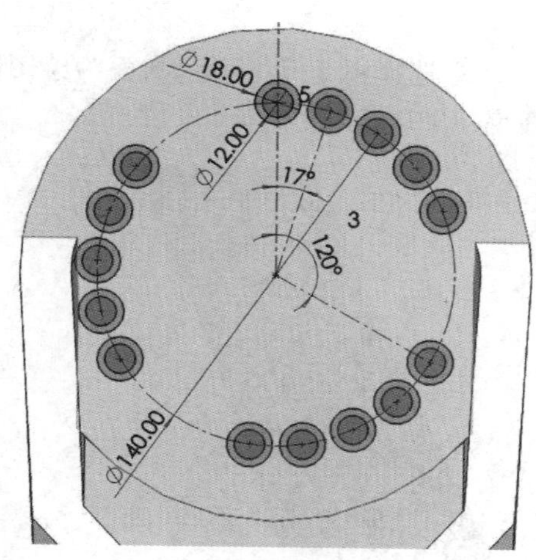

图 3－92

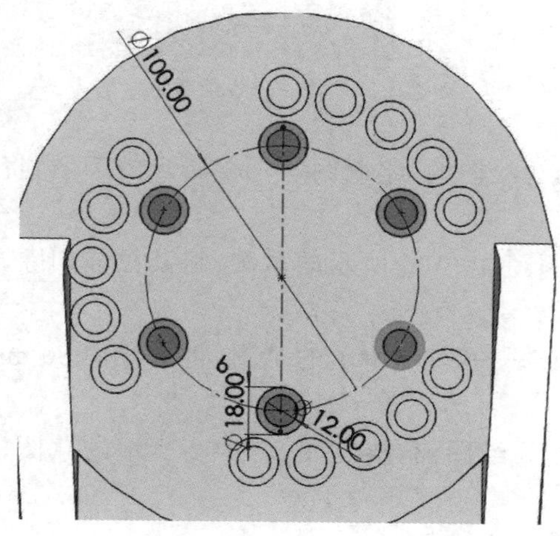

图 3－93

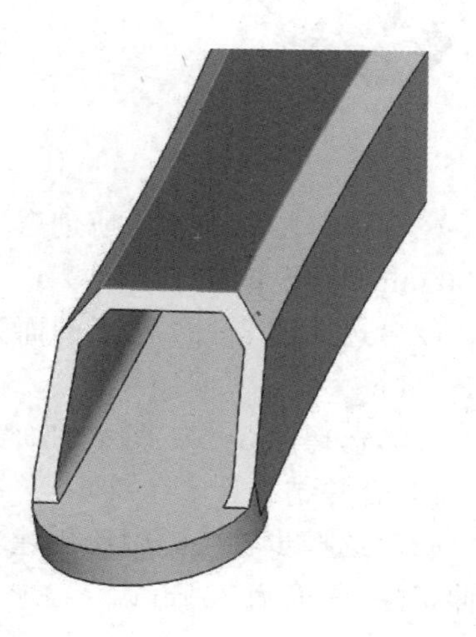
图 3－94

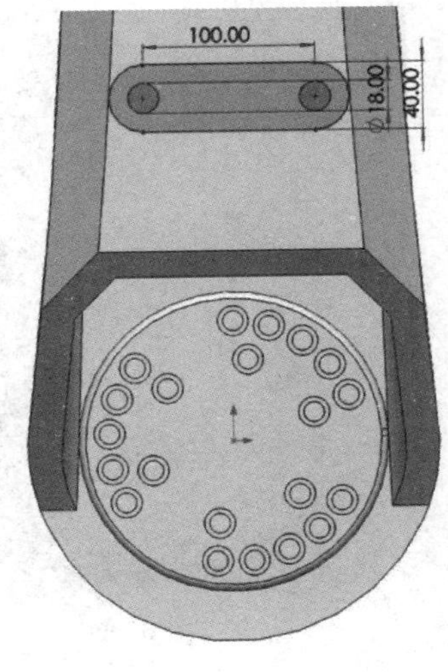

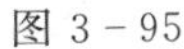
图 3－95

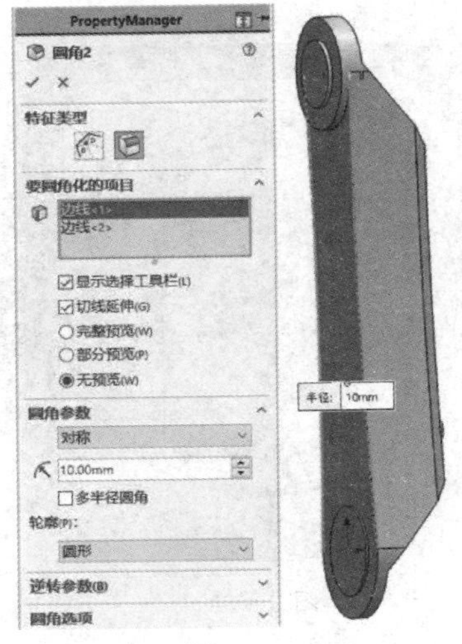

图 3－96

(23)选择图 3－97 所示的面为绘图面，绘制图 3－98 所示的草图，并将其拉伸 5 mm，形成实体，合并结果。

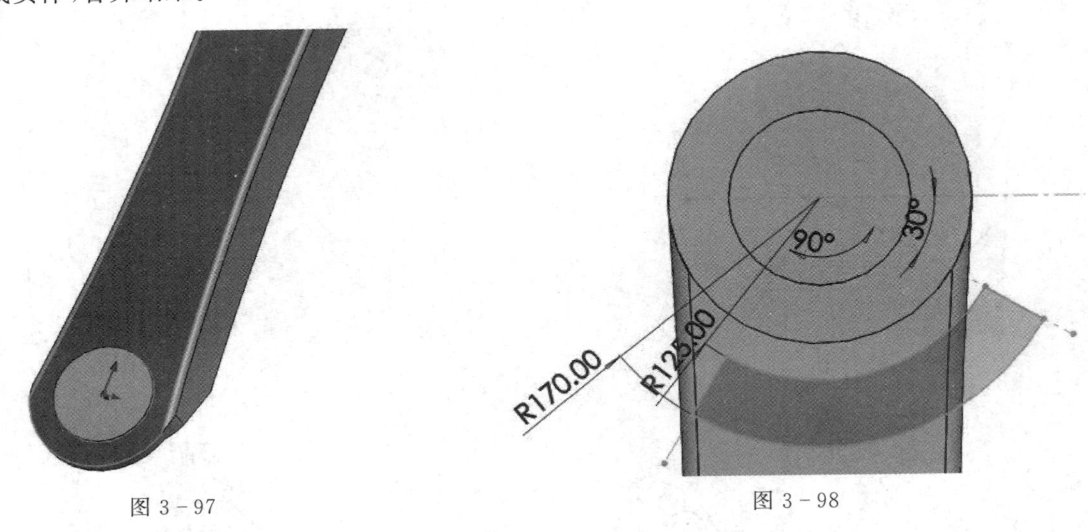

图 3－97　　图 3－98

(24)选择步骤(23)中所创建实体的上表面为绘图面，绘制图 3－99 所示的草图，将其拉伸 50 mm，形成实体，合并结果。

(25)选择图 3－97 所示的面为绘图面，绘制图 3－100 所示的草图，将其拉伸切除，深度为 75 mm。

(26)选择图 3－97 所示的面为绘图面，绘制图 3－101 所示的草图，将其拉伸 50 mm，形成实体，合并结果。

(27)选择步骤(26)中所创建实体的上表面为绘图面，绘制图 3－102 所示的草图，将其拉伸切除，深度为 35 mm。

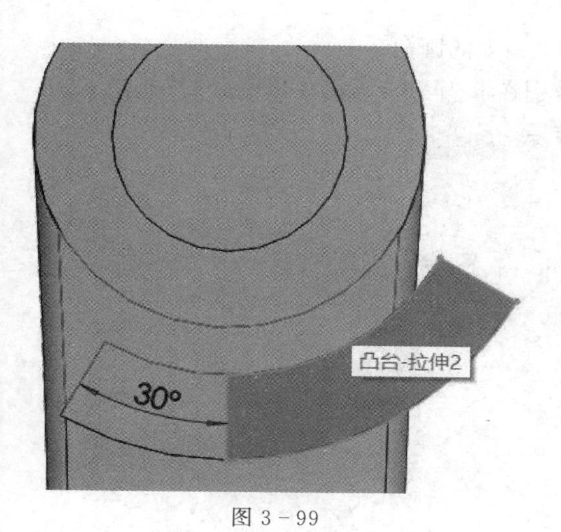

图 3-99

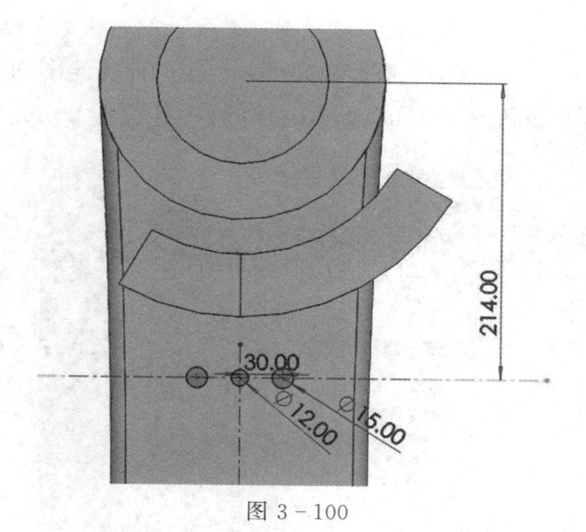

图 3-100

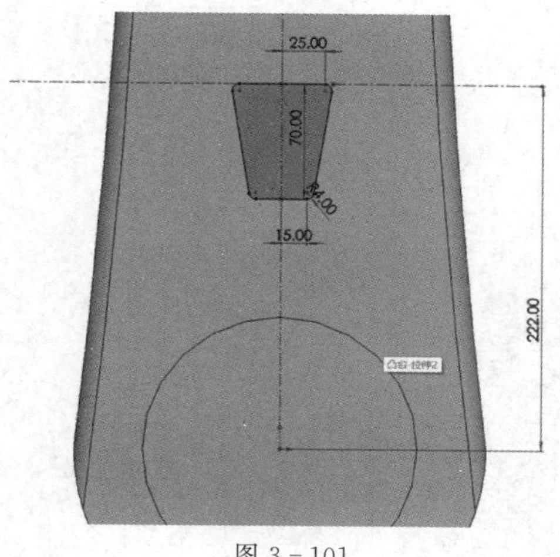

图 3-101

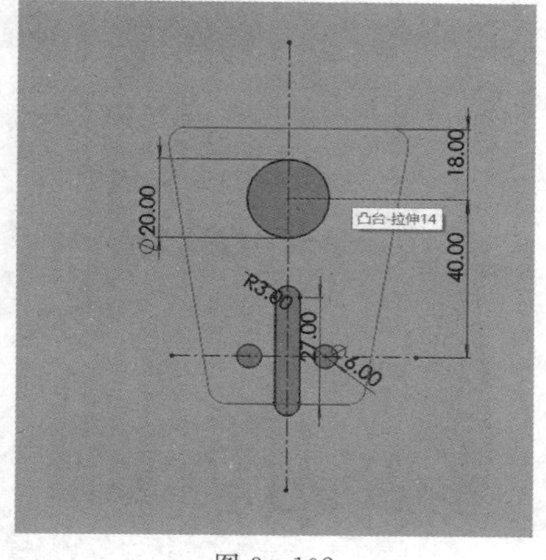

图 3-102

(28)选择图 3-97 所示的面为绘图面，绘制图 3-103 所示的草图，将其拉伸 10 mm，形成实体，合并结果。

(29)选择步骤(28)中所创建的实体的表面为绘图面，绘制图 3-104 所示的草图，对其进行拉伸，正向深度为 5 mm，另一方向深度为 14 mm，合并结果。

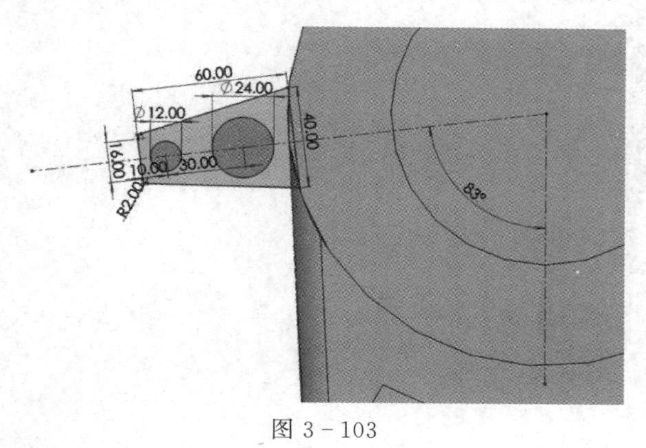

图 3-103

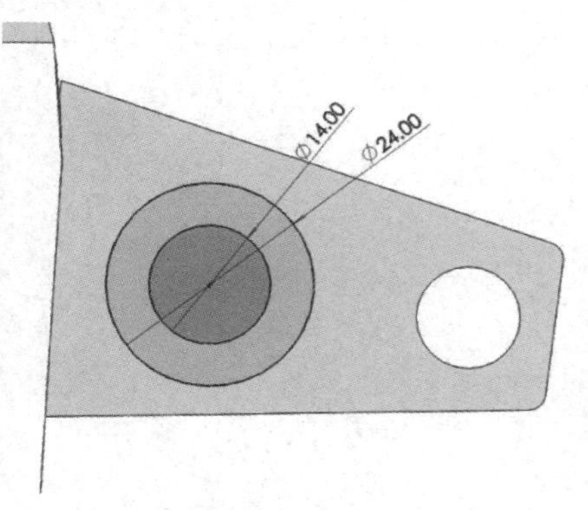

图 3-104

(30)选择图 3 - 105 所示的边线,导入半径为 4 mm 的圆角。

(31)选择图 3 - 106 所示的面为绘图面,然后分别在上、下两个圆形的圆心处绘制图 3 - 107 和图 3 - 108 所示的草图,将其拉伸 2 mm,合并结果。

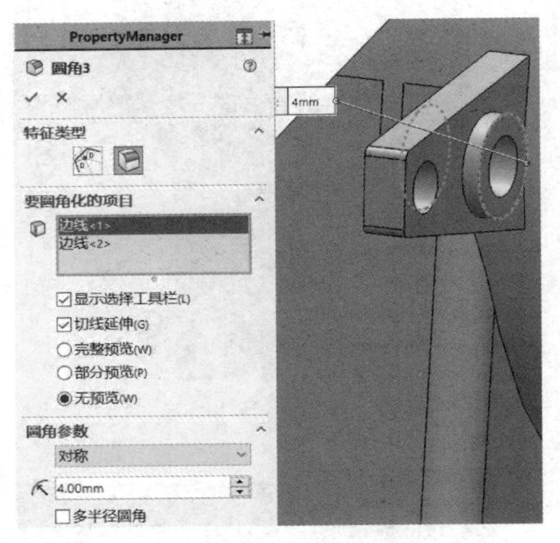

图 3 - 105

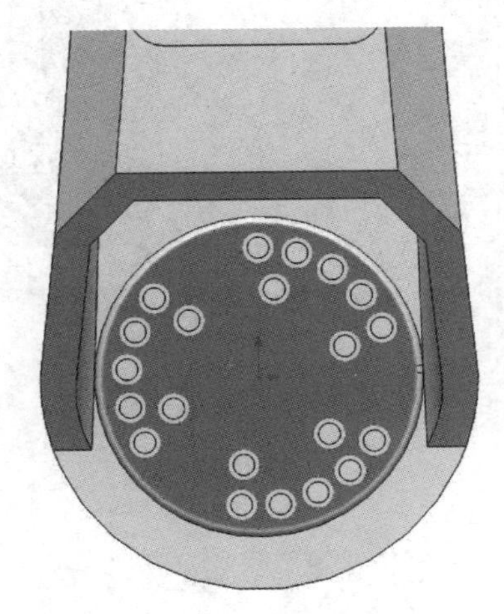
图 3 - 106

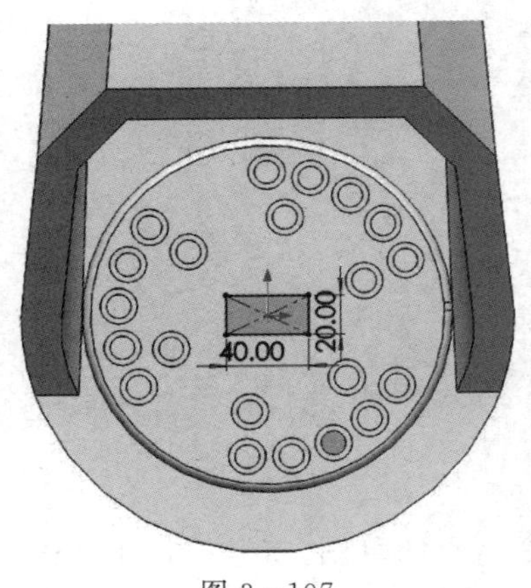

图 3 - 107

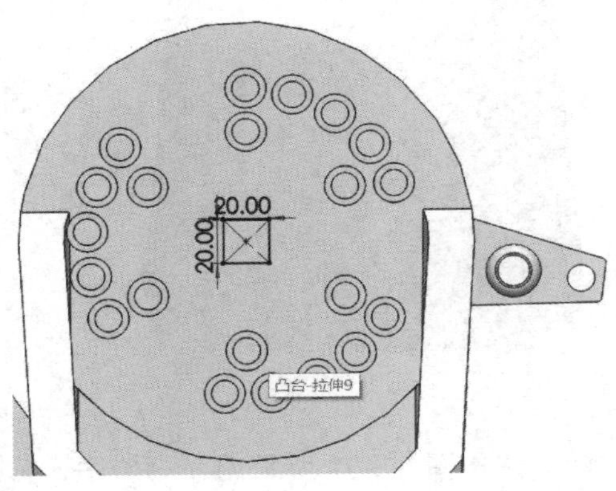

图 3 - 108

(32)单击保存,文件名为 2 轴,总览图如图 3 - 109 所示。

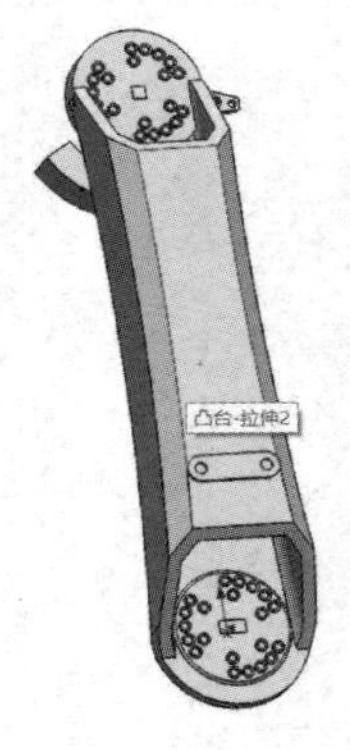

图 3 - 109

3.1.3 3轴的建模

(1)新建一个零件,在右视基准面上绘制图 3-110 所示的草图,将其拉伸 30 mm,形成实体。

(2)在步骤(1)中所建立的实体的圆面上绘制图 3-111 所示的草图,将其拉伸 200 mm,形成实体,合并结果。

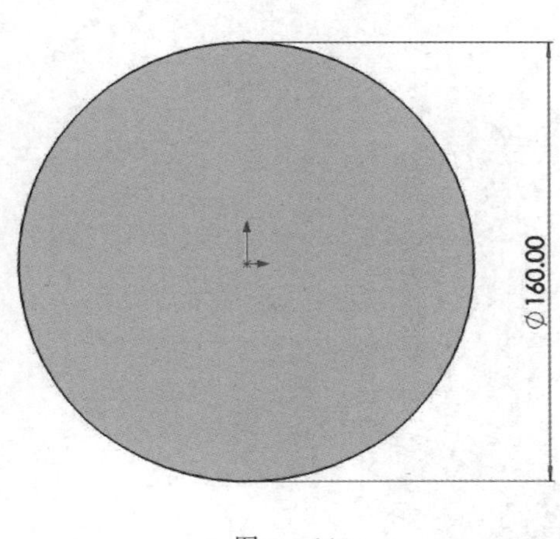

图 3-110

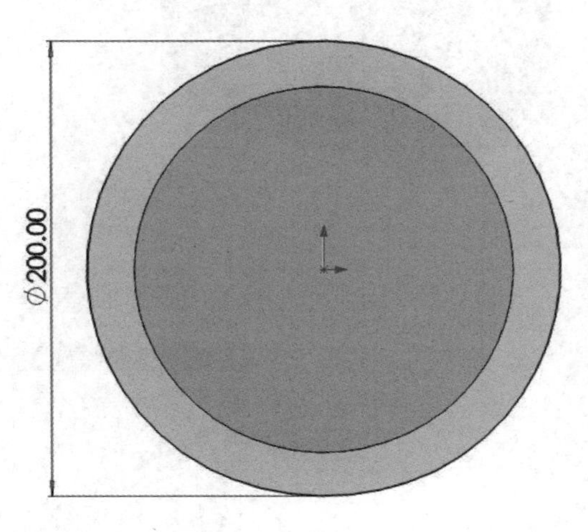

图 3-111

(3)选择图 3-112 所示的基准面,绘制图 3-113 所示的草图,将其拉伸 12 mm,形成实体,合并结果。

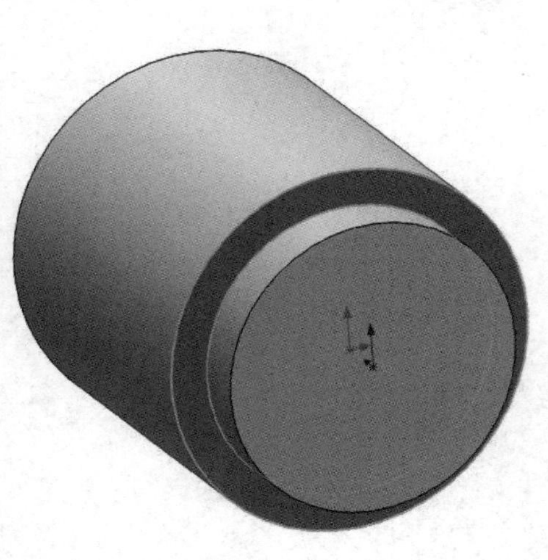

图 3-112

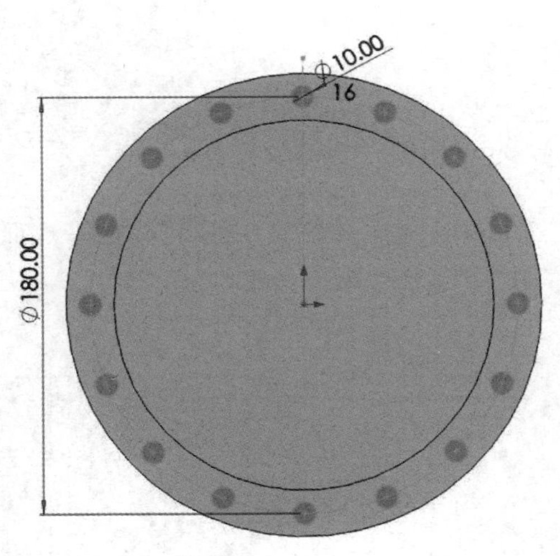

图 3-113

(4)选择图 3-114 所示的面,绘制图 3-115 所示的草图,将其拉伸 300 mm,形成实体,合并结果。

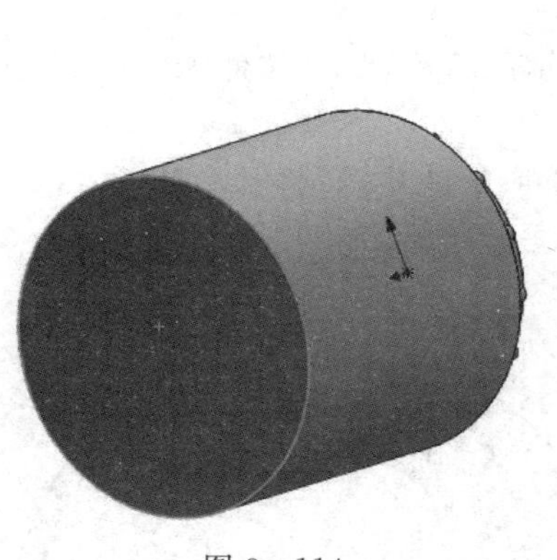

图 3 - 114

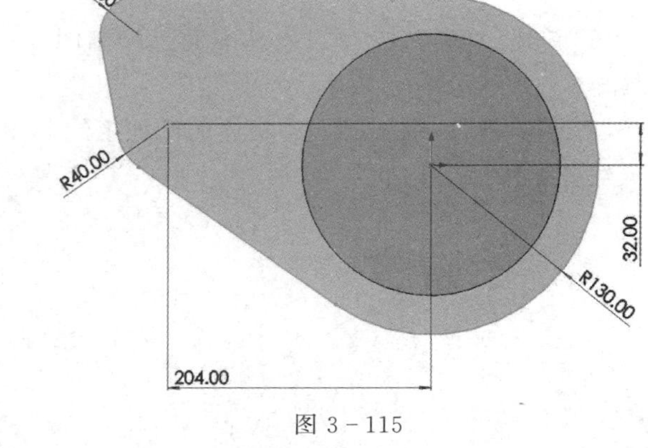

图 3 - 115

(5)创建图 3 - 116 所示的基准面。

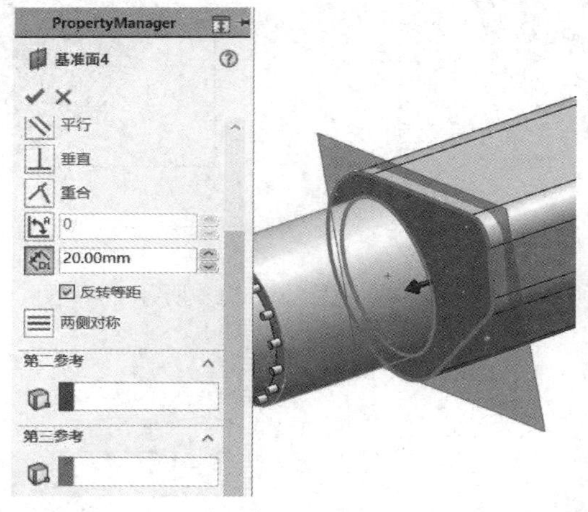

图 3 - 116

(6)选择步骤(5)中所创建的基准面,绘制图 3 - 117 所示的草图,将其拉伸 180 mm,形成实体,合并结果。

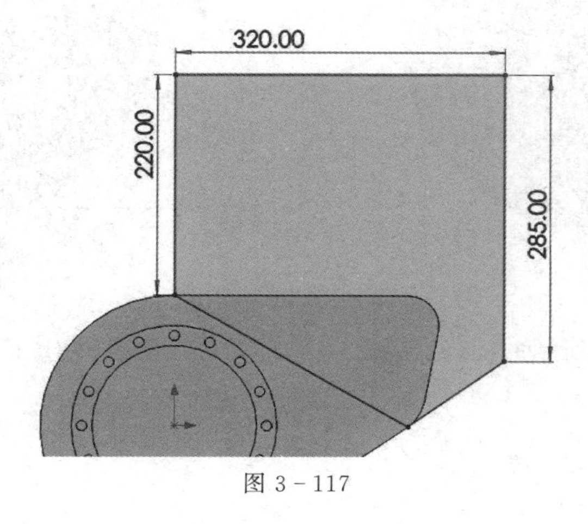

图 3 - 117

(7)选择图 3－118 所示的面，绘制图 3－119 所示的草图，将其拉伸 20 mm，形成实体，合并结果。

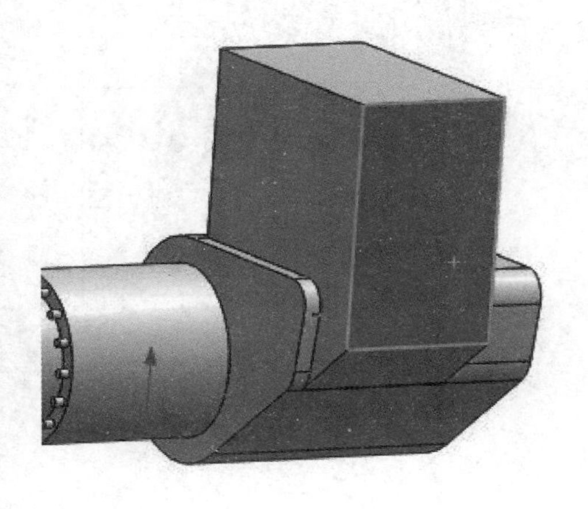
图 3－118

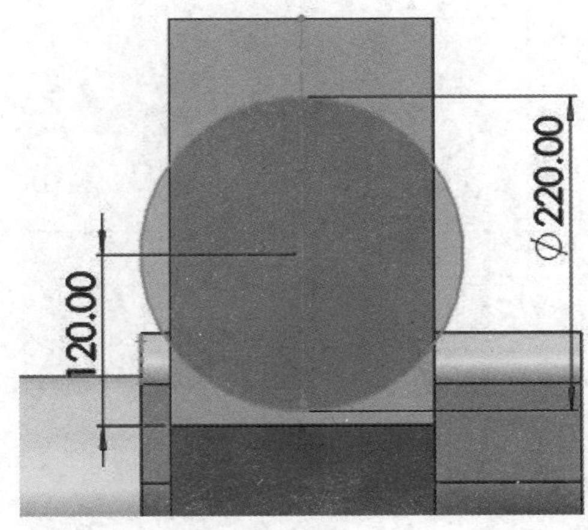

图 3－119

(8)选择图 3－120 所示的面，绘制图 3－121 所示的草图，将其拉伸 60 mm，形成实体，合并结果。

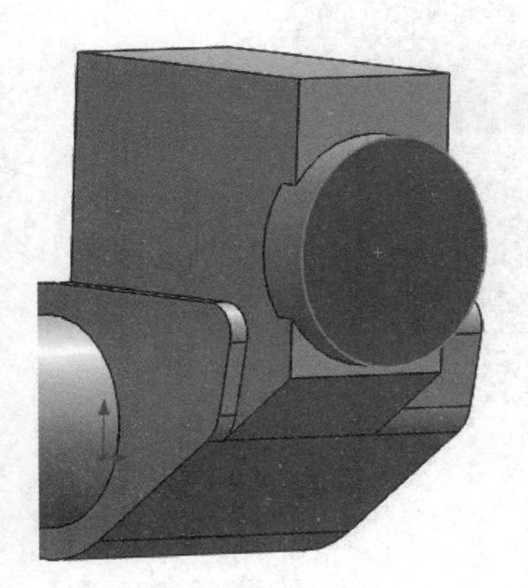
图 3－120

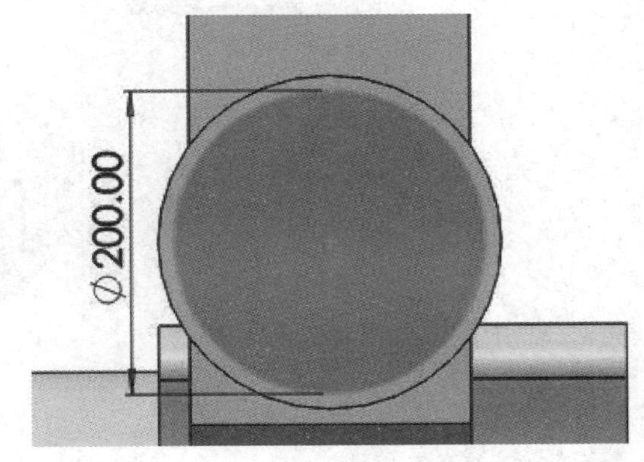

图 3－121

(9)选择步骤(8)创建的实体的圆面为绘图面，绘制图 3－122 所示的草图，将其拉伸 10 mm，形成实体，合并结果。

(10)选择步骤(8)所用的绘图面，绘制图 3－123 所示的草图，将其拉伸切除，深度为 5 mm。

(11)创建图 3－124 所示的基准面。

(12)选择图 3－125 所示的边线，导入半径为 30 mm 的圆角。

(13)选择图 3－126 所示的边线，导入半径为 20 mm 的圆角。

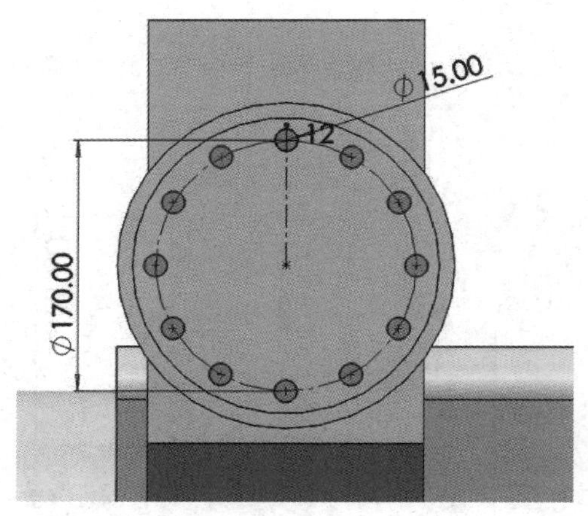

图 3－122

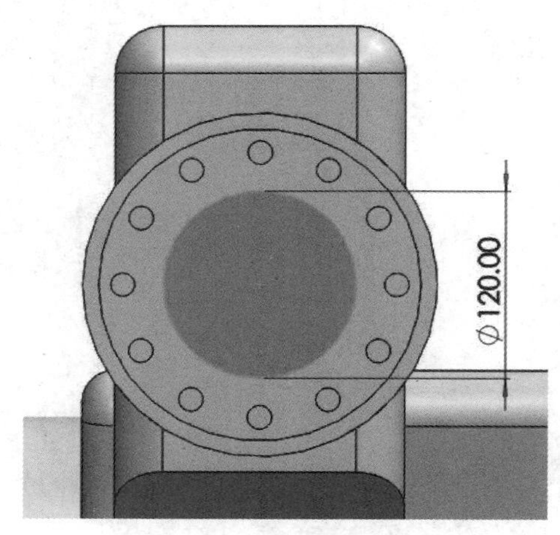

图 3－123

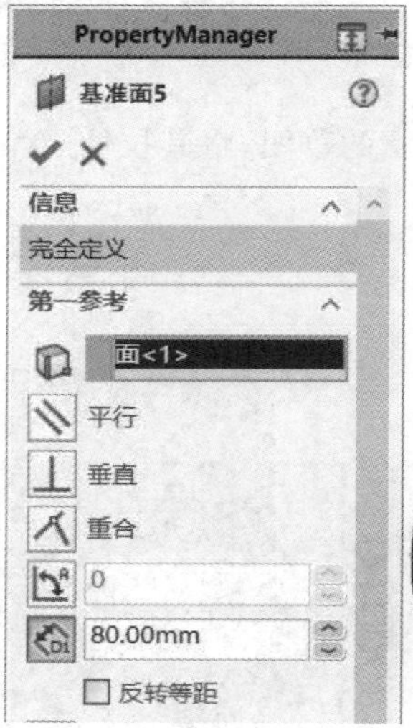

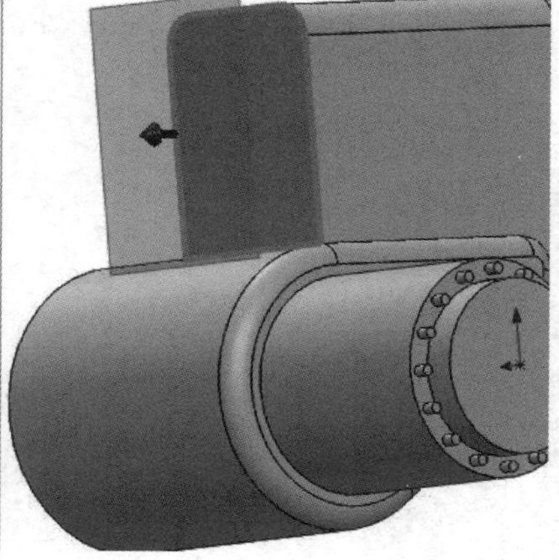

图 3－124

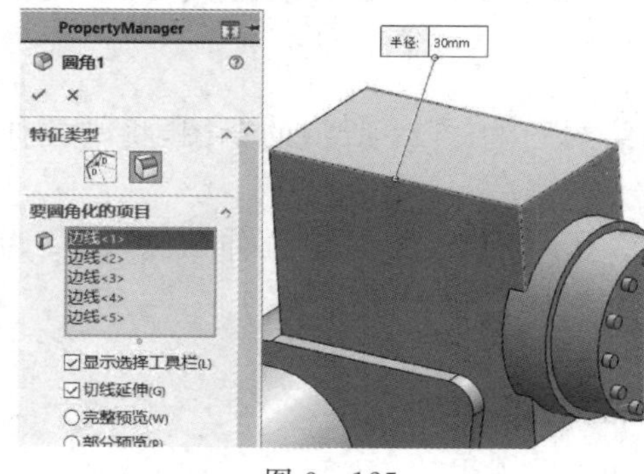

图 3－125

图 3－126

(14)在步骤(11)创建的基准面上绘制图 3 - 127 所示的草图,并在步骤(11)创建基准面时所选的参考面上绘制图 3 - 128 所示的草图,以这两个草图为基准,进行放样凸台,如图 3 - 129所示,合并结果。

(15)选择图 3 - 130 所示的边线,导入半径为 20 mm 的圆角。

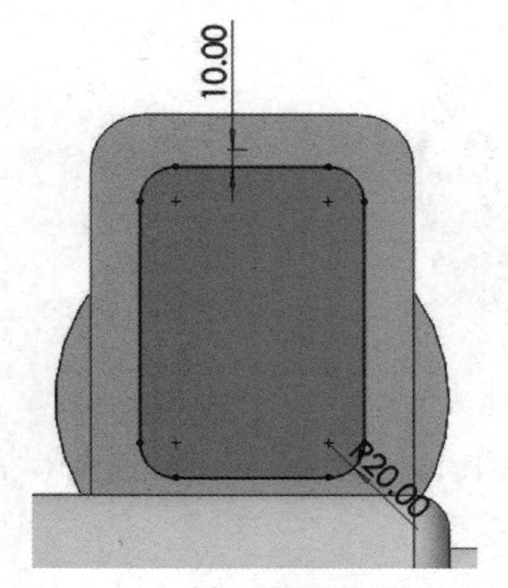

图 3 - 127

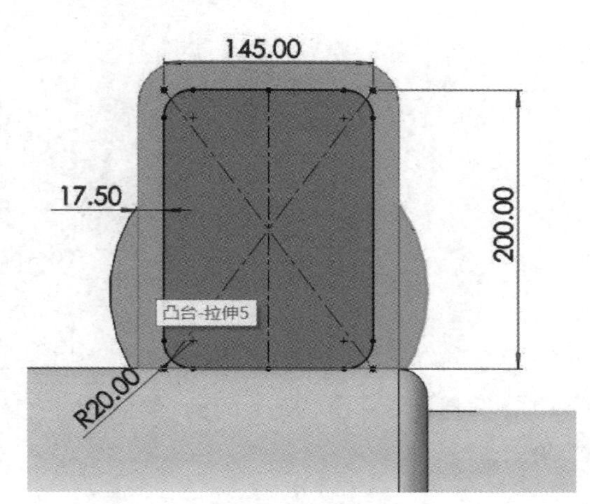

图 3 - 128

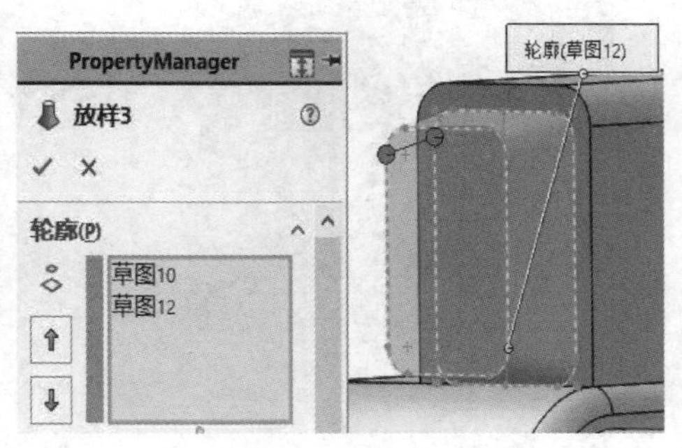

图 3 - 129

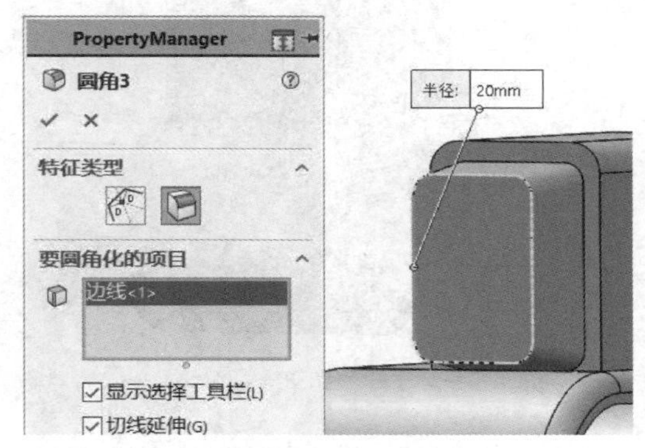

图 3 - 130

(16)选择图 3 - 131 所示的面,绘制图 3 - 132 所示的草图,将其拉伸 2 mm,形成实体,合并结果。

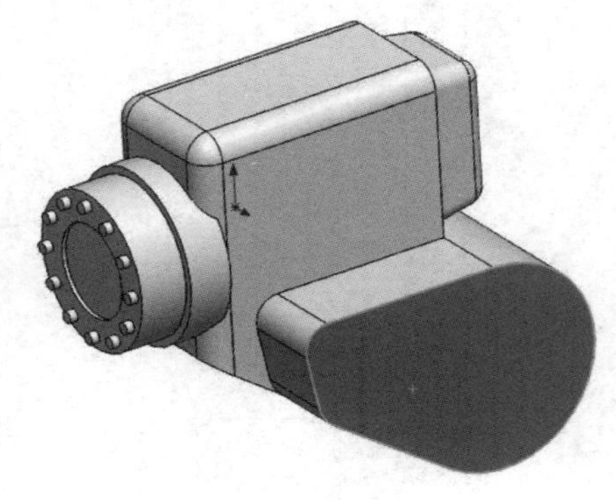

图 3 - 131

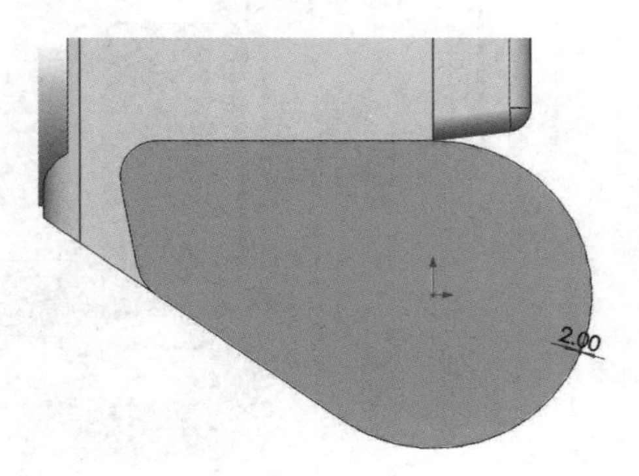

图 3 - 132

(17)选择步骤(16)创建实体的表面,绘制图 3-133 所示的草图,将其拉伸 4 mm,形成实体,合并结果。

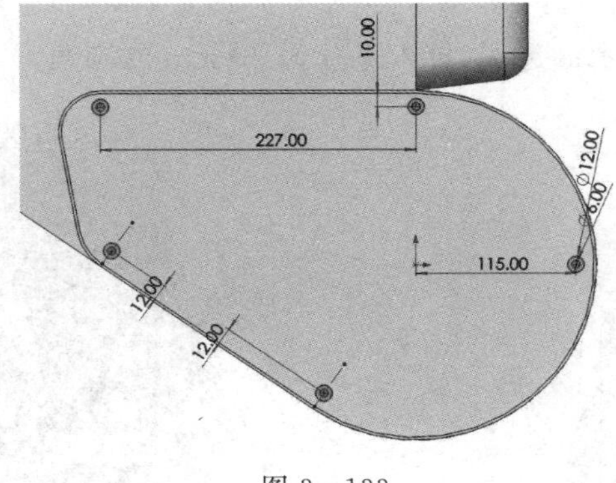

图 3-133

(18)选择图 3-134 所示的面,绘制图 3-135 所示的草图,将其拉伸 2 mm,形成实体,合并结果。

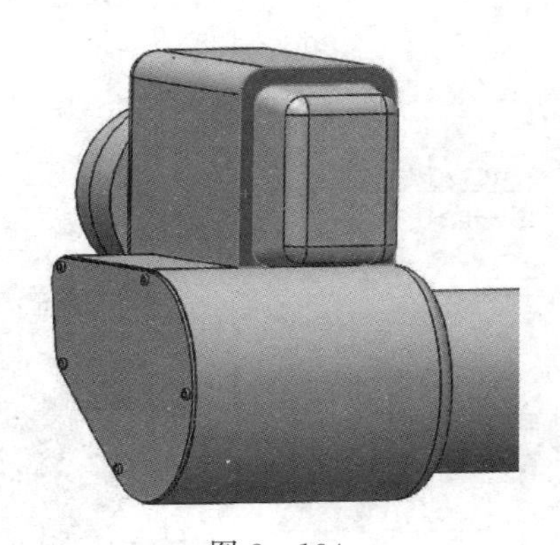

图 3-134

图 3-135

(19)选择图 3-136 所示的面,绘制图 3-137 所示的草图,将其拉伸 20 mm,形成实体,合并结果。

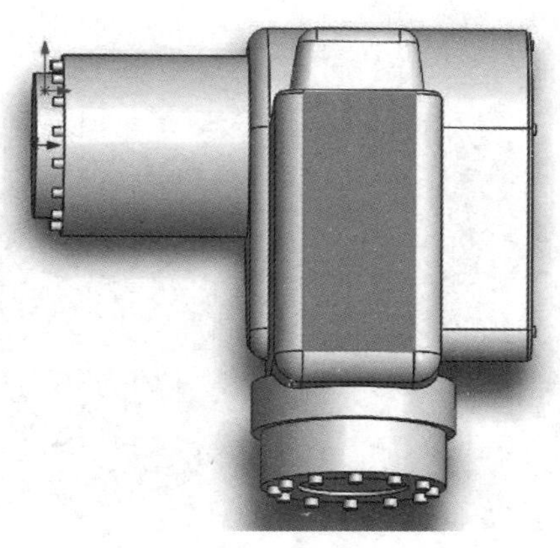

图 3-136

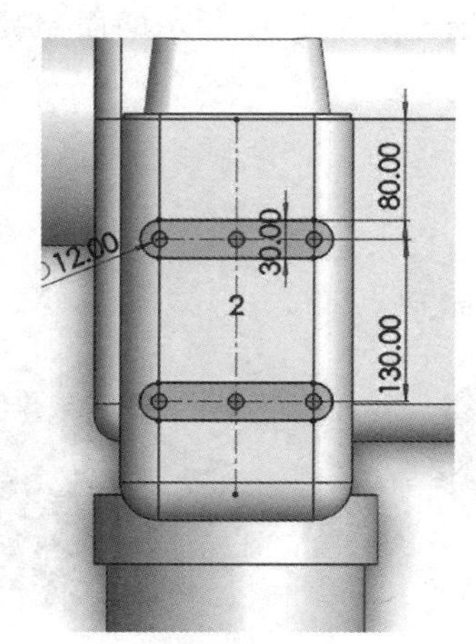

图 3-137

(20)选择图 3－138 所示的面，绘制图 3－139 所示的草图，将其拉伸 60 mm，形成实体，合并结果。

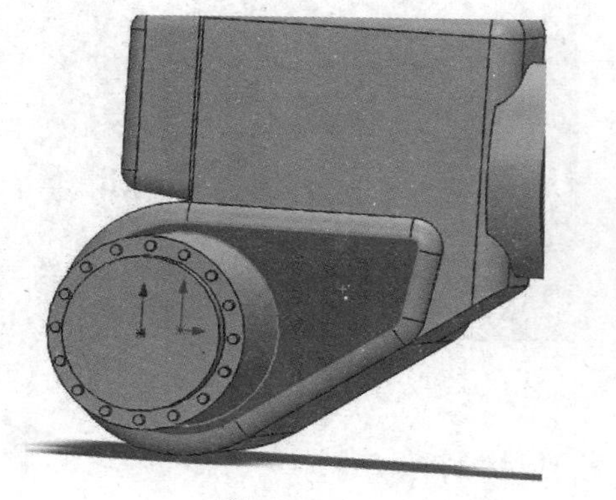

图 3－138

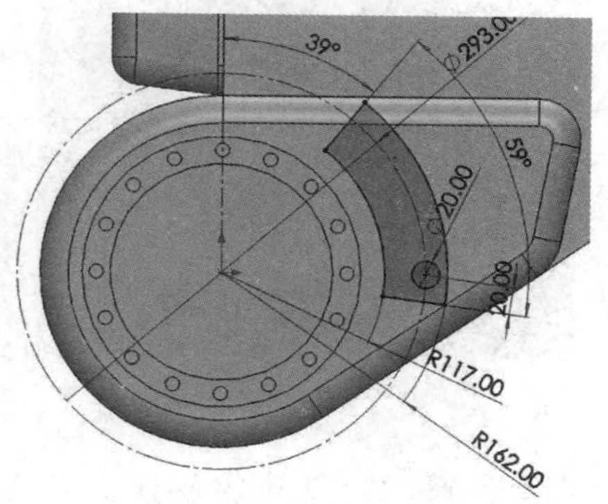

图 3－139

(21)选择图 3－140 所示的面，绘制图 3－141 所示的草图，将其拉伸 5 mm，形成实体，合并结果。

图 3－140

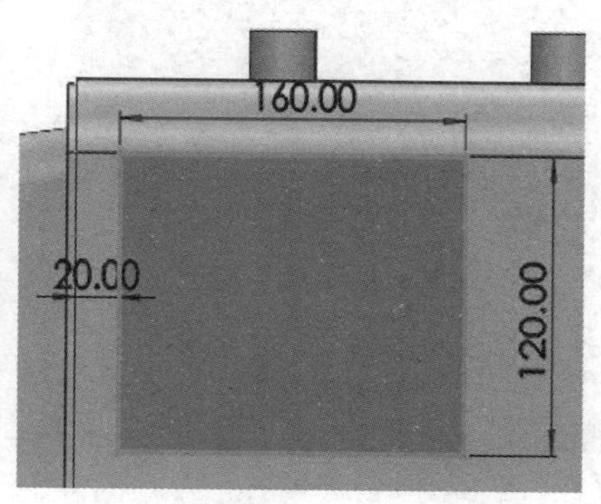

图 3－141

(22)选择步骤(21)创建实体的表面，绘制图 3－142 所示的草图，将其拉伸 4 mm，形成实体，合并结果。

(23)创建图 3－143 所示的基准面，在其参考面上绘制图 3－144 所示的草图，在基准面上绘制图 3－145 所示的草图，以这两个草图为基准进行放样凸台。

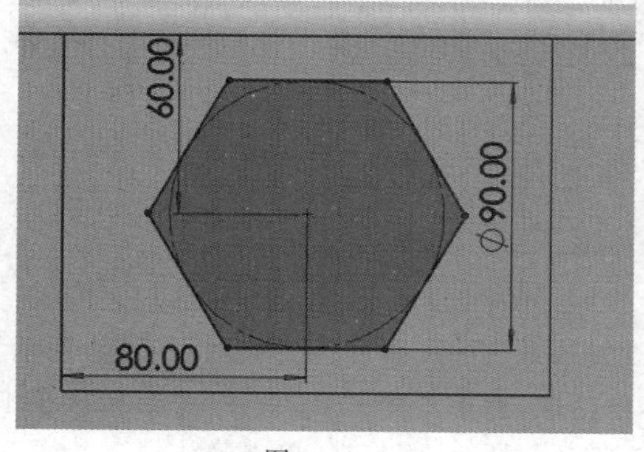

图 3－142

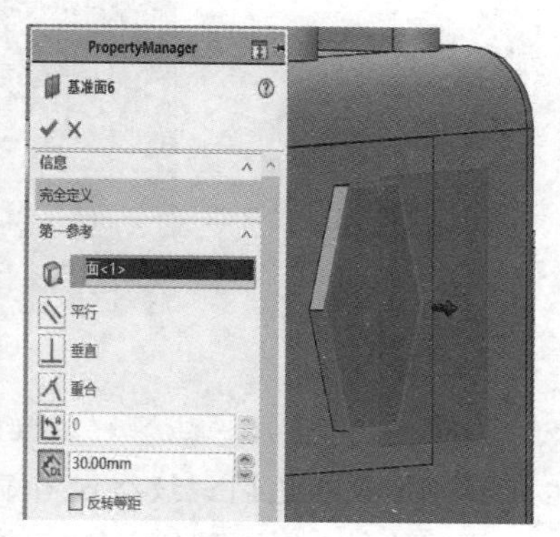

图 3－143

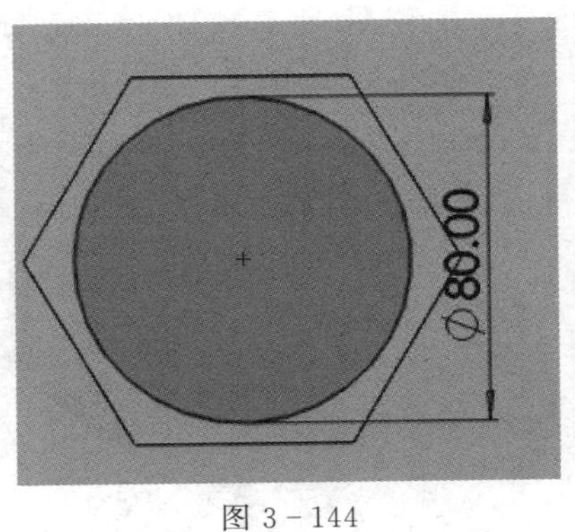

图 3 - 144

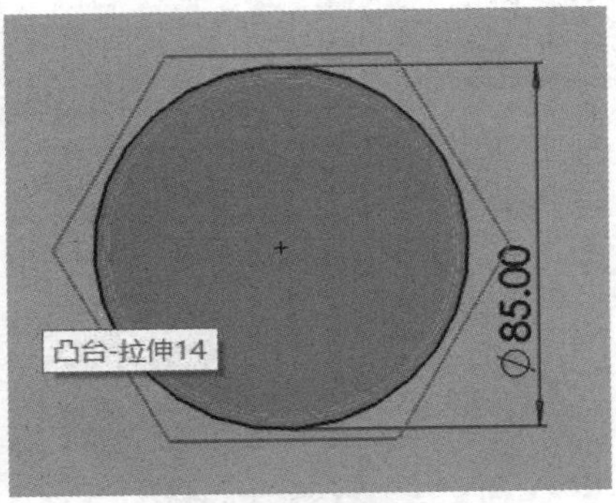

凸台-拉伸14
Φ85.00
图 3 - 145

(24)选择步骤(23)创建的放样凸台的表面,绘制图 3 - 146 所示的草图,将其拉伸 20 mm,合并结果。

(25)选择步骤(24)创建的实体的表面,绘制图 3 - 147 所示的草图,将其拉伸 40 mm,合并结果。

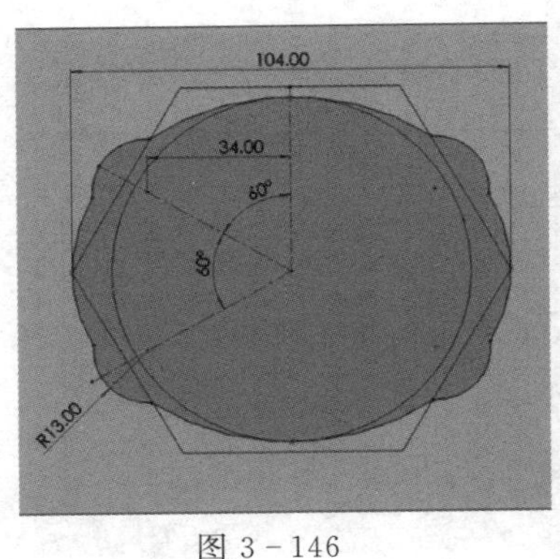

图 3 - 146

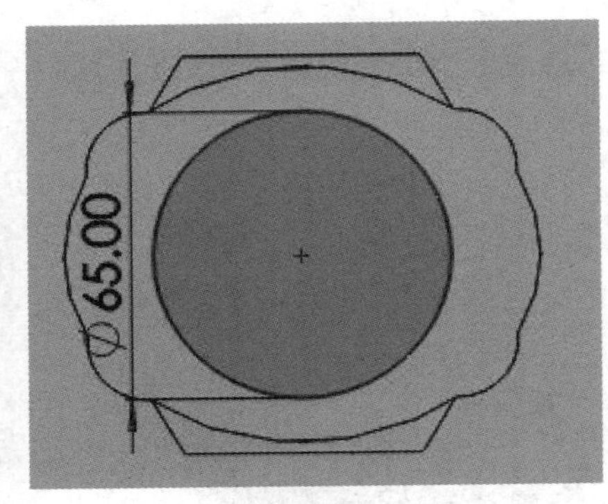

图 3 - 147

(26)选择步骤(24)创建的实体的表面,绘制图 3 - 148 所示的草图,将其拉伸切除,深度为 40 mm。

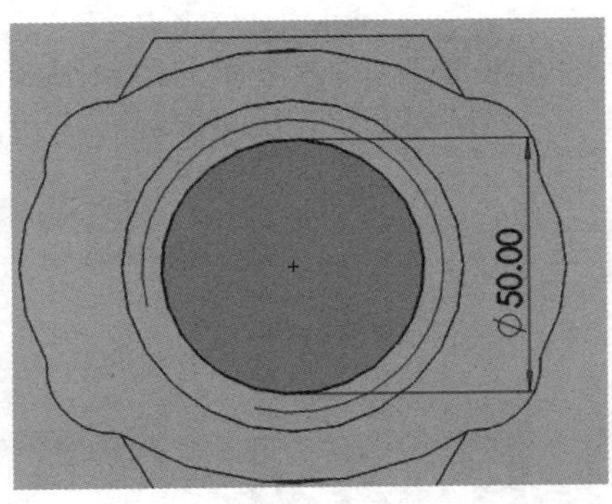

图 3 - 148

(27)依次单击“插入—注解—装饰螺纹线”,螺纹的配置和位置如图 3 - 149 所示。如果出现插入装饰螺纹线之后螺纹线没有显示的情况,就单击界面上的 ⚙ ,然后依次单击“文档属性”、“出详图”,将装饰螺纹线、上色装饰螺纹线显示注解勾选,单击确认。

(28)选择图 3 - 150 所示的边线，导入半径为 4 mm 的圆角。

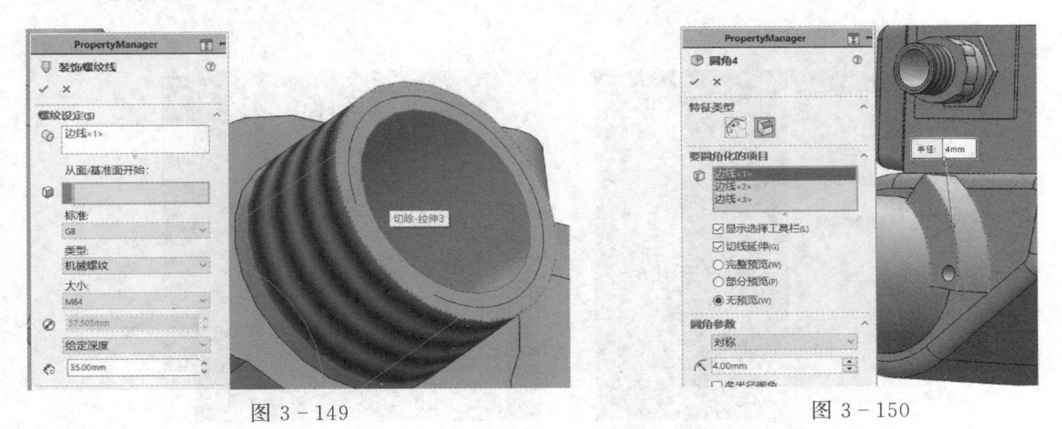

图 3 - 149　　　　图 3 - 150

(29)选择图 3 - 151 所示的面，绘制图 3 - 152 所示的草图，将其拉伸 12 mm，形成实体，合并结果。

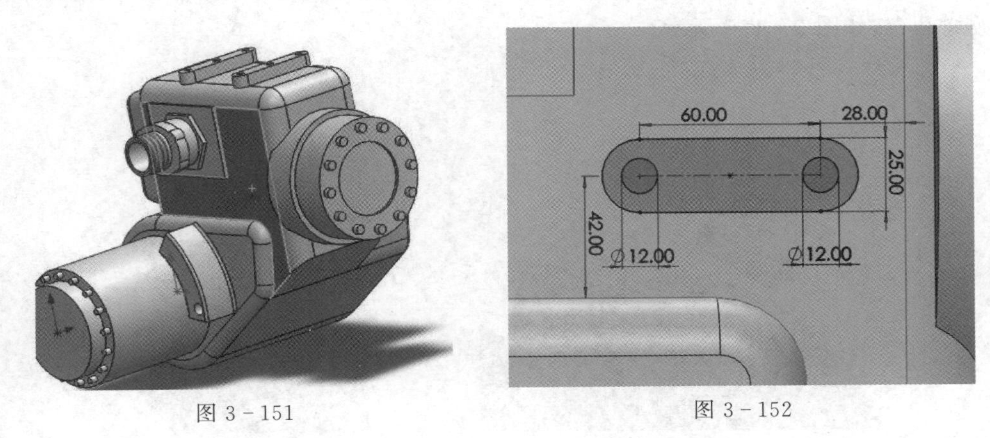

图 3 - 151　　　　图 3 - 152

(30)在步骤(29)所选的绘图面上绘制图 3 - 153 所示的草图，将其拉伸，属性栏设置如图 3 - 154 所示，合并结果。

(31)选择步骤(30)创建的实体的表面，绘制图 3 - 155 所示的草图，将其拉伸 12 mm，合并结果。

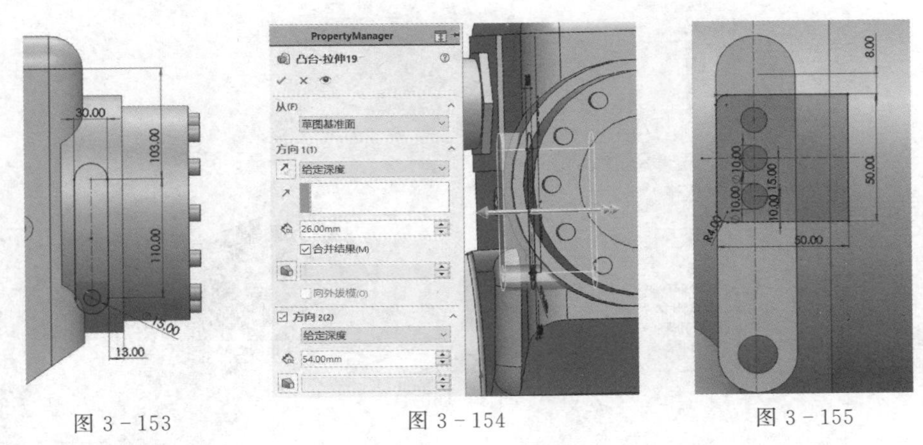

图 3 - 153　　　　图 3 - 154　　　　图 3 - 155

(32)创建图 3－156 所示的基准面，在基准面上绘制图 3－157 所示的草图，将其拉伸 12 mm，合并结果。

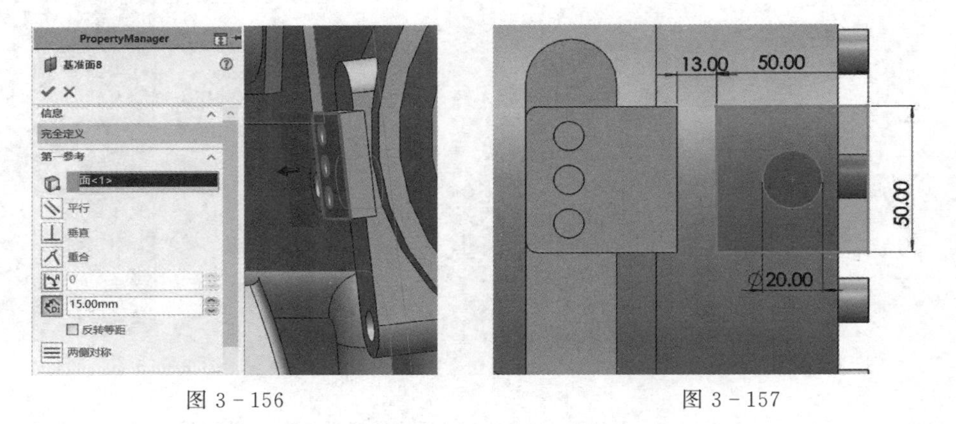

图 3－156　　　　图 3－157

(33)选择图 3－158、图 3－159 所示的面，绘制与它们边线重合的矩形，并用这两个草图进行放样凸台，如图 3－160 所示。

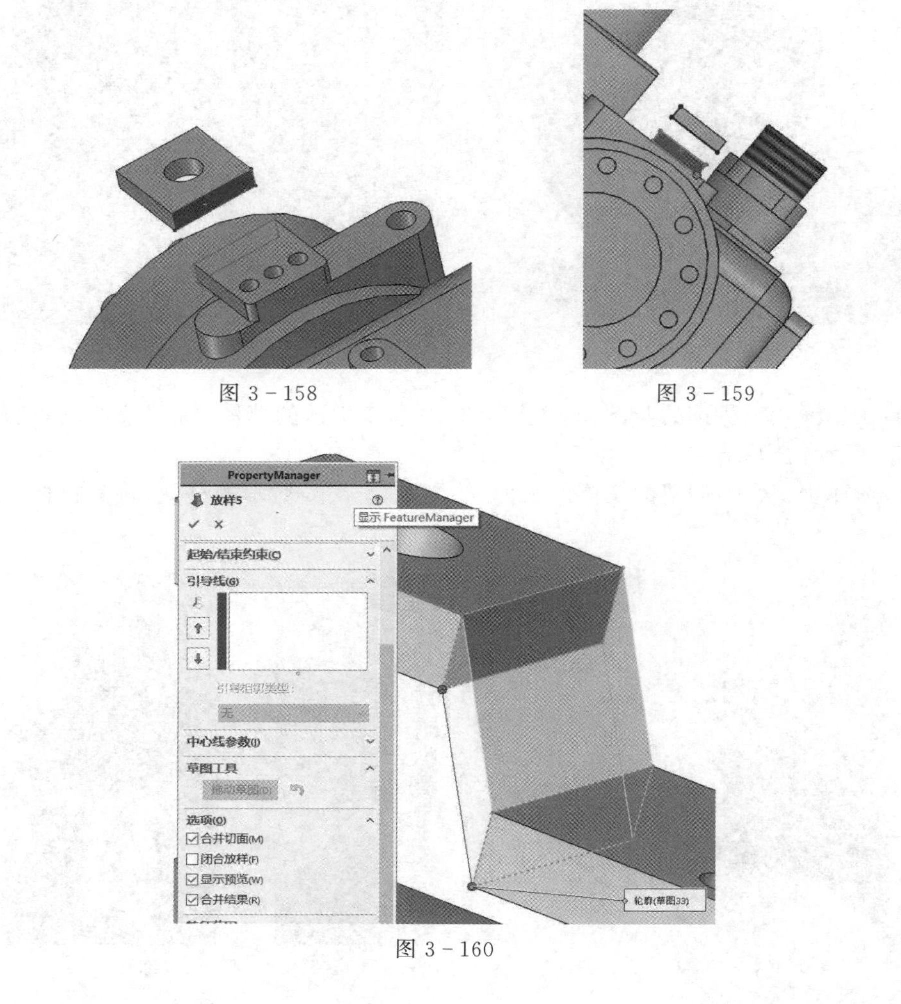

图 3－158　　　　图 3－159

图 3－160

(34)选择图 3-161 所示的面,绘制图 3-162 所示的草图,将其拉伸 12 mm,形成实体,合并结果。

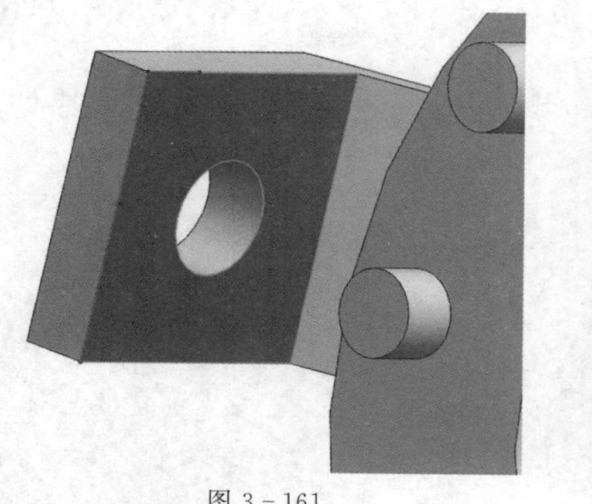

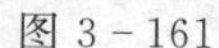

图 3-161

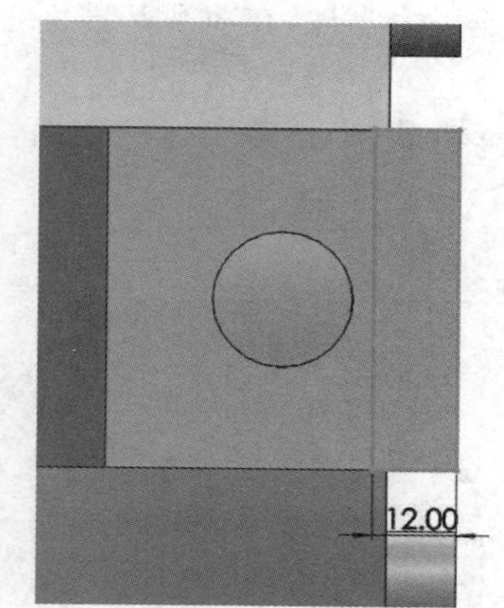

图 3-162

(35)选择图 3-163 所示的面,绘制图 3-164 所示的草图,对其拉伸切除,深度为 28 mm。

图 3-163

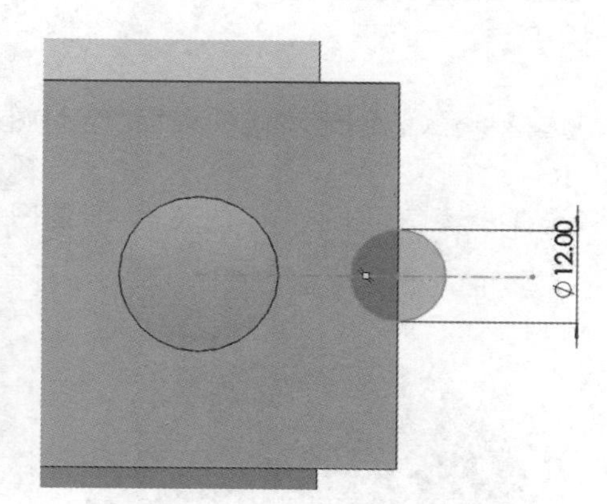

图 3-164

(36)保存该零件,文件名为 3 轴,3 轴的模型如图 3-165 所示。

图 3-165

3.1.4 4轴的建模

(1)新建一个零件,在前视基准面上绘制图3-166所示的草图,原点为圆心,将其拉伸25 mm。

(2)选择步骤(1)创建实体的表面,绘制图3-167所示的草图,将其拉伸60 mm,合并结果。

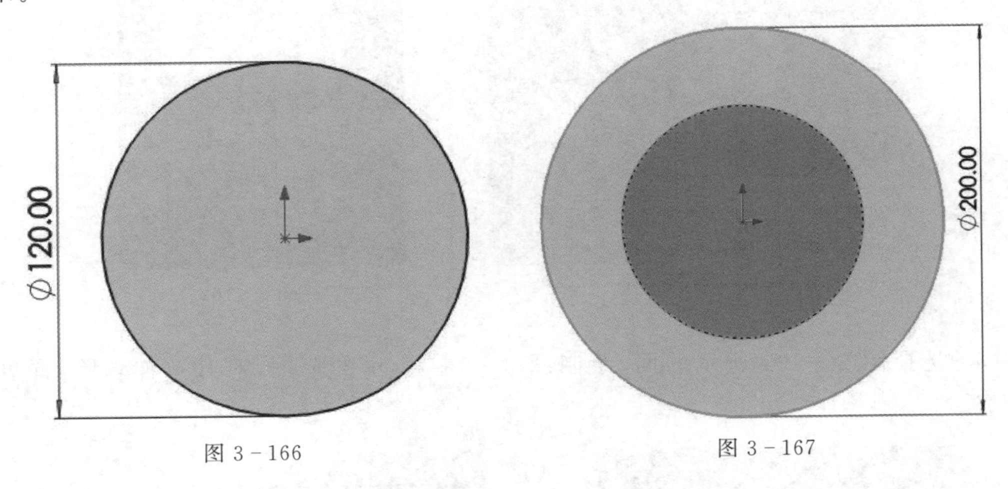

图3-166　　图3-167

(3)选择步骤(2)创建实体的表面,绘制图3-168所示的草图,将其拉伸10 mm,合并结果。

(4)选择步骤(2)创建实体的表面,绘制图3-169所示的草图,将其拉伸150 mm,合并结果。

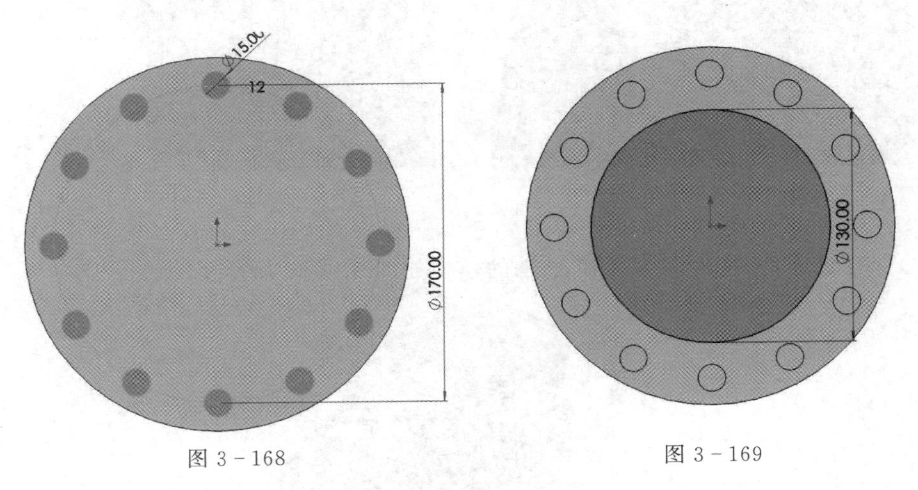

图3-168　　图3-169

(5)选择步骤(4)创建实体的表面,绘制图3-170所示的草图,将其拉伸20 mm,合并结果。

(6)选择图3-171所示的面,绘制图3-172所示的草图,将其拉伸10 mm,合并结果。

(7)选择图3-173所示的面,绘制图3-174所示的草图,将其拉伸30 mm,合并结果。

(8)选择步骤(7)创建实体的表面,绘制图3-175所示的草图,将其拉伸550 mm,合并结果。

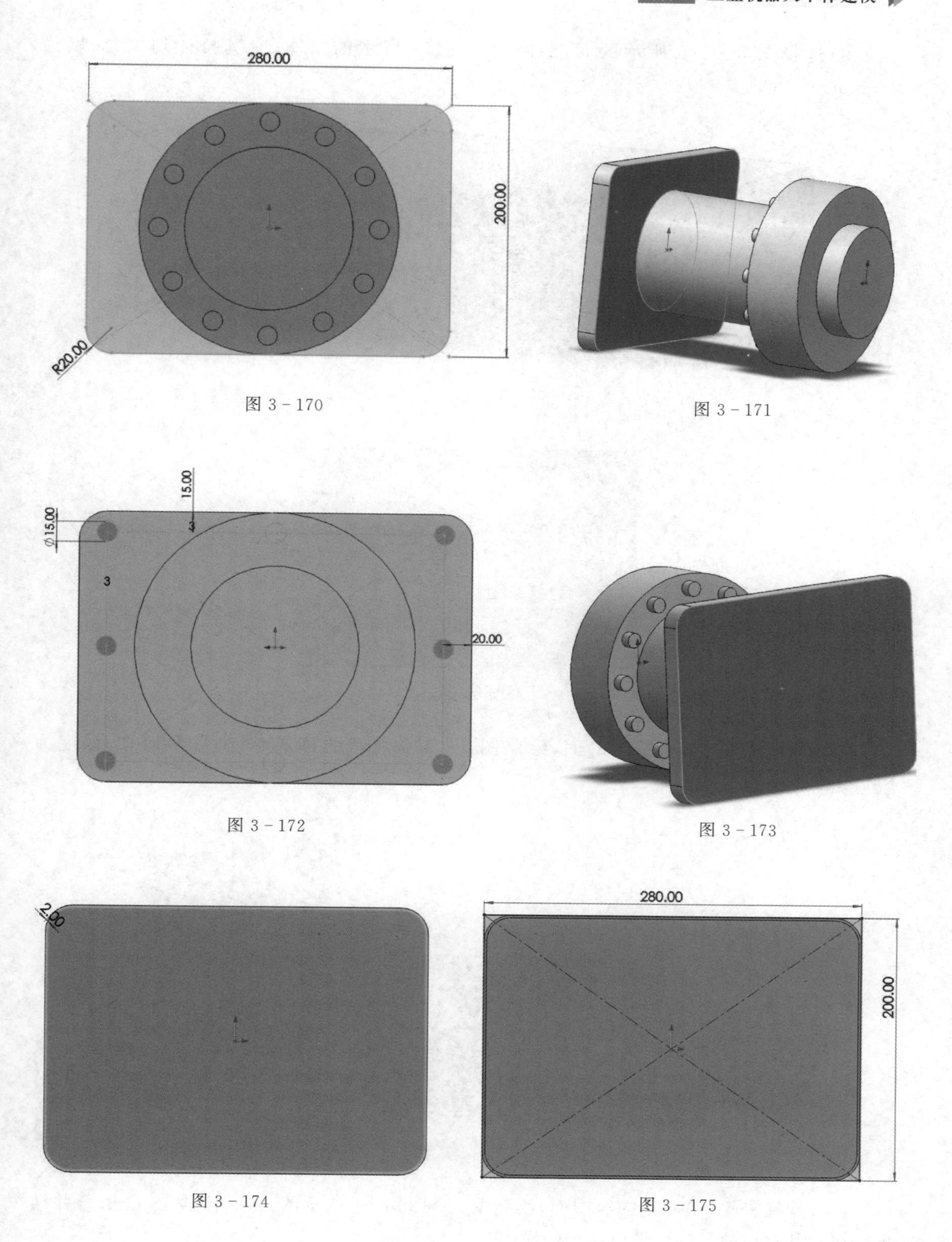

图 3-170

图 3-171

图 3-172

图 3-173

图 3-174

图 3-175

(9)选择图 3－176 所示的面，绘制图 3－177 所示的草图，对其拉伸切除，深度为 400 mm。

图 3－176

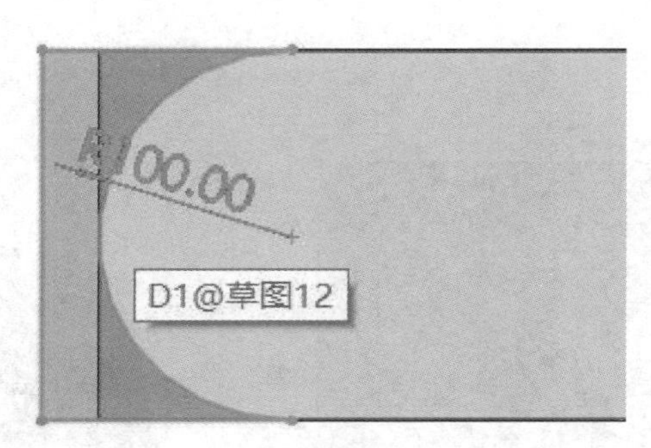

图 3－177

(10)选择图 3－178 所示的面，绘制图 3－179 所示的草图，对其拉伸切除，深度为 400 mm。

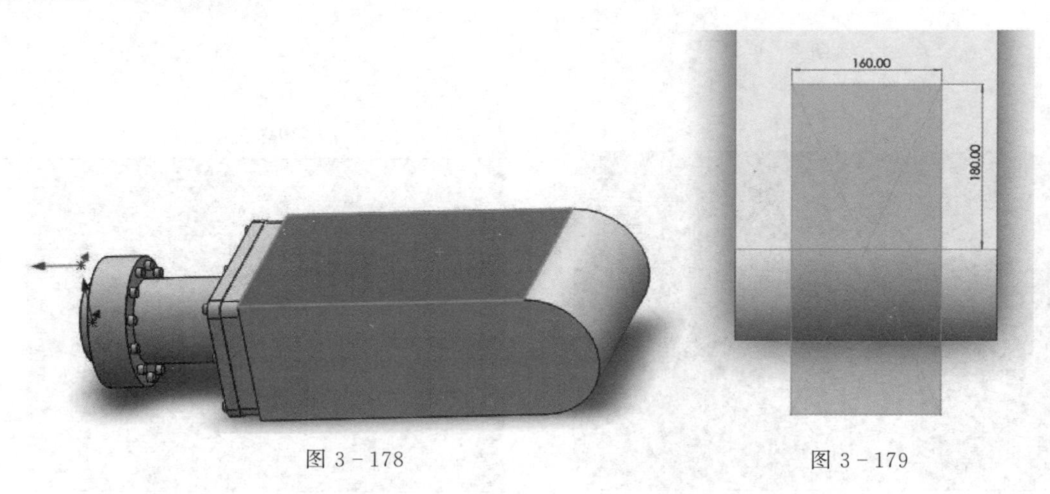

图 3－178　　图 3－179

(11)选择步骤(9)所用的绘图面，绘制图 3－180 所示的草图，将其拉伸 15 mm，合并结果。在与其对称的另一面做出相同的操作。

图 3－180

(12)创建图 3－181 所示的基准面，在基准面上绘制图 3－182 所示的草图，以草图和参考面的边线为基准进行放样凸台。在与其对称的另一面做出相同的操作。

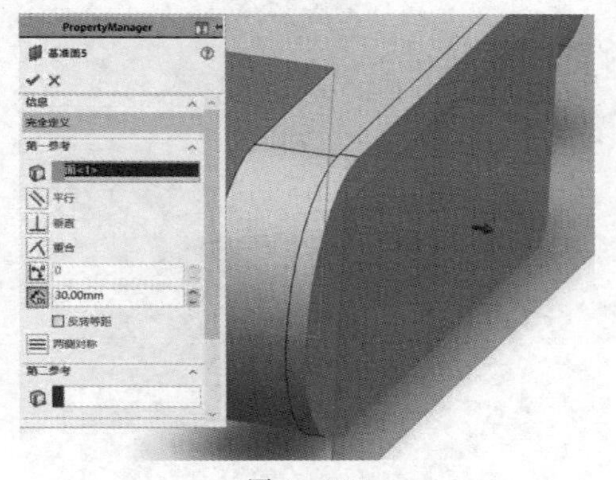

图 3－181

图 3－182

(13)选择图 3－183 所示的面，绘制图 3－184 所示的草图，将其拉伸成形至下一面，合并结果。

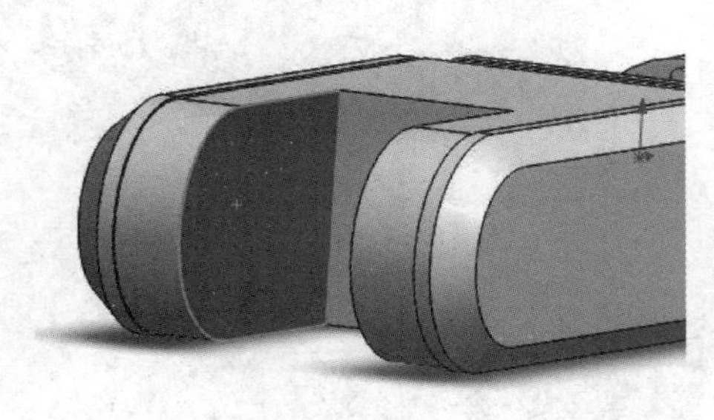

图 3－183

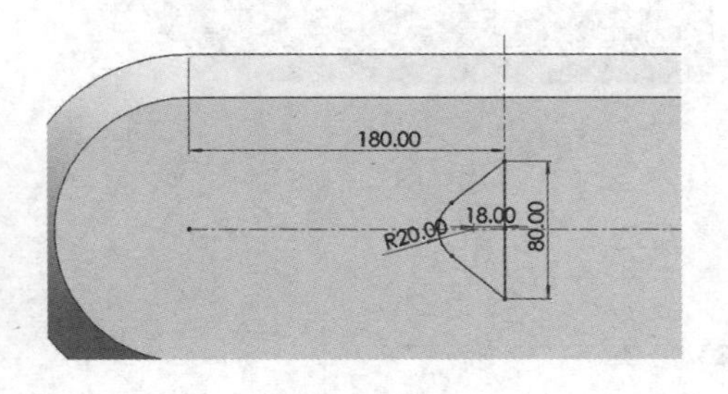

图 3－184

(14)选择图 3－185 所示的边线，导入半径为 15 mm 的圆角。

(15)选择图 3－186 所示的面，绘制图 3－187 所示的草图，对其拉伸切除，深度为 15 mm。

(16)选择图 3－188 所示的面，绘制图 3－189 所示的草图，将其拉伸 12 mm，合并结果。

(17)选择图 3－190 所示的面，绘制图 3－191 所示的草图，将其拉伸 20 mm，合并结果。

(18)选择图 3－192 所示的面，绘制图 3－193 所示的草图，将其拉伸 12 mm，合并结果。

(19)选择步骤(18)创建实体的表面，绘制图 3－194 所示的草图，将其拉伸 5 mm，合并结果。

(20)选择图 3－195 所示的面，绘制图 3－196 所示的草图，将其拉伸 6 mm，合并结果。

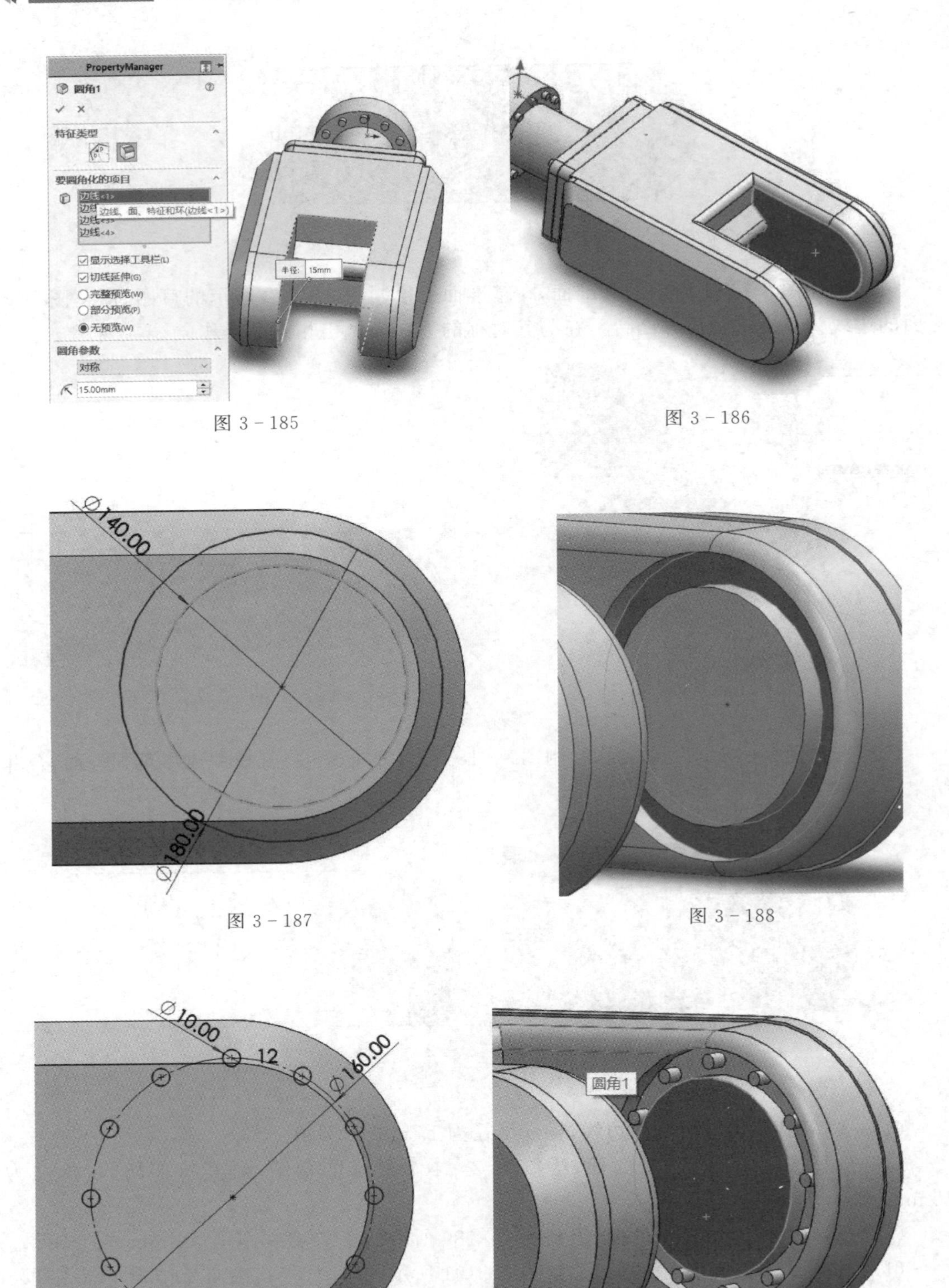

图 3 - 185

图 3 - 186

图 3 - 187

图 3 - 188

图 3 - 189

图 3 - 190

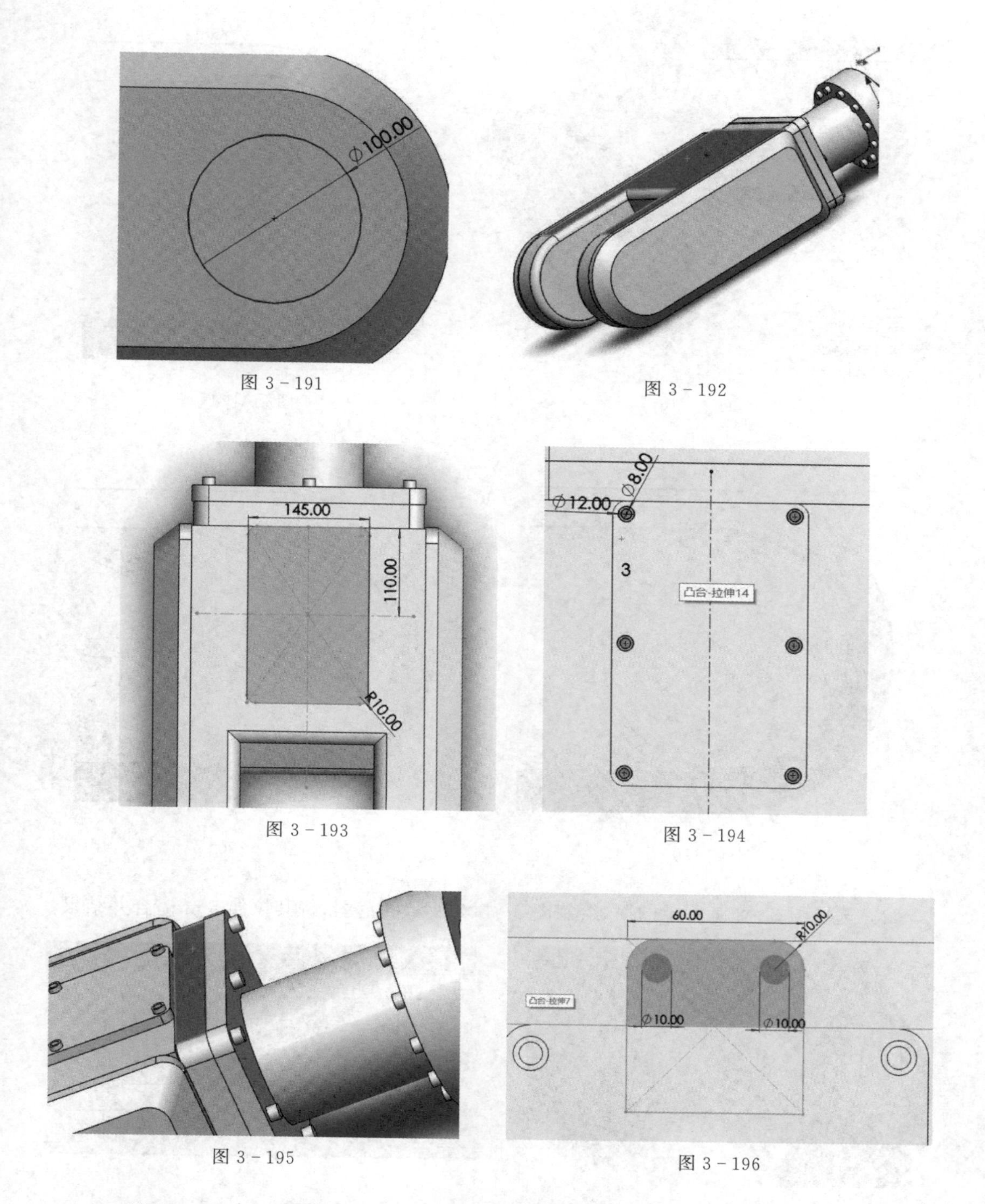

图 3-191

图 3-192

图 3-193

图 3-194

图 3-195

图 3-196

(21)创建图 3-197 所示的基准面,在参考面上绘制图 3-198 所示的草图,在基准面上绘制图 3-199 所示的草图,以这两个草图为基准进行放样凸台。

(22)选择步骤(21)创建实体的表面,绘制图 3-200 所示的草图,将其拉伸 10 mm,合并结果。

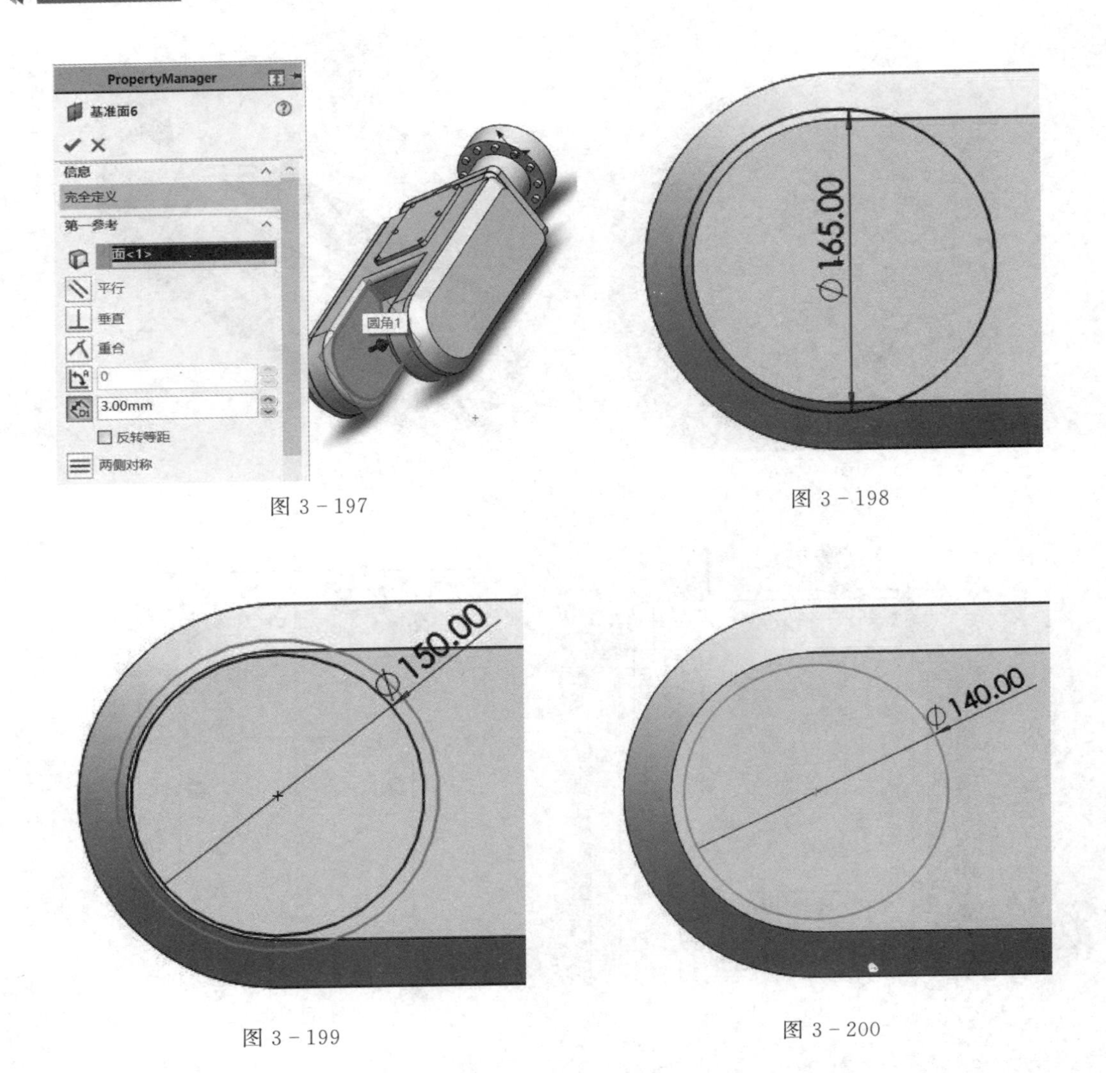

图 3-197

图 3-198

图 3-199

图 3-200

(23)选择图 3-201 所示的面,绘制图 3-202 所示的草图,将其拉伸 5 mm,合并结果。

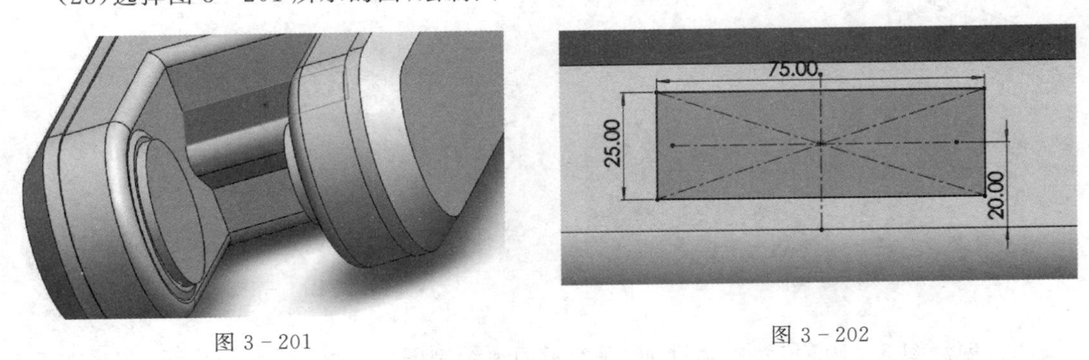

图 3-201

图 3-202

(24)选择右视基准面,绘制图 3-203 所示的草图,将其拉伸 115 mm,合并结果。

(25)选择图 3-204 所示的面,绘制图 3-205 所示的草图,将其拉伸 60 mm,合并结果。

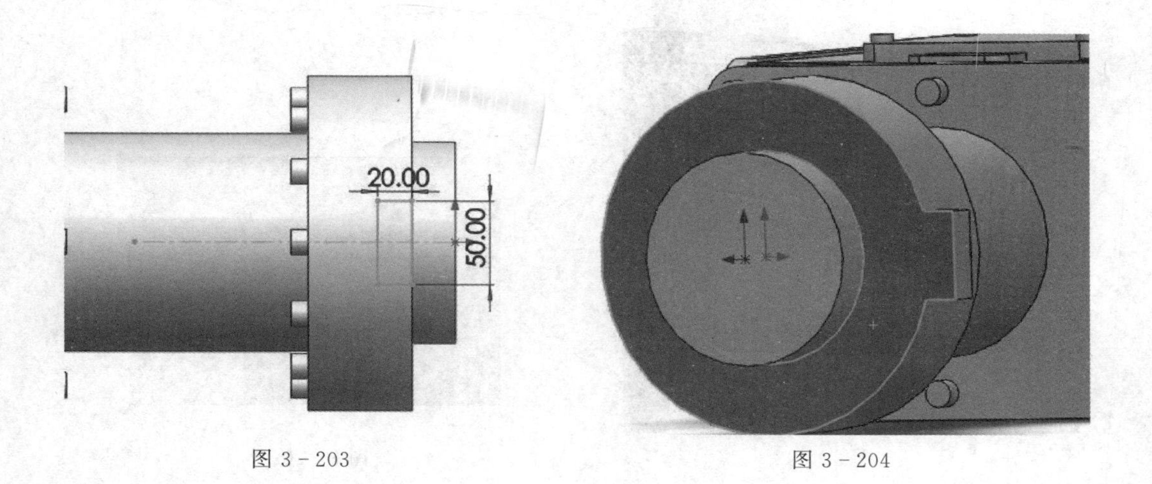

图 3 - 203

图 3 - 204

图 3 - 205

(26)选择图 3 - 206 所示的面,绘制图 3 - 207 所示的草图,将其拉伸 50 mm,合并结果。

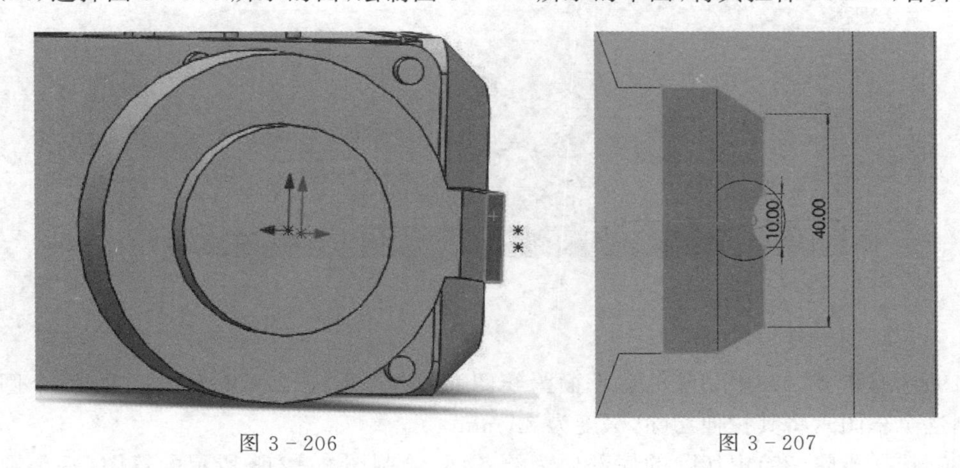

图 3 - 206

图 3 - 207

(27)选择图 3 - 208 所示的面,绘制图 3 - 209 所示的草图,将其拉伸切除,深度为 42 mm。

图 3 - 208

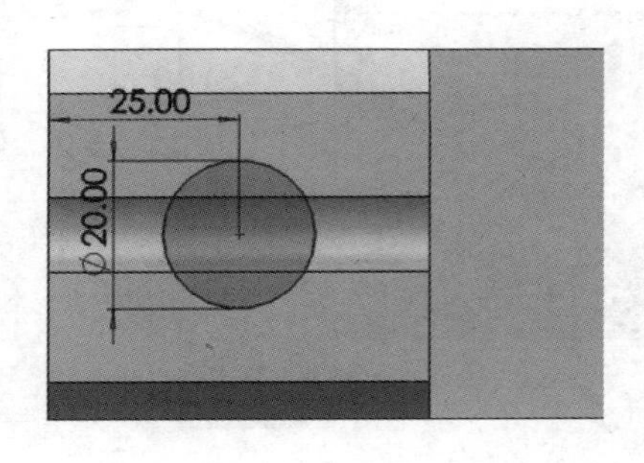

图 3 - 209

(28)选择图 3 - 210 所示的面，绘制图 3 - 211 所示的草图，将其拉伸切除，深度为 26 mm。

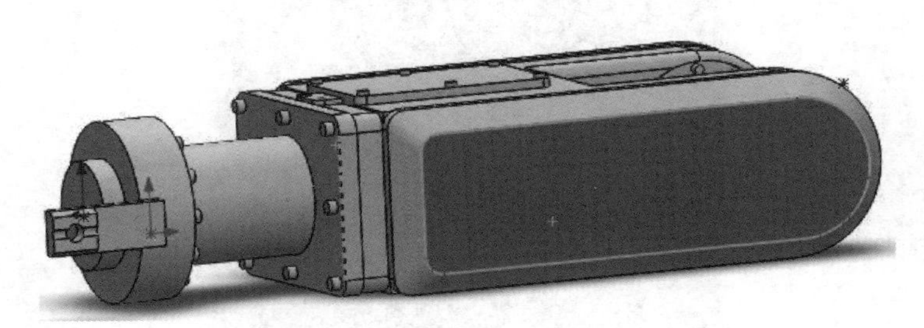

图 3 - 210

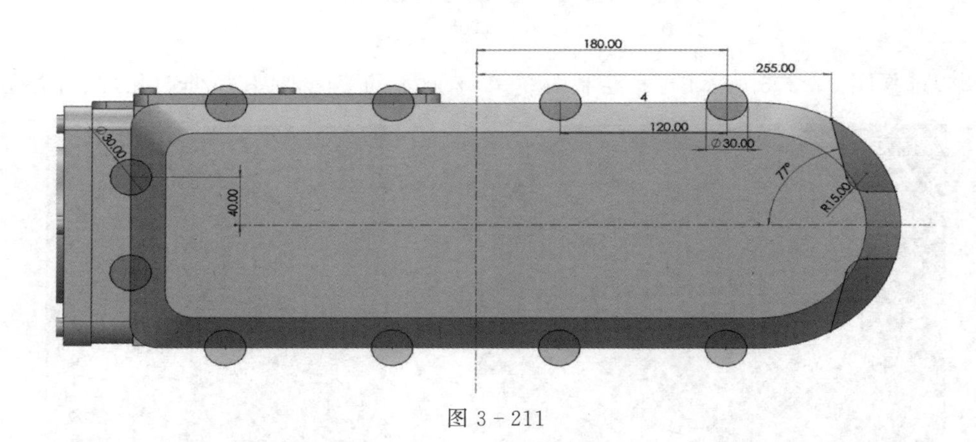

图 3 - 211

(29)选择步骤(28)中切除的底部面为绘图面，绘制图 3 - 212 所示的草图(每个圆形都要绘制这个草图)，将其拉伸切除，深度为 12 mm。

(30)选择步骤(29)中切除的底部面为绘图面，绘制图 3 - 213 所示的草图(每个圆形都要绘制这个草图)，将其拉伸 10 mm，合并结果。

(31)在与其对称的另一面重复步骤(28)～步骤(30)。

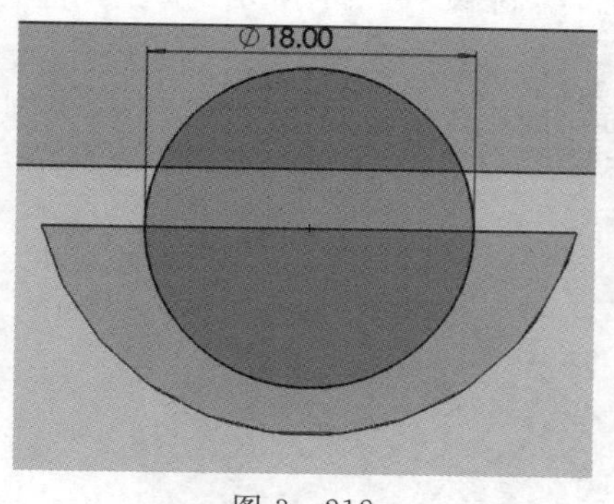

图 3－212

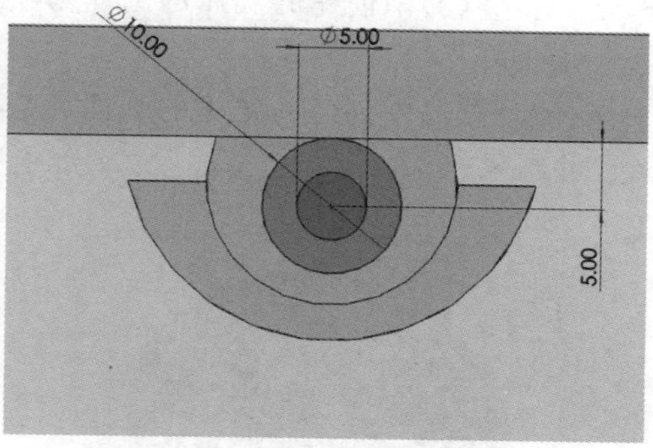

图 3－213

(32)4 轴建模实体如图 3－214 所示，保存，文件名为 4 轴。

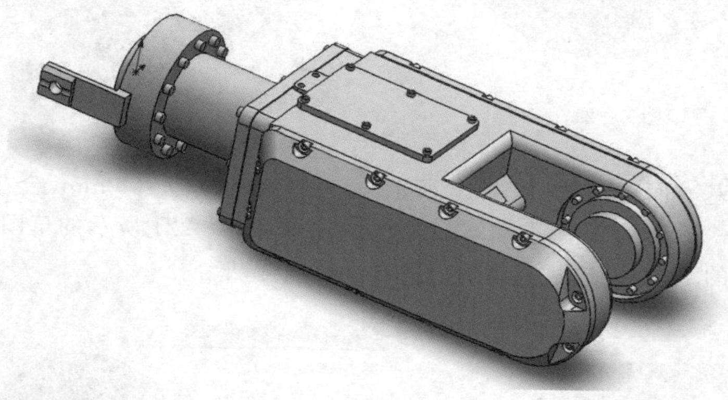

图 3－214

3.1.5 5 轴的建模

(1)新建一个零件，在右视基准面上绘制图 3－215 所示的草图，将其拉伸 8 mm。

(2)选择步骤(1)中创建的实体的圆面为绘图面，绘制图 3－216 所示的草图，将其拉伸 120 mm，合并结果。

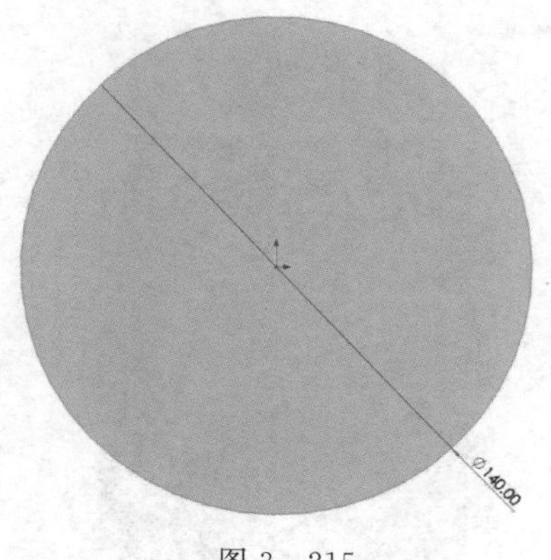

图 3－215

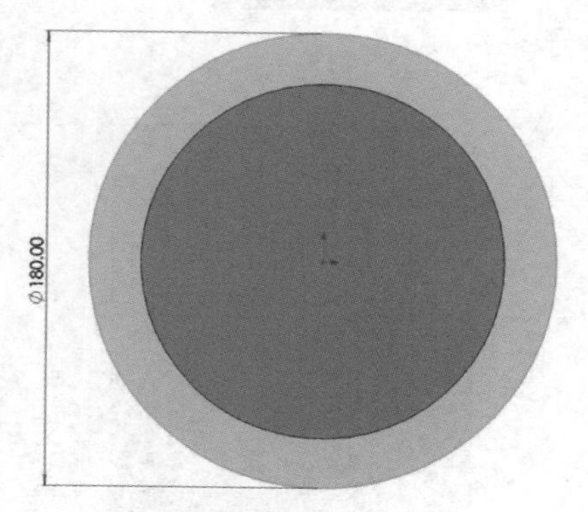

图 3－216

(3)选择步骤(2)中创建的实体的圆面为绘图面,绘制图 3-217 所示的草图,将其拉伸 10 mm,合并结果。

(4)选择步骤(3)中创建的实体的圆面为绘图面,绘制图 3-218 所示的草图,将其拉伸 10 mm,合并结果。

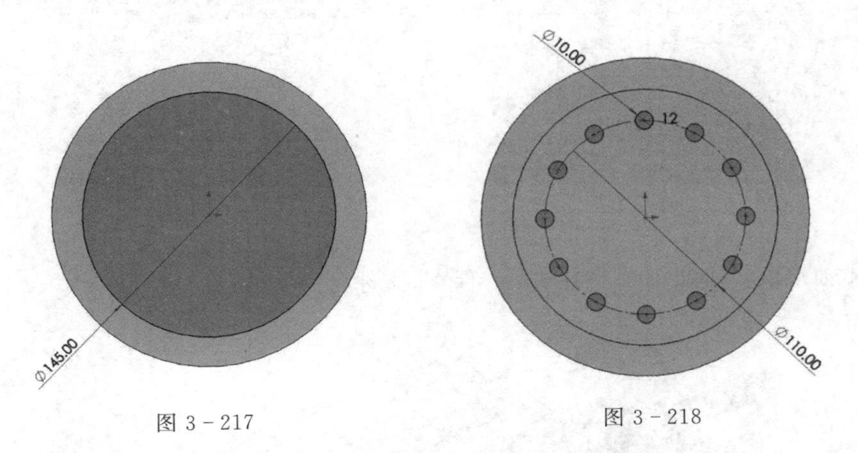

图 3-217

图 3-218

(5)选择上视基准面,绘制图 3-219 所示的草图,将其拉伸 100 mm,合并结果。

(6)创建图 3-220 所示的基准面,在参考面上绘制图 3-221 所示的草图,在基准面上绘制图 3-222 所示的草图,以这两个草图为基准进行放样凸台

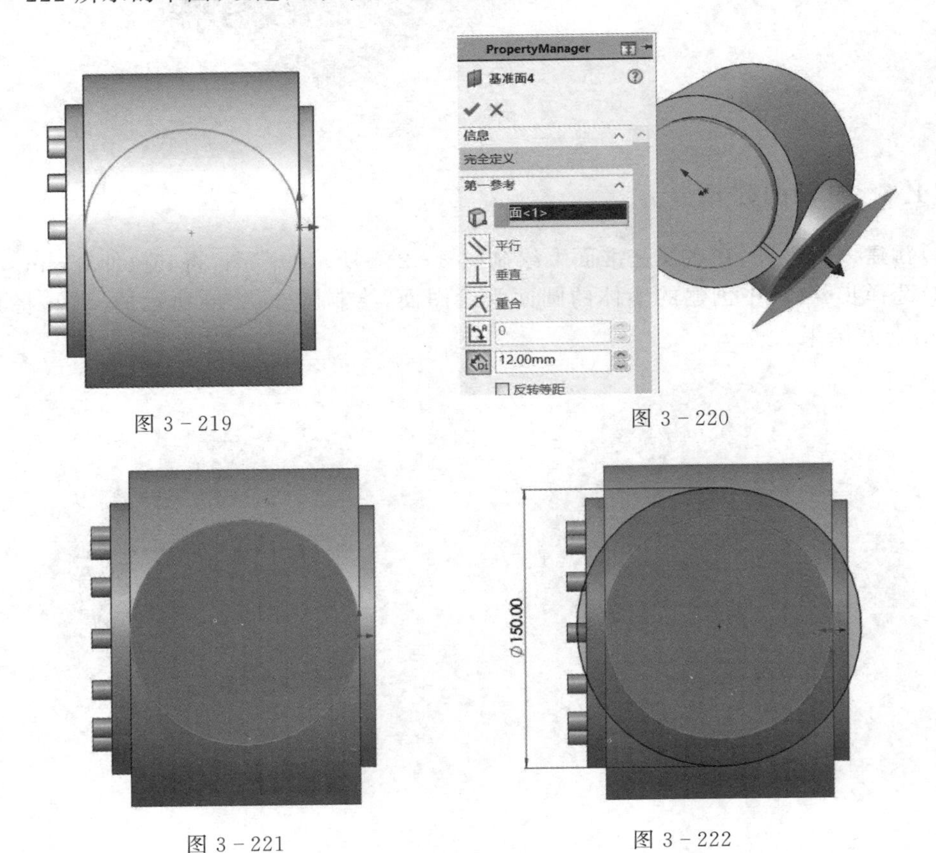

图 3-219

图 3-220

图 3-221

图 3-222

(7)选择步骤(6)中创建的放样凸台实体的大圆面为绘图面,绘制图 3－223 所示的草图,将其拉伸 15 mm,合并结果。

(8)选择步骤(7)中创建的实体的圆面为绘图面,绘制图 3－224 所示的草图,将其拉伸切除,深度为 5 mm。

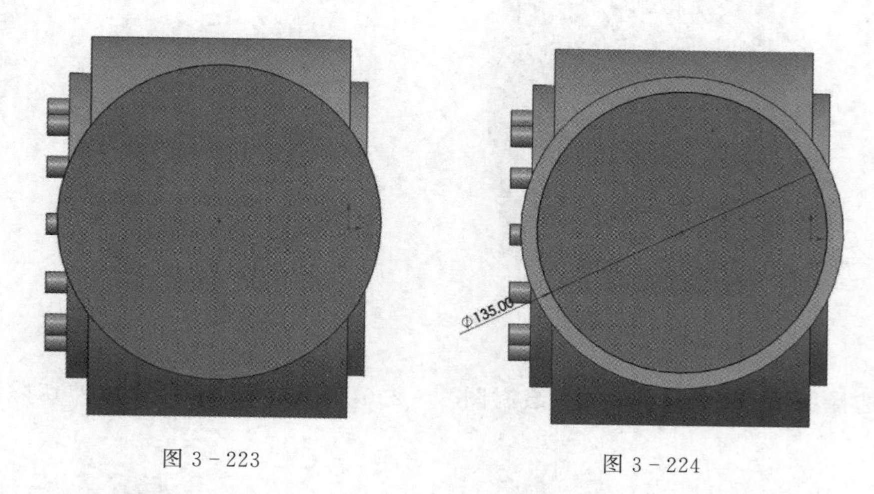

图 3－223　　图 3－224

(9)选择步骤(8)中切除的底部面为绘图面,绘制图 3－225 所示的草图,将其拉伸 40 mm,合并结果。

(10)选择步骤(9)中创建的实体的圆面为绘图面,绘制图 3－226 所示的草图,将其拉伸 5 mm,合并结果。

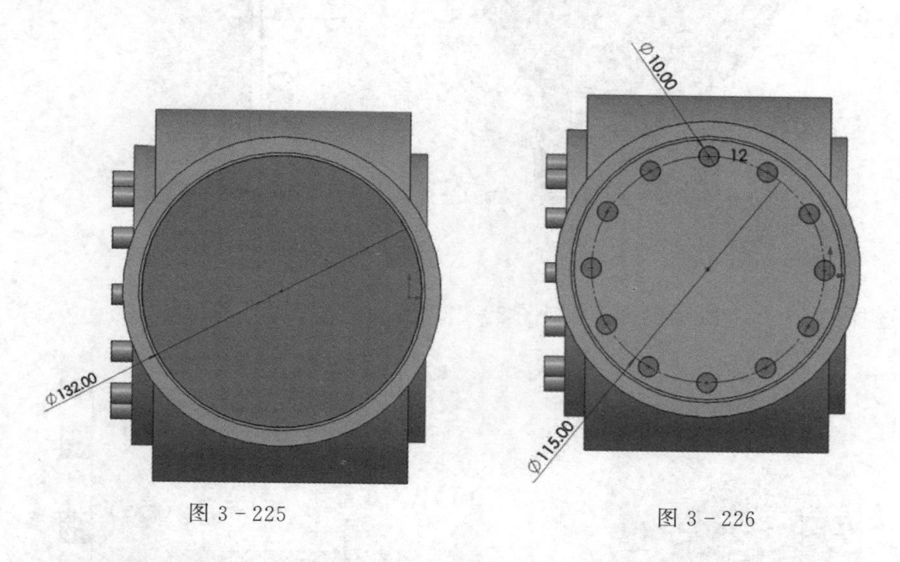

图 3－225　　图 3－226

(11)选择步骤(9)中创建的实体的圆面为绘图面,绘制图 3－227 所示的草图,将其拉伸切除,深度为 5 mm。

(12)选择前视基准面,绘制图 3－228 所示的草图,将其拉伸 90 mm,合并结果。

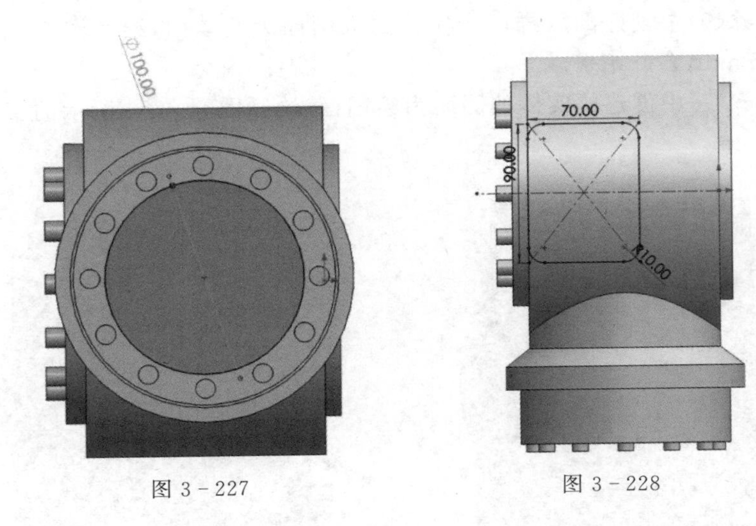

图 3－227　　图 3－228

（13）选择图 3－229 所示的面，绘制图 3－230 所示的草图，将其拉伸切除，深度为 26 mm。

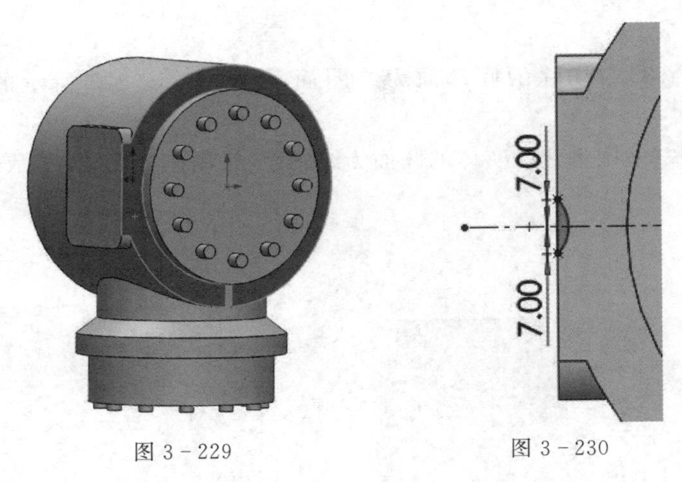

图 3－229　　图 3－230

（14）选择图 3－231 所示的面，绘制图 3－232 所示的草图，将其拉伸 5.5 mm，合并结果。

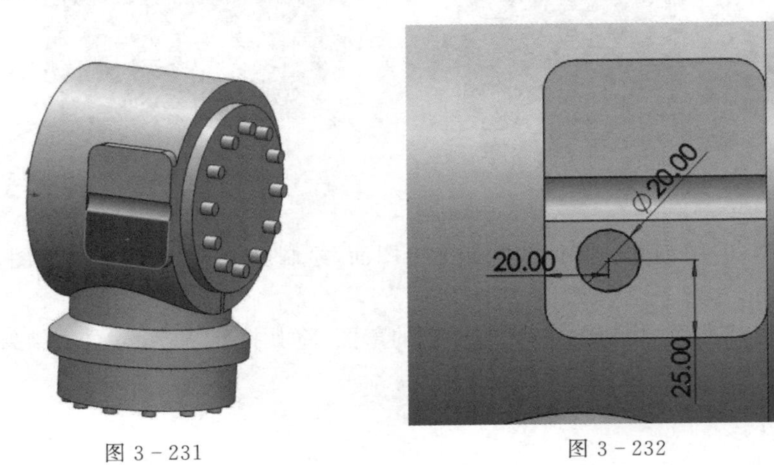

图 3－231　　图 3－232

(15)选择步骤(14)中创建的实体的圆面为绘图面,绘制图 3-233 所示的草图,将其拉伸切除,深度为 3 mm。

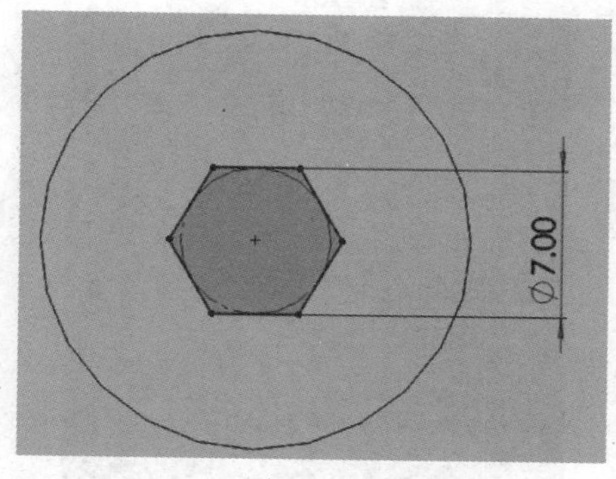

图 3-233

(16)选择前视基准面,绘制图 3-234 所示的草图,将其拉伸 80 mm,合并结果。

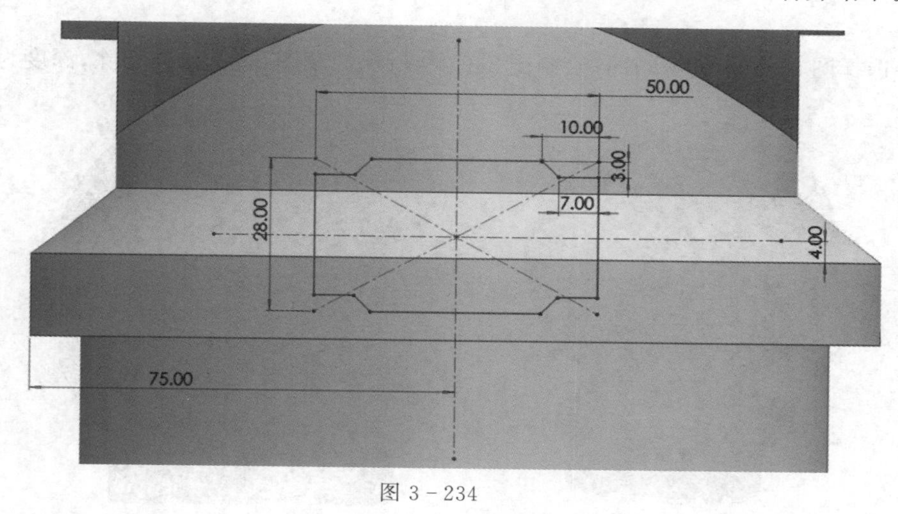

图 3-234

(17)选择步骤(16)中创建的实体的面为绘图面,绘制图 3-235 所示的草图,将其拉伸切除,深度为 4.5 mm。

(18)选择步骤(17)中切除的底部面为绘图面,绘制图 3-236 所示的草图,将其拉伸 5 mm,合并结果。

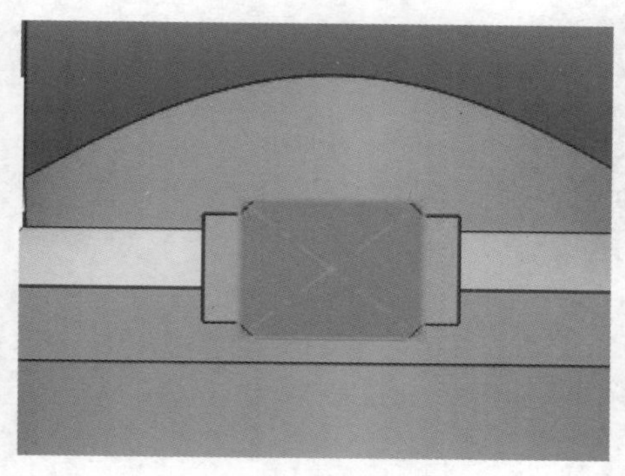

图 3-235

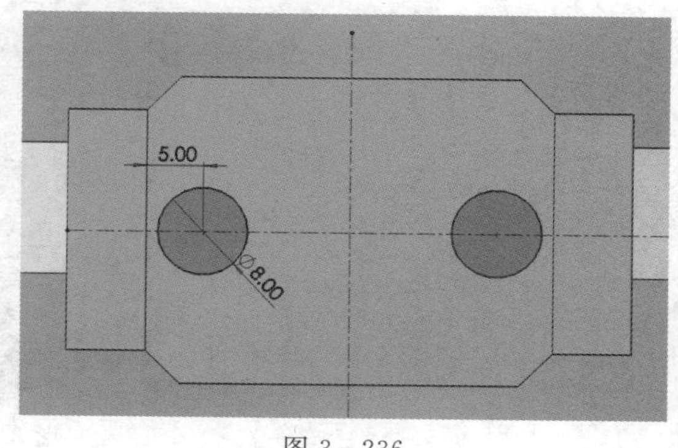

图 3-236

(19)选择步骤(18)中创建的实体的面为绘图面,绘制图 3-237 所示的草图,将其拉伸切除,深度为 2 mm。

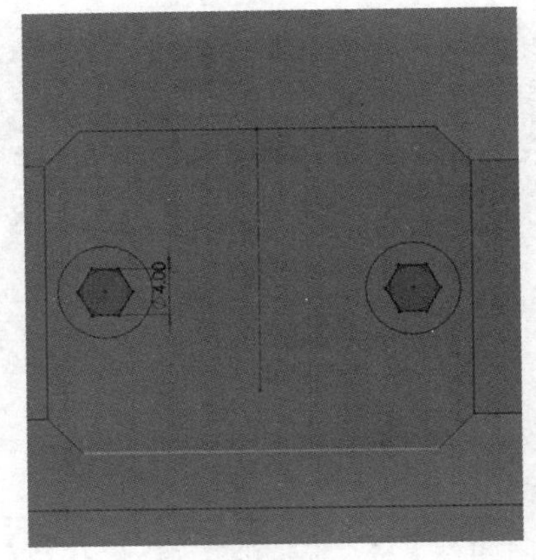

图 3-237

(20)选择图 3-238 所示的面,绘制图 3-239 所示的草图,将其拉伸切除,深度为 5 mm。

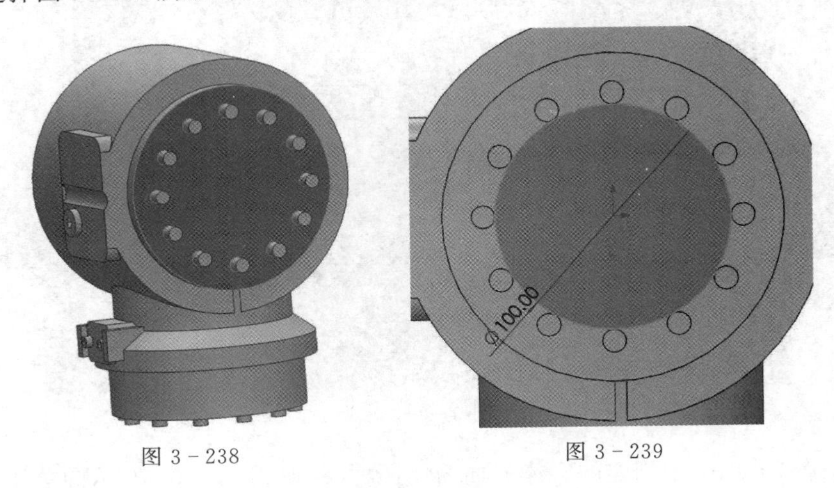

图 3-238　　图 3-239

(21)5 轴的实体建模如图 3-240 所示,保存文件,文件名为 5 轴。

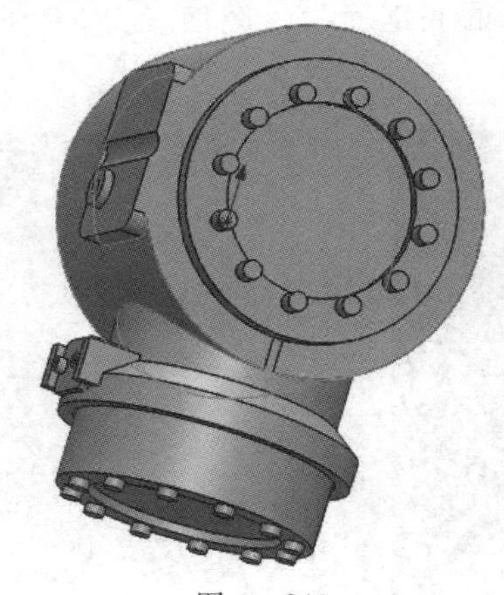

图 3-240

3.1.6　6 轴的建模

(1)新建一个零件,在上视基准面上绘制图 3－241 所示的草图,原点为圆心,将其拉伸 12 mm。

(2)选择步骤(1)中创建的实体的面为绘图面,绘制图 3－242 所示的草图,将其拉伸 15 mm,合并结果。

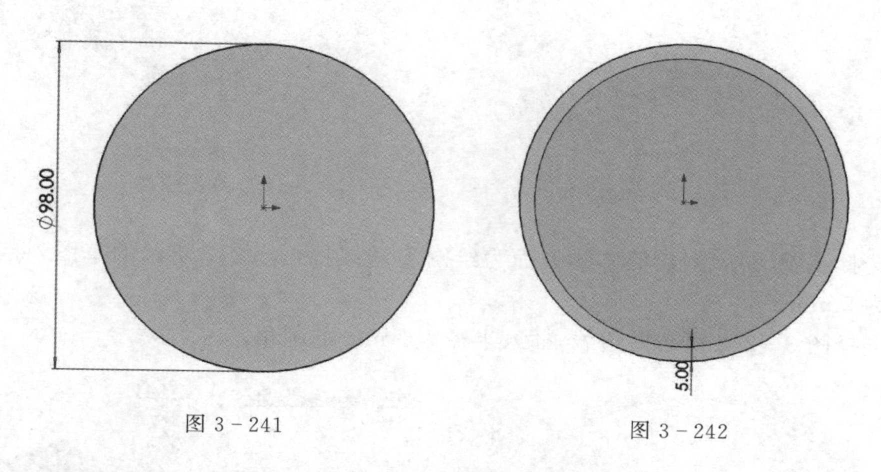

图 3－241　　　　图 3－242

(3)选择步骤(2)中创建的实体的面为绘图面,绘制图 3－243 所示的草图,将其拉伸 15 mm,合并结果。

(4)选择步骤(3)中创建的实体的面为绘图面,绘制图 3－244 所示的草图,将其拉伸 5 mm,合并结果。

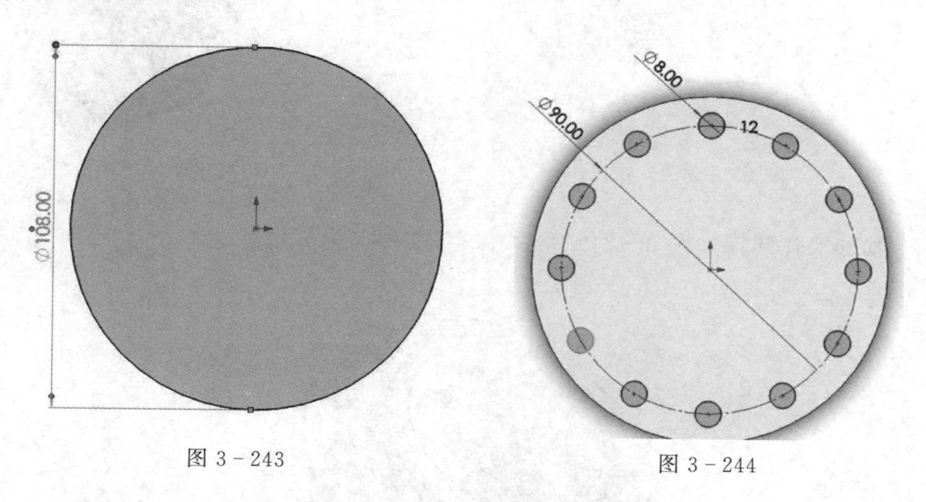

图 3－243　　　　图 3－244

(5)选择步骤(3)中创建的实体的面为绘图面,绘制图 3－245 所示的草图,将其拉伸切除,深度为 15 mm。

(6)选择步骤(3)中创建的实体的面为绘图面,绘制图 3－246 所示的草图,将其拉伸 20 mm,合并结果。

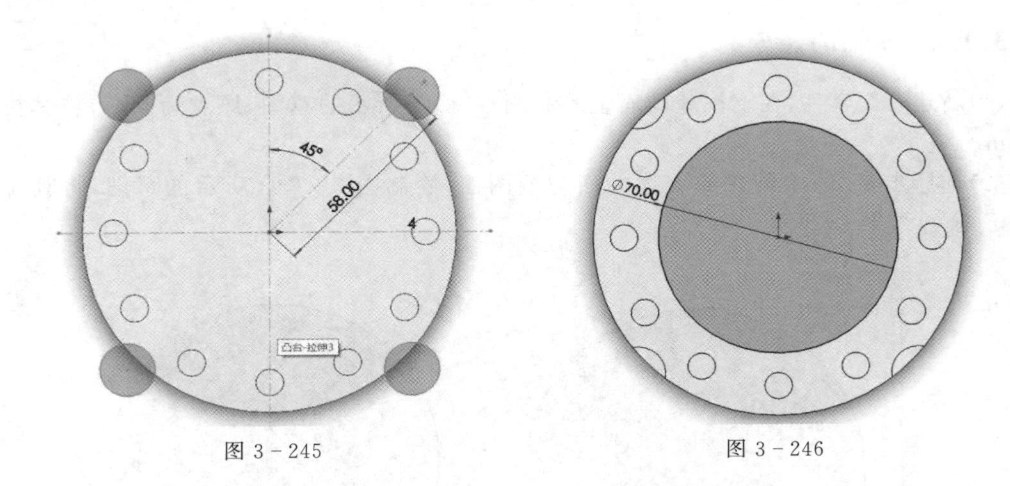

图 3－245　　　　图 3－246

(7)选择步骤(6)中创建的实体的面为绘图面，绘制图 3－247 所示的草图，将其拉伸切除，深度为 5 mm。

(8)选择图 3－248 所示的边线，插入半径为 5 mm 的圆角。

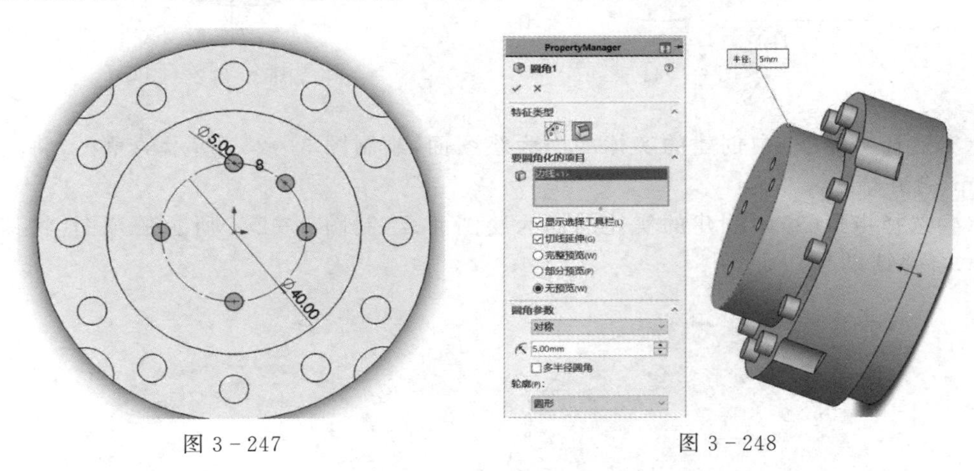

图 3－247　　　　图 3－248

(9)6 轴的实体建模如图 3－249 所示，保存，文件名为 6 轴。

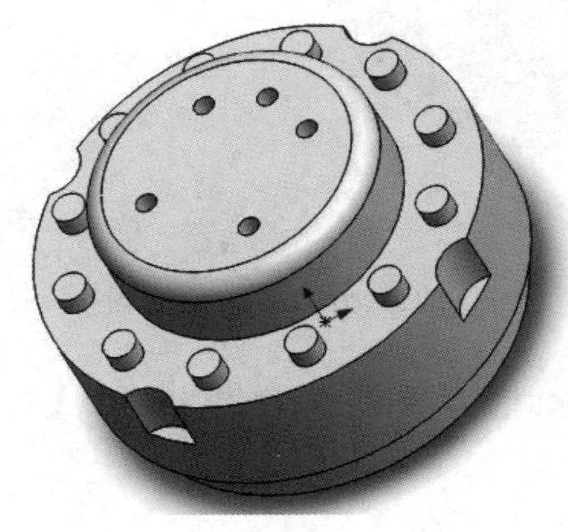

图 3－249

3.2 机器人底座的建模

3.2.1 底座基础的建模

(1)新建一个零件,在上视基准面上绘制图 3-250 所示的草图,将其拉伸 20 mm。

(2)选择步骤(1)中创建的实体的面为绘图面,绘制图 3-251 所示的草图,将其拉伸 8 mm,合并结果。

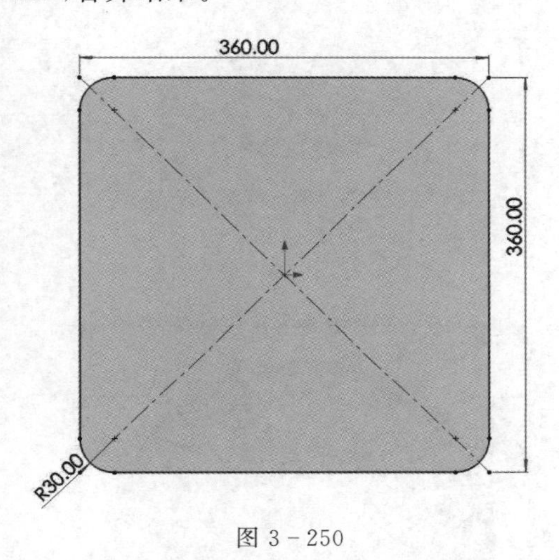

图 3-250

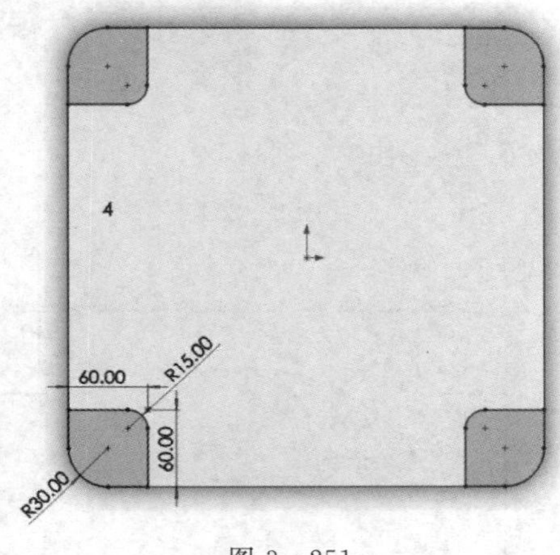

图 3-251

(3)选择步骤(2)中创建的实体的面为绘图面,绘制图 3-252 所示的草图,将其拉伸 8 mm,合并结果。草图局部图如图 3-253 所示。

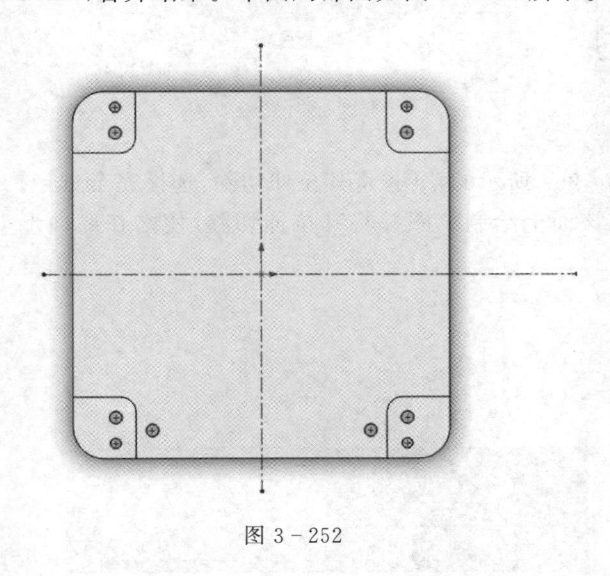
图 3-252

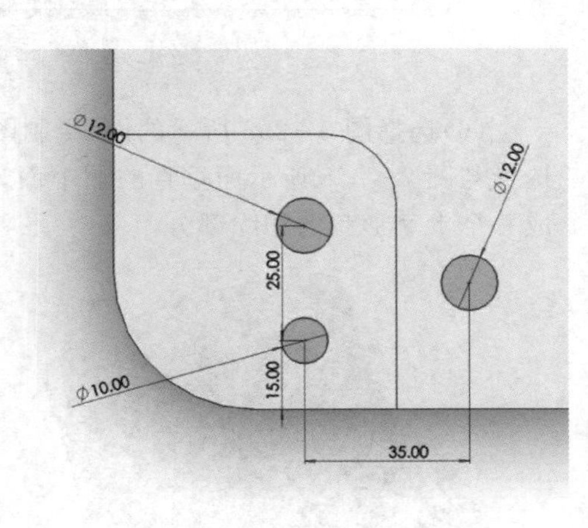

图 3-253

(4)创建图 3-254 所示的基准面。在参考面上绘制图 3-255 所示的草图,在基准面上绘制图 3-256 所示的草图,以这两个草图为基准进行放样凸台。

(5)选择步骤(4)中创建的实体的面为绘图面,绘制图 3－257 所示的草图,将其拉伸 80 mm,合并结果。

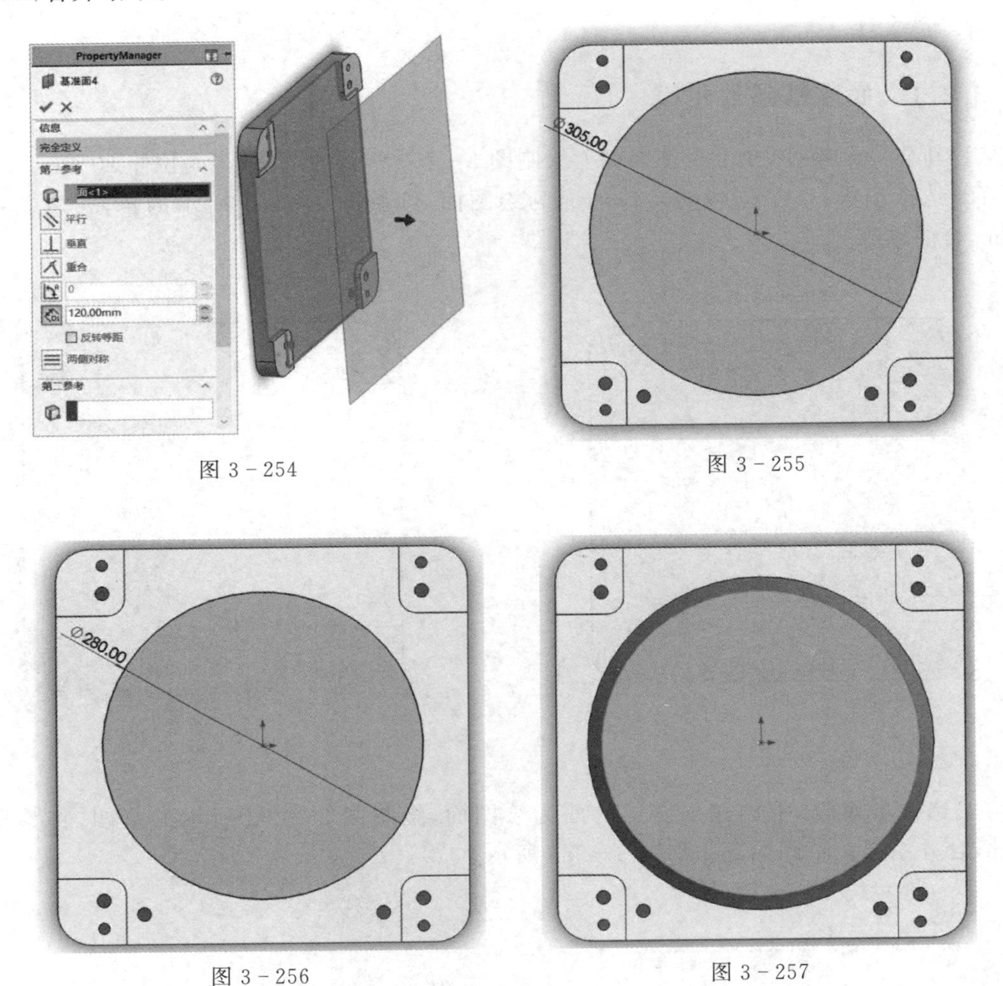

图 3－254

图 3－255

图 3－256

图 3－257

(6)选择图 3－258 所示的面,绘制图 3－259 所示的草图,将其拉伸切除,选择完全贯穿。选择与图 3－258 所示面垂直的那个面,在该面上绘制草图并将其拉伸切除,使之在底面形成一个十字形状的切除部分。

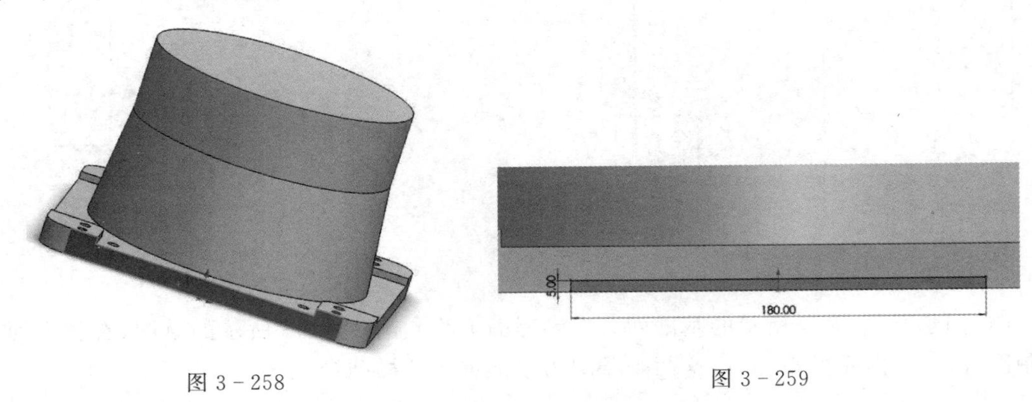

图 3－258

图 3－259

(7)在前视基准面上绘制图 3-260 所示的草图,将其拉伸 260 mm。

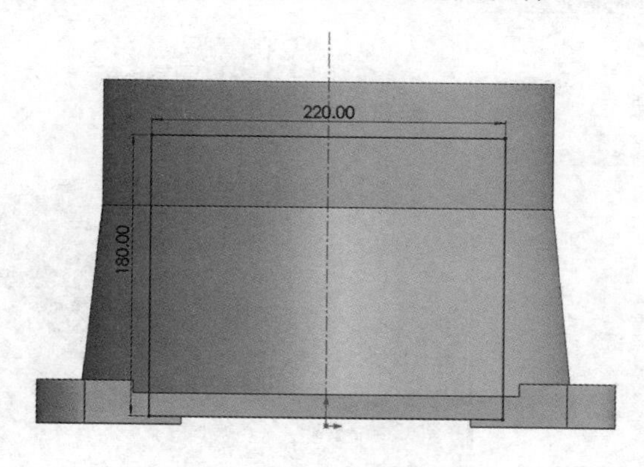

图 3-260

(8)在右视基准面上绘制图 3-261 所示的草图,将其拉伸 220 mm。

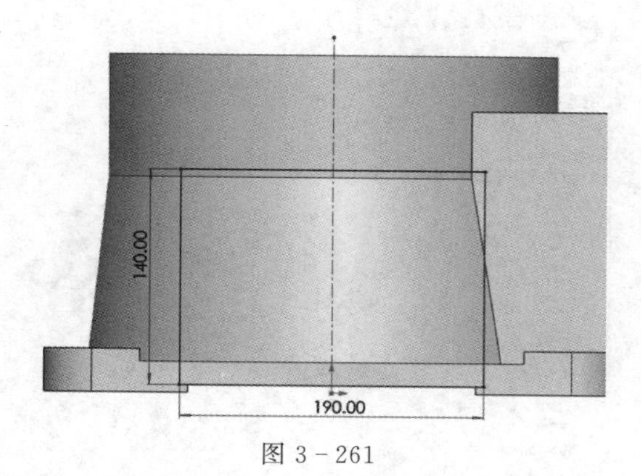

图 3-261

(9)选择图 3-262～图 3-264 所示的边线和面插入圆角,按图示设置属性。

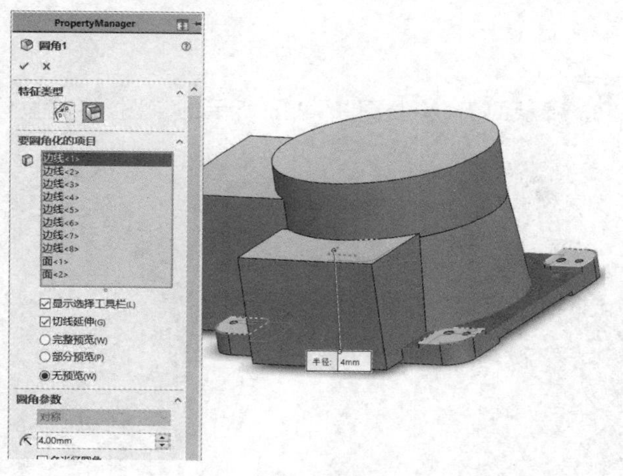

图 3-262

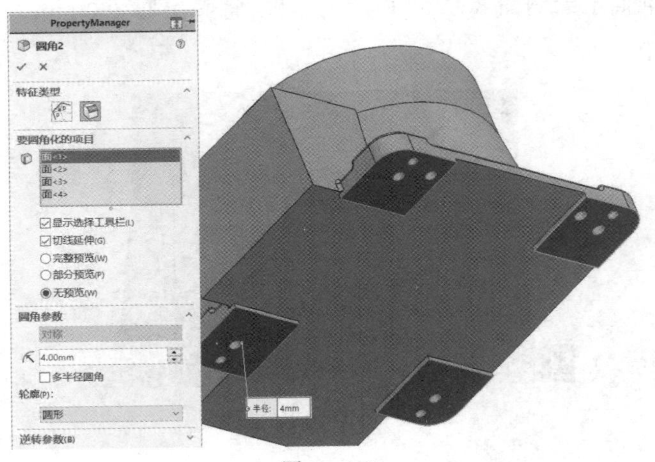

图 3-263

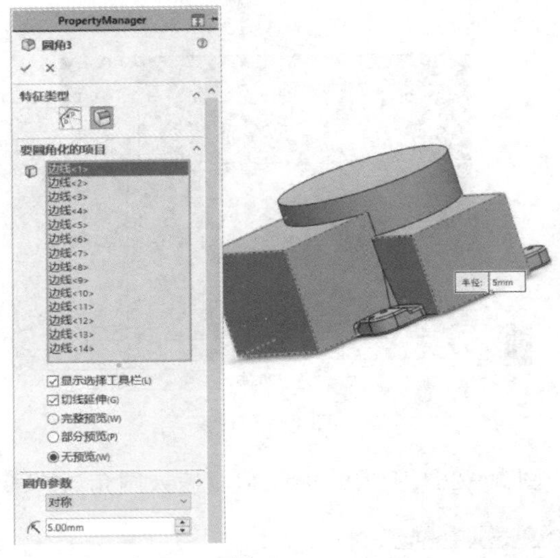

图 3-264

(10)选择图 3-265 所示的面,绘制图 3-266 所示的草图,将其拉伸切除,深度为 4 mm。

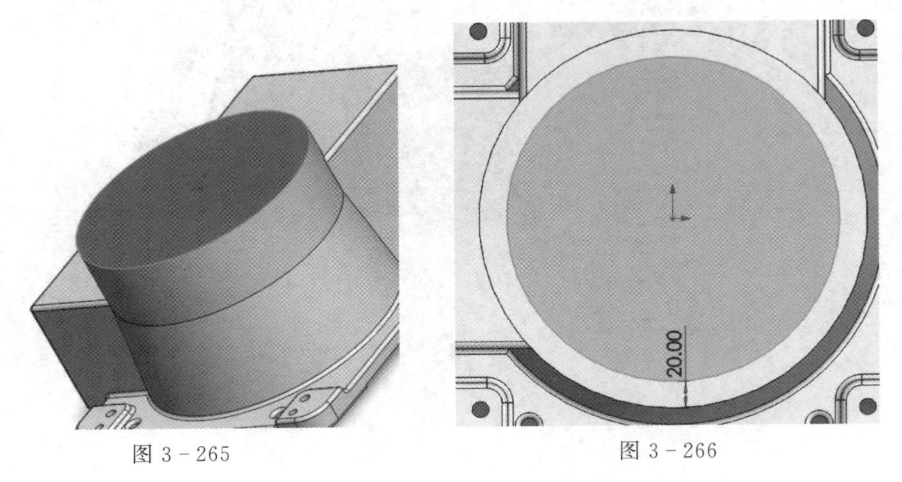

图 3-265　　图 3-266

(11)选择图 3－267 所示的面，绘制图 3－268 所示的草图，将其拉伸 40 mm，合并结果。

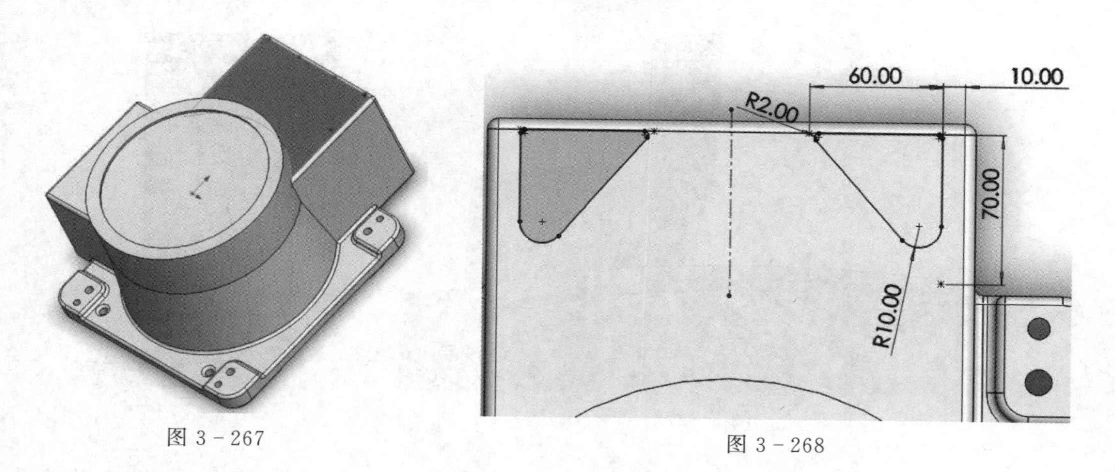

图 3－267

图 3－268

(12)选择图 3－269 所示的面，绘制图 3－270 所示的草图，将其拉伸 5 mm，合并结果。

(13)选择步骤(12)中创建的实体的面为绘图面，绘制图 3－271 所示的草图，将其拉伸 53 mm，合并结果。

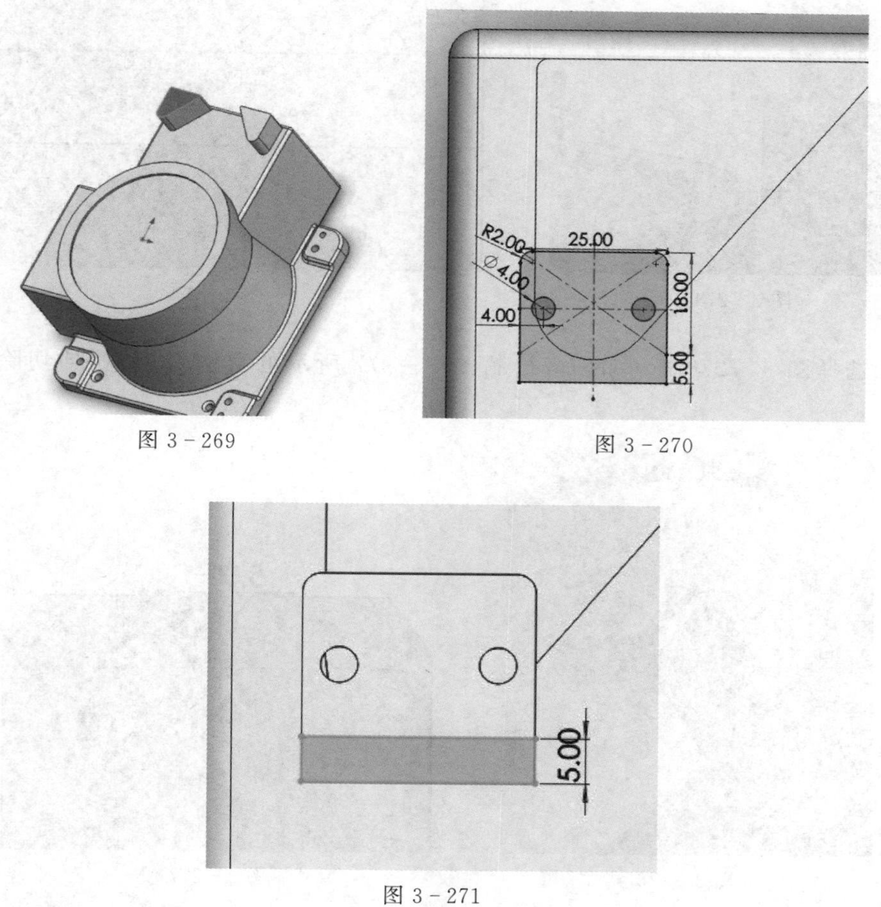

图 3－269

图 3－270

图 3－271

(14)选择图 3 - 272 所示的面,绘制图 3 - 273 所示的草图,将其拉伸 25 mm,合并结果。

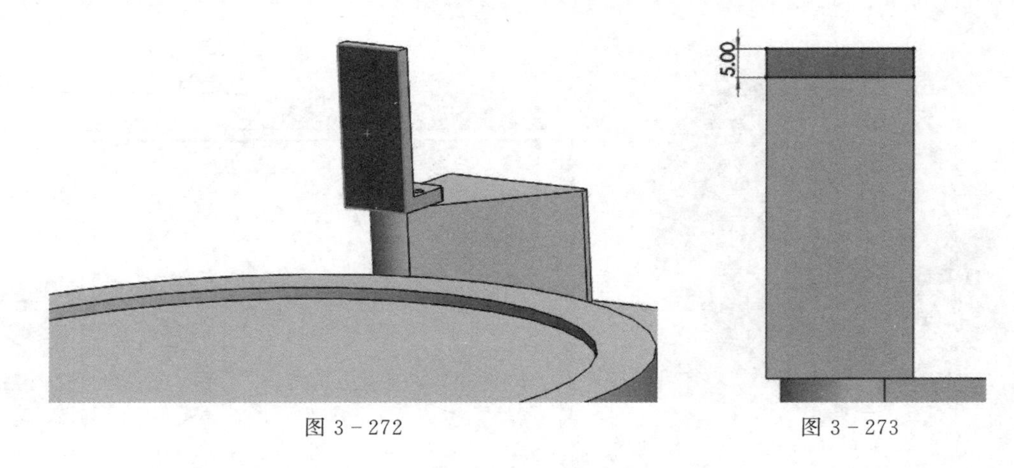

图 3 - 272　　图 3 - 273

(15)选择图 3 - 274 所示的面,绘制图 3 - 275 所示的草图,将其拉伸 25 mm,合并结果。

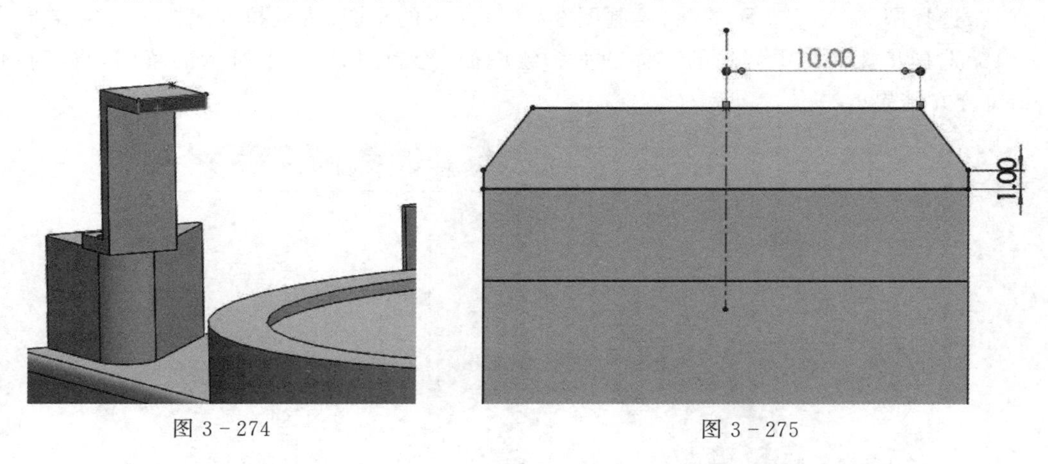

图 3 - 274　　图 3 - 275

(16)选择图 3 - 276 所示的面,绘制图 3 - 277 所示的草图,将其拉伸切除,深度为 25 mm。

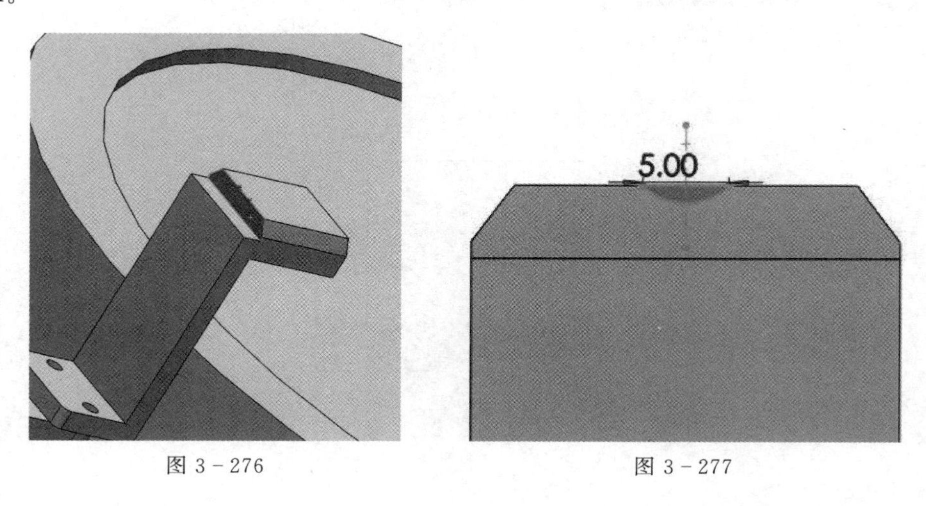

图 3 - 276　　图 3 - 277

(17)选择图 3－278 所示的面,绘制图 3－279 所示的草图,将其拉伸切除,深度为 24 mm。

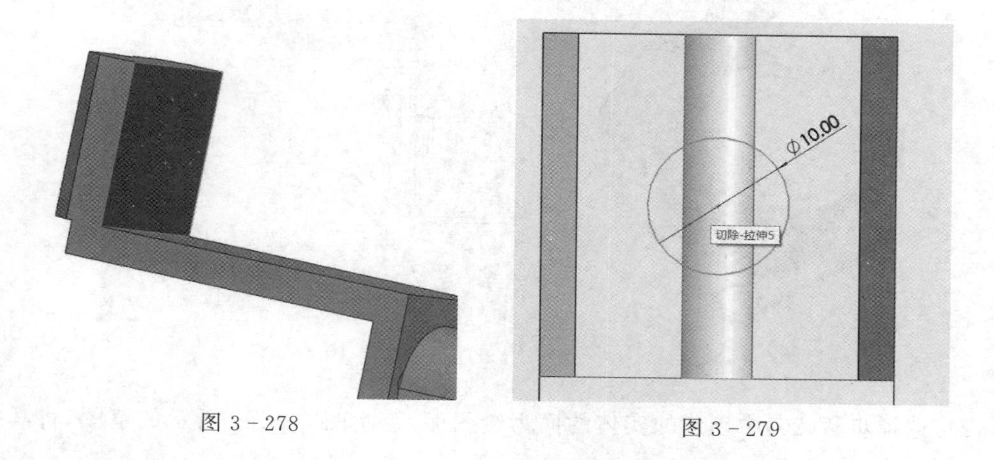

图 3－278　　图 3－279

(18)选择图 3－280 所示的面,绘制图 3－281 所示的草图,将其拉伸 25 mm,合并结果。

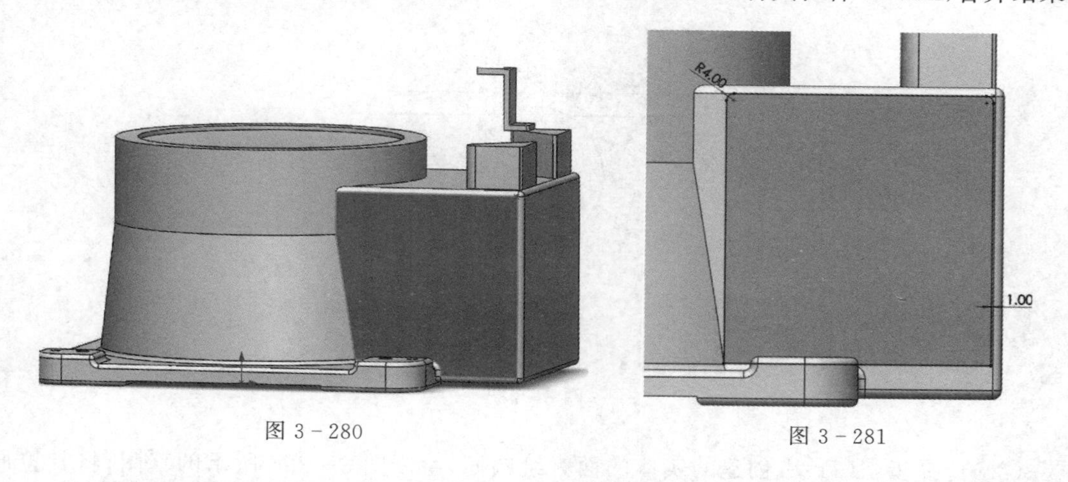

图 3－280　　图 3－281

(19)选择步骤(18)中创建的实体的面为绘图面,绘制图 3－282 所示的草图,将其拉伸 5 mm,合并结果。

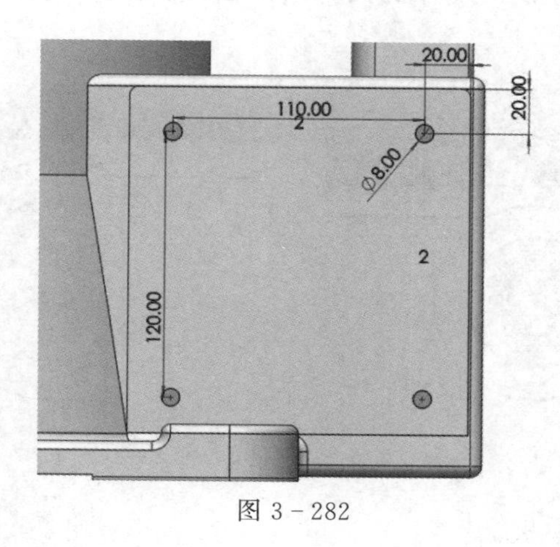

图 3－282

(20)选择图 3 - 283 所示的面，绘制图 3 - 284 所示的草图，将其拉伸 12 mm，合并结果。

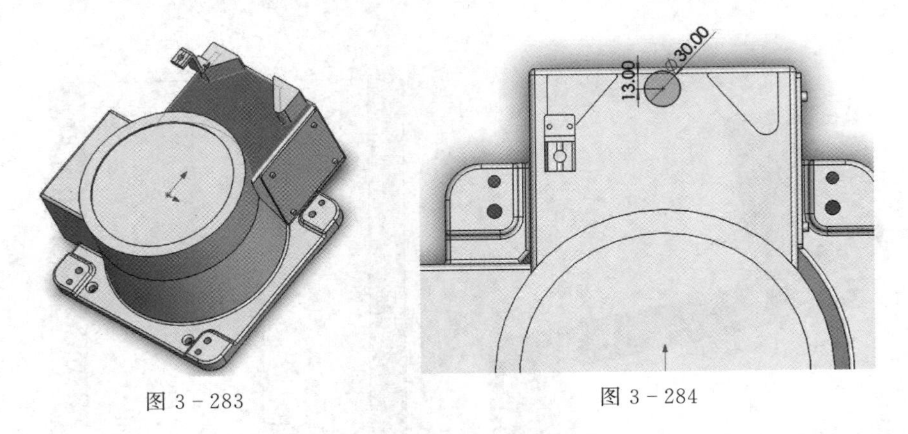

图 3 - 283　　图 3 - 284

(21)选择步骤(20)中创建的实体的面为绘图面，绘制图 3 - 285 所示的草图，将其拉伸 35 mm，合并结果。

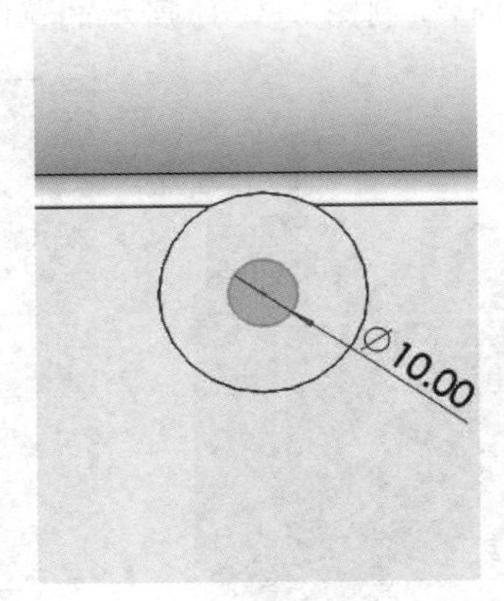

图 3 - 285

(22)选择步骤(21)中创建的实体的面为绘图面，绘制图 3 - 286 所示的草图，将其拉伸 4 mm，合并结果。

(23)选择步骤(22)中创建的实体的面为绘图面，绘制图 3 - 287 所示的草图，将其拉伸切除，深度为 51 mm。

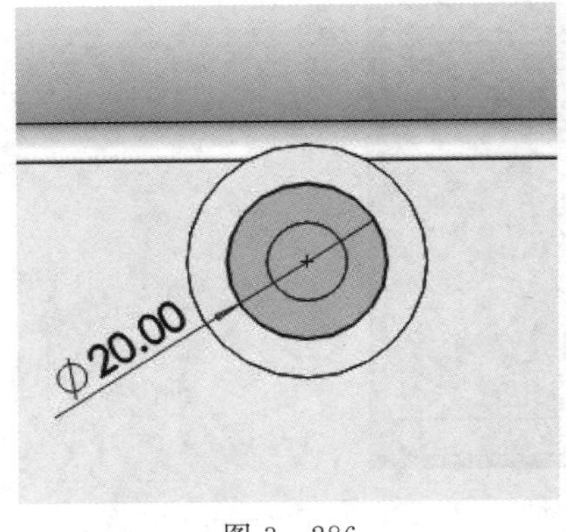

图 3 - 286

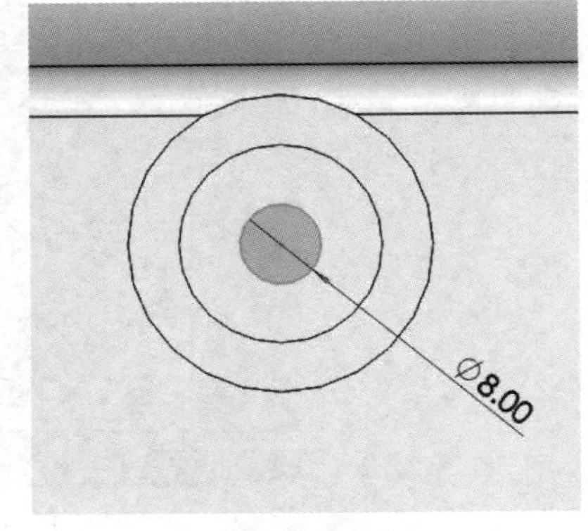

图 3 - 287

(24)创建图 3-288 所示的基准面,并以其为基准进行图 3-289 所示的镜向操作。

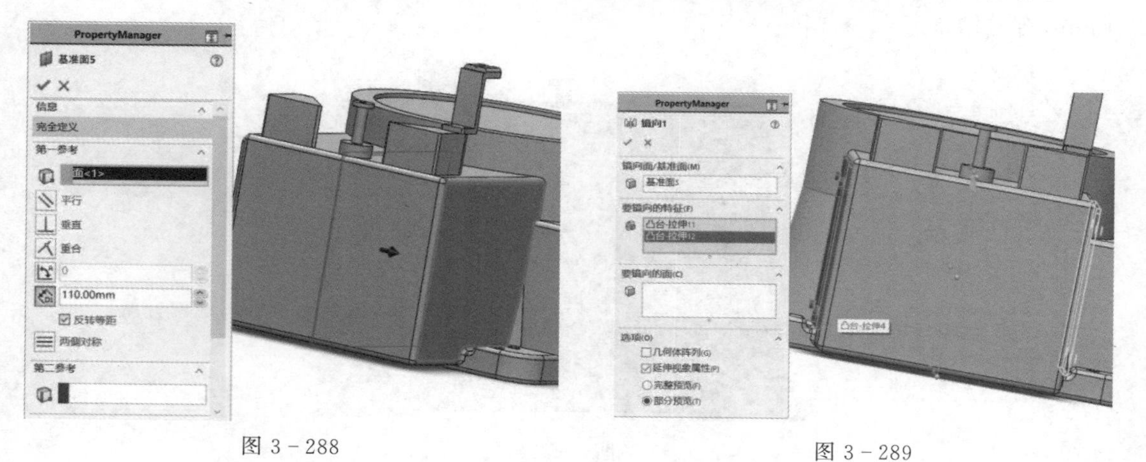

图 3-288　　　　图 3-289

(25)选择图 3-290 所示的面,绘制图 3-291 所示的草图,将其拉伸 5 mm,合并结果。

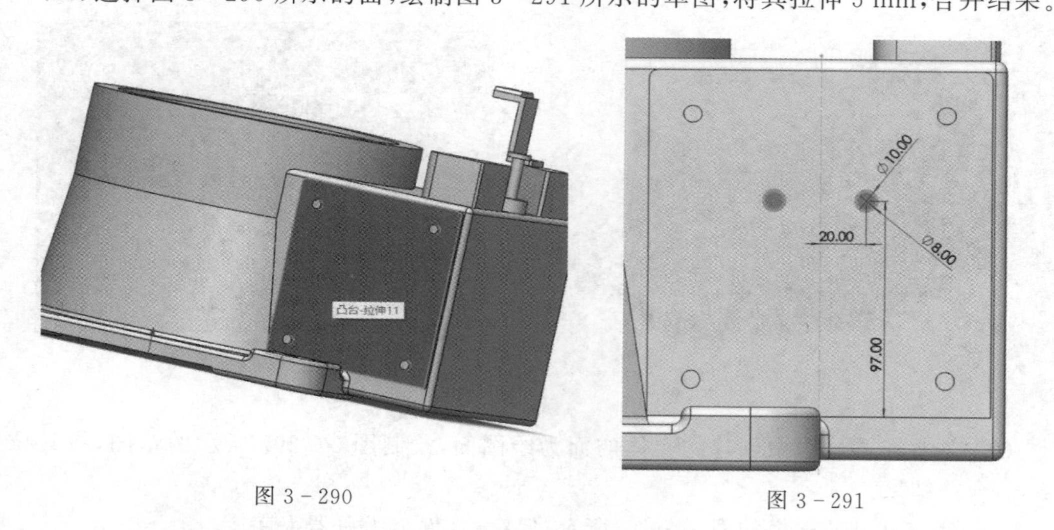

图 3-290　　　　图 3-291

(26)选择图 3-292 所示的面,绘制图 3-293 所示的草图,将其拉伸 4 mm,合并结果。

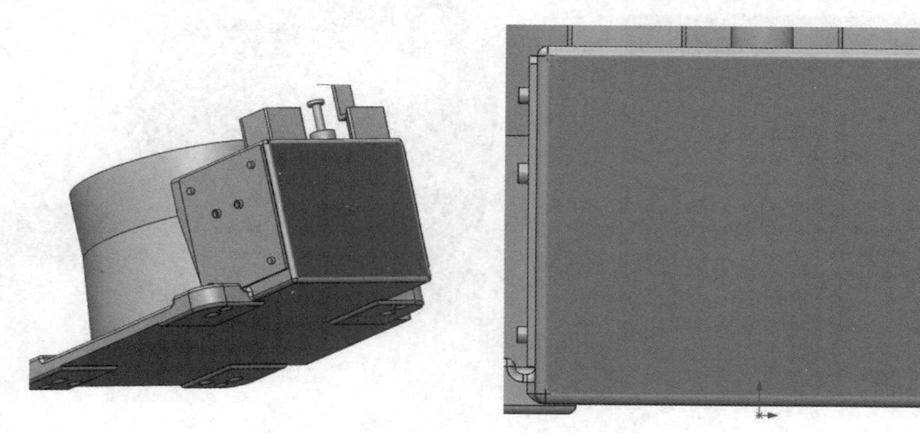

图 3-292　　　　图 3-293

(27)选择步骤(26)中创建的实体的面为绘图面,绘制图 3-294 所示的草图,将其拉伸 4 mm,合并结果。

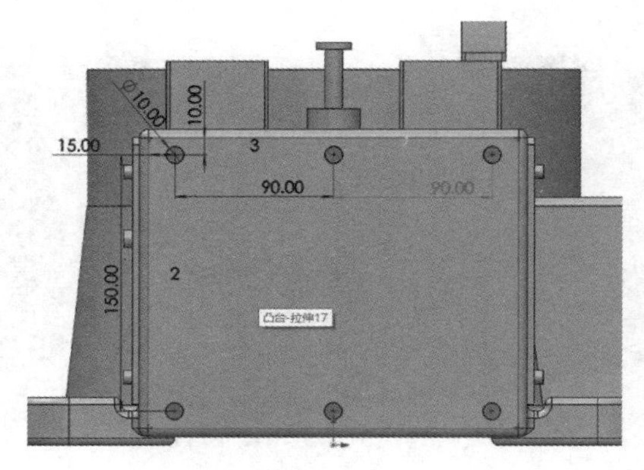

图 3-294

(28)选择图 3-295 所示的面,绘制图 3-296 所示的草图,将其拉伸 4 mm,合并结果。

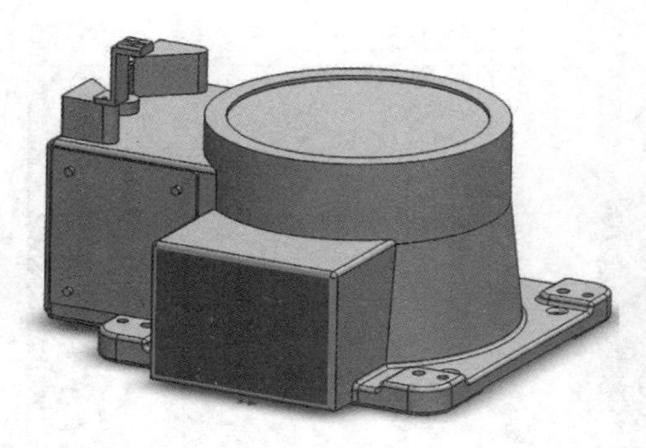

图 3-295

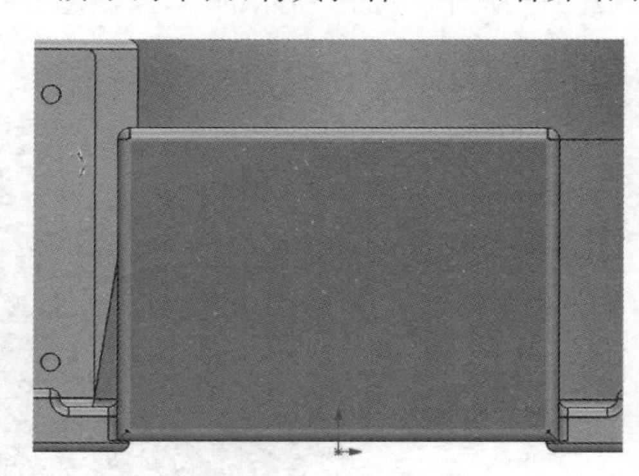

图 3-296

(29)选择步骤(28)中创建的实体的面为绘图面,绘制图 3-297 所示的草图,将其拉伸 4 mm,合并结果。

(30)底座基础的建模如图 3-298 所示,保存,文件名为机器人底座。

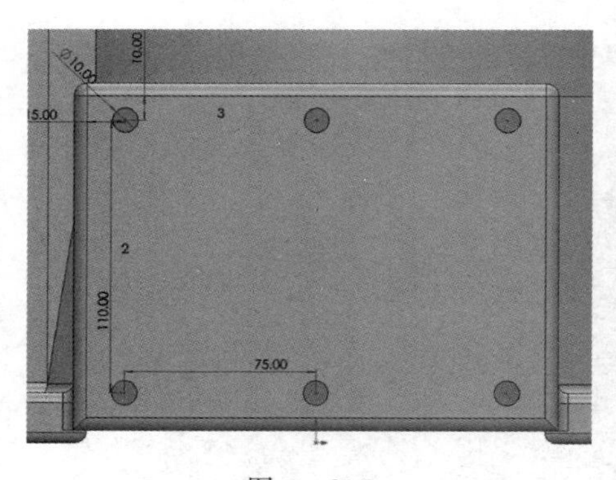

图 3-297

图 3-298

3.2.2 支撑板的建模

(1)新建一个零件,在上视基准面上绘制图 3－299 所示的草图,将其拉伸 35 mm。

(2)选择步骤(1)中创建的实体的面,在其上确定图 3－300 所示的四个点,并在该四个点的位置插入四个孔。插入孔的步骤为依次单击“插入—特征—导向孔”。孔的参数设置如图 3－301 所示。

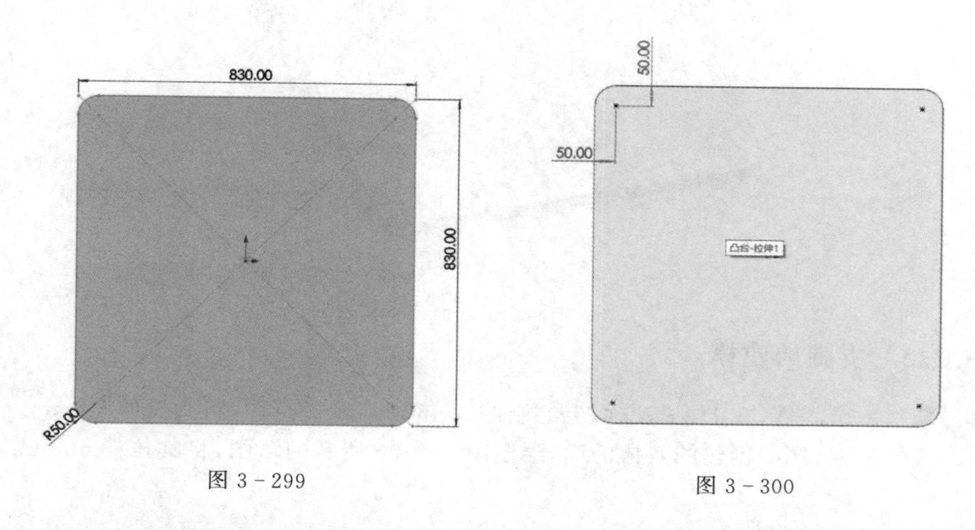

图 3－299　　图 3－300

(3)选择步骤(1)中创建的实体的面为绘图面,绘制图 3－302 所示的草图,并在其四个顶点的位置插入四个孔。孔的参数设置如图 3－303 所示。

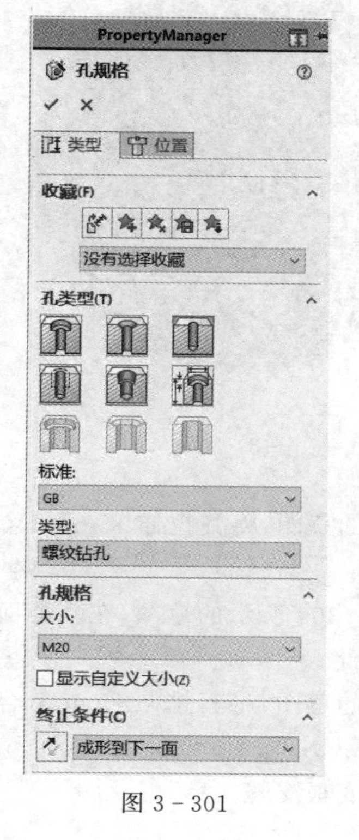

图 3－301

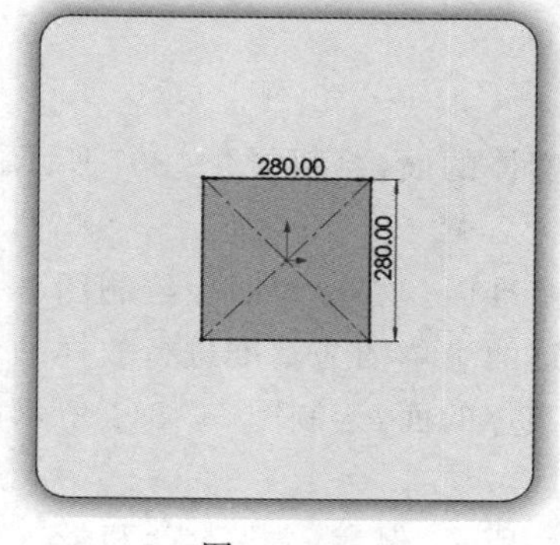

图 3－302

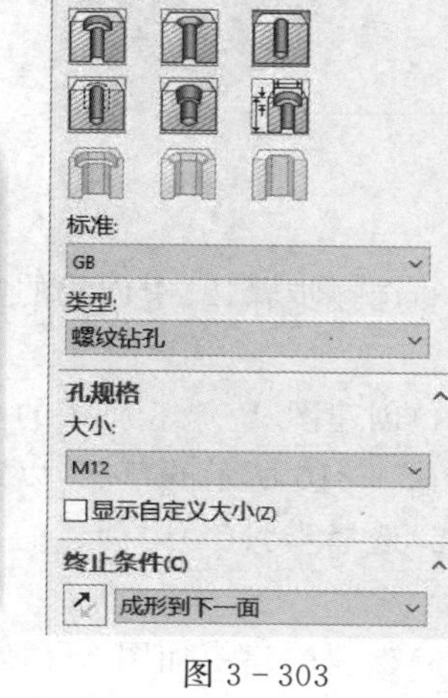

图 3－303

(4)支撑板的建模如图 3－304 所示，保存，文件名为机器人支撑板。

图 3－304

3.2.3 支腿的建模

(1)新建一个零件，在上视基准面上绘制图 3－305 所示的草图，将其拉伸 30 mm。

(2)选择步骤(1)中创建的实体的面，绘制图 3－306 所示的草图，将其拉伸 60 mm，合并结果。

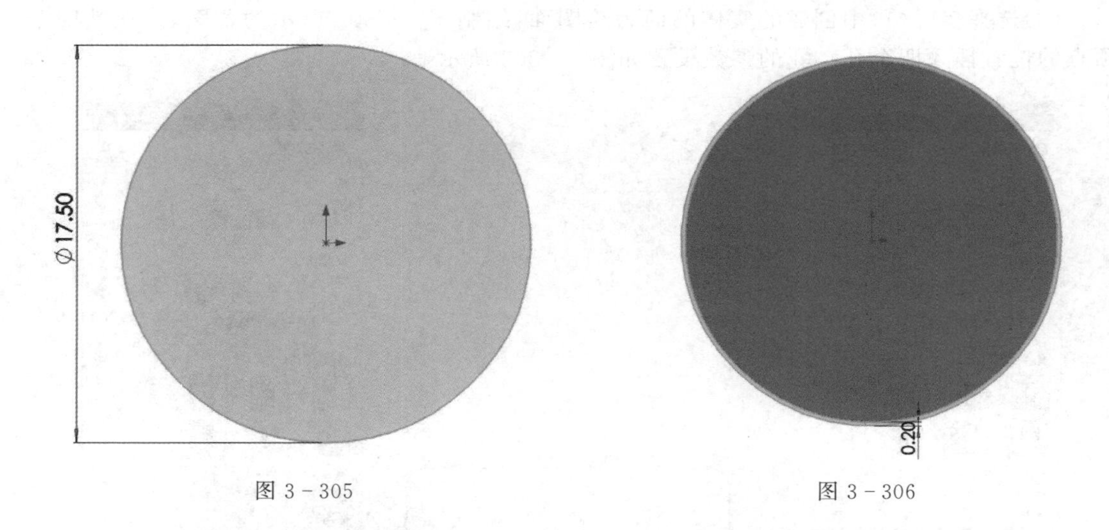

图 3－305　　图 3－306

(3)选择步骤(2)中创建的实体的面，绘制图 3－307 所示的草图，将其拉伸 15 mm，合并结果。

(4)创建图 3－308 所示的基准面。在参考面上绘制图 3－309 所示的草图，在基准面上绘制图 3－310 所示的草图，以这两个草图为基准进行放样凸台。

(5)选择步骤(4)中创建的实体的面，绘制图 3－311 所示的草图，将其拉伸 15 mm，合并结果。

(6)支腿的建模如图 3－312 所示，保存，文件名为机器人底板支腿。

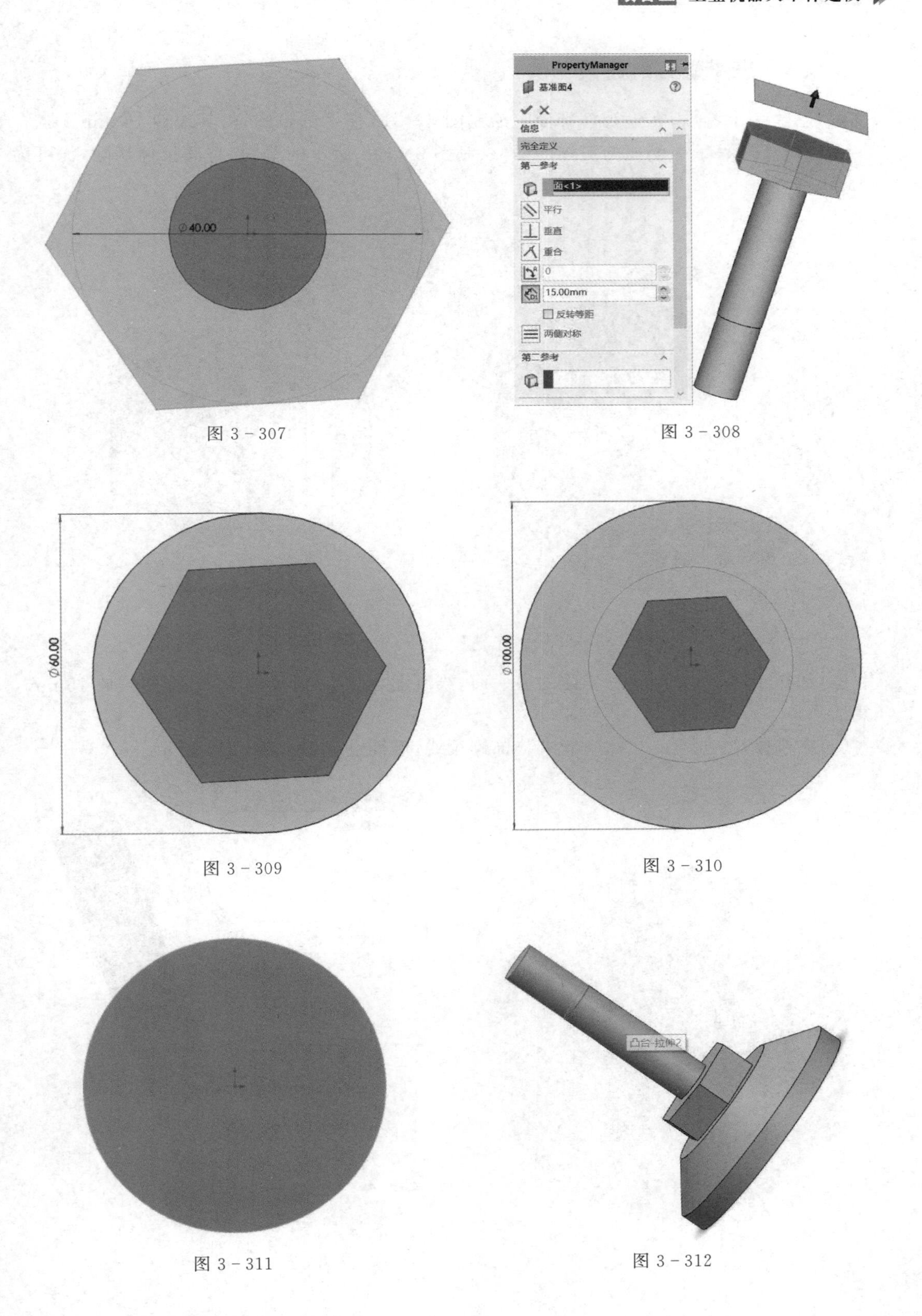

图 3-307

图 3-308

图 3-309

图 3-310

图 3-311

图 3-312

3.2.4 底座螺钉的建模

(1)新建一个零件，在上视基准面上绘制图 3－313 所示的草图，将其拉伸 16 mm。

(2)选择步骤(1)中创建的实体的面，绘制图 3－314 所示的草图，将其拉伸切除，深度为 10 mm。

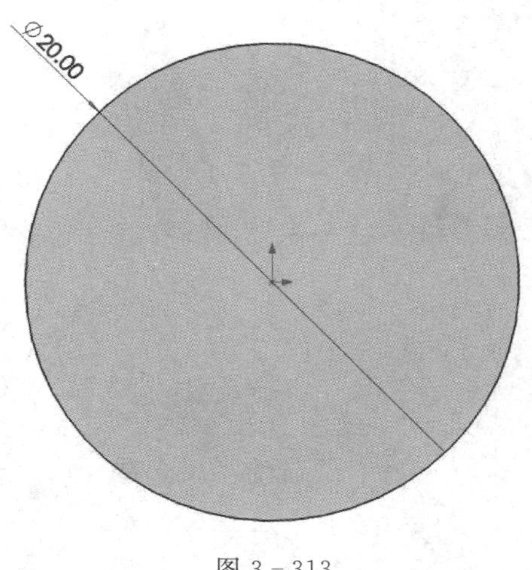

图 3－313

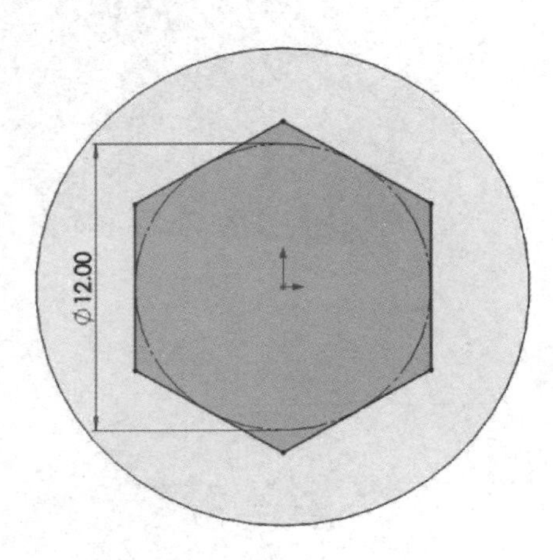

图 3－314

(3)选择步骤(1)中创建的实体的另一面，绘制图 3－315 所示的草图，将其拉伸 15 mm，合并结果。

(4)在步骤(3)创建的实体中插入装饰螺纹线，属性设置如图 3－316 所示。

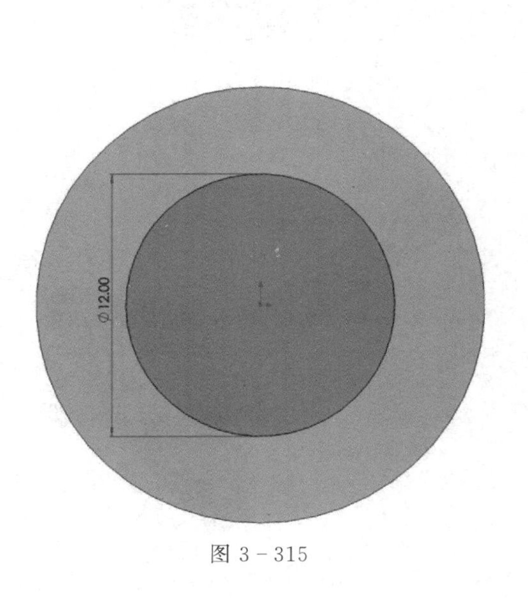

图 3－315

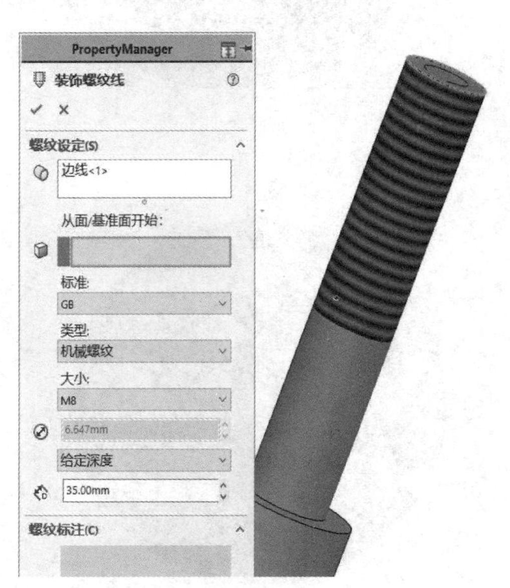

图 3－316

(5)底座螺钉的建模如图 3-317 所示,保存文件,文件名为底座螺钉。

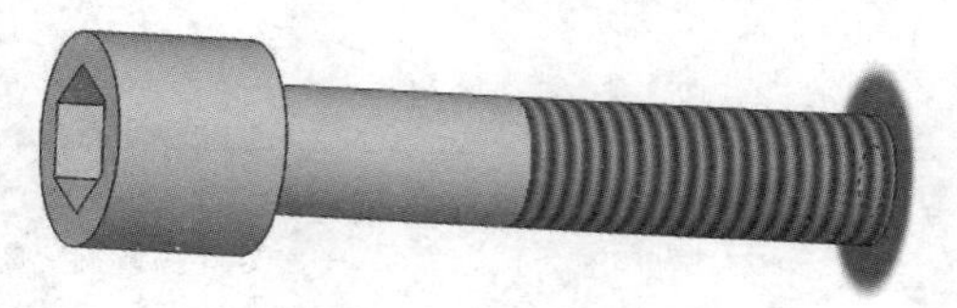

图 3-317

3.2.5 底座固定螺丝垫圈的绘制

新建一个零件,在上视基准面上绘制图 3-318 所示的草图,将其拉伸 1 mm。

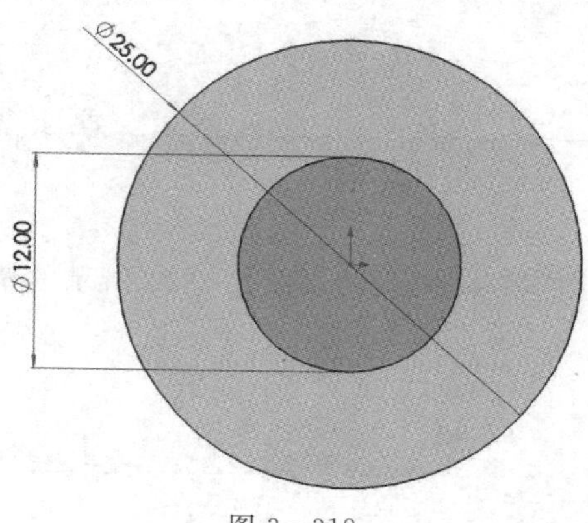

图 3-318

3.3 机器人夹具的建模

3.3.1 夹具部件 1 的绘制

(1)新建一个零件,在上视基准面上绘制图 3-319 所示的草图,将其拉伸 20 mm。

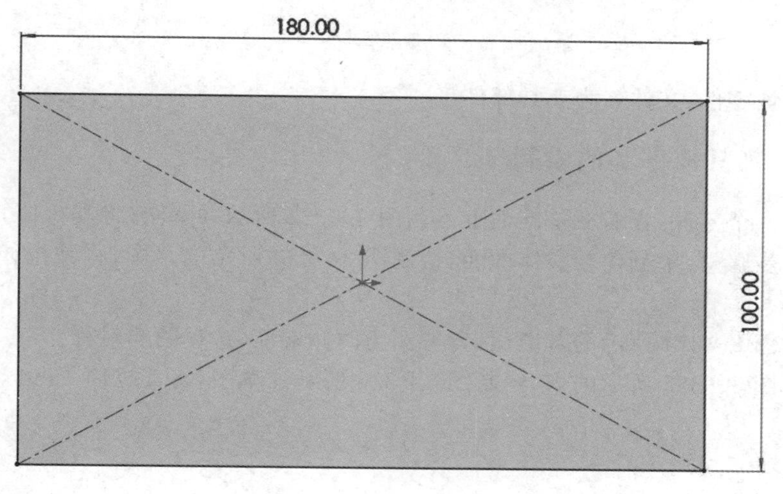

图 3-319

(2)选择步骤(1)中创建的实体的面,绘制图 3－320 所示的草图,将其拉伸切除,深度为 30 mm。

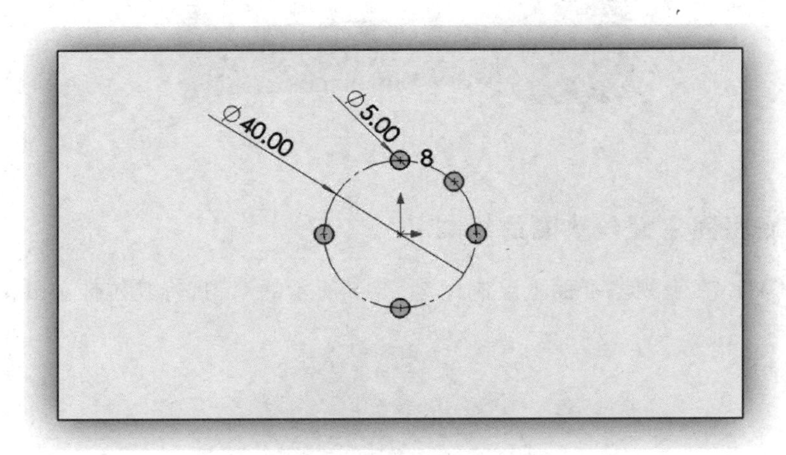

图 3－320

(3)选择步骤(1)中创建的实体的面,绘制图 3－321 所示的草图,将其拉伸切除,深度为 30 mm。

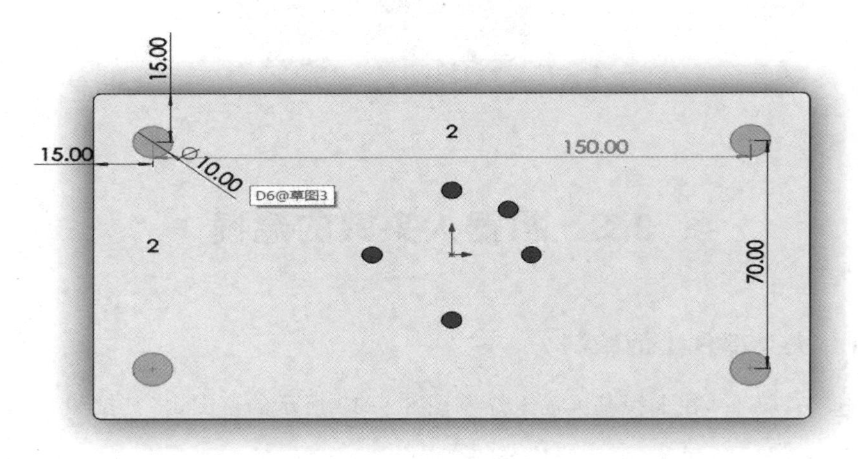

图 3－321

(4)保存该零件,文件名为夹具部件 1。

3.3.2 夹具部件 2 的绘制

(1)新建一个零件,在右视基准面上绘制图 3－322 所示的草图,将其拉伸 584 mm。

(2)选择步骤(1)中创建的实体的面,绘制图 3－323 所示的草图,将其拉伸切除,深度为 600 mm。

(3)创建图 3－324 所示的基准面,参考面为两侧端面,选择两侧对称。

(4)选择图 3－325 所示的面,绘制图 3－326 所示的草图,将其拉伸 4 mm,合并结果。

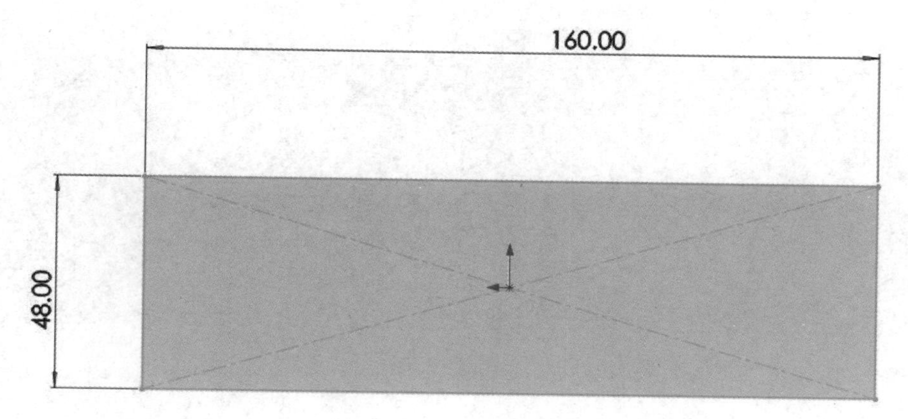

图 3 - 322

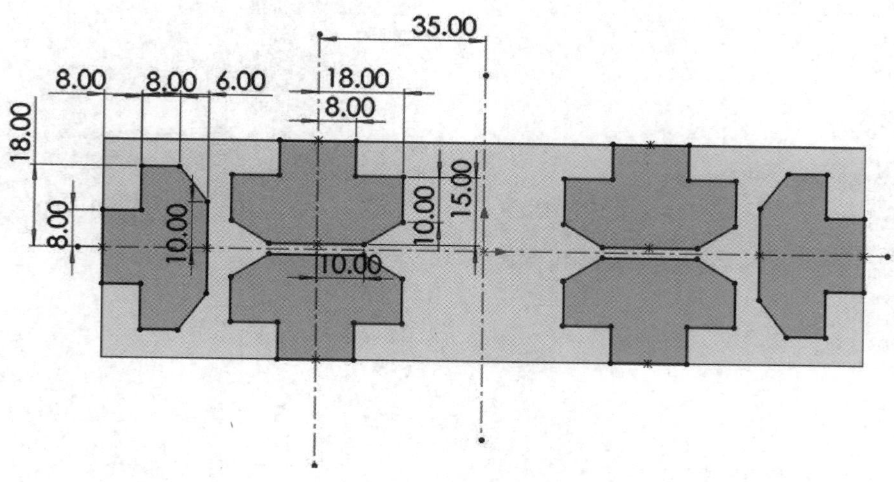

图 3 - 323

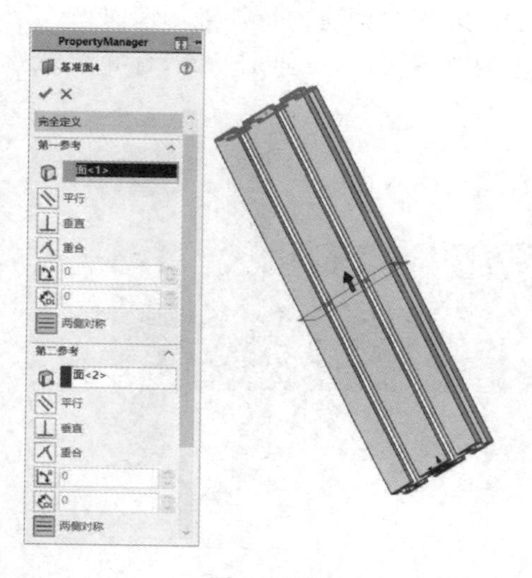

图 3 - 324

图 3 - 325

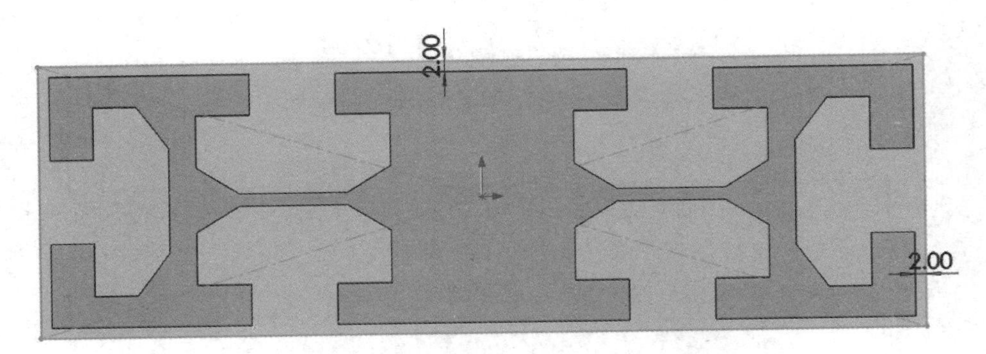

图 3 - 326

(5)插入图 3 - 327、图 3 - 328 所示的圆角。

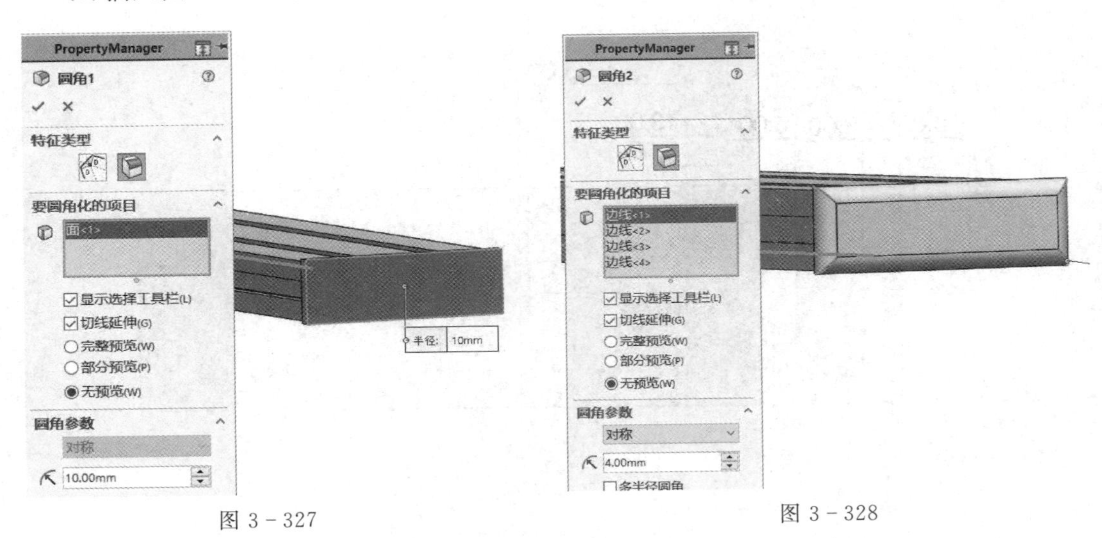

图 3 - 327　　　　图 3 - 328

(6)以步骤(3)创建的基准面为镜向面,将步骤(4)、步骤(5)创建的特征进行镜向。

(7)选择图 3 - 329 所示的面,绘制图 3 - 330 所示的草图,将其拉伸 15 mm,合并结果。

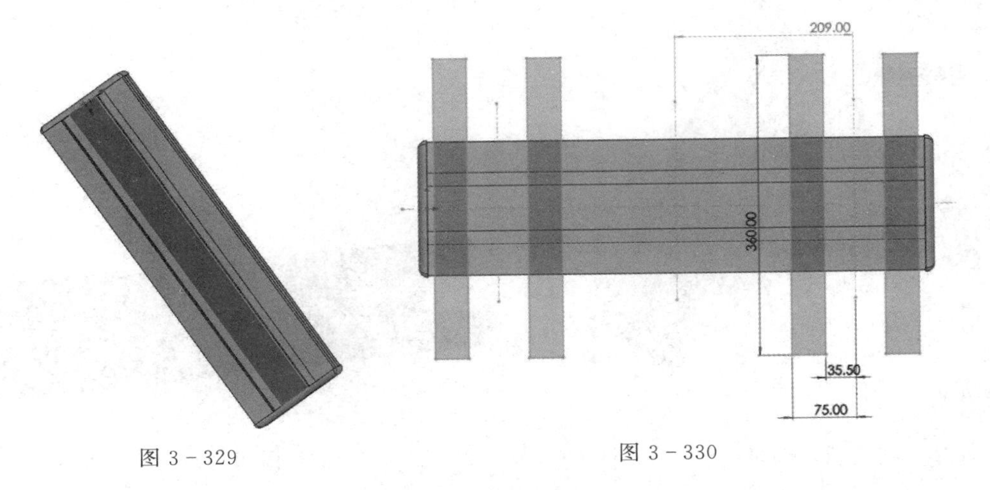

图 3 - 329　　　　图 3 - 330

(8)选择步骤(7)中创建的实体的面,绘制图 3-331 所示的草图,将其拉伸 70 mm,合并结果。

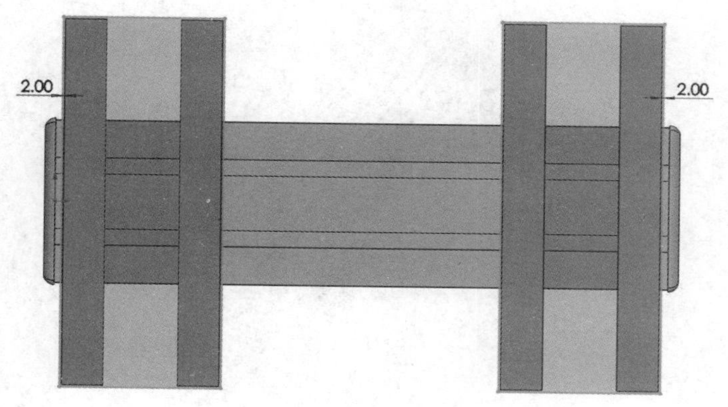

图 3-331

(9)选择步骤(8)中创建的实体的面,绘制图 3-332 所示的草图,将其拉伸 25 mm,合并结果。

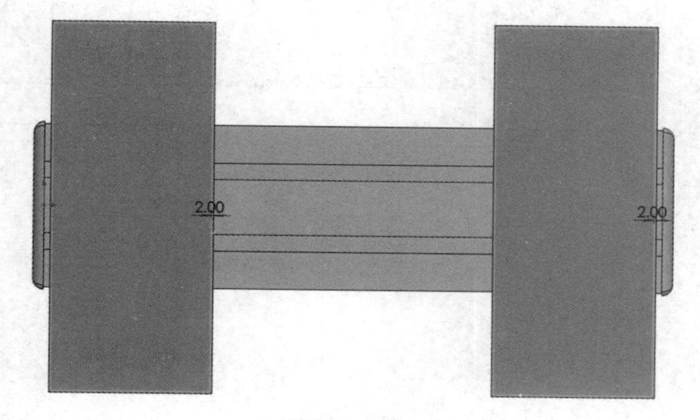

图 3-332

(10)选择步骤(9)中创建的实体的面,绘制图 3-333 所示的草图,将其拉伸切除,深度为 25 mm。

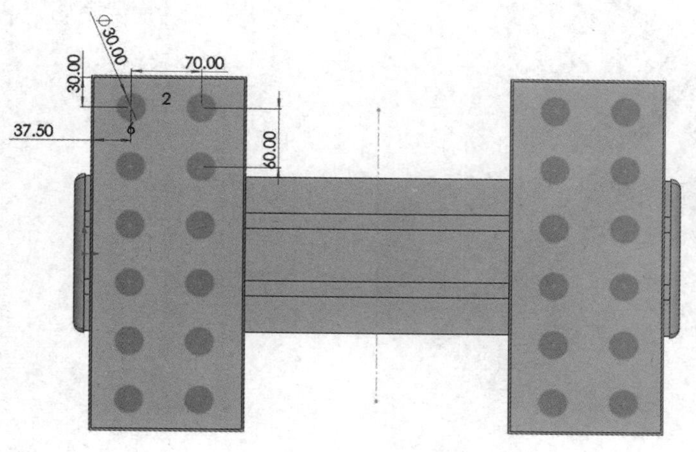

图 3-333

(11)选择图 3－334 所示的面，绘制图 3－335 所示的草图，将其拉伸 10 mm，合并结果。

图 3－334

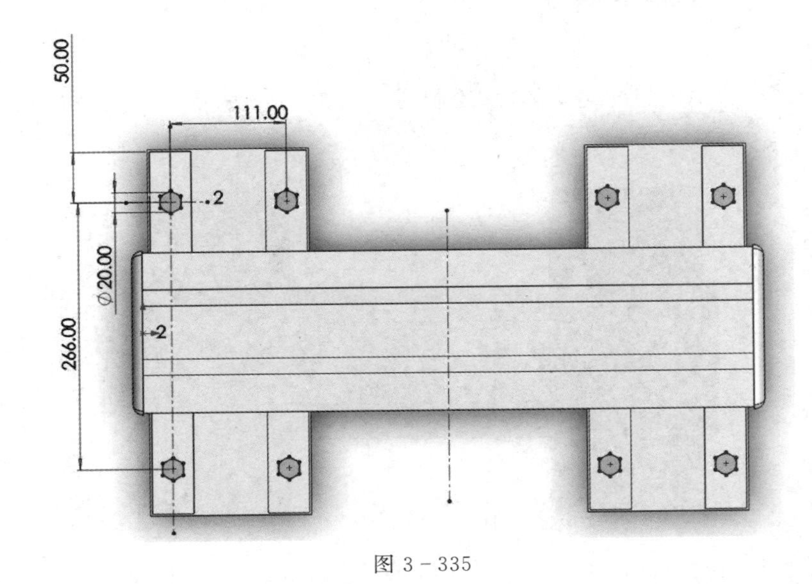

图 3－335

(12)选择图 3－336 所示的面，绘制图 3－337 所示的草图，将其拉伸 30 mm，合并结果。

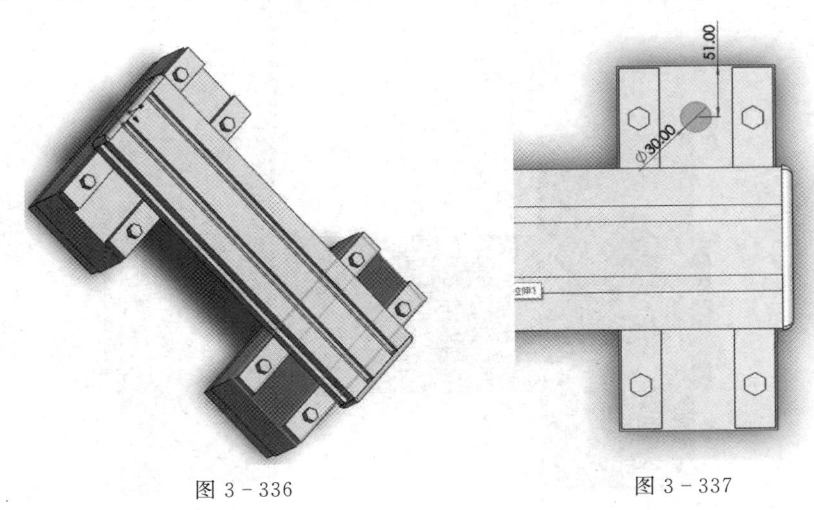

图 3－336　　图 3－337

(13)选择步骤(12)中创建的实体的面,绘制图 3-338 所示的草图,将其拉伸切除,深度为 25 mm。

(14)夹具部件建模如图 3-339 所示,将其保存,文件名为夹具部件 2。

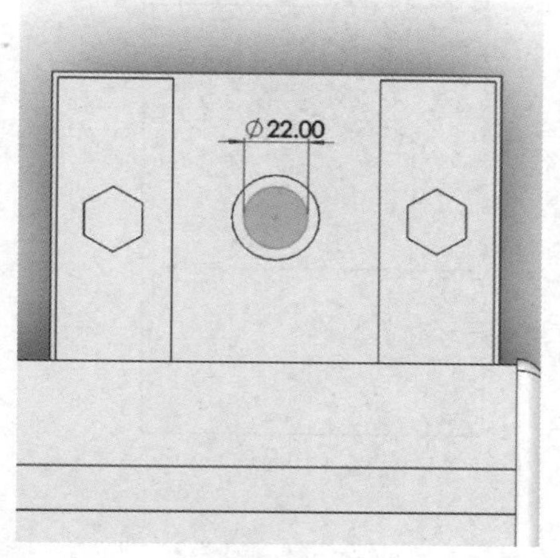

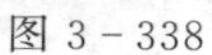

图 3-338

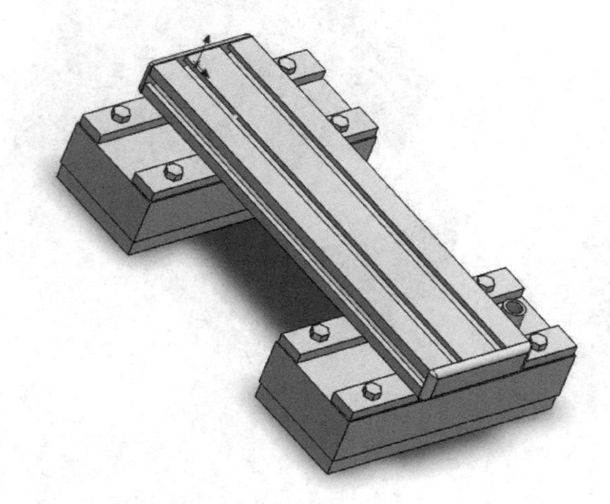

图 3-339

3.3.3 工具固定部件的绘制

(1)新建一个零件,在右视基准面上绘制图 3-340 所示的草图,将其拉伸 20 mm。

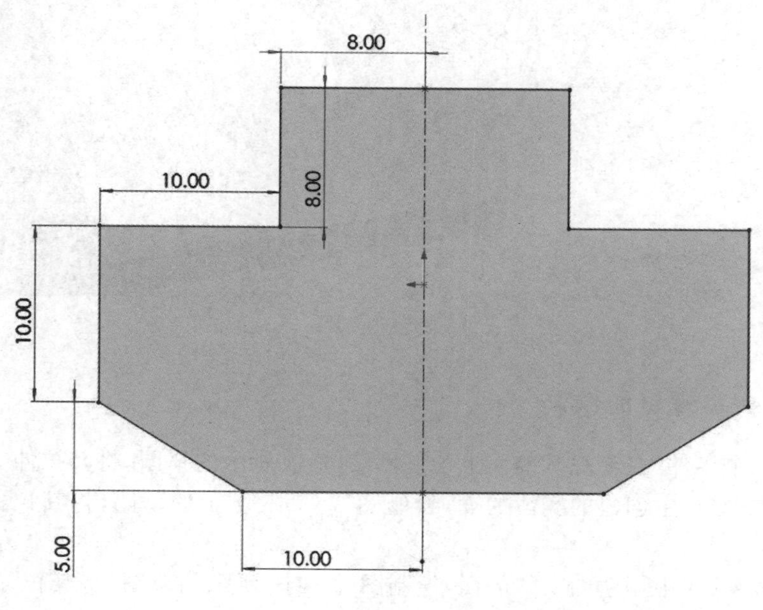

图 3-340

(2)选择图 3-341 所示的面,绘制图 3-342 所示的草图,将其拉伸切除,深度为 8 mm。

(3)选择步骤(2)中创建的特征,插入装饰螺纹线,属性设置如图 3-343 所示。

(4)保存该零件,文件名为夹具工具固定。

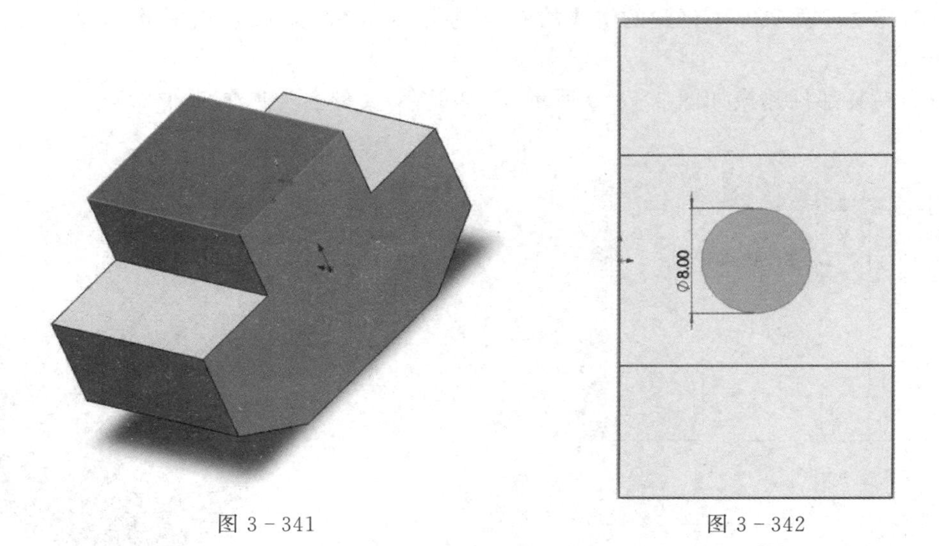

图 3 - 341　　图 3 - 342

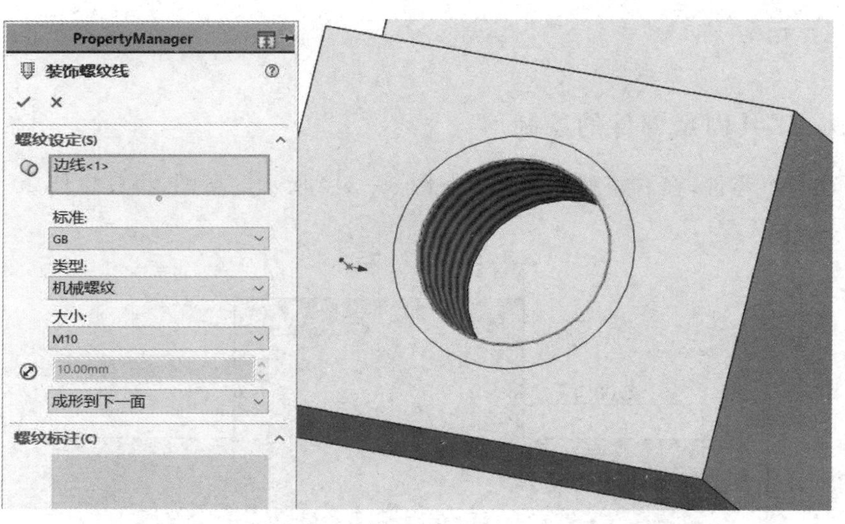

图 3 - 343

3.3.4 夹具螺钉的绘制

(1)新建一个零件,在上视基准面上绘制图 3 - 344 所示的草图,将其拉伸 10 mm。

(2)选择步骤(1)中创建的实体的面,绘制图 3 - 345 所示的草图,将其拉伸 5 mm,合并结果。

(3)选择步骤(2)中创建的实体的面,绘制图 3 - 346 所示的草图,将其拉伸切除,深度为 8 mm。

(4)选择图 3 - 347 所示的面,绘制图 3 - 348 所示的草图,将其拉伸 5 mm,合并结果。

(5)选择步骤(4)中创建的特征,插入装饰螺纹线,属性设置如图 3 - 349 所示。

(6)保存该零件,文件名为夹具螺钉。

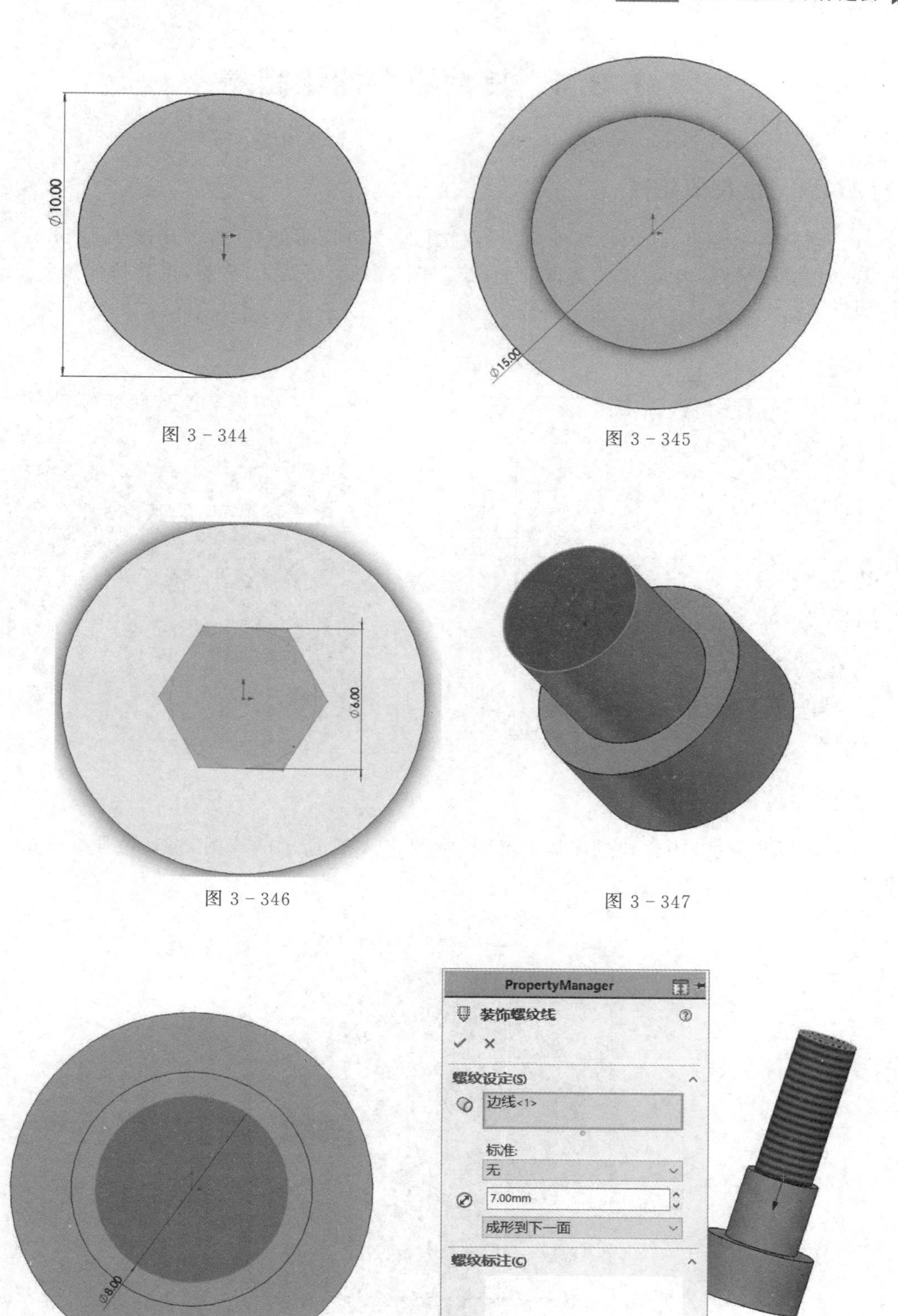

图 3-344

图 3-345

图 3-346

图 3-347

图 3-348

图 3-349

3.4 其他零件的绘制

3.4.1 电机的建模

(1)新建一个零件,在上视基准面上绘制图 3-350 所示的草图,将其拉伸 10 mm。

(2)选择步骤(1)中创建的实体的面,绘制图 3-351 所示的草图,将其拉伸 200 mm,合并结果。

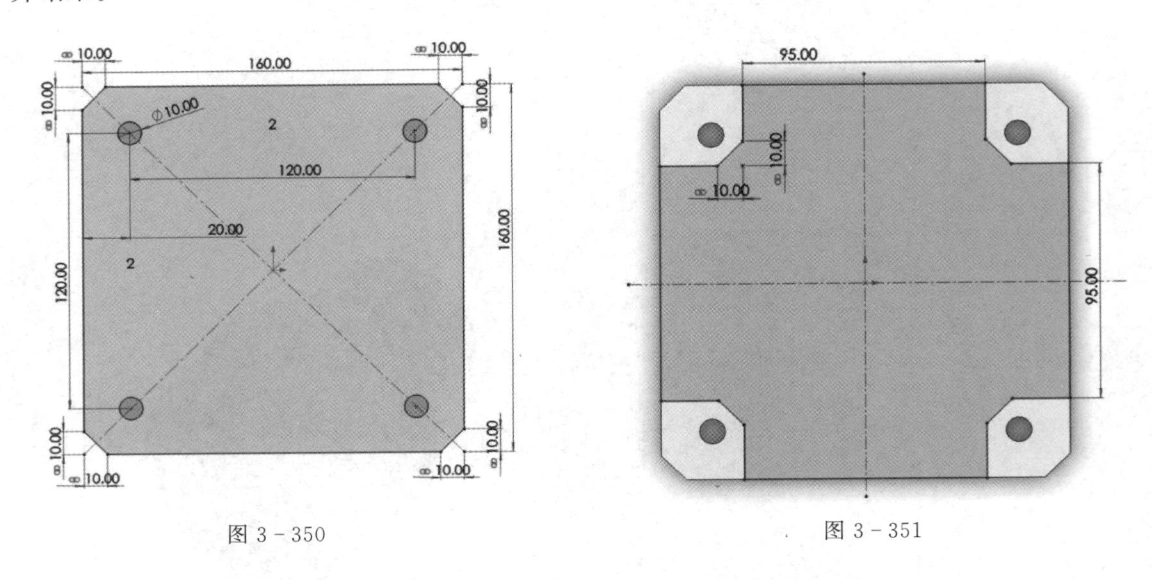

图 3-350

图 3-351

(3)选择步骤(2)中创建的实体的面,绘制图 3-352 所示的草图,将其拉伸 30 mm,合并结果。

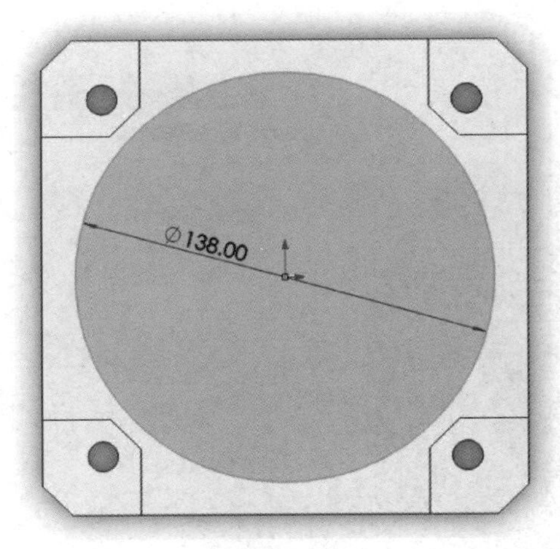

图 3-352

(4)选择图 3-353 所示的面,绘制图 3-354 所示的草图,将其拉伸 5 mm,合并结果。

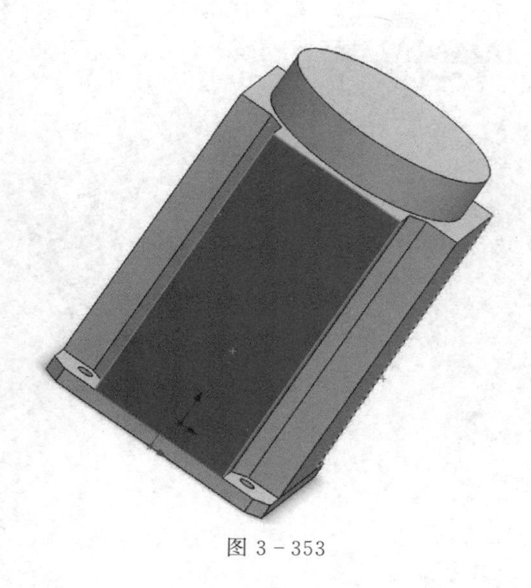

图 3-353

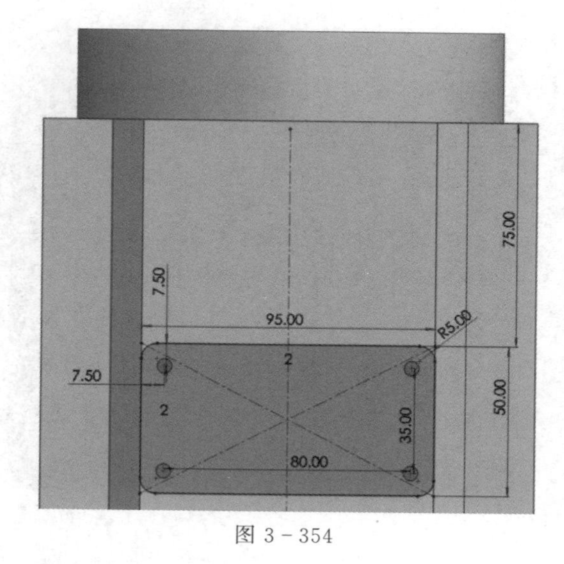

图 3-354

(5)选择步骤(4)中创建的实体的面，绘制图 3-355 所示的草图，将其拉伸 30 mm，合并结果。

(6)选择步骤(5)中创建的实体的面，绘制图 3-356 所示的草图，将其拉伸 30 mm，合并结果。

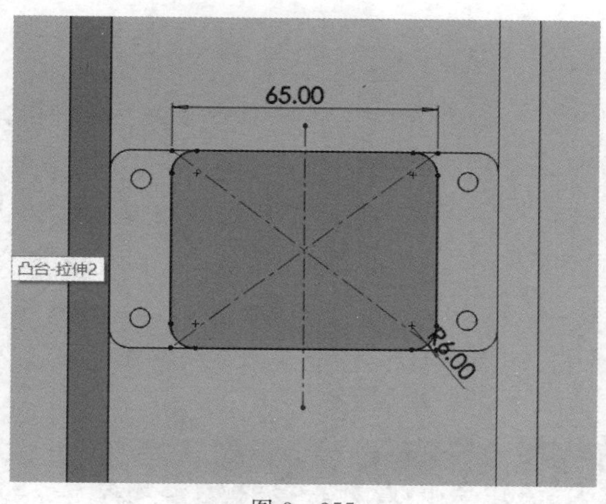

图 3-355

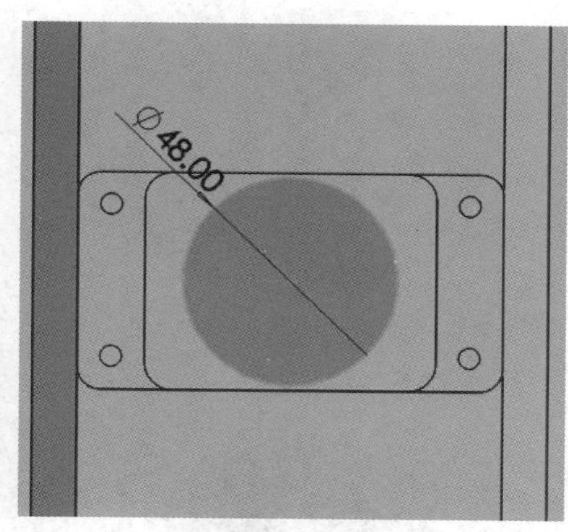

图 3-356

(7)选择步骤(6)中创建的实体的面，绘制图 3-357 所示的草图，将其拉伸切除，深度为 30 mm。

(8)插入装饰螺纹线，位置和属性设置如图 3-358 所示。

(9)选择图 3-359 所示的面，绘制图 3-360 所示的草图，将其拉伸 30 mm，合并结果。

(10)选择图 3-361 所示的面，绘制图 3-362 所示的草图，将其拉伸 2 mm，合并结果。

(11)选择步骤(10)中创建的实体的面，绘制图 3-363 所示的草图，将其拉伸 15 mm，合并结果。

(12)选择步骤(11)中创建的实体的面，绘制图 3-364 所示的草图，将其拉伸切除，深度为 30 mm。

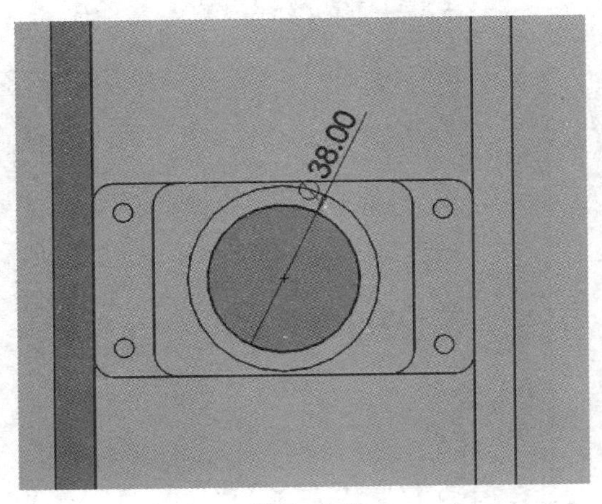

图 3－357

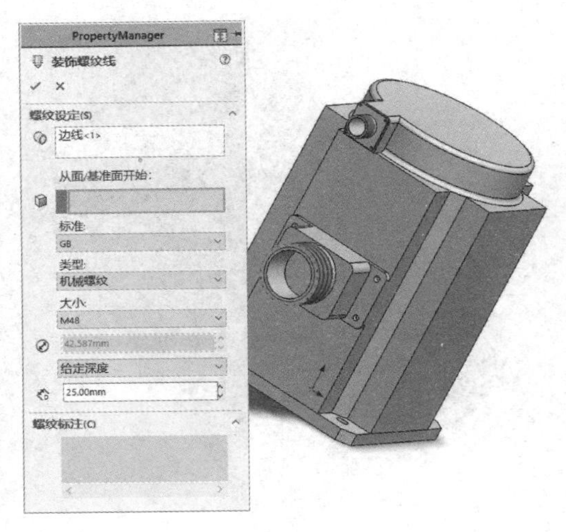

图 3－358

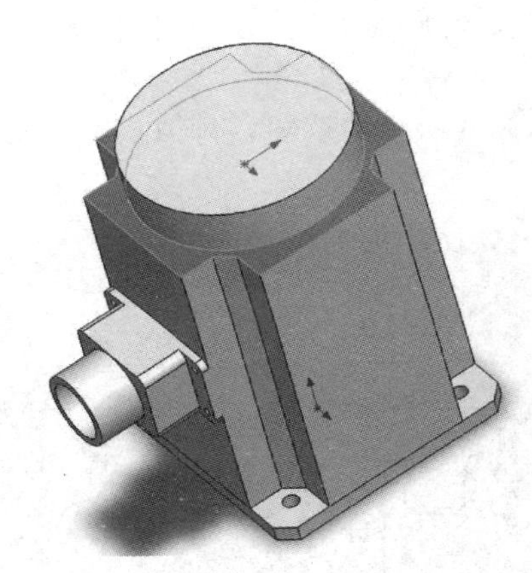

图 3－359

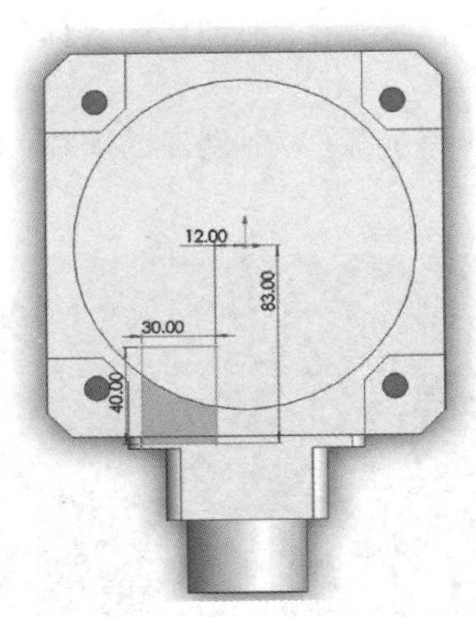

图 3－360

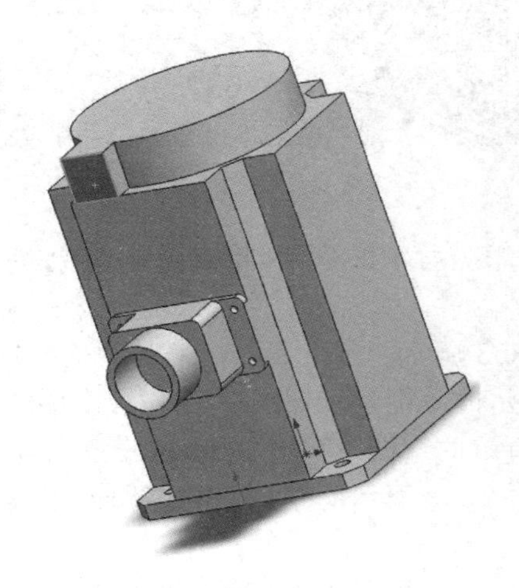

图 3－361

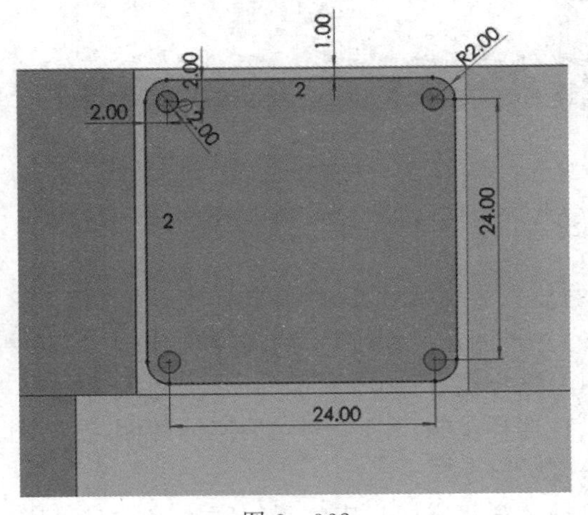

图 3－362

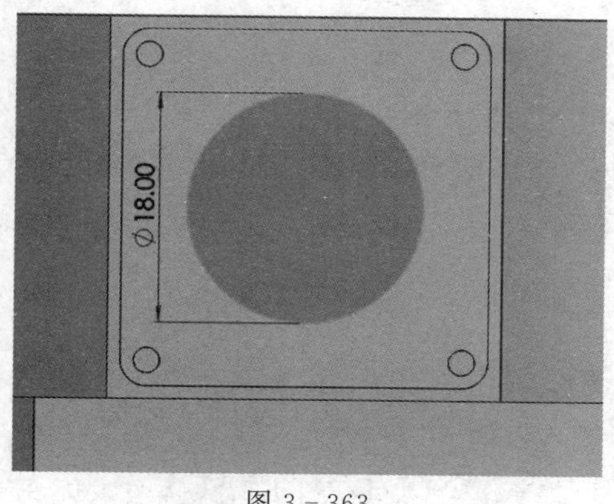

图 3 - 363

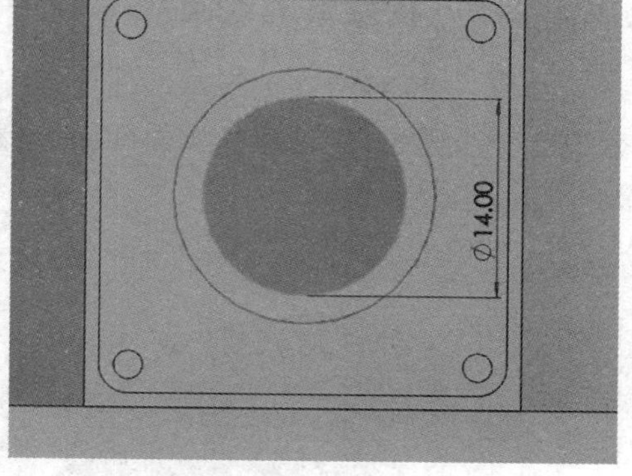

图 3 - 364

(13)插入装饰螺纹线,位置和属性设置如图 3 - 365 所示。

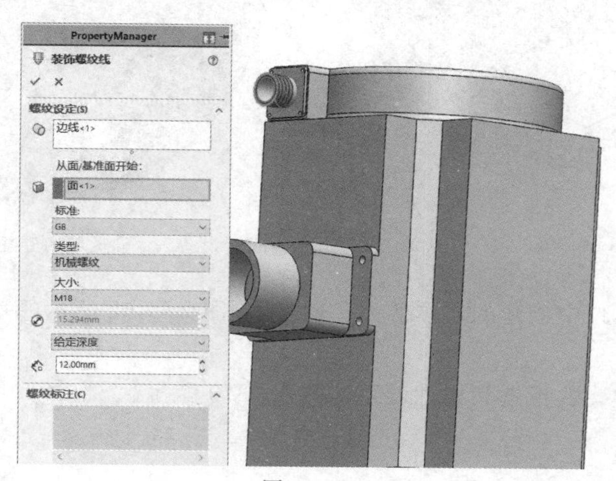

图 3 - 365

(14)插入圆角,位置和属性设置如图 3 - 366 所示。

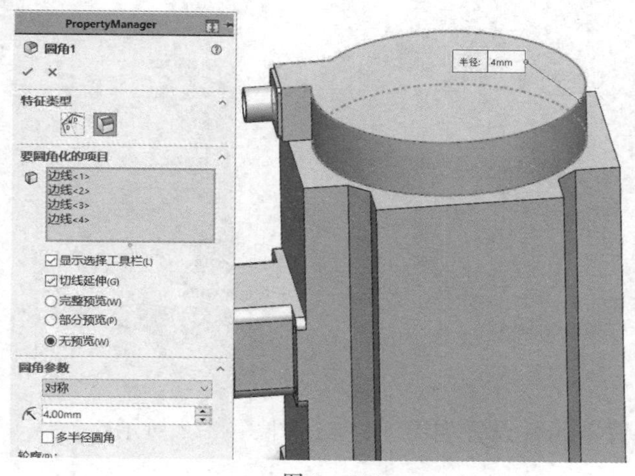

图 3 - 366

(15)保存该零件,文件名为电机。

3.4.2 电机螺钉的绘制

(1)新建一个零件，在上视基准面上绘制图 3－367 所示的草图，将其拉伸 8 mm。

(2)选择步骤(1)中创建的实体的面，绘制图 3－368 所示的草图，将其拉伸 20 mm，合并结果。

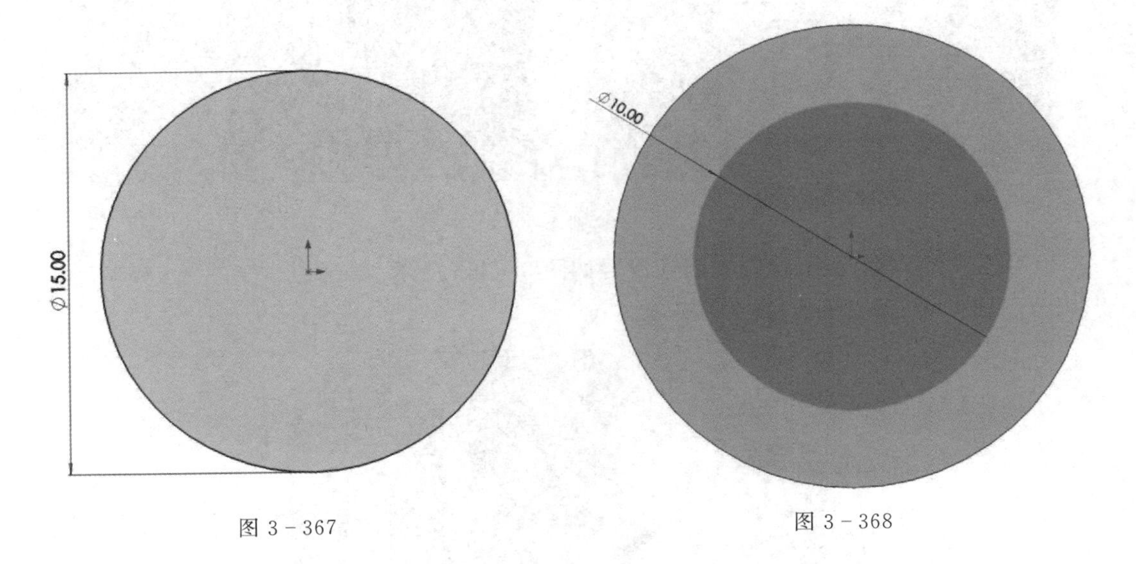

图 3－367　　　　图 3－368

(3)选择在步骤(1)中创建的实体的另一面，绘制图 3－369 所示的草图，将其拉伸切除，深度为 30 mm。

(4)插入装饰螺纹线，位置和属性设置如图 3－370 所示。

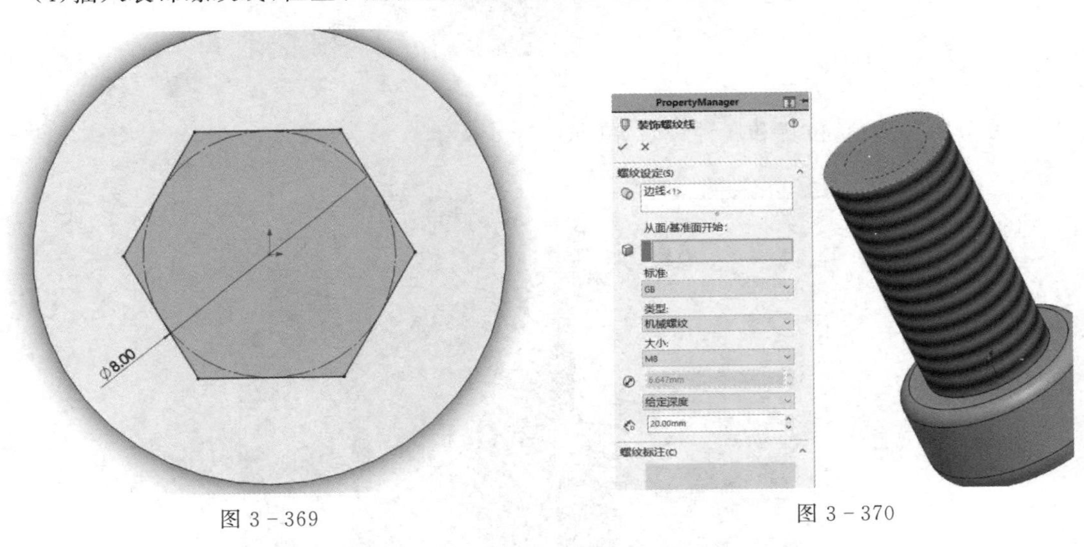

图 3－369　　　　图 3－370

(5)插入圆角，位置和属性设置如图 3－371、图 3－372 所示。

图 3 - 371　　　　图 3 - 372

(6)保存该零件,文件名为电机螺钉。

3.4.3　管道固定 1 的绘制

(1)新建一个零件,在前视基准面上绘制图 3 - 373 所示的草图,将其拉伸 50 mm。

(2)选择图 3 - 374 所示的面,绘制图 3 - 375 所示的草图,将其拉伸切除,属性设置如图 3 - 376所示。

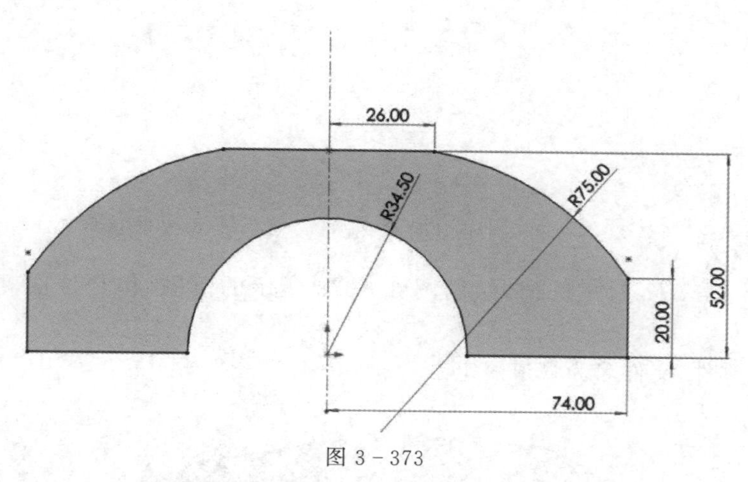

图 3 - 373

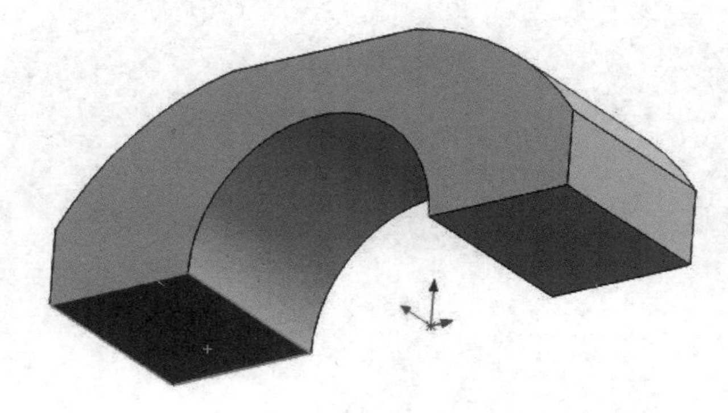

图 3 - 374

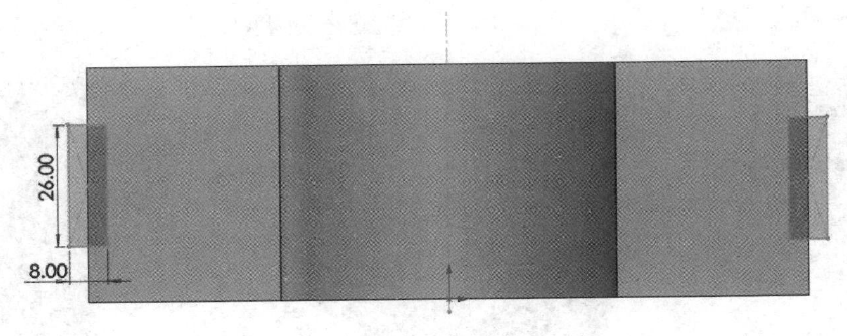

图 3 - 375

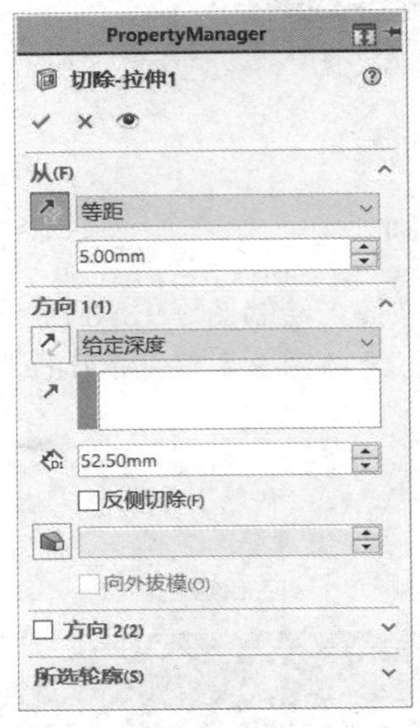

图 3 - 376

(3)选择图 3 - 377 所示的面，绘制图 3 - 378 所示的草图，将其拉伸，属性设置如图 3 - 379所示。

(4)保存该零件，文件名为管道固定 1。

图 3 - 377

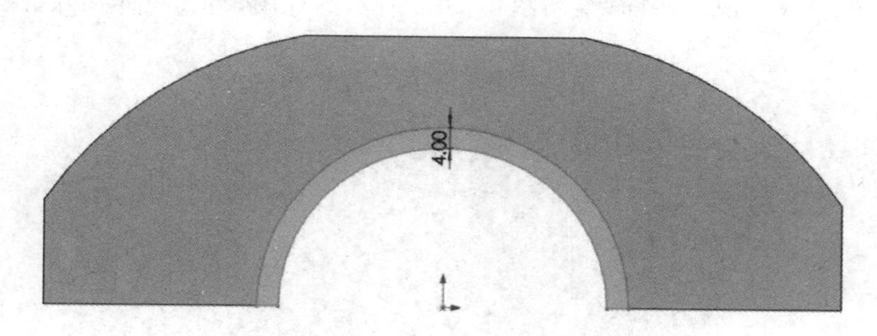

图 3-378

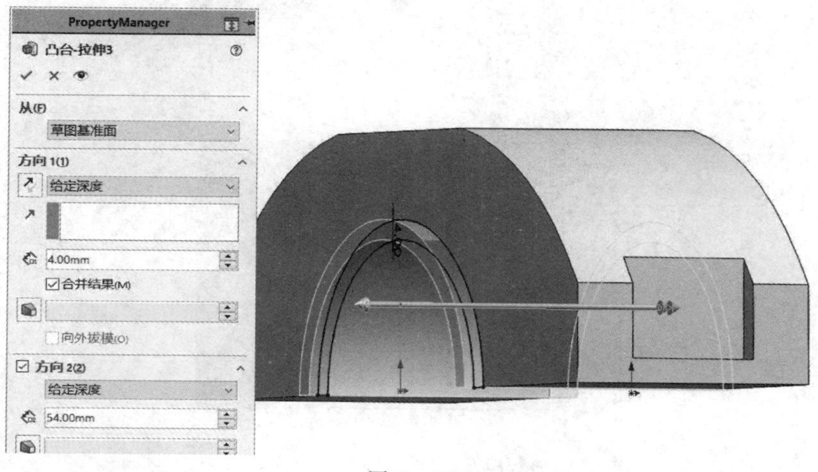

图 3-379

3.4.4 管道固定 2 的绘制

(1)新建一个零件,在前视基准面上绘制图 3-380 所示的草图,将其拉伸 50 mm。

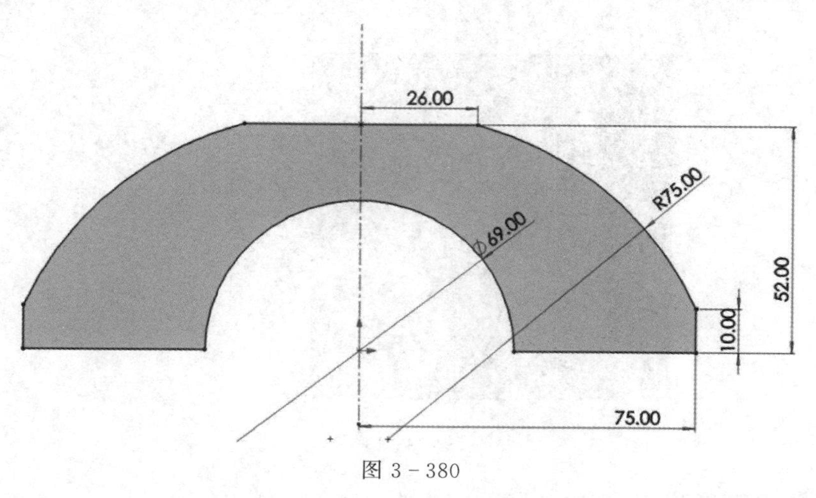

图 3-380

(2)选择图 3-381 所示的面,绘制图 3-382 所示的草图,将其拉伸切除,深度为 82 mm。

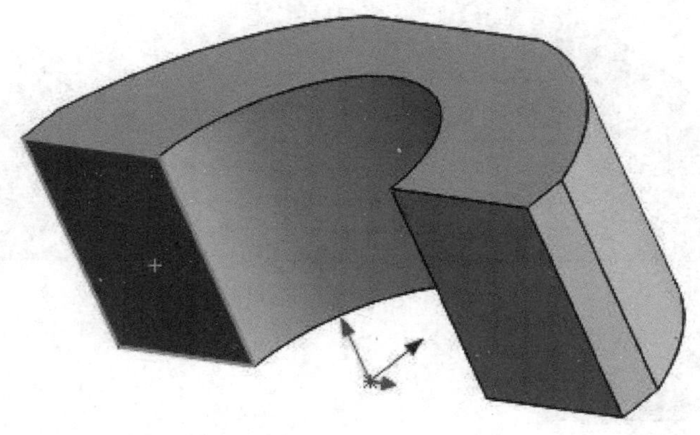

图 3-381

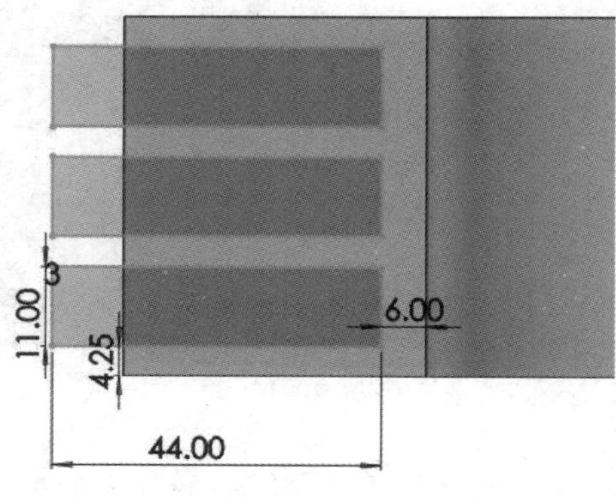

图 3-382

(3)选择步骤(2)所用的绘图面,绘制图 3-383 所示的草图,将其拉伸切除,深度为 82 mm。

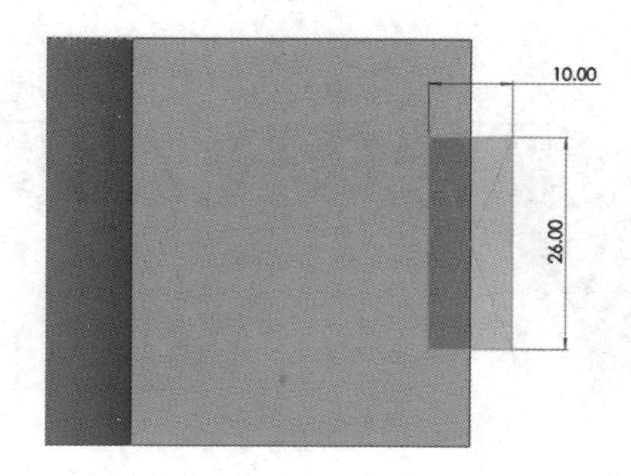

图 3-383

(4)参照绘制管道固定 1 时的步骤(3),拉伸出和其一样的凸台。

(5)保存该零件,文件名为管道固定 2。

3.4.5 管道固定3的绘制

(1)新建一个零件,在前视基准面上绘制图3-384所示的草图,将其拉伸50 mm。

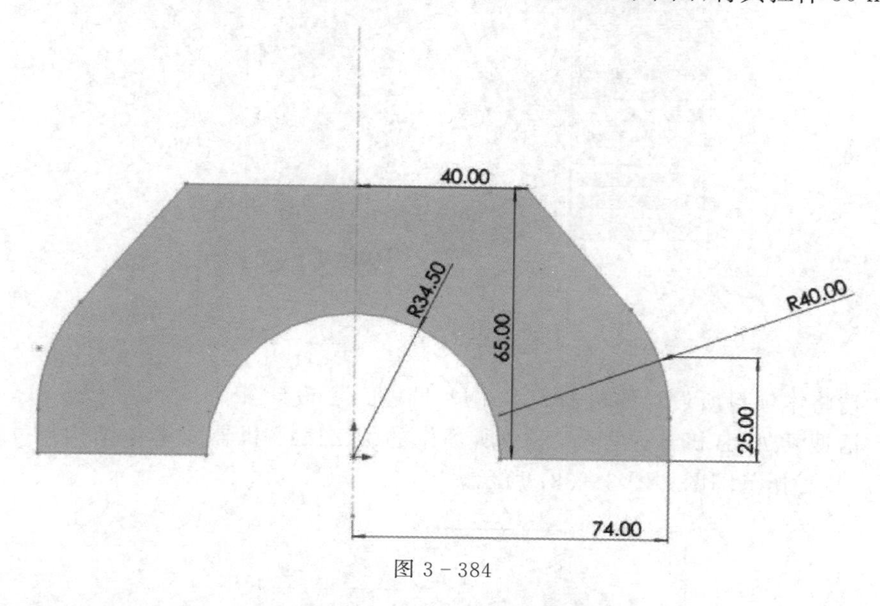

图3-384

(2)参照绘制管道固定1时的步骤(2)和步骤(3),进行相同的拉伸切除和拉伸凸台操作。

(3)保存该零件,文件名为管道固定3。

习题三

3.1 请使用拉伸功能设计图3-385所示的三维模型。

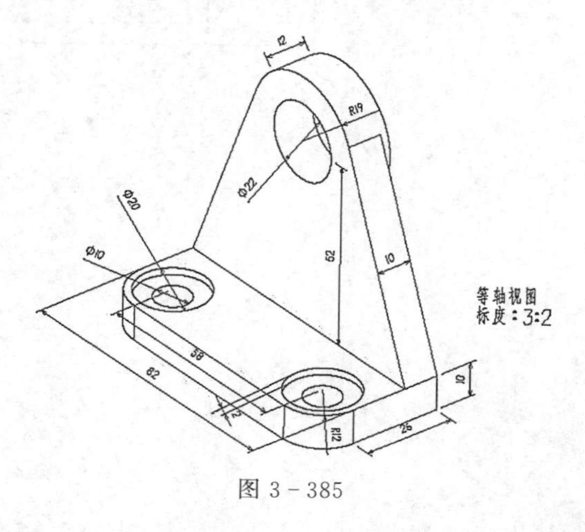

图3-385

3.2 请使用旋转功能设计图3-386所示的三维模型。

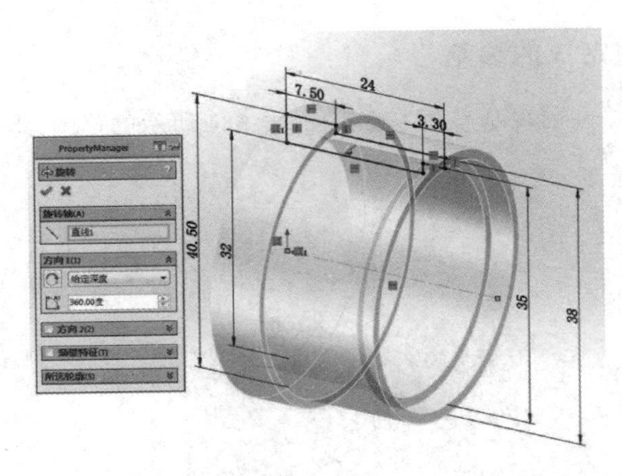

图 3-386

3.3　请将本项目所设计的机器人本体尺寸按 1∶2 设计各轴。

3.4　请搜索 ABB 机器人官网，下载所提供的 IRB1410 机器人本体结构尺寸，按 1∶1 设计各轴。其工作范围图如图 3-387 所示。

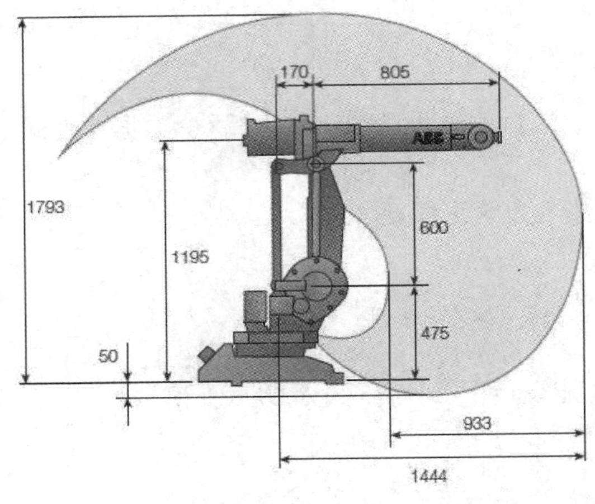

图 3-387

项目四

工业机器人本体装配

4.1 SolidWorks装配概述

一个产品(组件)往往是由多个部件组合(装配)而成的,装配模块用来建立部件间的相对位置关系,从而形成复杂的装配体。部件间位置关系的确定主要通过添加约束实现。

4.1.1 装配模式

通常CAD/CAM软件包括两种装配模式:多组件装配和虚拟装配。多组件装配是一种简单的装配,其原理是首先将每个组件的信息复制到装配体中,然后将每个组件放到对应的位置。虚拟装配是指建立各组件的链接,装配体与组件是一种引用关系。

相对于多组件装配,虚拟装配有以下几个明显的优点。

(1)虚拟装配中的装配体是引用各组件的信息,而不是复制其本身。因此,改动组件时,相应的装配体也自动更新。这样,对组件进行变动,就不需要对与之相关的装配体进行修改,同时也避免了修改过程中可能出现的错误,提高了效率。

(2)虚拟装配中,各组件通过链接应用到装配体中,比复制节省了存储空间。

(3)控制部件可以通过引用集进行引用,下层部件不需要在装配体中显示,所以简化了组件的引用,提高了显示速度。

SolidWorks的装配模块具有以下特点。

(1)利用装配导航器可以清晰地查询、修改和删除组件及约束。

(2)提供了强大的爆炸图工具,可以方便地生成装配体的爆炸图。

(3)提供了很强的虚拟装配功能,有效地提高了工作效率。

(4)提供了方便的组件定位方法,可以快捷地设置组件间的位置关系。

(5)系统提供了八种约束方式,通过对组件添加多个约束,可以准确地把组件装配到位。

4.1.2 相关术语和概念

装配:在装配过程中建立部件之间的相对位置关系,由部件和子装配组成。

组件:在装配过程中按特定位置和方向使用的部件。组件既可以是独立的部件,也可以是由其他较低级别的组件组成的子装配。装配体中的每个组件仅包含一个指向其主几何体的指针,在修改组件的几何体时,装配体将随之发生变化。

部件:任何.prt文件都可以作为部件添加到装配文件中。

工作部件:可以在装配模式下编辑的部件。在装配状态下,一般不能对组件直接进行修改,若要修改组件,则需要将该组件设定为工作部件。部件被编辑后,所修改的变化会反映到所有引用该部件的组件上。

子装配:在更高一级装配过程中被用作组件的装配,子装配也可以拥有自己的子装配。

子装配是相对于引用它的更高级装配来说的，任何一个装配部件都可在更高一级装配过程中用作子装配。

引用集：定义在每个组件中的附加信息，其内容包括该组件在装配时显示的信息。每个部件可以有多个引用集，供用户在装配时选用。

4.2 装配环境中的工具栏及下拉菜单

装配环境的下拉菜单包含了进行装配操作的所有命令；而装配工具栏包含了进行装配操作的常用按钮，工具栏中的按钮都能在下拉菜单中找到相应的命令，这些按钮是进行装配的主要工具。

新建一个装配体页面如图 4－1 所示。

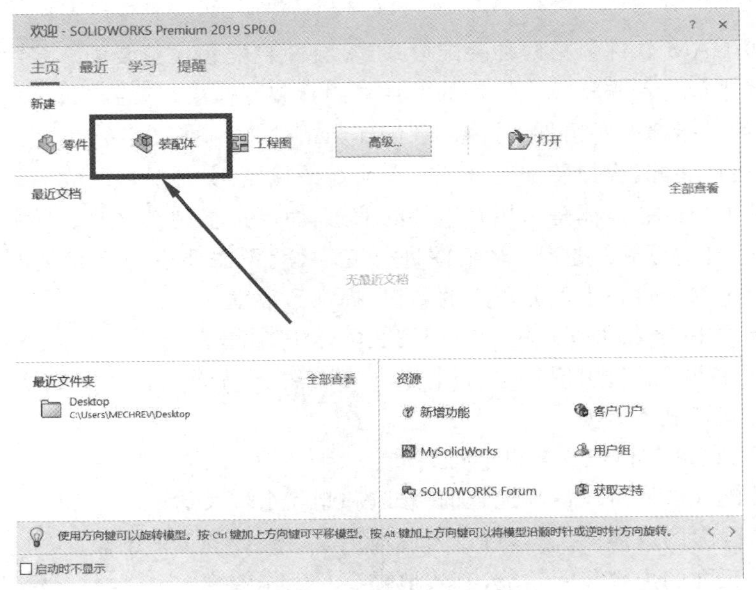

图 4－1

4.2.1 装配工具栏

图 4－2 所示为装配工具栏。

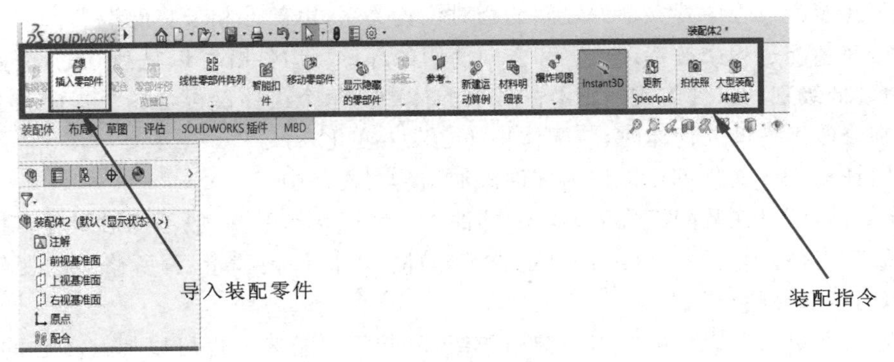

图 4－2

图 4-3

插入零部件：该按钮用于加入现有的组件。在装配中经常会用到该按钮，其功能是向装配体中添加已存在的组件，添加的组件可以是未载入系统中的部件文件，也可以是已载入系统中的组件。用户可以选择在添加组件的同时定位组件，设定与其他组件的装配约束，也可以不设定装配约束。添加已存在的组件页面如图 4－3 所示。

4.2.2 装配下拉菜单

1.“零部件”命令

图 4－4 所示为“插入”菜单中的“零部件”命令。

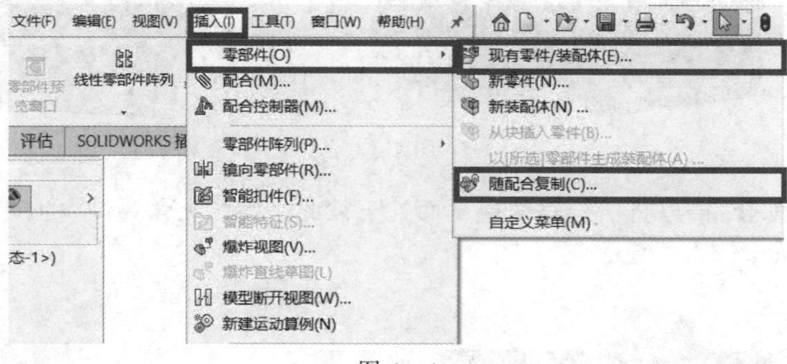

图 4－4

(1)现有零件/装配体：与“插入零部件”功能相同，将本机已有的装配零件导入操作页面。

(2)随配合复制：将已经配合好的关系，复制到同类型的零件中去。这样，对于一些标准件，我们可以很快完成装配关系。

2.“配合”命令

图 4－5 所示为“插入”菜单中“配合”命令的相关指令。

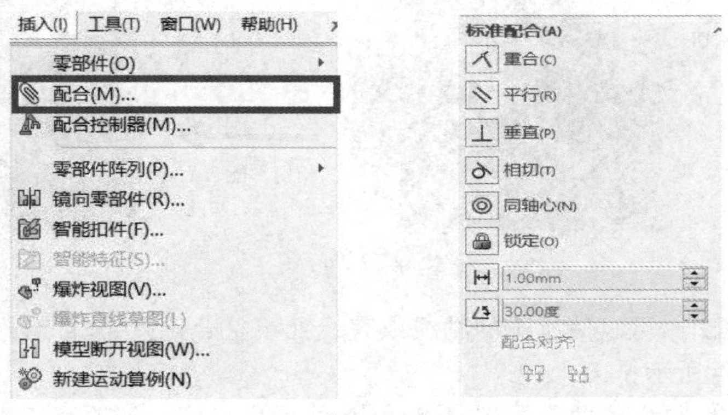

图 4－5

(1)“重合”配合：可以使两个零件的点、直线或平面重合于同一点、同一直线或同一平面内，并且可以改变它们的朝向，如图 4－6 所示。（提示：若要选择两个及以上对象，就按住

Ctrl 键的同时用鼠标单击选择。）

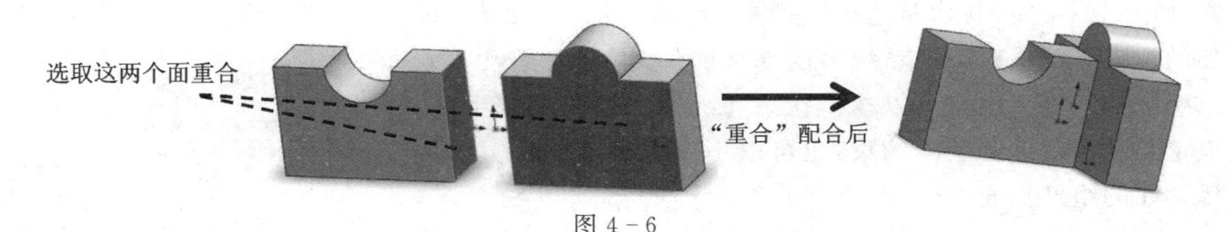

图 4-6

(2)“平行”配合：可以使两个零件上的直线或面处于彼此平行的位置，并且可以改变它们的朝向，如图 4-7 所示。

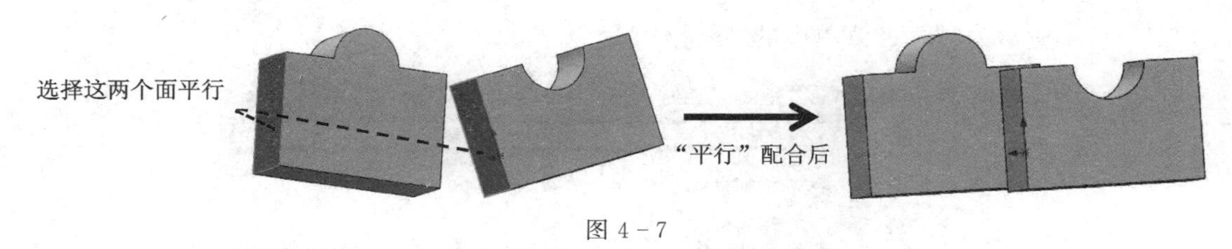

图 4-7

(3)“垂直”配合：可以将所选直线或平面处于彼此之间的夹角为 90°的位置，并且可以改变它们的朝向，如图 4-8 所示。

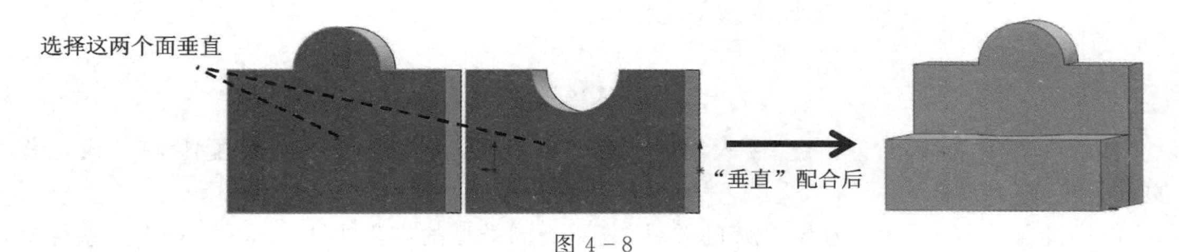

图 4-8

(4)“相切”配合：将所选元素处于相切状态（至少有一个元素必须为圆柱面、圆锥面或球面），并且可以改变它们的朝向，如图 4-9 所示。

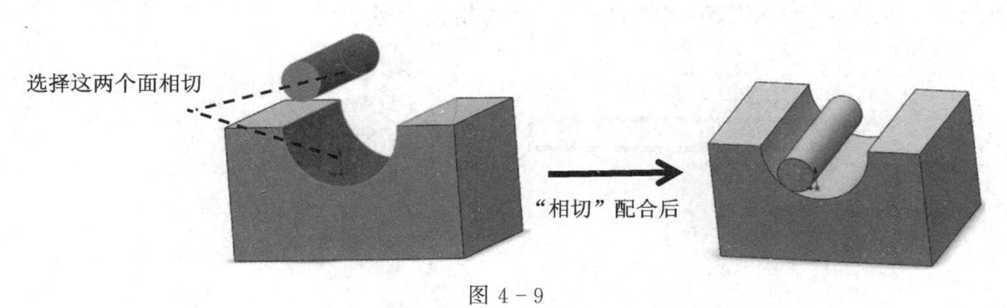

图 4-9

(5)“同轴心”配合：可以使所选的轴线或直线处于重合位置，该配合经常用于轴类零件的装配，如图 4-10 所示。

(6)“距离”配合：可以给两个零部件上的点、线或面设定一定距离来限制零部件的相对位置关系，而“平行”配合只是将线或面处于平行状态，却无法调整它们的相对距离，所以“平行”配合与“距离”配合经常一起使用，从而更准确地将零部件放到准确位置，如图 4-11 所示。

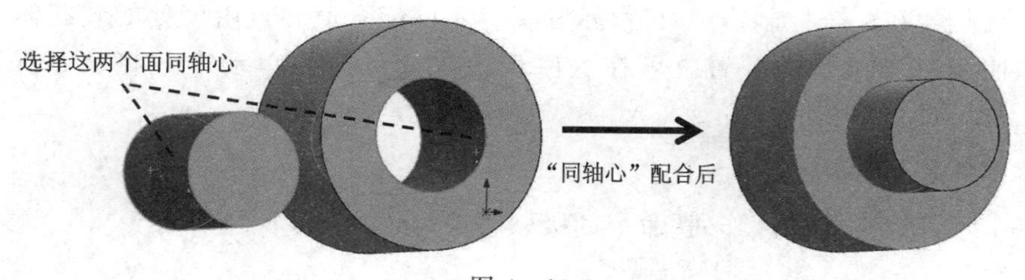

图 4－10

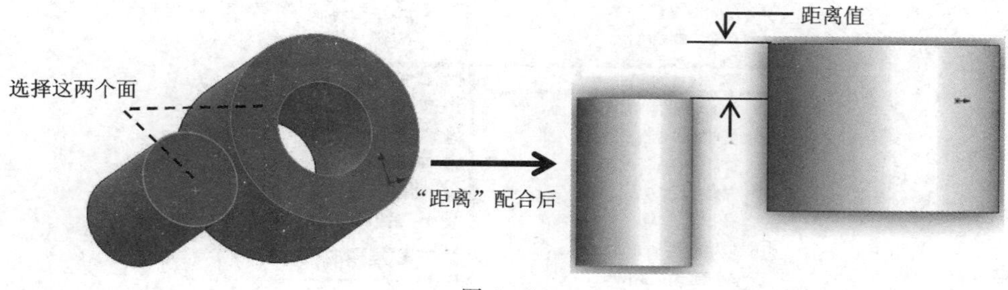

图 4－11

(7)“角度”配合：可使两个元件上的线或面保持一个固定的角度，从而限制部件的相对位置关系，如图 4－12 所示。

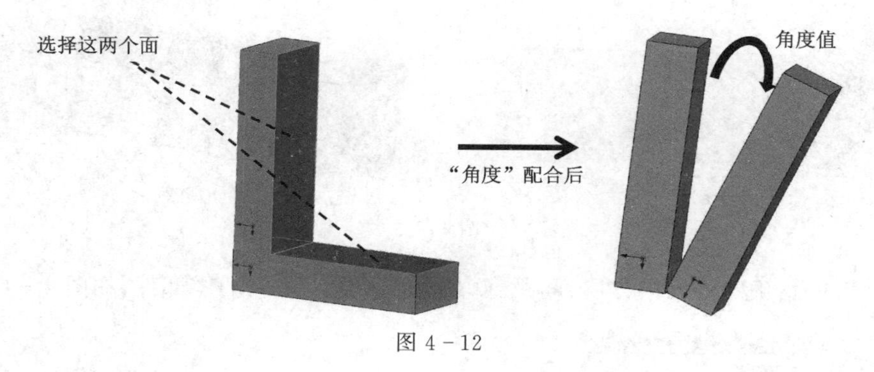

图 4－12

3.“配合控制器”命令

图 4－13 所示为“配合控制器”命令及其设置页面。

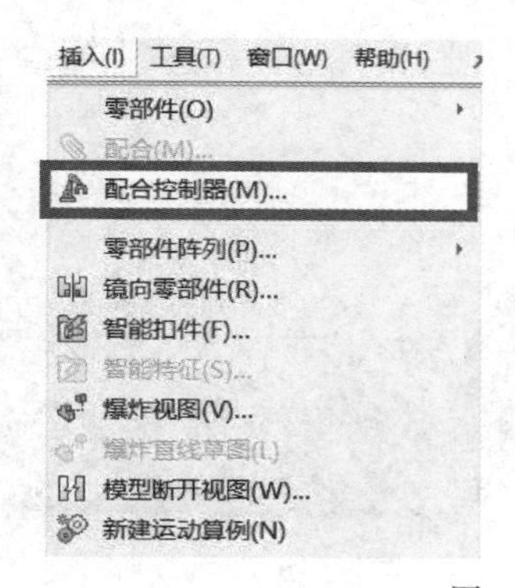

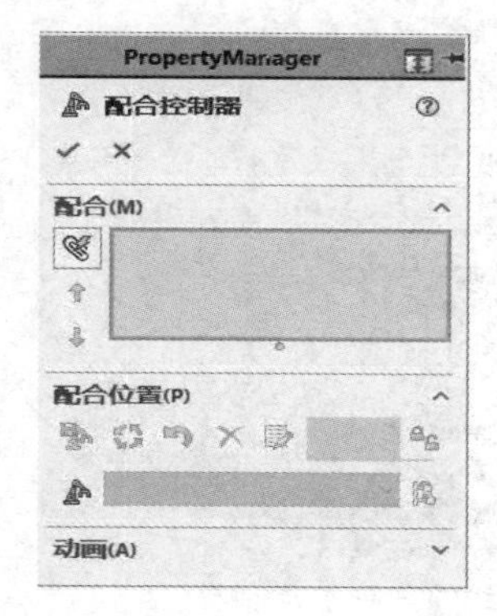

图 4－13

配合控制器：在配合控制器中，可显示和保存不同配合值和自由度处的装配体部件的位置，而无须使用各个位置的配置。可在这些位置之间创建简单动画并将动画保存到.avi文件。

4."零部件阵列"命令

图 4-14 所示为"零部件阵列"命令的级联菜单。

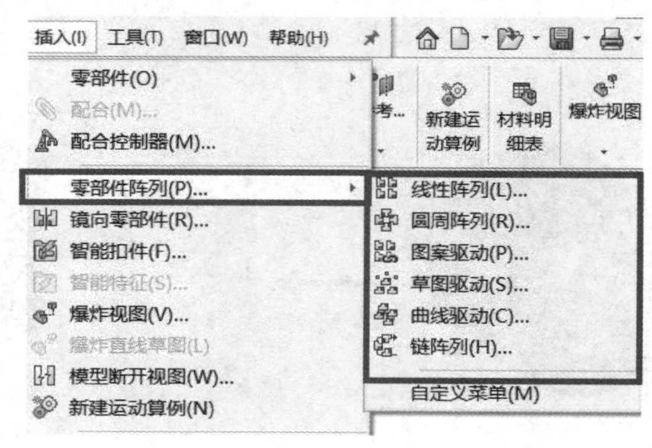

图 4-14

(1)线性阵列：可将一个零部件沿指定的方向进行阵列复制，示例如图 4-15 所示。

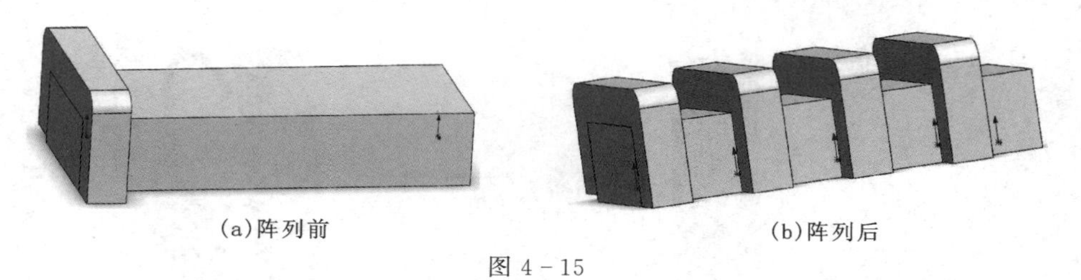

(a)阵列前　　(b)阵列后

图 4-15

导入零件后，确定阵列的方向、间距、阵列数量及所需阵列的零部件，如图 4-16 所示。

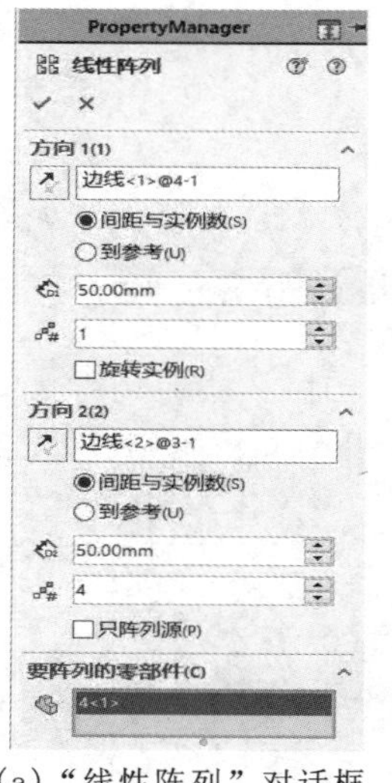

(a)"线性阵列"对话框

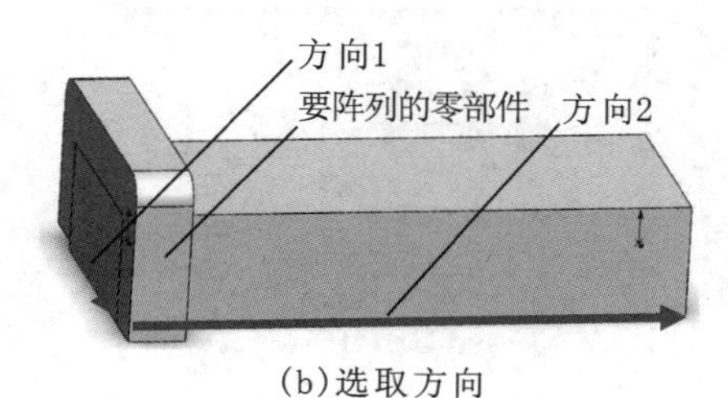

(b)选取方向

图 4-16

(2)圆周阵列,示例如图 4－17 所示。

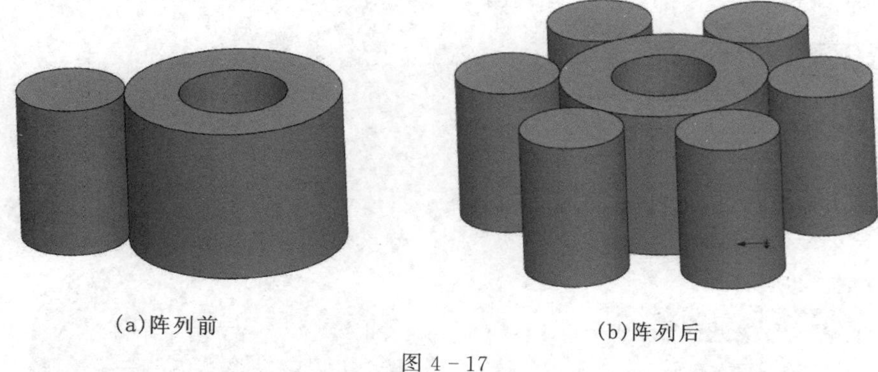

(a)阵列前　　　　(b)阵列后

图 4－17

导入零件后,确定阵列的方向、角度、数量及所需阵列的零部件,如图 4－18 所示。

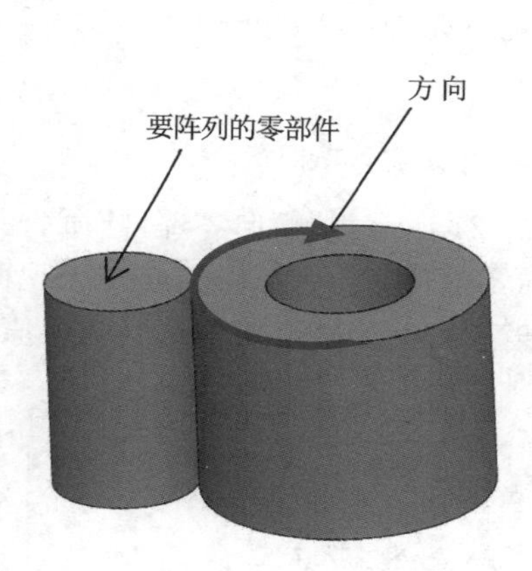

图 4－18

(3)图案驱动:以装配体中某一部件的阵列特征为参照来进行零部件的复制。在使用“图案驱动”命令之前,应提前在装配体的某一零件中创建阵列特征,示例如图 4－19 所示。

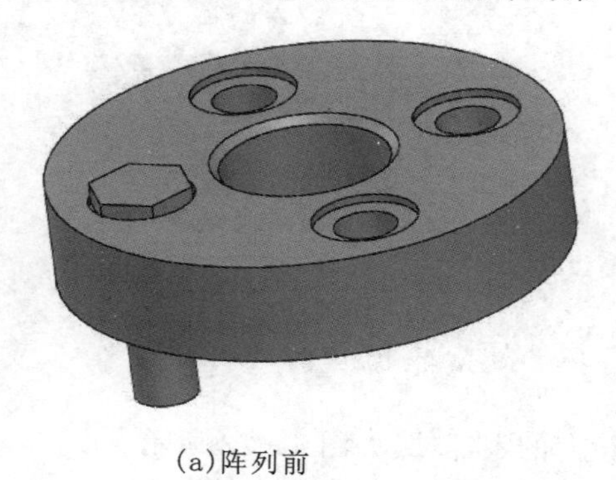

(a)阵列前

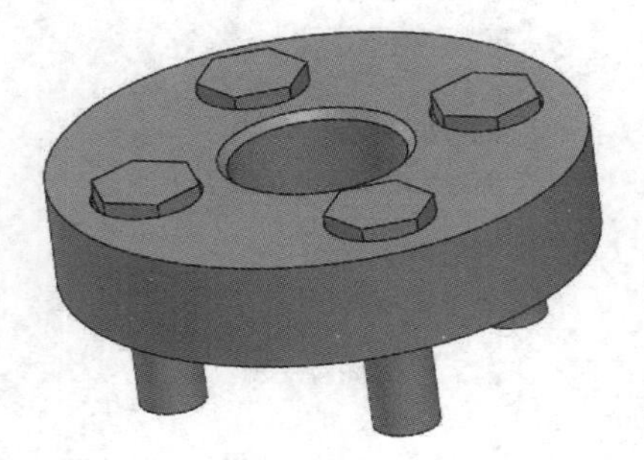

(b)阵列后

图 4－19

导入零件后，选择要阵列的零部件，再单击“阵列驱动”对话框的“驱动特征或零部件”区域中的文本框，选择另一零部件所需阵列的位置节点即可完成阵列驱动，如图 4-20 所示。

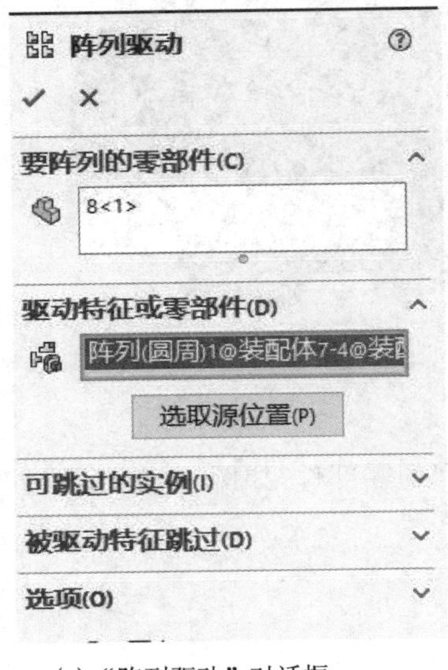

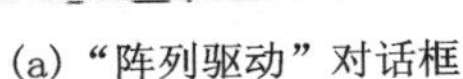

(a)“阵列驱动”对话框

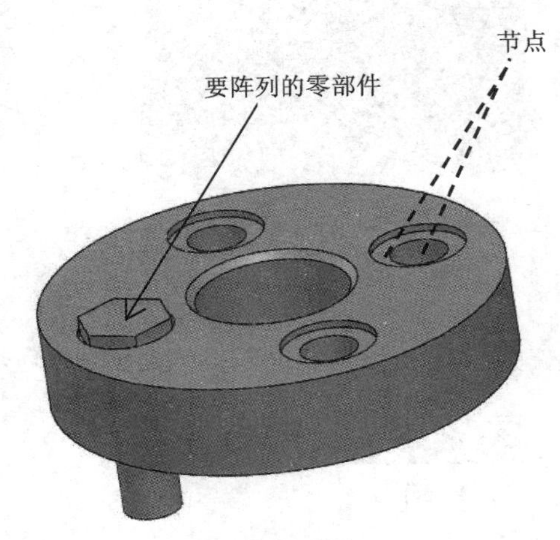

(b)选择展开节点

图 4-20

5.“镜向零部件”命令

图 4-21 所示为“镜向零部件”命令。

镜向零部件：在装配体中，经常出现两个零部件关于某一平面对称的情况，这时不需要再次为装配体添加相同的部件，只需将原有部件进行镜向复制即可，如图 4-22 所示。

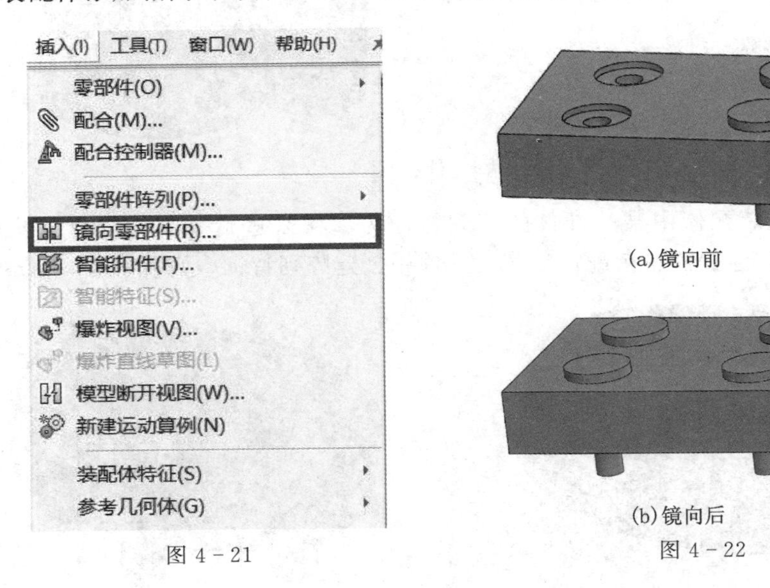

图 4-21

(a)镜向前

(b)镜向后

图 4-22

导入零件后，需定义好镜向基准面、确定要镜向的零部件，如图 4-23 所示。

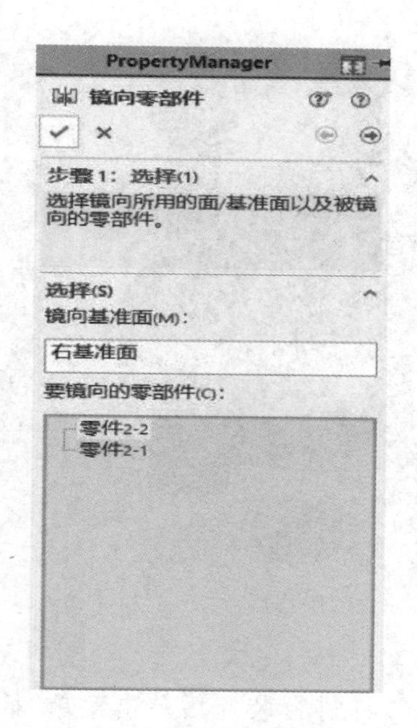

(a)“镜向零部件”对话框

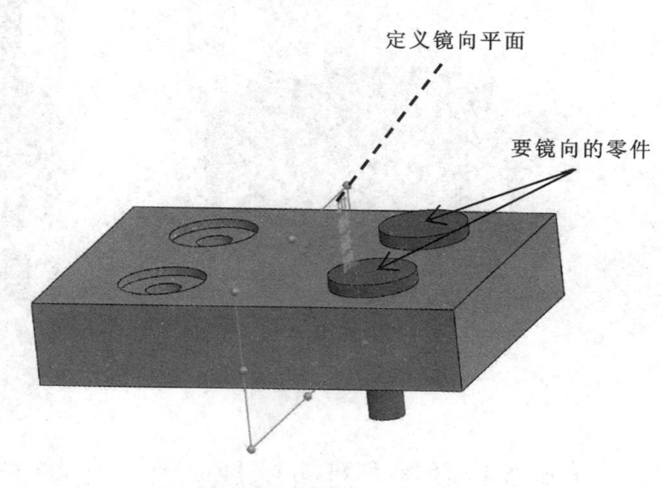

(b)选择镜向平面

图 4－23

6.“爆炸视图”命令

图 4－24 所示为“爆炸视图”命令。

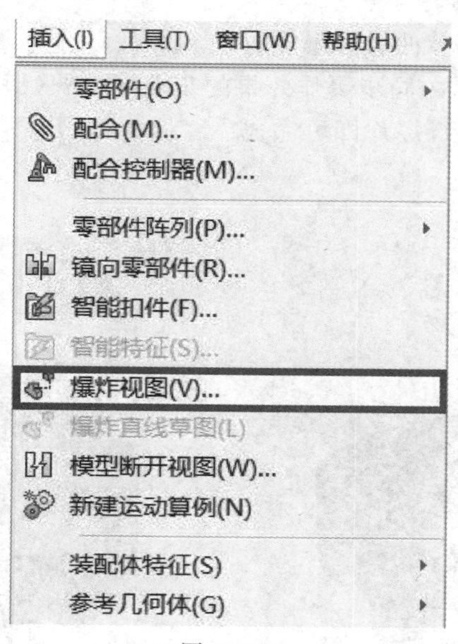

图 4－24

爆炸视图：装配体中的爆炸视图就是将装配体中的各零部件沿着直线或坐标轴运动，使各个零件从装配体中分解出来。爆炸视图对于表达各零部件的相对位置十分有帮助，因而常用于表达装配体的装配过程。爆炸效果示例如图 4－25 所示。

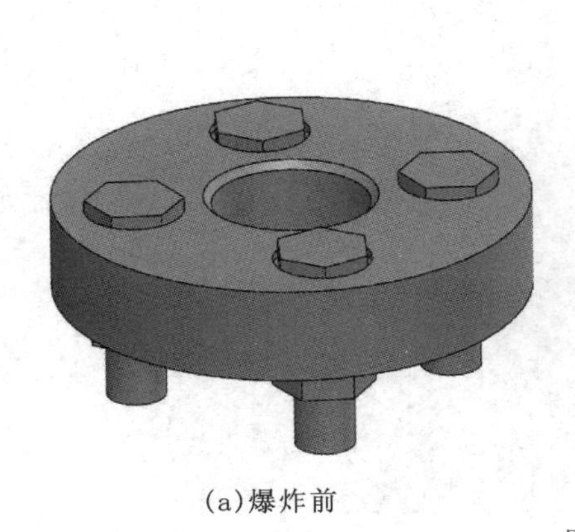
(a)爆炸前

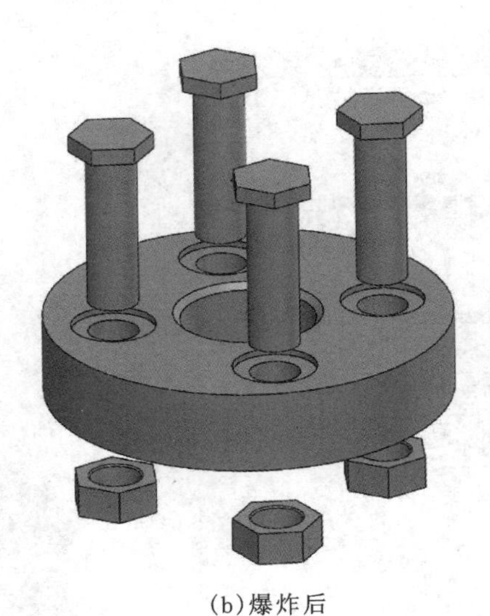
(b)爆炸后

图 4-25

(1)利用图 4-26(a)创建图 4-26(b)所示的爆炸:导入零件进行装配后单击菜单“插入—爆炸视图”或直接单击装配工具栏中的“爆炸视图”。

①定义要爆炸的零件。在图形区域选取图 4-26(a)所示的螺钉。

②确定爆炸方向。选取 Z 轴负方向为移动方向(单击 Z 轴箭头向负方向拖动)。

③定义移动距离。在爆炸视图对话框中的设定区域的爆炸距离后的文本框中输入距离值 60 mm,如图 4-27(a)所示。

④单击“完成”按钮,完成零件螺钉爆炸效果。

(2)创建图 4-27(b)所示的同步爆炸效果的步骤同步骤(1),或在步骤(1)①时将要同步爆炸的零件全部选中,然后进行爆炸即可完成。

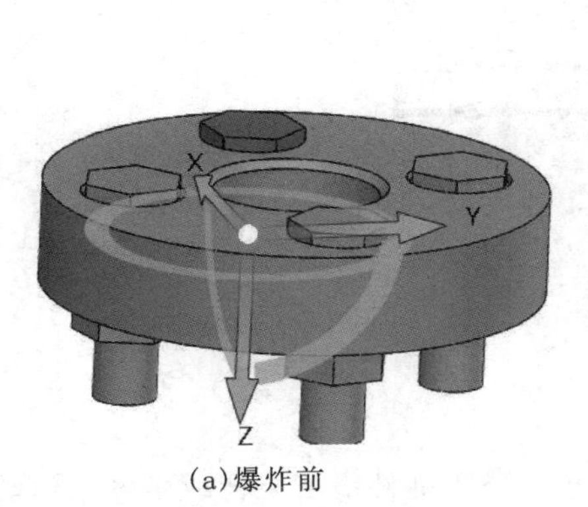

(a)爆炸前

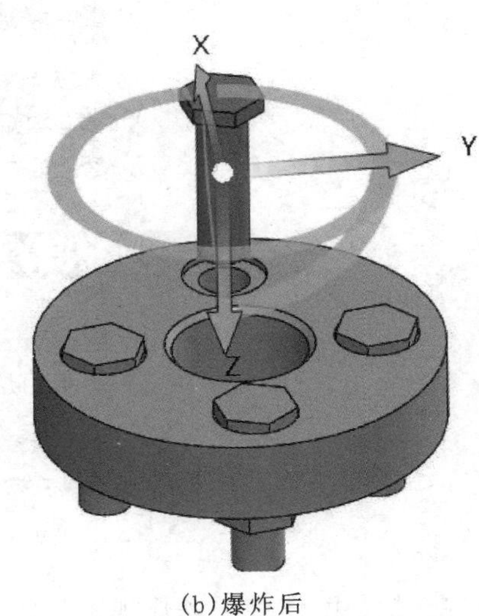

(b)爆炸后

图 4-26

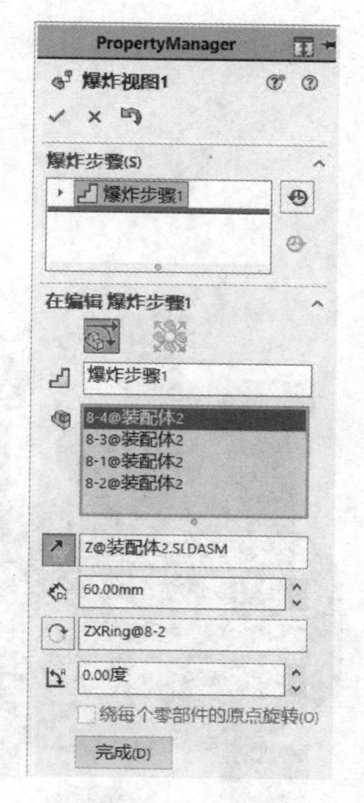

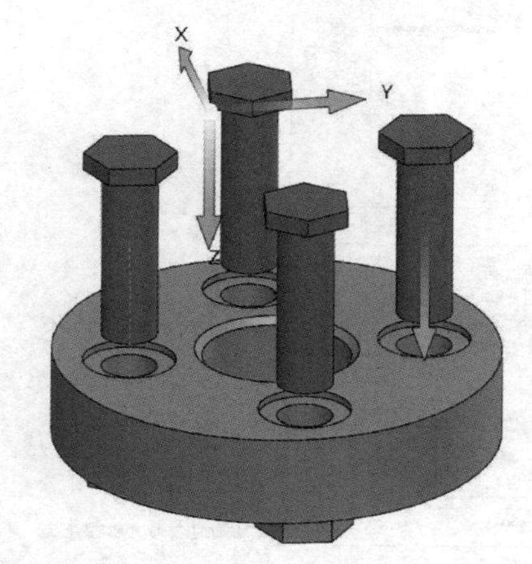

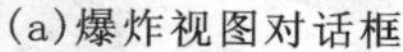

(a)爆炸视图对话框　　　　(b)同步爆炸后

图 4 - 27

图 4 - 28(a)所示的爆炸视图对话框中参数的说明如下：

*“爆炸步骤”区域中只有一个文本框，用来记录爆炸零件的所有步骤。

*设定区域用来设置关于爆炸的参数。

文本框用来显示要爆炸的零件，可以单击激活该文本框后，再选取要爆炸的零件。

单击该按钮可以改变爆炸的方向，该按钮后的文本框用来显示爆炸的方向。

在该文本框中输入爆炸的距离值。

单击该按钮可以改变旋转方向，该按钮后的文本框用来显示旋转的方向。

在该文本框中输入旋转的角度值。

☑绕每个零部件的原点旋转(O) 选中该复选框后，可对每个零部件进行旋转。

单击“完成”按钮后，完成当前爆炸步骤。

*“选项”区域提供了自动爆炸的相关设置。

☑拖动时自动调整零部件间距(U) 选中该复选框后，所选零部件将沿轴心自动均匀地分布，调节下面的滑块可以改变爆炸后零部件之间的距离。

☑选择子装配体零件(B) 选中该复选框后，可以选择子装配体中的单个零部件；取消选中该复选框，则只能选择整个子装配体。

☑显示旋转环(O) 选中该复选框，可在图形中显示旋转环。

单击“重新使用子装配体爆炸”按钮，可使用所选子装配体中已定义的爆炸步骤。

(3)创建图 4 - 28(b)所示的爆炸步骤：爆炸零件为图 4 - 27(b)所示的四个螺母，爆炸方向为 Z 轴正方向，爆炸距离为 25 mm，如图 4－28(a)所示。

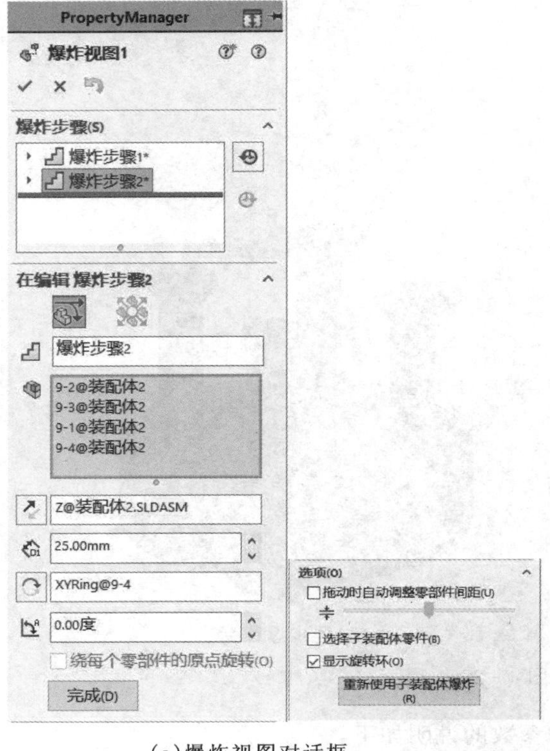

(a)爆炸视图对话框　　　　(b)爆炸后

图 4－28

(4)创建图 4－29(a)所示的爆炸视频步骤：所需爆炸零件布局完成之后，单击页面左侧的第二个选项卡，右击“爆炸视图 1”，在右键菜单中选择“动画解除爆炸”(见图 4－29(b))或“动画爆炸”即可得到图 4－29(a)所示的爆炸视频。

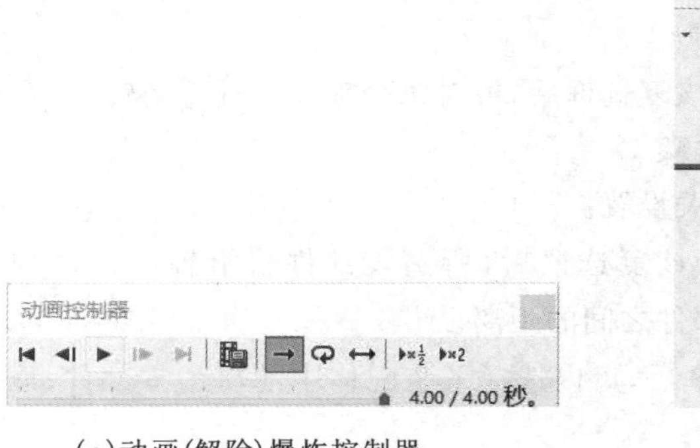

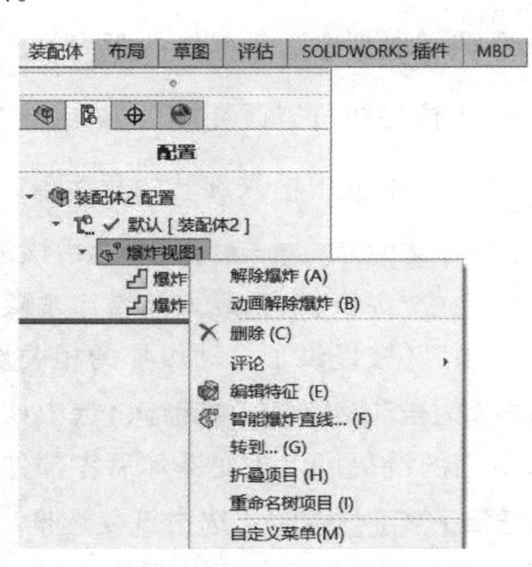

(a)动画(解除)爆炸控制器　　　　(b)动画(解除)爆炸选项

图 4－29

7.“爆炸直线草图”命令

图 4-30 所示为“爆炸直线草图”命令。

爆炸直线草图：可在零部件间添加爆炸直线以显示其链接关系。爆炸直线草图示例如图 4-31 所示。

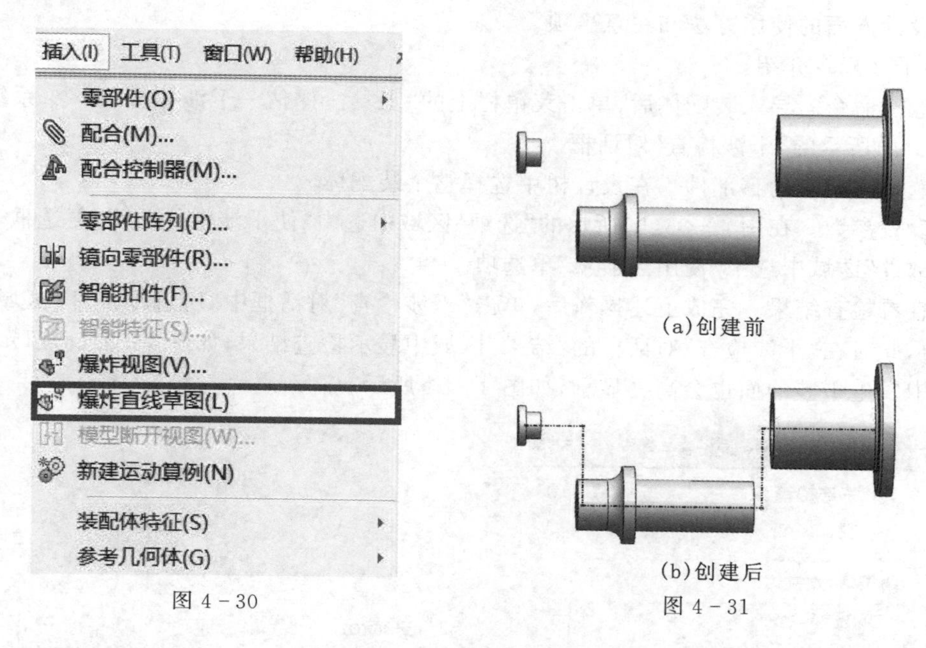

图 4-30

(a)创建前

(b)创建后

图 4-31

(1)装配图爆炸完成后，选择“爆炸直线草图”命令，系统弹出图 4-32(a)所示的“步路线”对话框。

(2)依次选择图 4-32(b)所示的链接项目(圆柱面 1、圆柱面 2、圆柱面 3)。

(3)单击√按钮即可完成步路线的创建。

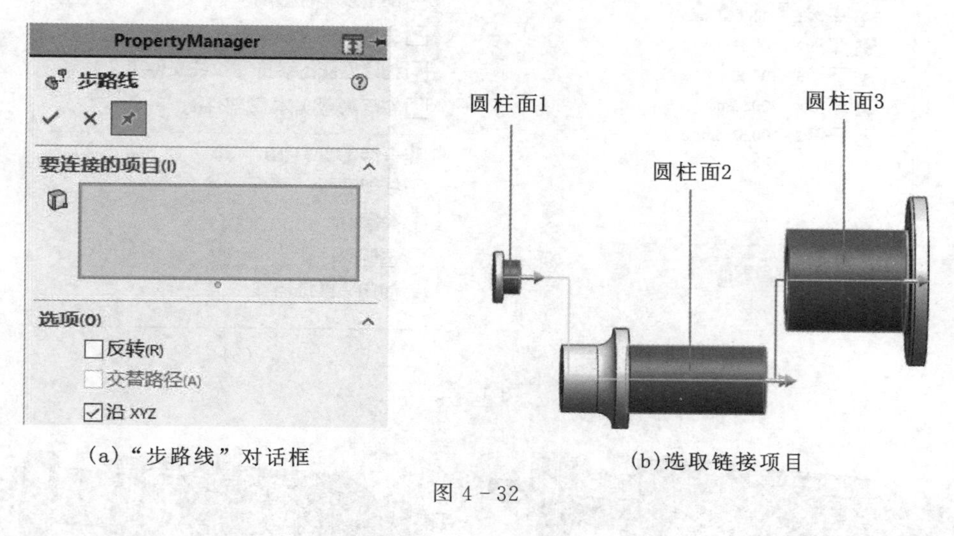

(a)“步路线”对话框

(b)选取链接项目

图 4-32

8. 装配干涉检查

在实际的产品设计中，在产品中的各个零部件组装完成后，设计人员往往比较关心产品中各个零部件间的干涉情况。例如,有无干涉?哪些零件间有干涉?干涉量是多大?下面以一个简单的装配体模型为例,说明干涉检查的一般操作过程。

(1)干涉类型。

干涉检查包括动态干涉检查和静态干涉检查。这里仅结合实际案例介绍静态干涉检查在模具设计方面的使用方法和注意事项。

(2)干涉指令介绍。

①选择命令。导入装配体后,单击菜单栏上的“工具—评估—干涉检查”命令,系统弹出图 4-33(a)所示的“干涉检查”对话框。

②选择需检查的零部件。在设计树中选择整个装配体。

③设置参数。在图 4-33(b)所示的“选项”区域中选中“使干涉零件透明”复选框,在“非干涉零部件”区域中选中“使用当前项”单选项。

④查看检查结果。完成上述操作后,单击“干涉检查”对话框中“所选零部件”区域的“计算”按钮,此时在“干涉检查”对话框的“结果”区域中显示检查结果,如图 4-33(a)所示;同时图形区中发生干涉的面也会高亮显示,如图 4-34 所示。

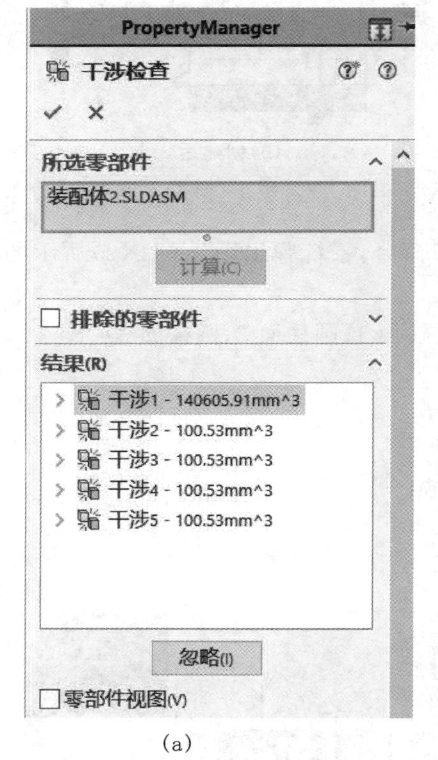

(a)

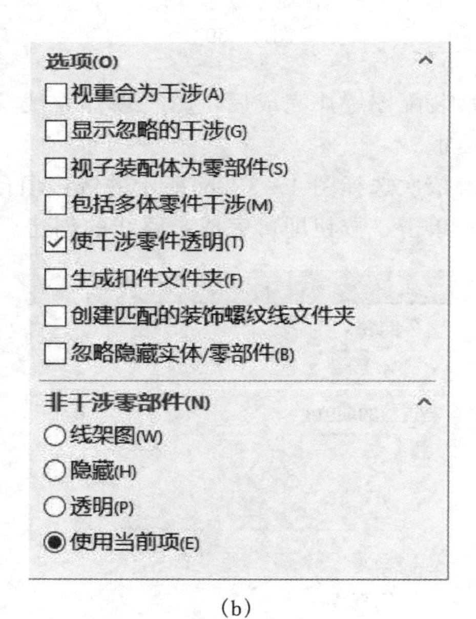

(b)

图 4-33

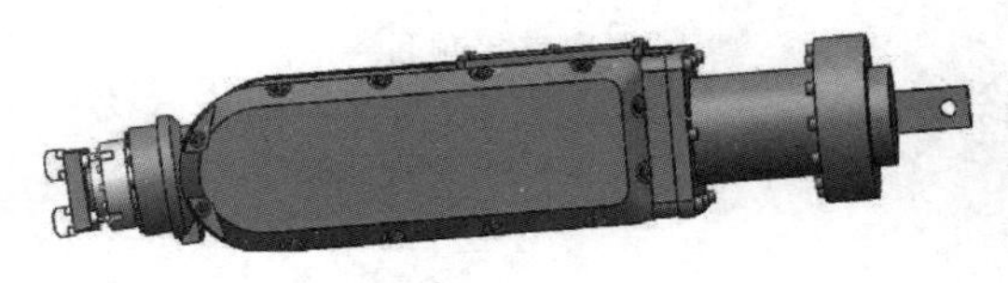

(a)装配干涉分析前

(b)装配干涉分析后

图 4-34

4.3 六轴工业机器人装配

4.3.1 导入零部件

将项目三建模好的六个零部件导入 SolidWorks 软件装配体中。

(1)如图 4-35(a)所示,打开 SolidWorks 软件,创建装配体模板。图 4-35(b)所示为进入装配体的页面。

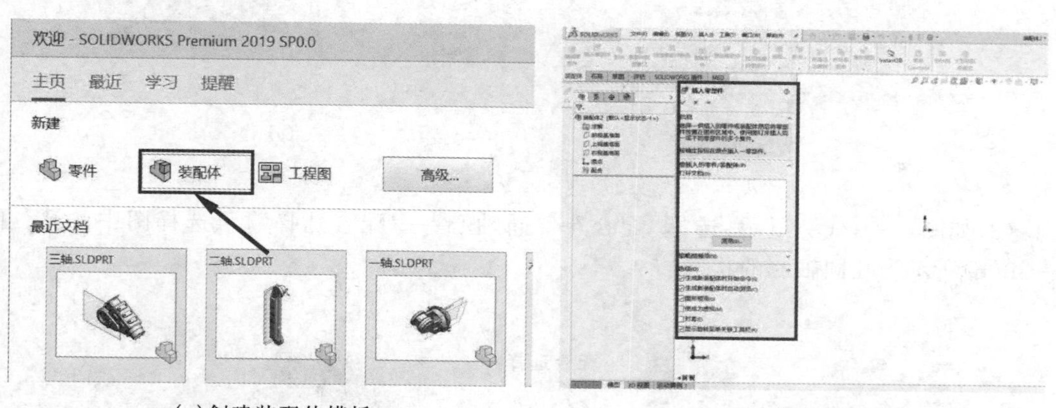

(a)创建装配体模板

(b)装配体页面

图 4-35

(2)如图 4-36(a)所示,单击"浏览"按钮,将选中文件的六个模型一一添加到软件中,如图 4-36(b)所示。

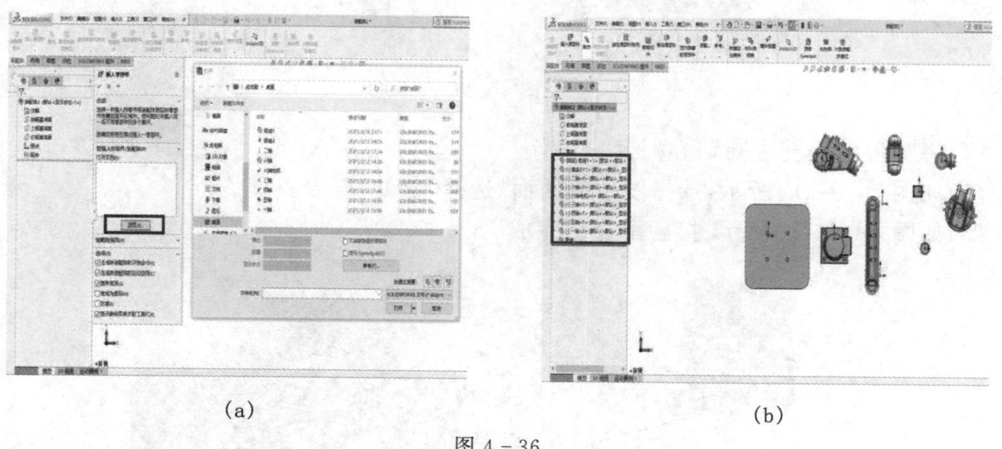

(a)

(b)

图 4-36

4.3.2 底座固定配合

(1)如图 4-37(a)所示,将工业机器人底座 1 固定。

(2)如图 4-37(b)所示,使用"移动零部件"命令将机器人底座 2 移到机器人底座 1 的上方。

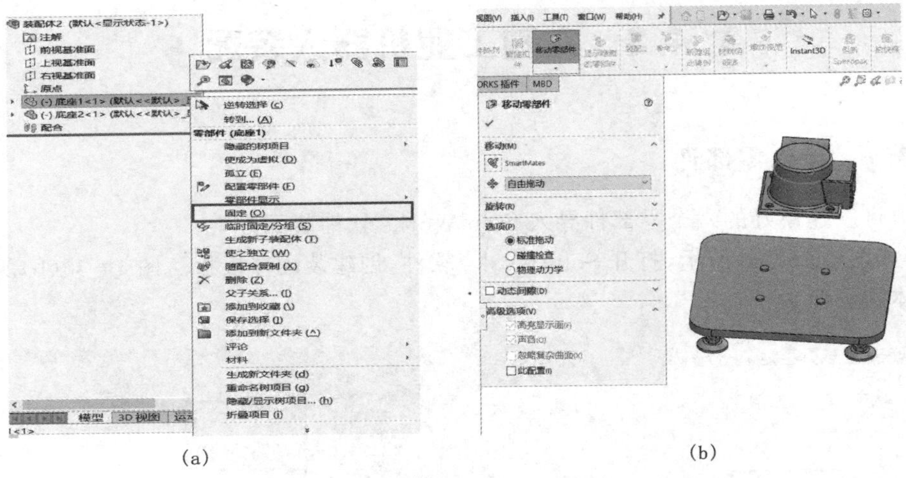

(a)　　　　(b)

图 4-37

(3)如图 4-38(a)所示,选择"配合"—"同轴心"—"配合选择",再选择图中的孔。图 4-38(b)所示为孔同轴心的状态。

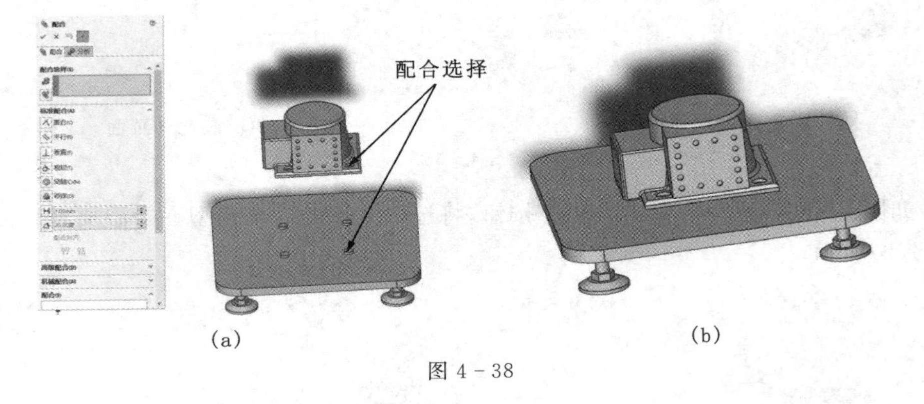

(a)　　　　(b)

图 4-38

(4)将对角的孔进行同轴心配合。

(5)如图 4-39(a)所示,选择图中的两面,选择"合并"配合。

(6)如图 4-39(b)所示,接触配合已完成。

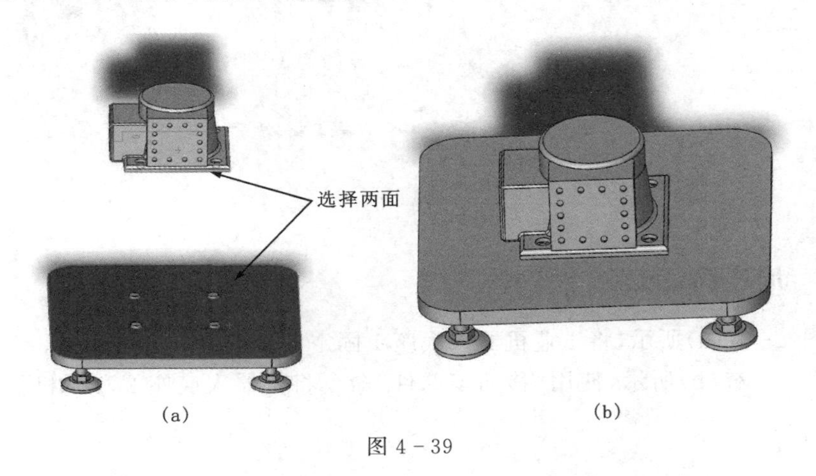

(a)　　　　(b)

图 4-39

4.3.3 1 轴的装配

(1)如图 4－40(a)所示，将 1 轴移动到底座 2 上方。

(2)选择装配配合指令，如图 4－40(b)所示，选择两圆柱面，选择“同轴心”配合。

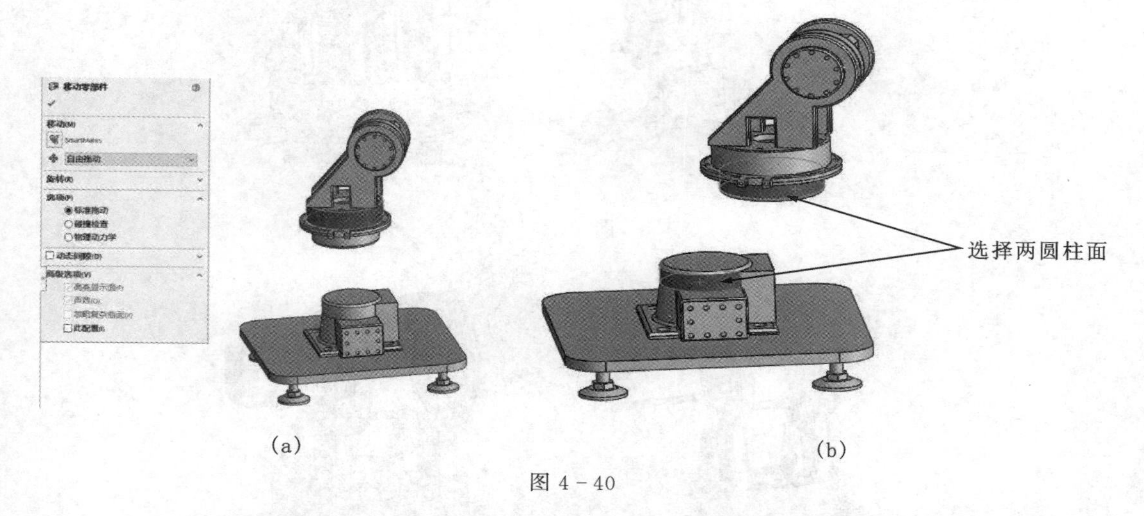

图 4－40

(3)图 4－41(a)所示为 1 轴与底座同轴心的状态，再选择两圆面，选择“合并”配合。

(4)图 4－41(b)所示为 1 轴与底座装配好的状态。

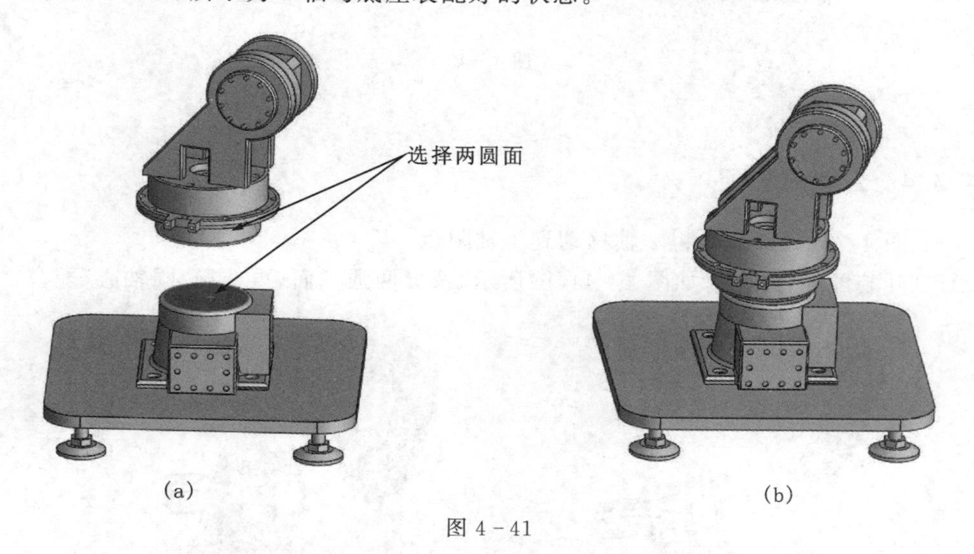

图 4－41

(5)如图 4－42(a)所示，将伺服电机移动到 1 轴附近位置。

(6)选择装配配合指令，选择“同轴心”配合，如图 4－42(b)所示。

(7)图 4－43(a)所示为同轴心配合后的状态。

(8)图 4－43(b)所示为合并后的状态。

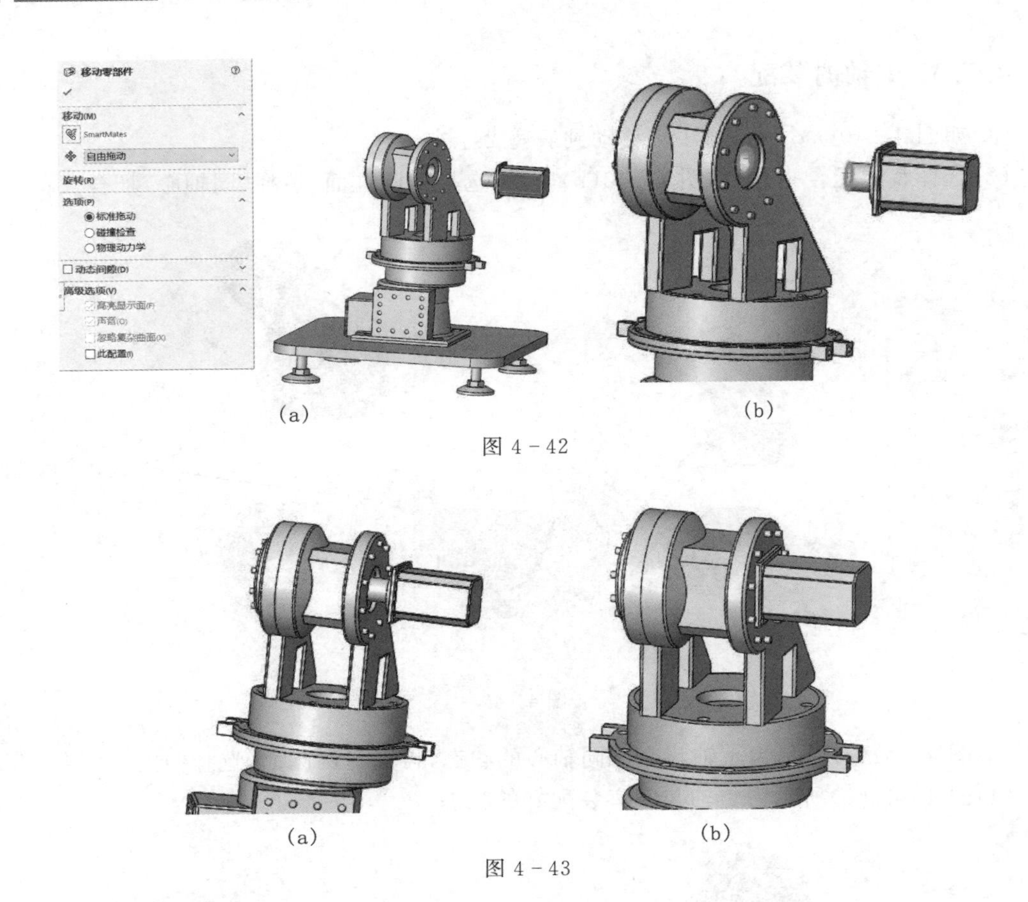

(a) (b)

图 4-42

(a) (b)

图 4-43

4.3.4 2 轴的装配

(1)如图 4-44(a)所示,将 2 轴移动到 1 轴附近。

(2)打开装配配合指令,如图 4-44(b)所示,选择两圆柱面,再选择“同轴心”配合。

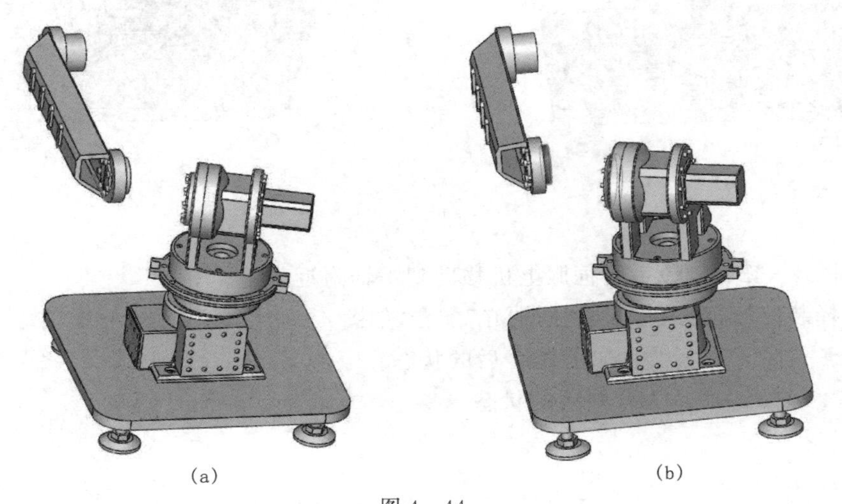

(a) (b)

图 4-44

(3)完成同轴心配合后,再打开装配配合指令,如图 4-45(a)所示,选择两圆面,单击“合并”配合,再选择面和面接触,效果如图 4-45(b)所示。

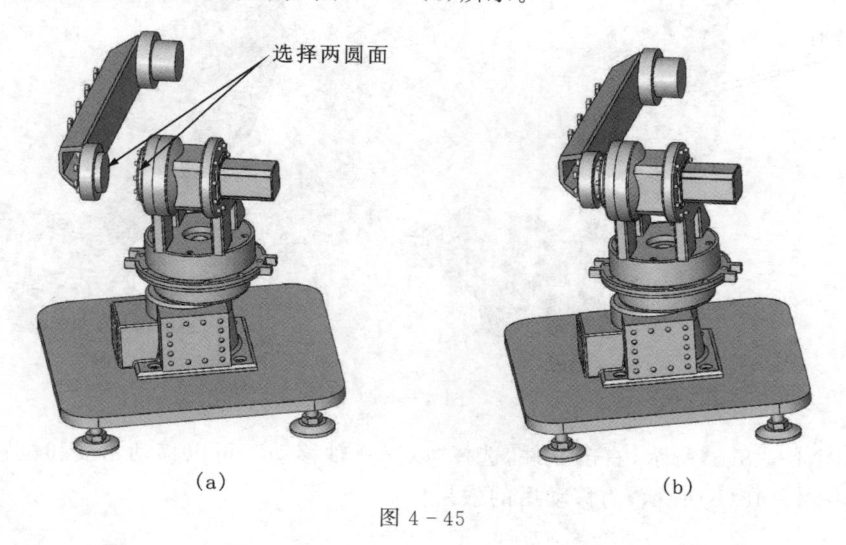

图 4-45

4.3.5 3 轴的装配

(1)如图 4-46(a)所示,将 3 轴移动到 2 轴附近。

(2)打开装配配合指令,如图 4-46(b)所示,选择两圆柱面进行“同轴心”配合。

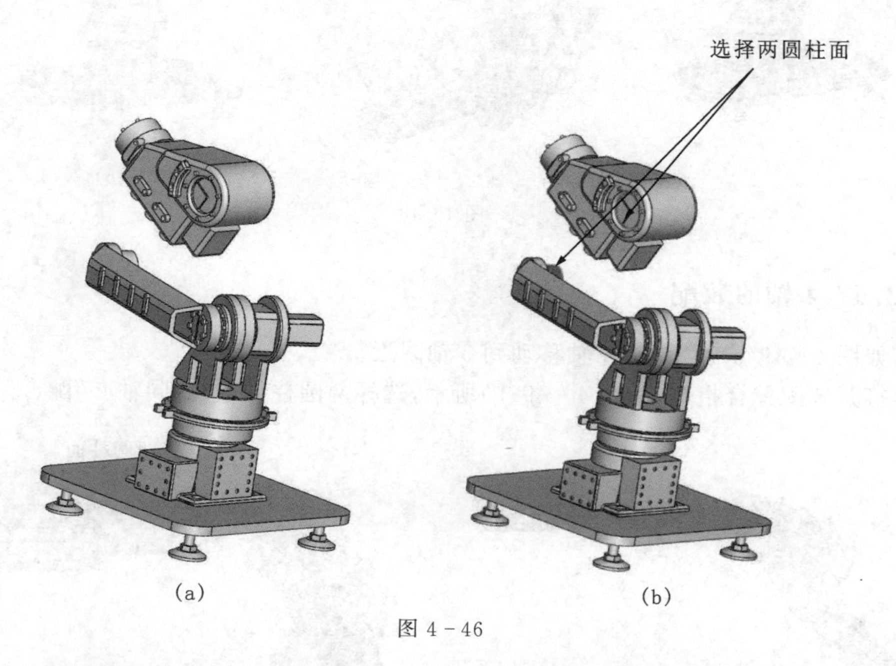

图 4-46

(3)打开装配配合指令,如图 4-47(a)所示,选择两圆面,单击“合并”配合,再选择面和面接触,效果如图 4-47(b)所示。

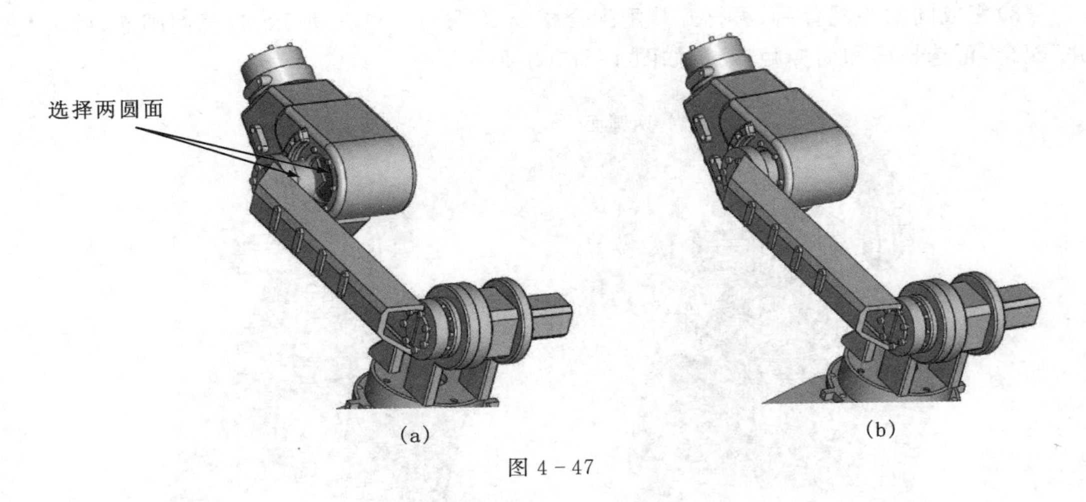

(a)　　(b)

图 4 - 47

(4)如图 4 - 48(a)所示,右击零件,选择“以三重轴移动”,可以移动角度和位置。

(5)如图 4 - 48(b)所示,为移动后的效果。

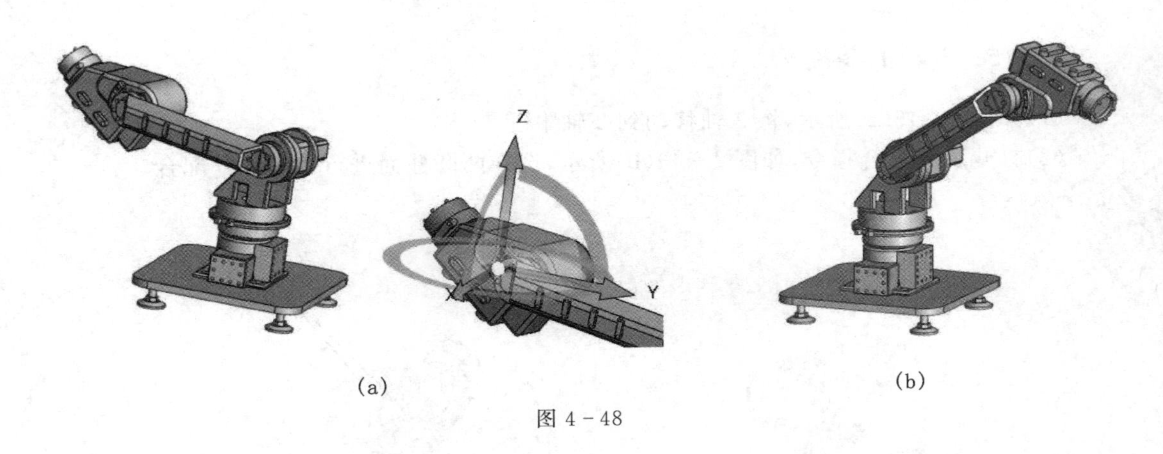

(a)　　(b)

图 4 - 48

4.3.6　4 轴的装配

(1)如图 4 - 49(a)所示,将 4 轴移动到 3 轴附近。

(2)打开装配配合指令,如图 4 - 49(b)所示,选择两圆柱面进行“同轴心”配合。

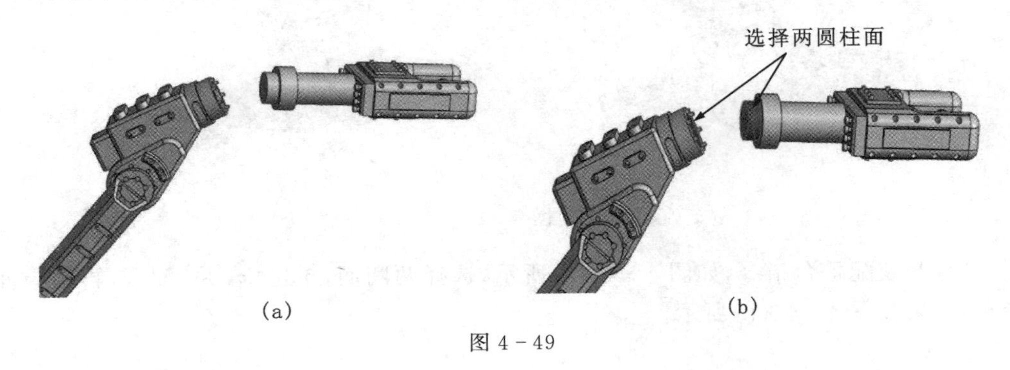

(a)　　(b)

图 4 - 49

(3)打开装配配合指令,如图 4-50(a)所示,选择两圆面进行“合并”配合,再选择面和面接触,效果如图 4-50(b)所示。

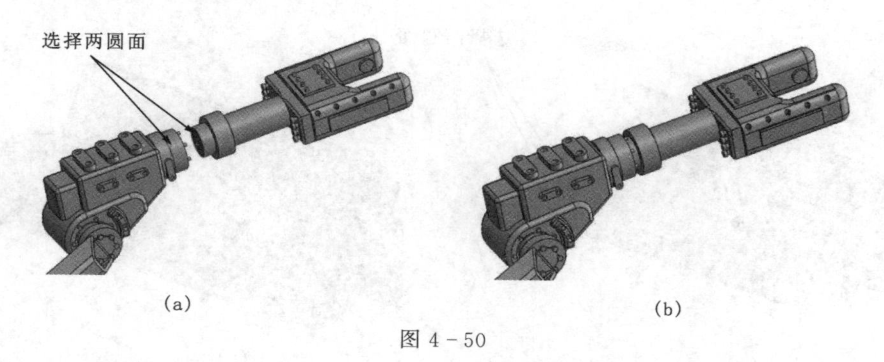

(a)　　(b)

图 4-50

4.3.7 5 轴的装配

(1)打开装配配合指令,如图 4-51(a)所示,选择四个接触面,再选择“高级配合”中的“轮廓中心”。

(2)图 4-51(b)所示为配合后的状态。

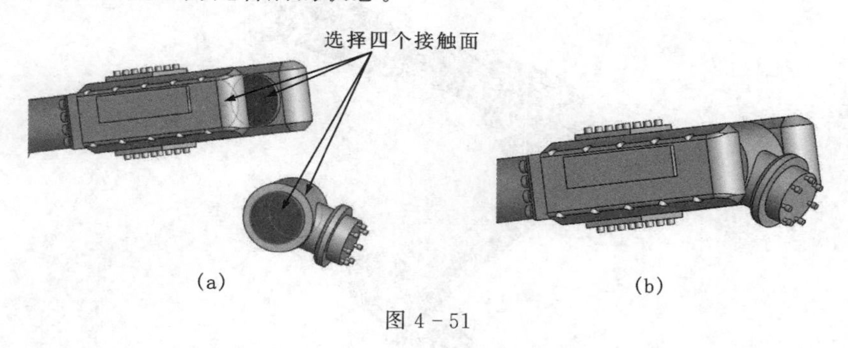

(a)　　(b)

图 4-51

4.3.8 6 轴的装配

(1)如图 4-52(a)所示,将 6 轴移动到 5 轴附近。

(2)打开装配配合指令,如图 4-52(b)所示,选择两圆柱面进行“同轴心”配合。

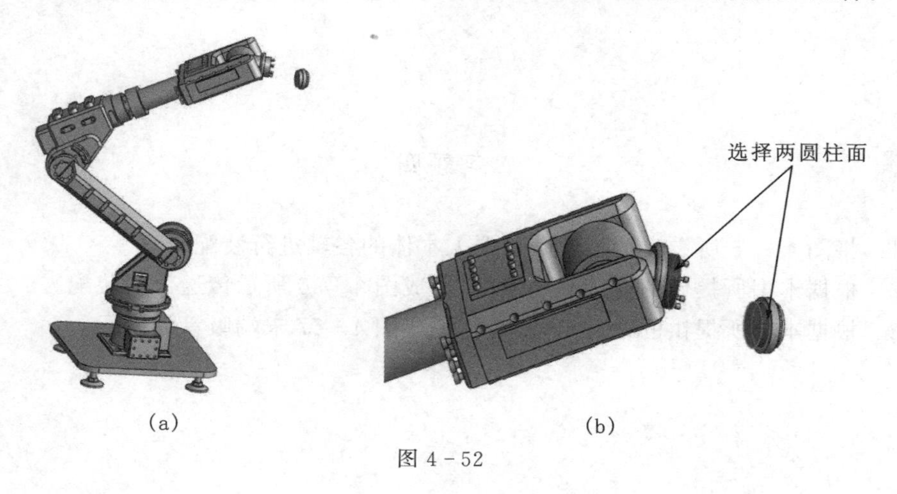

(a)　　(b)

图 4-52

(3)打开装配配合指令,如图 4-53(a)所示,选择两圆面进行“合并”配合,再选择面和面接触,效果如图 4-53(b)所示。

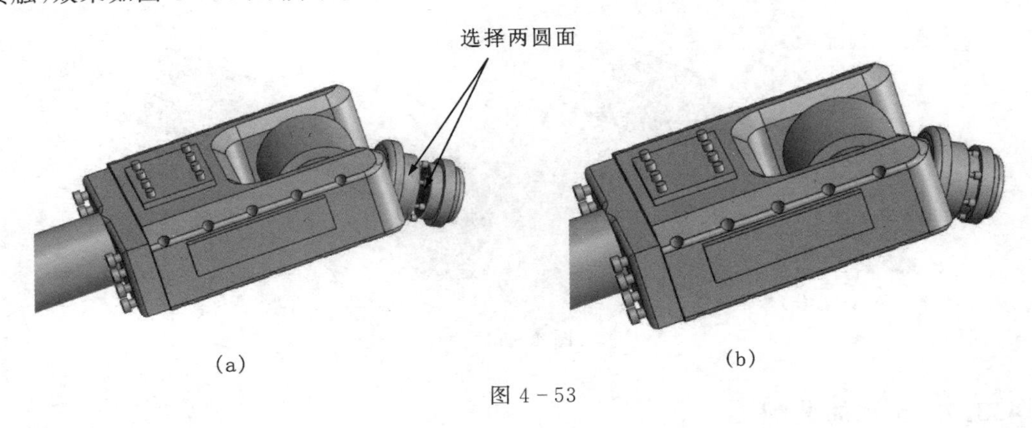

(a)　　(b)

图 4-53

图 4-54 所示即为装配完成后的机器人。

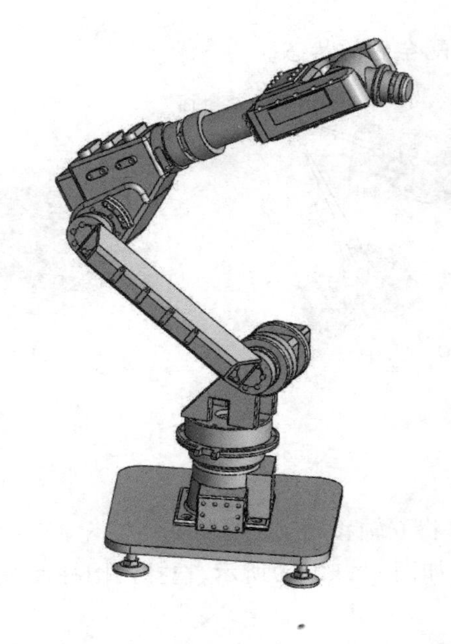

图 4-54

习题四

4.1　将图 4-55 所设计的某品牌机器人本体的各轴进行装配。

4.2　根据本书所提供的设计模型素材,完成图 4-56 所示传送带的装配。

4.3　根据本书所提供的设计模型素材,完成图 4-57 末端吸盘的装配。

图 4-55

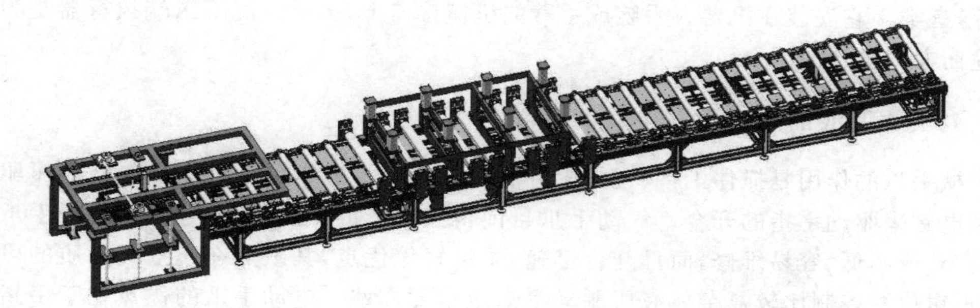

图 4-56

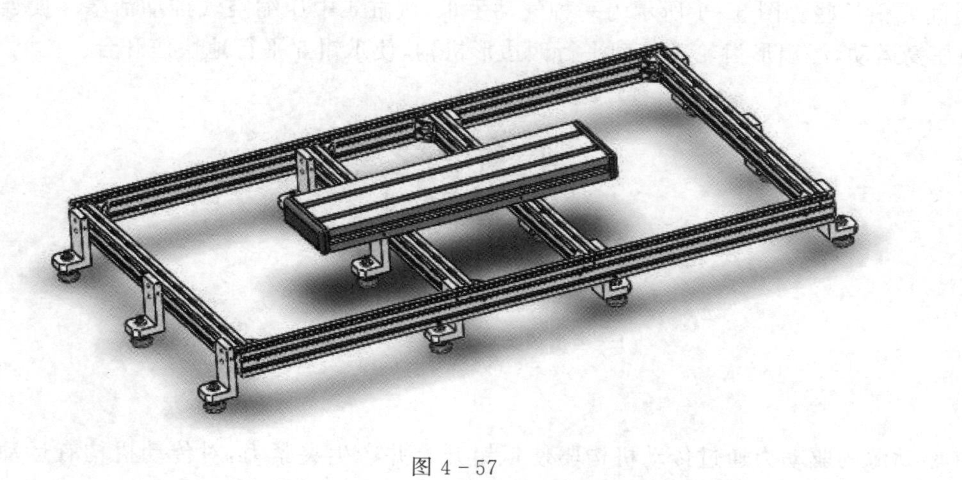

图 4-57

项目五

工业机器人末端（夹爪）设计

5.1 机器人末端工具分类

工业机器人的末端工具是机器人与工件、工具等直接接触进行作业的装置，是机器人的关键部件之一。

末端工具是直接执行作业任务的装置，大多数末端执行器的结构和尺寸都是根据其不同的职业任务要求来设计的，从而形成了多种多样的结构形式。通常，根据其用途和结构的不同，末端工具可以分为机械式夹持器、吸附式末端执行器和专用的工具（如焊枪、喷嘴、电磨头等）三类。它安装在机器人手腕或手臂的机械接口上，多数情况下末端执行器是为特定的用途而专门设计的。

5.1.1 手爪的驱动

机械手爪的作用是抓住工件、握持工件和释放工件。通常采用气动、液动（液压驱动）、电动和电磁来驱动手指的开合。气动手爪目前得到广泛的应用，主要是因为气动手爪具有结构简单、成本低、容易维修，而且开合迅速、质量轻等优点，其缺点在于空气介质的可压缩性，使爪钳位置控制比较复杂。液压驱动手爪成本要高些。电动手爪的优点在于手指开合电机的控制与机器人控制共用一个系统，但是夹紧力比气动手爪、液动手爪小，相比而言，开合时间要稍长些。图 5－1 所示为一种气动手爪，汽缸 4 中压缩空气推动活塞 3 使连杆齿条 2 做往复运动，经扇形齿轮 1 带动平行四边形机构，使爪钳 5 平行地快速开合。

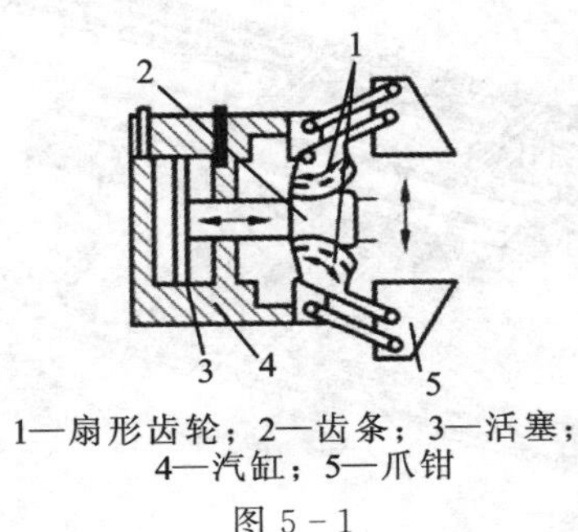

1—扇形齿轮；2—齿条；3—活塞；
4—汽缸；5—爪钳

图 5－1

驱动源的驱动力通过传动机构驱使爪钳开合并产生夹紧力，对传动机构有运动要求和夹紧力要求。平行连杆式手爪和齿轮齿条式手爪可保持爪钳平行运动，夹持宽度变化大。

爪钳是与工件直接接触的部分，它的形状和材料对夹紧力有很大影响。夹紧工件的接触点越多，所要求的夹紧力越小，对夹持工件来说显得更安全。图 5－2 所示是具有 V 形爪钳表面的手爪，有四条折线与工件相接触，形成力封闭形式的夹持状态。

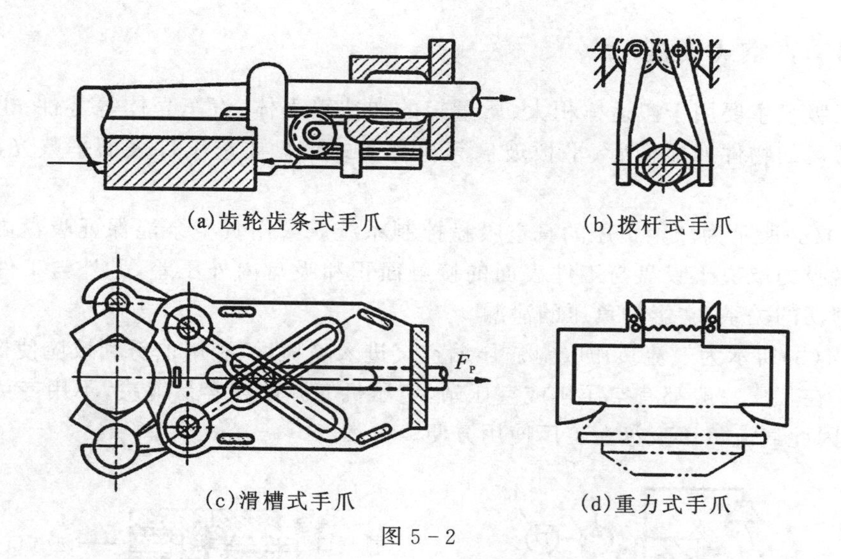

(a)齿轮齿条式手爪　(b)拨杆式手爪

(c)滑槽式手爪　(d)重力式手爪

图 5－2

5.1.2 磁力吸盘

磁力吸盘有电磁吸盘和永磁吸盘两种。

磁力吸盘是在手部装上电磁铁,通过磁场吸力把工件吸住。图 5－3 所示为电磁吸盘结构示意图。线圈通电后产生磁性吸力将工件吸住,断电后磁吸力消失将工件松开。电磁吸盘只能吸住铁磁材料制成的工件,吸不住有色金属和非金属材料制成的工件。磁力吸盘的缺点是被吸取工件有剩磁,吸盘上常会吸附一些铁屑,铁屑会导致吸盘不能可靠地吸住工件。对于不准有剩磁的场合,不能选用磁力吸盘,可用真空吸盘,例如钟表及仪表零件。另外,高温条件下不宜使用磁力吸盘,主要原因在于钢、铁等磁性物质在 723℃以上时磁性会消失。

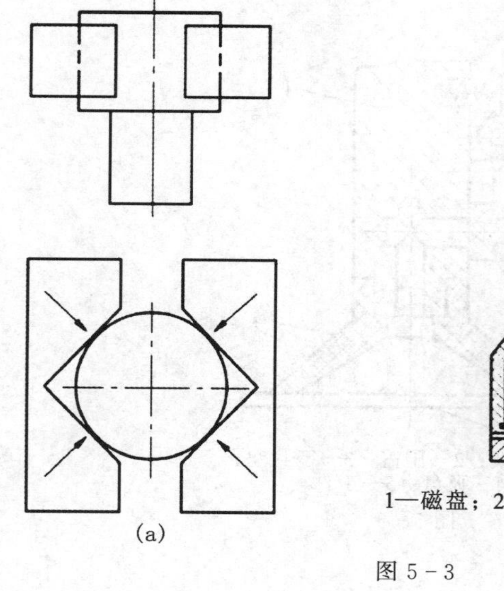

(a)

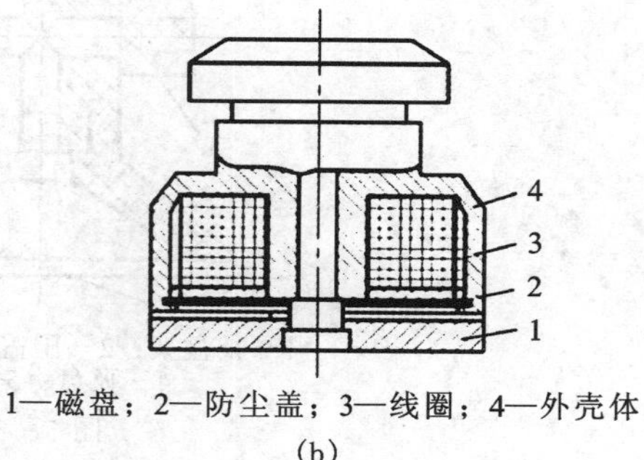

1—磁盘;2—防尘盖;3—线圈;4—外壳体

(b)

图 5－3

5.1.3 真空式吸盘

真空式吸盘主要用于搬运体积大、质量轻的如冰箱壳体、汽车壳体等零件；也广泛用于需要小心搬运的物件如显像管、平板玻璃等。真空式吸盘要求工件表面平整光滑、干燥清洁、能气密。

图 5-4(a)所示为产生负压的真空吸盘控制系统。采用真空泵能保证吸盘内持续产生负压。吸盘吸力取决于吸盘与工件表面的接触面积和吸盘内外压差，另外与工件表面状态也有十分密切的关系，它影响负压的泄漏。

图 5-4(b)所示为气流负压吸盘。压缩空气进入喷嘴后，利用伯努利效应使橡胶皮碗内产生负压。在工厂一般都有空压机或空压站，空压机气源比较容易解决，不用专为机器人配置真空泵，因此气流负压吸盘在工厂使用方便。

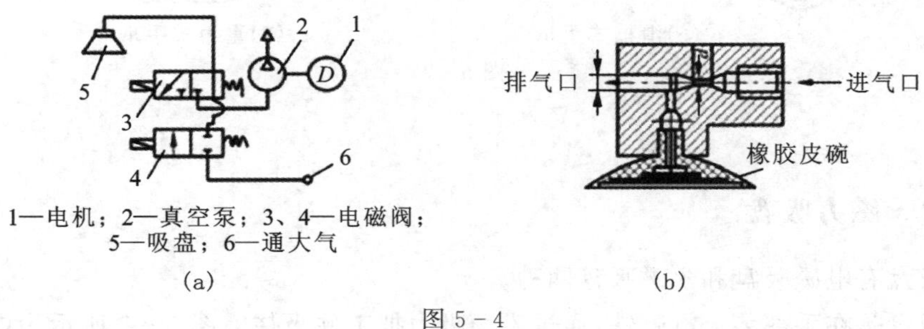

1—电机；2—真空泵；3、4—电磁阀；
5—吸盘；6—通大气

(a)　　(b)

图 5-4

5.1.4 挤气负压吸盘

挤气负压吸盘结构如图 5-5 所示。当吸盘压向工件表面时，将吸盘内空气挤出；松开时，去除压力，吸盘恢复弹性变形使吸盘内腔形成负压，将工件牢牢吸住，机械手即可进行工件搬运；到达目标位置后，可用碰撞力或用电磁力使压盖 2 动作，使空气进入吸盘腔内，释放工件。这种挤气负压吸盘不需要真空泵，也不需要压缩空气气源，比较经济方便，但是可靠性比真空式吸盘和气流负压吸盘差。

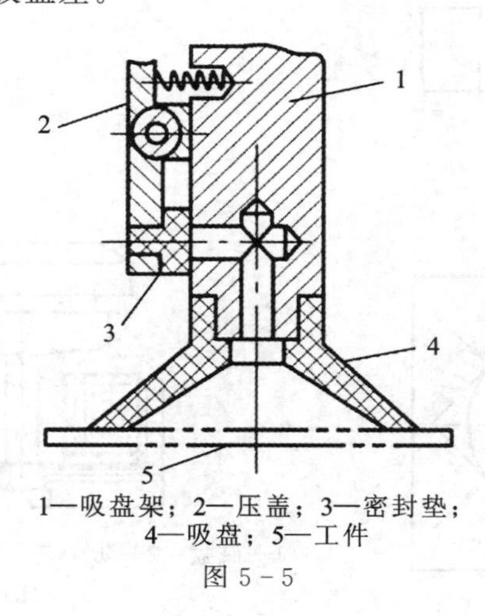

1—吸盘架；2—压盖；3—密封垫；
4—吸盘；5—工件

图 5-5

5.2 机器人末端夹爪设计

5.2.1 夹爪零部件1建模步骤

(1)创建建模文件,命名为"零部件1",进入草图,选择一个基准面,在其上绘制一个矩形,该矩形高为257 mm,宽为242 mm,如图5-6所示。

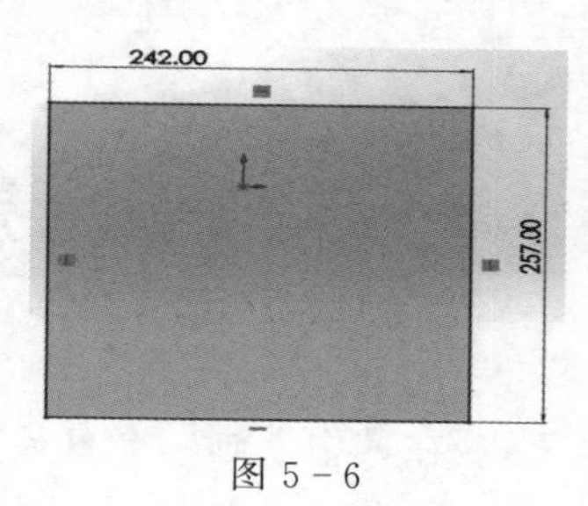

图5-6

(2)将步骤(1)绘制的矩形拉伸,如图5-7所示。

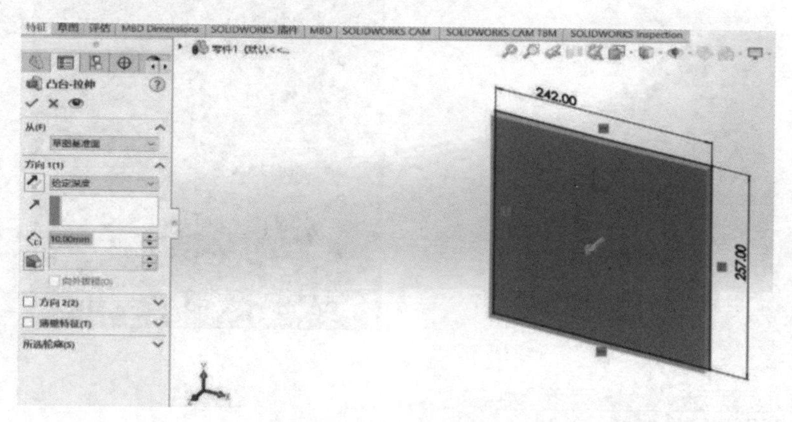

图5-7

(3)如图5-8所示,进入草图,绘制圆并标注尺寸,使用"草图阵列"命令。

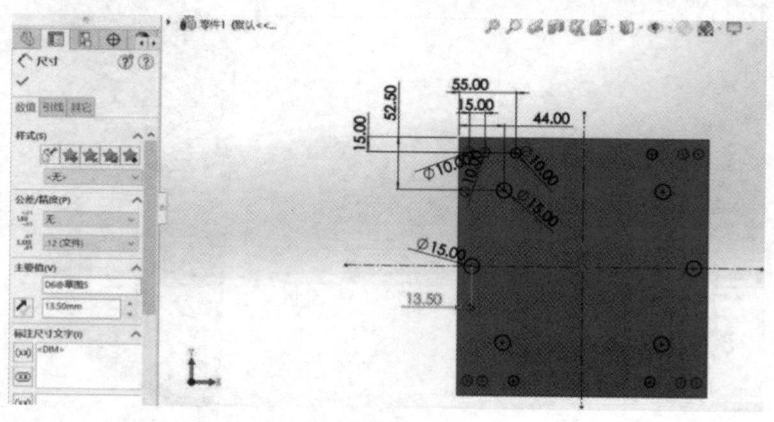

图5-8

(4)执行拉伸切除操作,如图 5-9 所示。

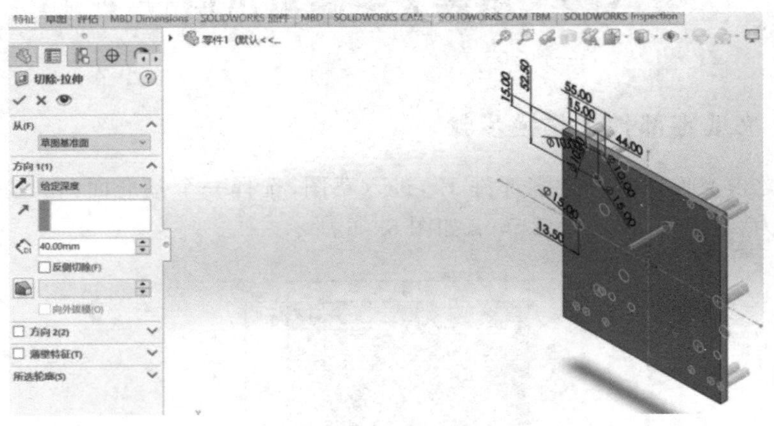

图 5-9

(5)如图 5-10 所示,绘制对角线,在其中点画一个直径为 100 mm 的圆。

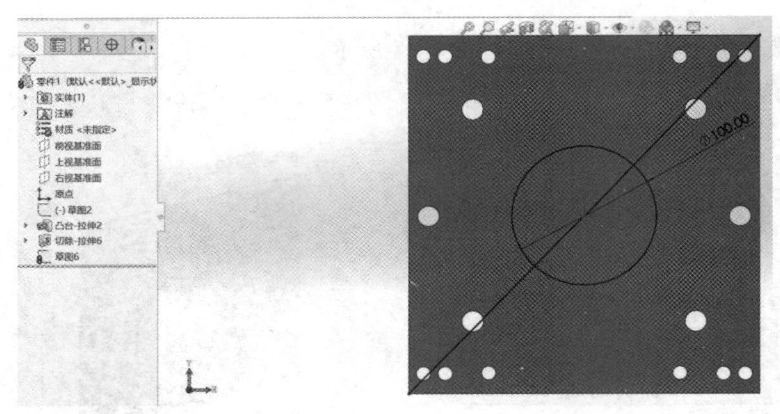

图 5-10

(6)完成草图拉伸,如图 5-11 所示。

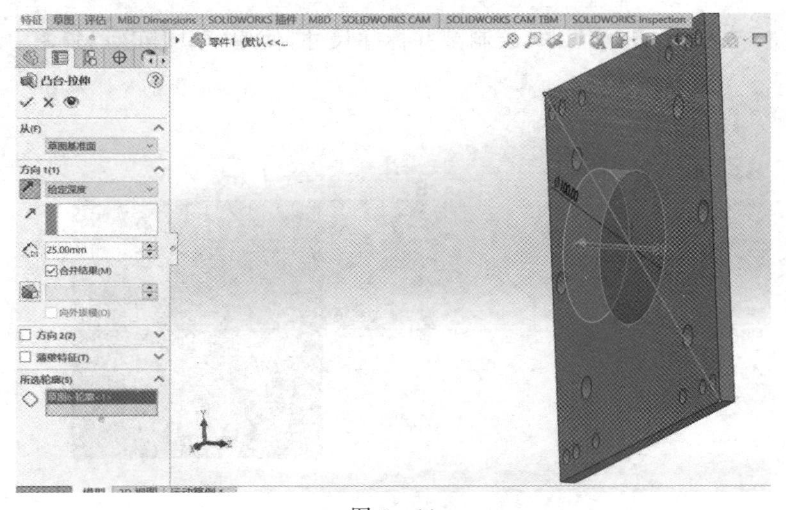

图 5-11

5.2.2 夹爪零部件 2 建模步骤

(1)创建文件,命名为“零部件 2”。如图 5-12 所示,进入草图,绘制一个矩形。

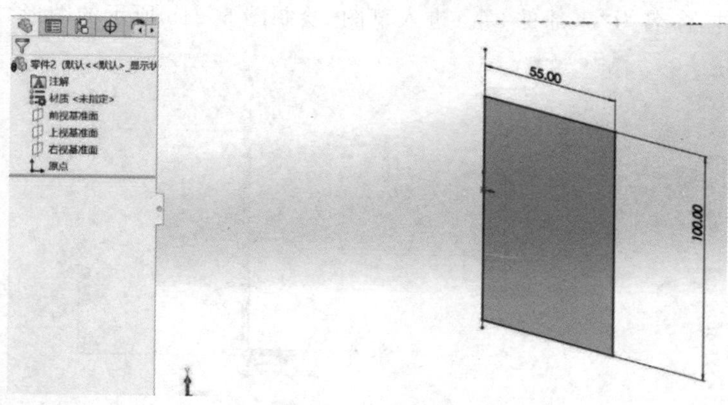

图 5-12

(2)执行拉伸操作,如图 5-13 所示。

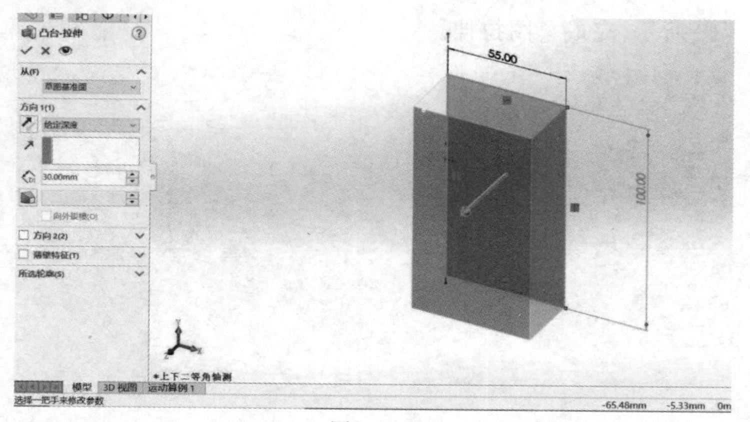

图 5-13

(3)选择侧面,进入草图,如图 5-14 所示。

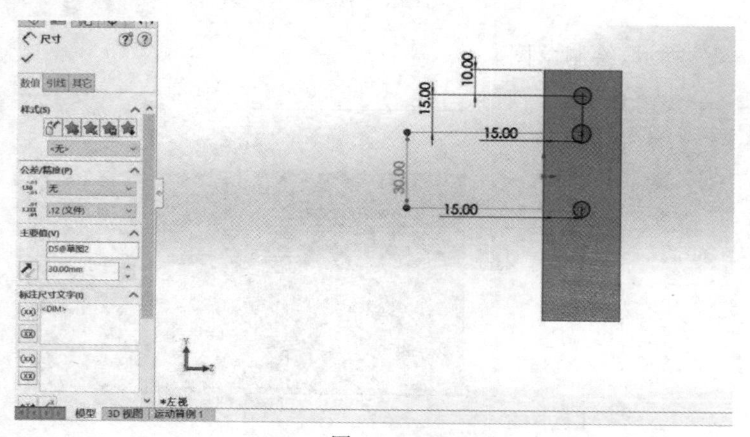

图 5-14

(4)完成草图拉伸。

5.2.3 夹爪零部件 3 建模步骤

(1)创建文件,命名为“零部件 3”。进入草图,绘制图 5 - 15 所示的图形。

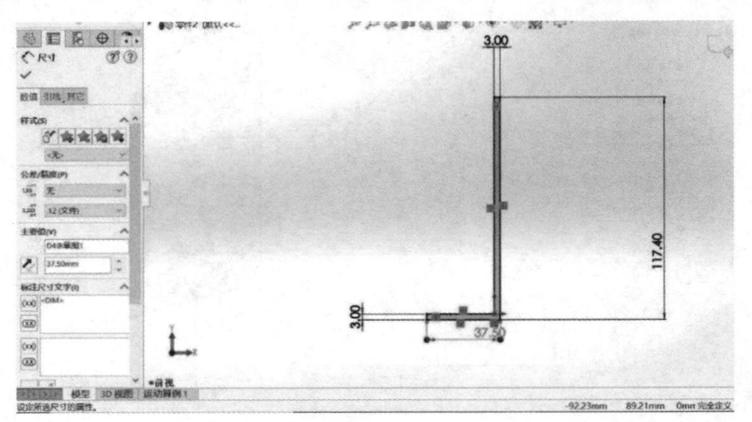

图 5 - 15

(2)如图 5 - 16 所示,完成草图拉伸。

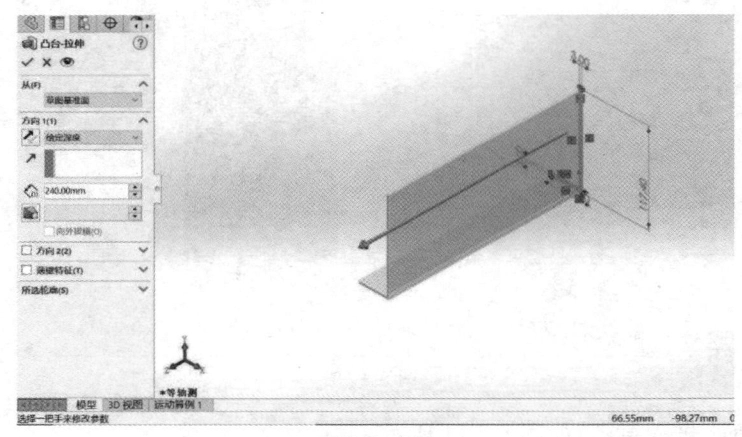

图 5 - 16

(3)如图 5 - 17 所示,绘制草图。

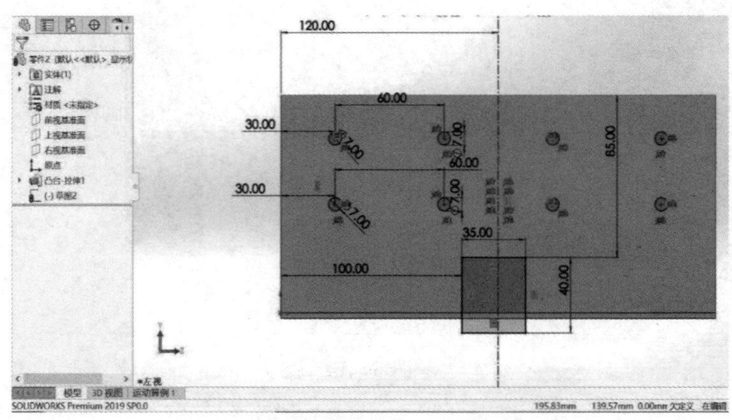

图 5 - 17

(4)完成草图拉伸切除,如图 5 - 18 所示。

图 5 - 18

(5)执行圆角操作,如图 5 - 19 所示,圆角半径为 3 mm。

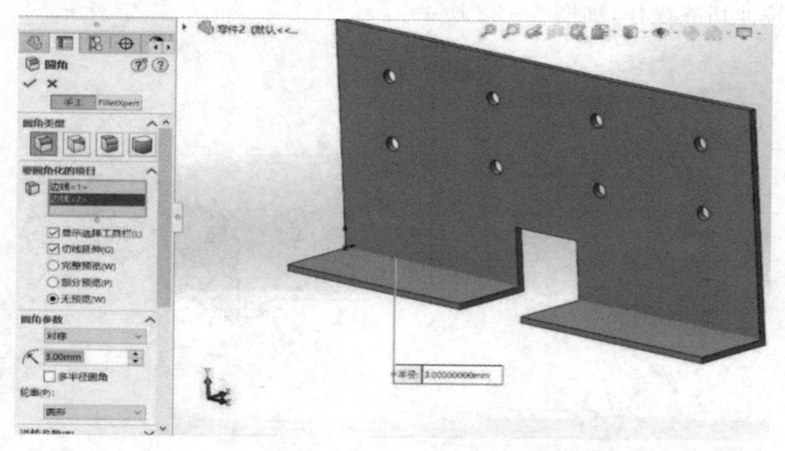

图 5 - 19

(6)再次执行圆角操作,如图 5 - 20 所示,圆角半径为 6 mm。

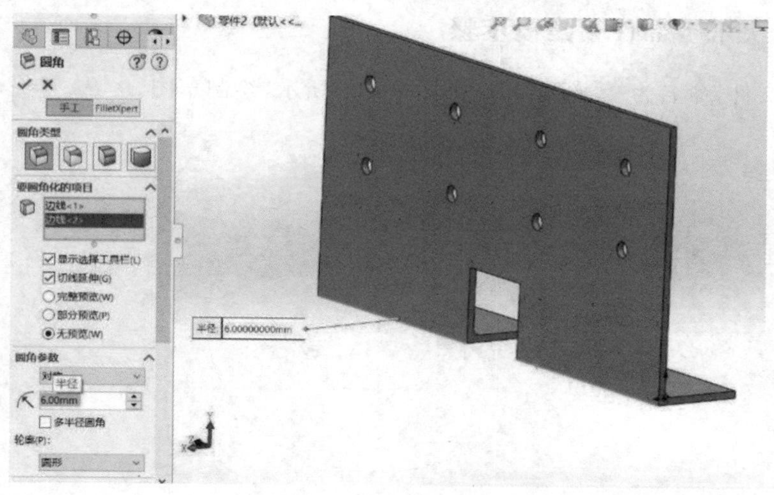

图 5 - 20

(7)绘制草图并标注尺寸,如图 5-21 所示。

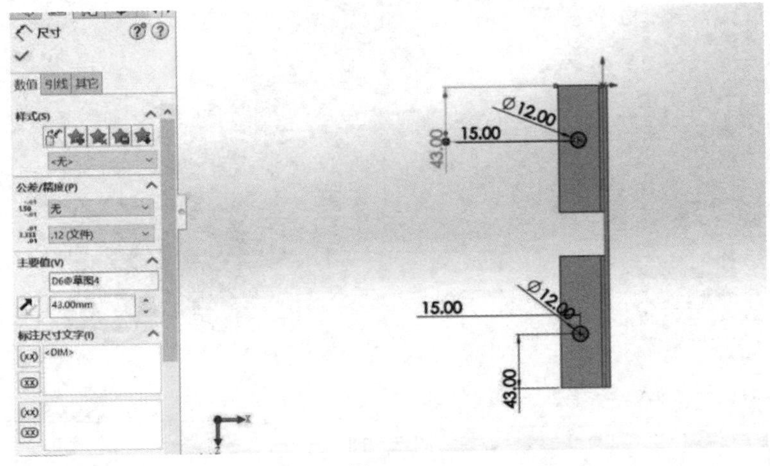

图 5-21

(8)执行拉伸切除操作,如图 5-22 所示。

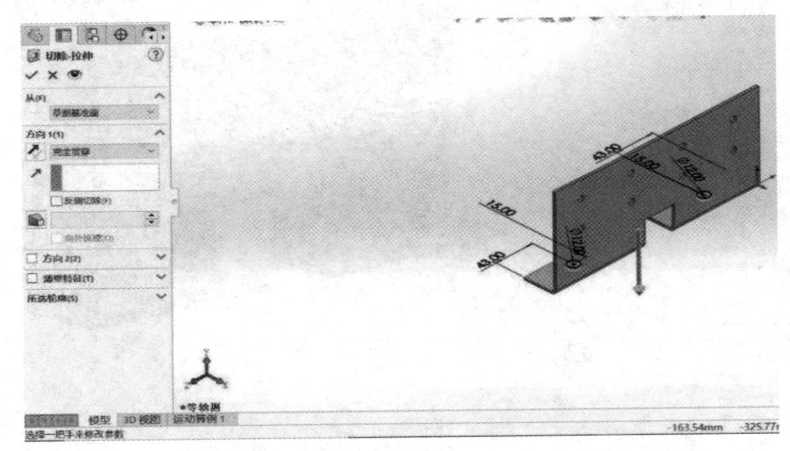

图 5-22

5.2.4 夹爪零部件 4 建模步骤

(1)创建文件,命名为“零部件 4”。如图 5-23 所示,绘制草图。

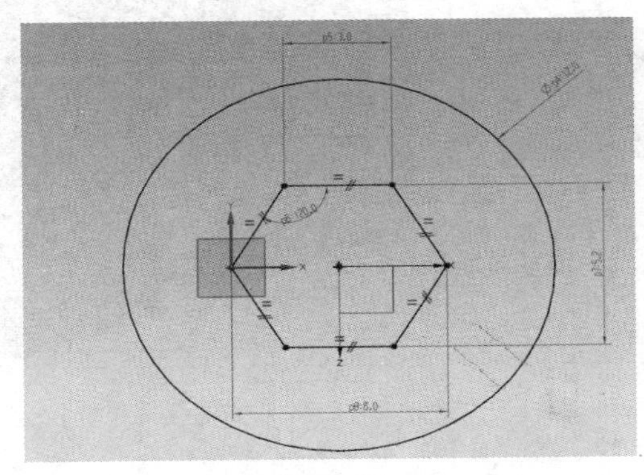

图 5-23

(2)完成草图后进行拉伸,如图 5-24 所示。

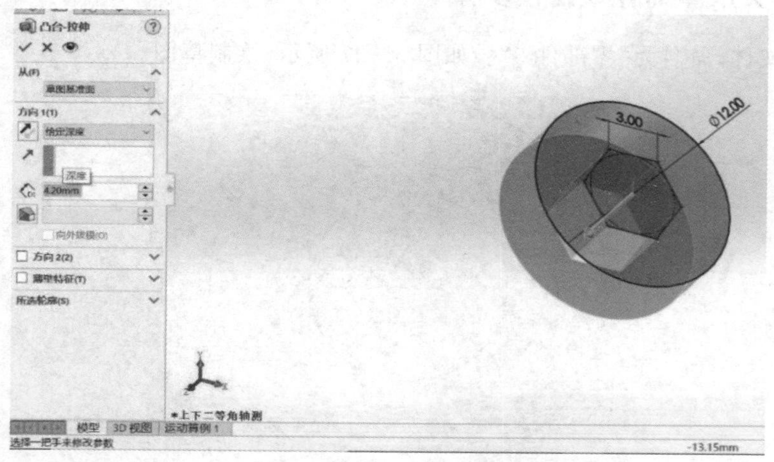

图 5-24

(3)如图 5-25 所示,绘制草图。

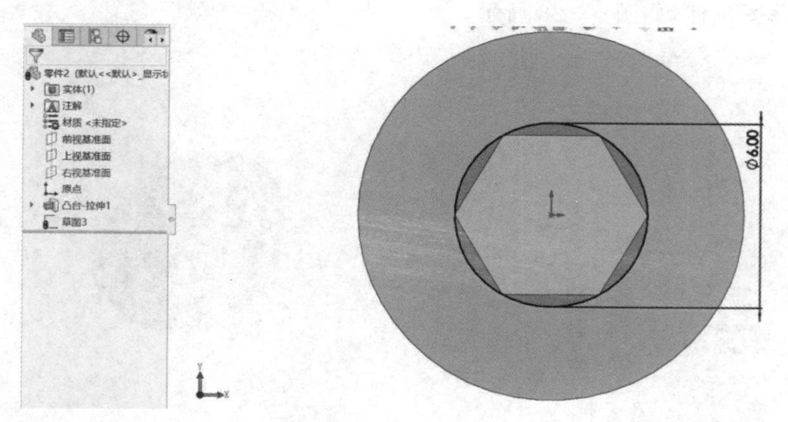

图 5-25

(4)如图 5-26 所示,完全草图拉伸。

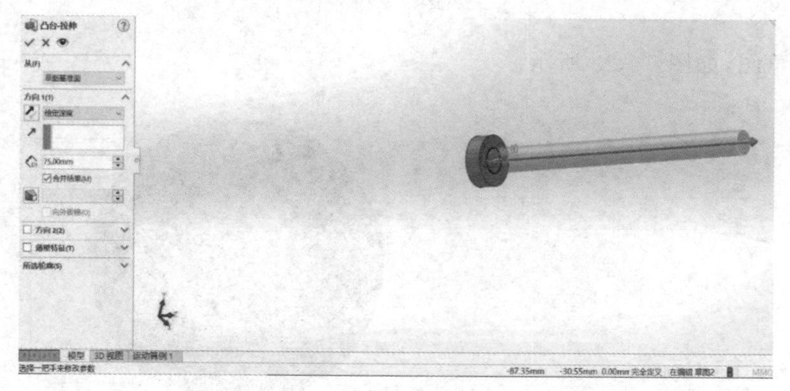

图 5-26

5.2.5 夹爪零部件 5 建模步骤

(1)创建文件,命名为“零部件 5”。如图 5－27 所示,绘制草图。

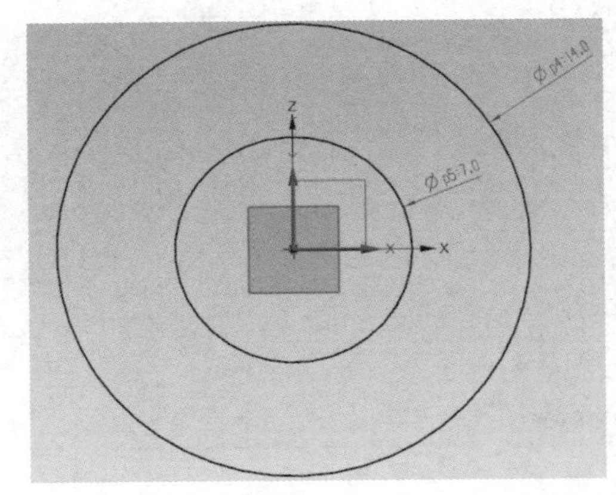

图 5－27

(2)完成草图拉伸,如图 5－28 所示。

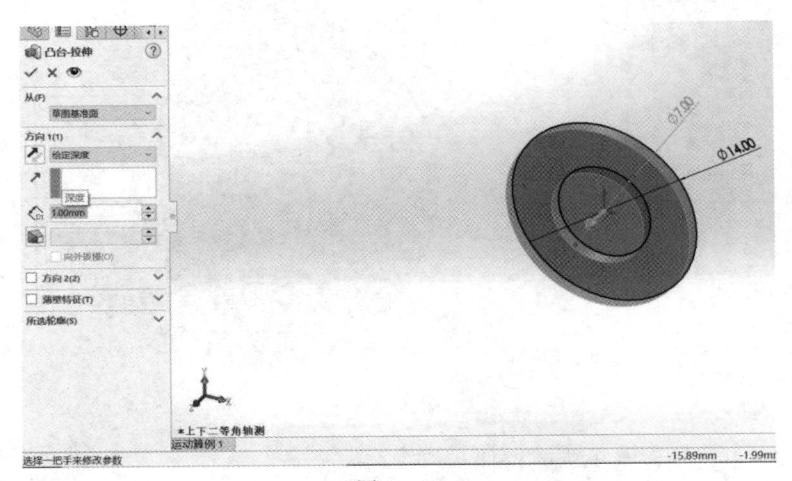

图 5－28

(3)绘制草图,如图 5－29 所示。

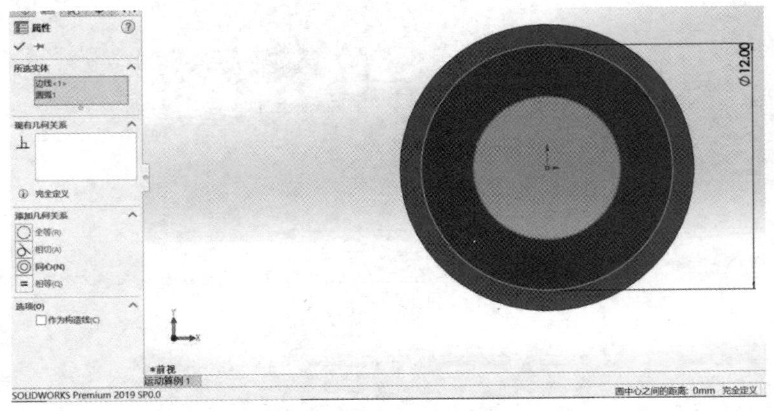

图 5－29

(4)完成草图拉伸且合并结果,如图 5-30 所示。

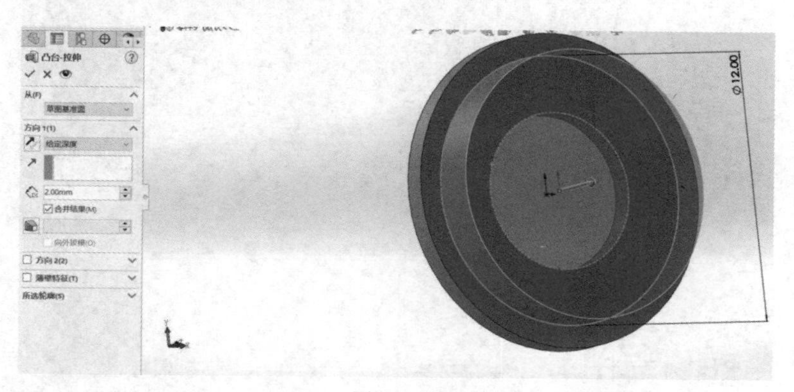

图 5-30

5.2.6 夹爪零部件 6 建模步骤

(1)创建文件,命名为“零部件 6”。如图 5-31 和图 5-32 所示,绘制草图,图 5-33 所示为草图完整图。

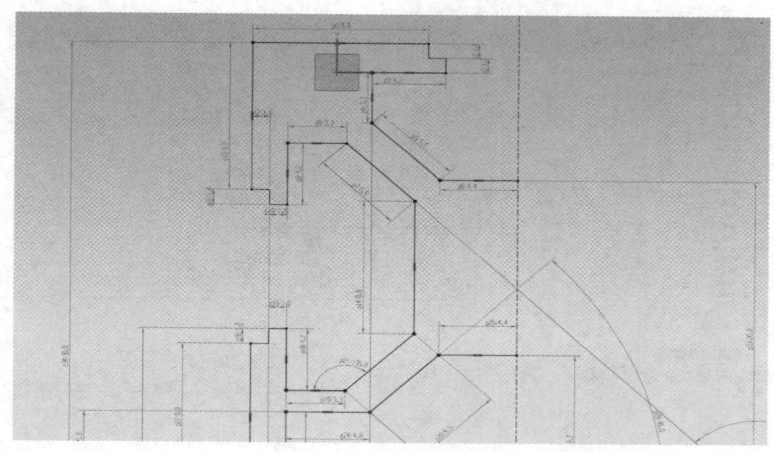

图 5-31

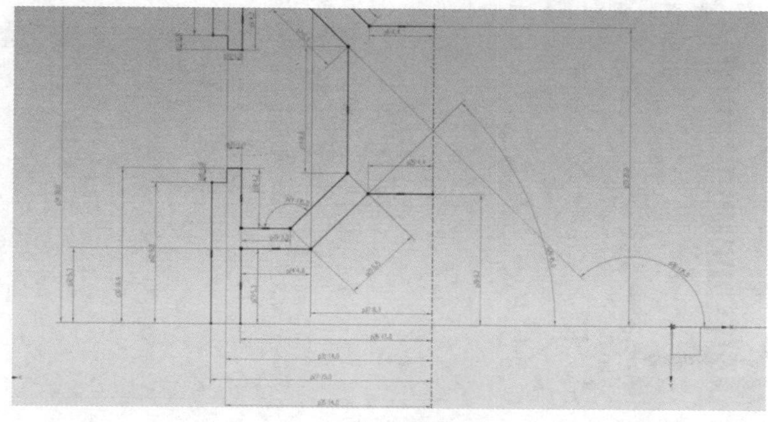

图 5-32

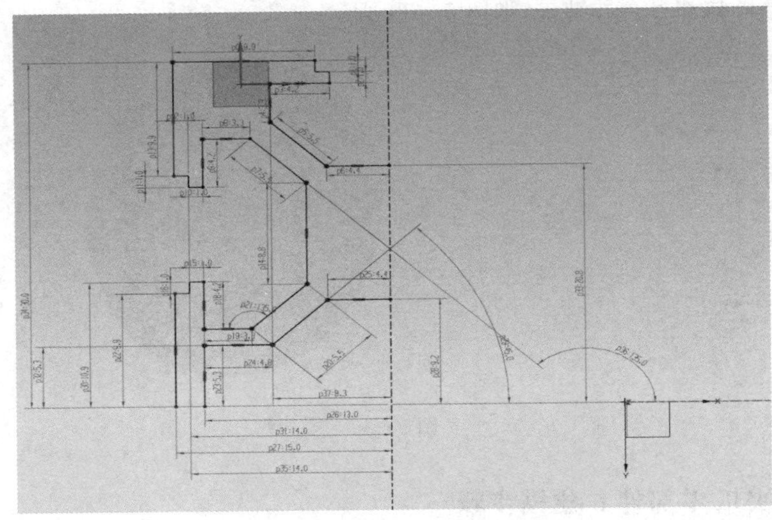

图 5－33

(2)执行草图镜向操作,如图 5－34 所示。

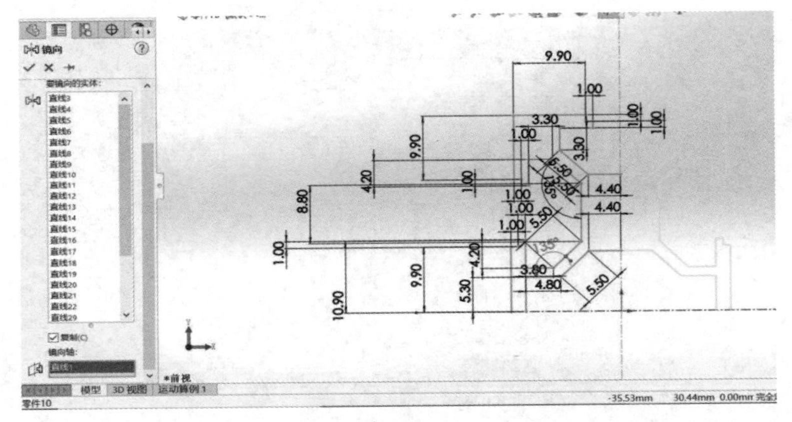

图 5－34

(3)再次执行草图镜向操作,如图 5－35 所示。图 5－36 所示为完成图。

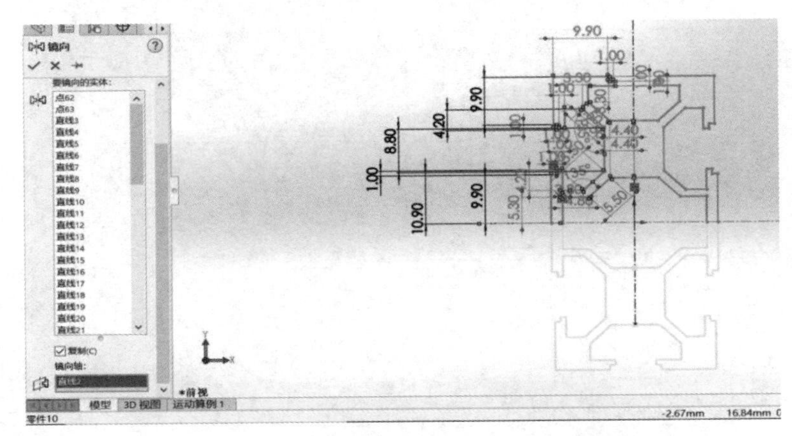

图 5－35

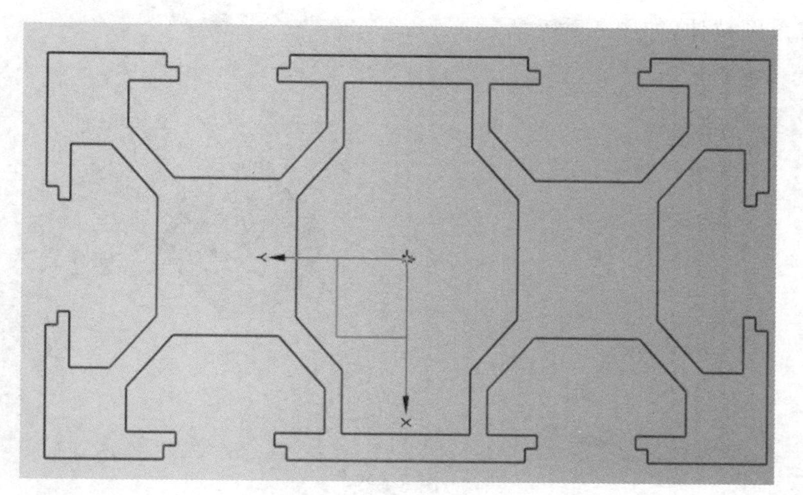

图 5 - 36

(4)如图 5 - 37 所示,执行拉伸操作。

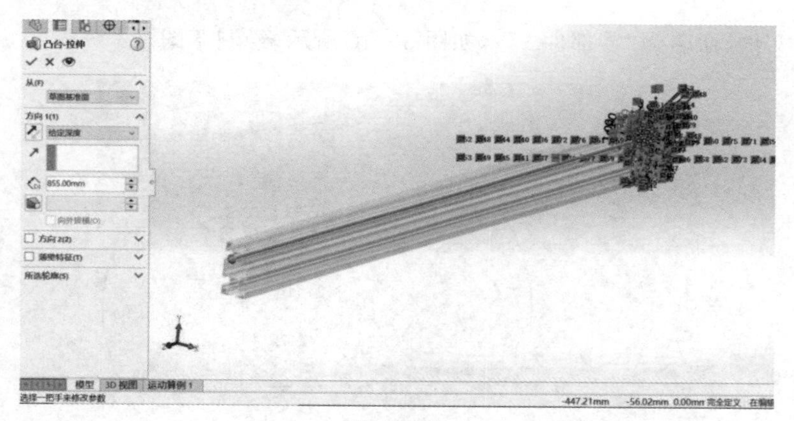

图 5 - 37

5.2.7 夹爪零部件 7 建模步骤

(1)创建文件,命名为“零部件 7”。如图 5 - 38 所示,绘制草图。

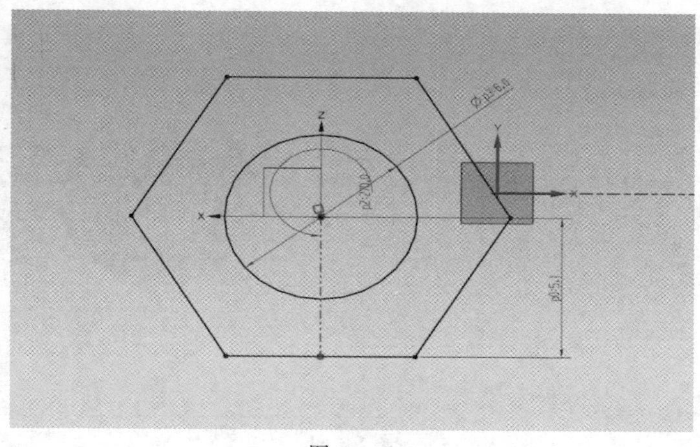

图 5 - 38

(2)完成草图拉伸,如图 5－39 所示。

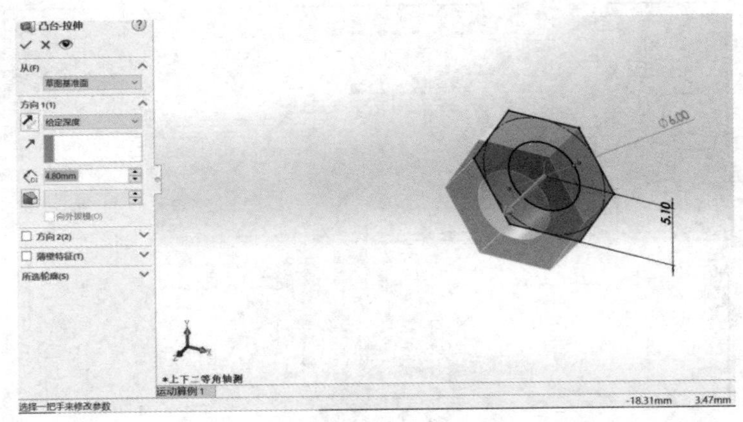

图 5－39

5.2.8　夹爪零部件 8 建模步骤

(1)创建文件,命名为“零部件 8”。如图 5－40 所示,绘制草图。

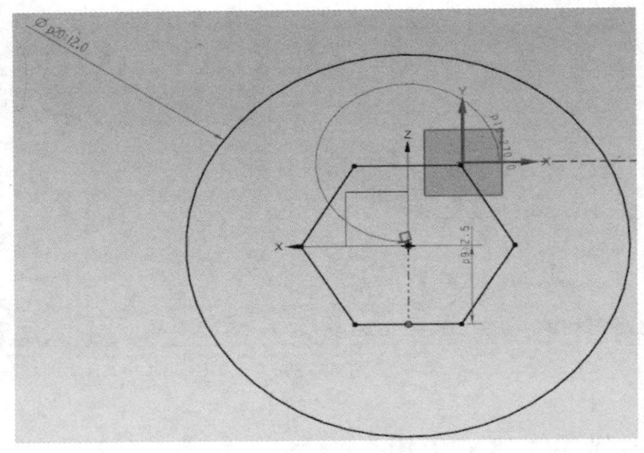

图 5－40

(2)如图 5－41 所示,完成草图拉伸。

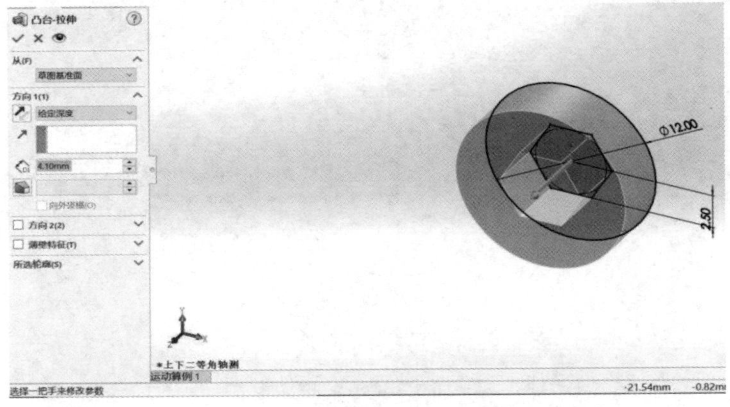

图 5－41

(3)如图 5－42 所示,绘制草图。

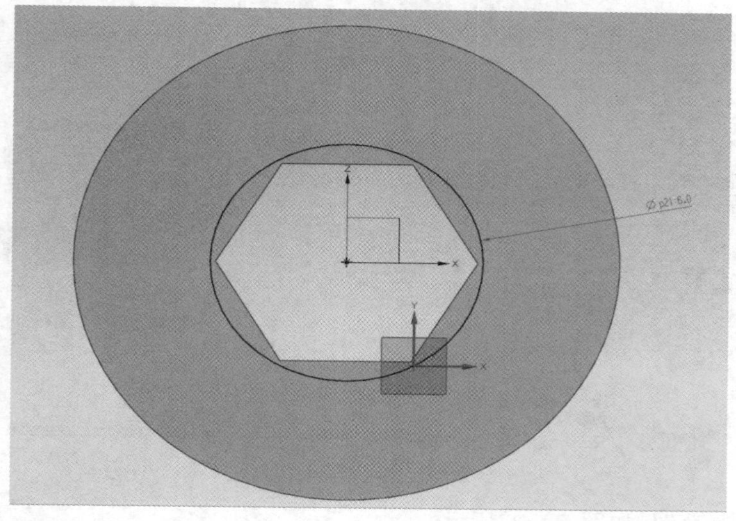

图 5－42

(4)如图 5－43 所示,完成草图拉伸。

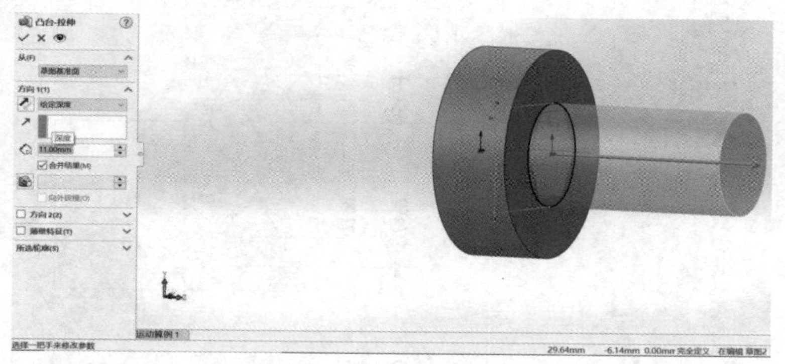

图 5－43

5.2.9 夹爪零部件 9 建模步骤

(1)创建文件,命名为“零部件 9”。如图 5－44 所示,绘制草图并标注尺寸。

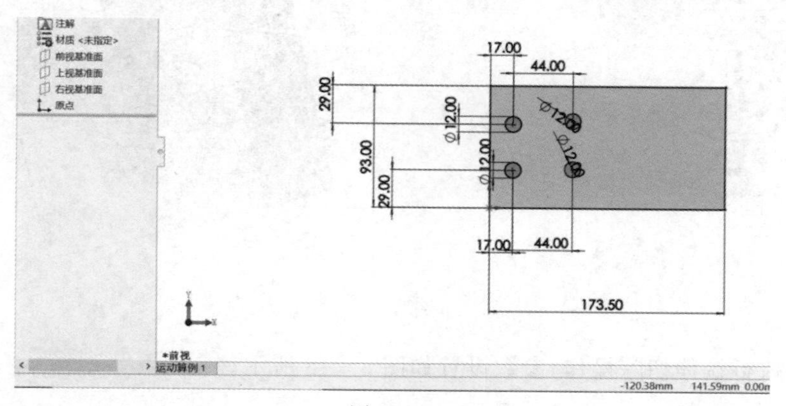

图 5－44

(2)执行拉伸操作,如图 5-45 所示。

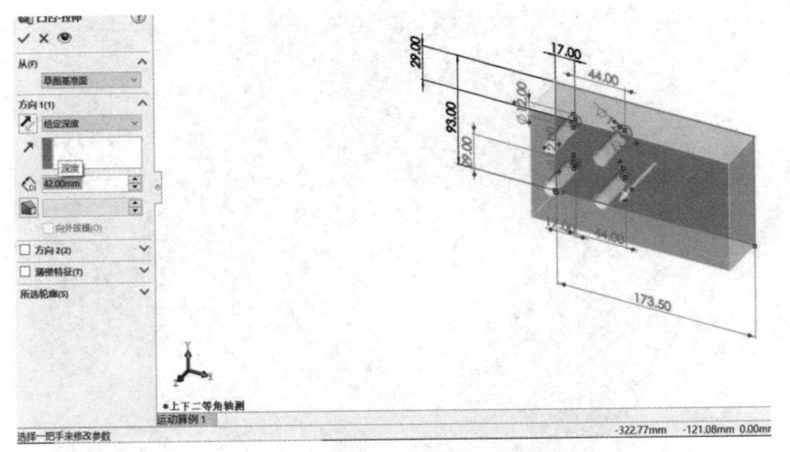

图 5-45

(3)再次绘制草图,如图 5-46 所示。

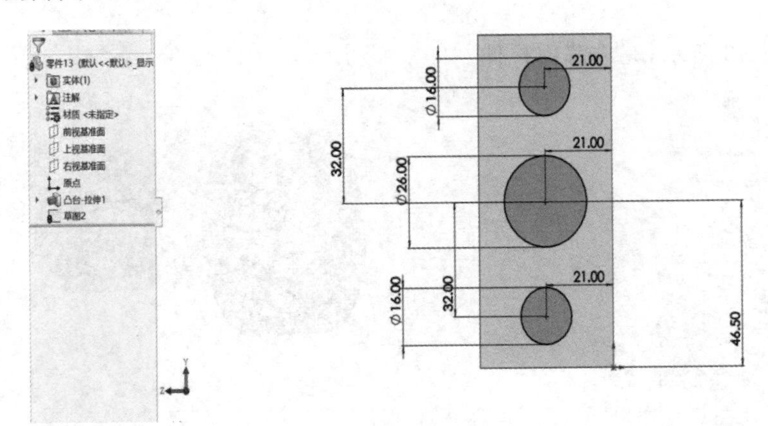

图 5-46

(4)如图 5-47 所示,执行拉伸切除操作。

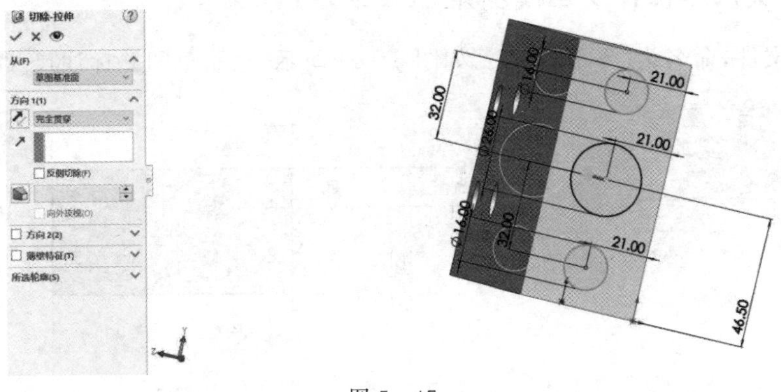

图 5-47

(5)再次执行拉伸切除操作,参数设置如图 5-48 所示。

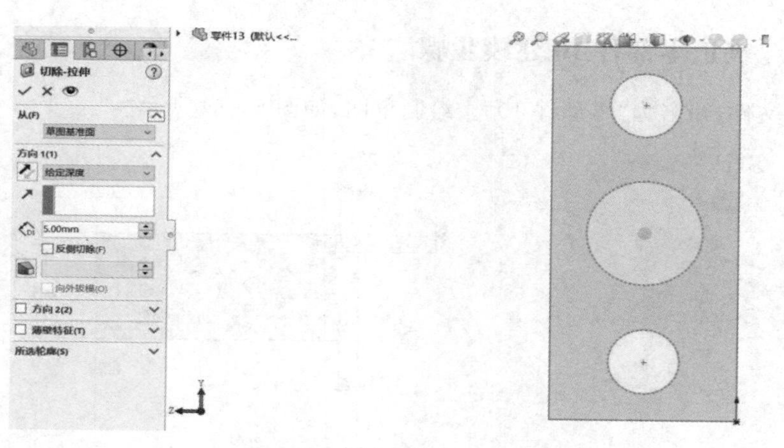

图 5-48

(6)如图 5-49 所示,在另一面绘制圆。

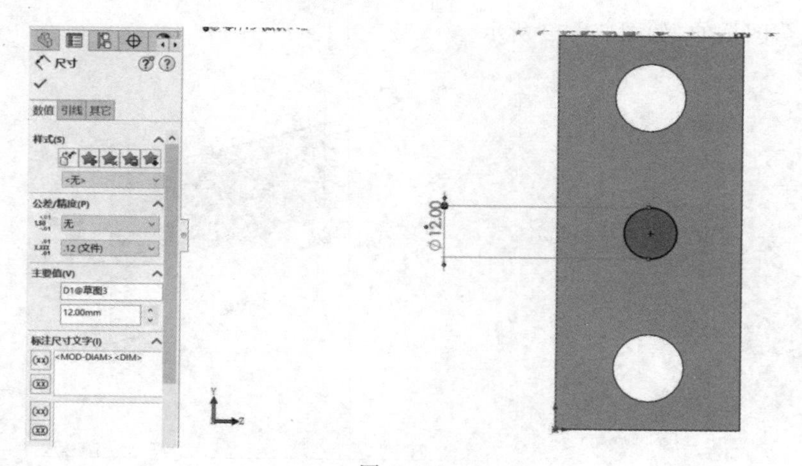

图 5-49

(7)完成草图拉伸,如图 5-50 所示。

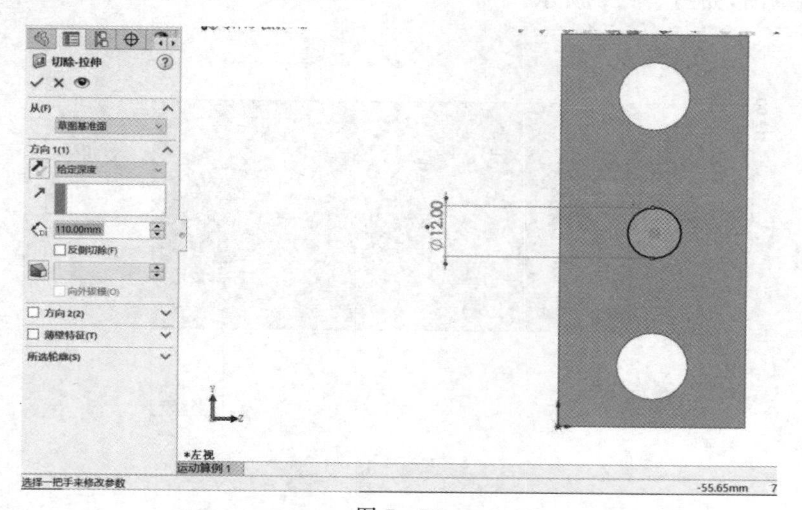

图 5-50

5.2.10　夹爪零部件 10 建模步骤

(1)创建文件,命名为“零部件 10”。绘制草图,如图 5 - 51 所示。

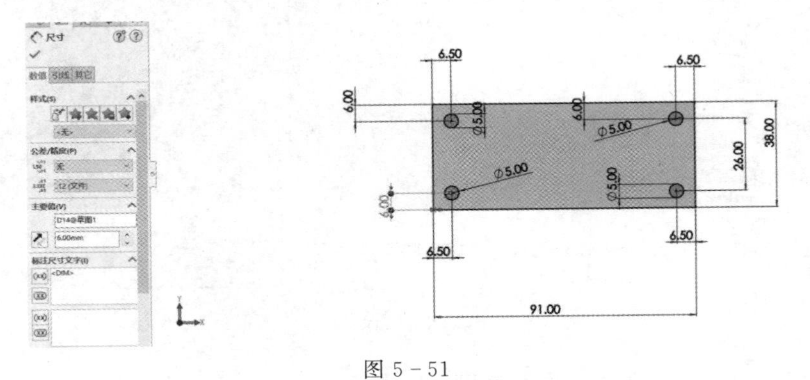

图 5 - 51

(2)完成草图拉伸,如图 5 - 52 所示。

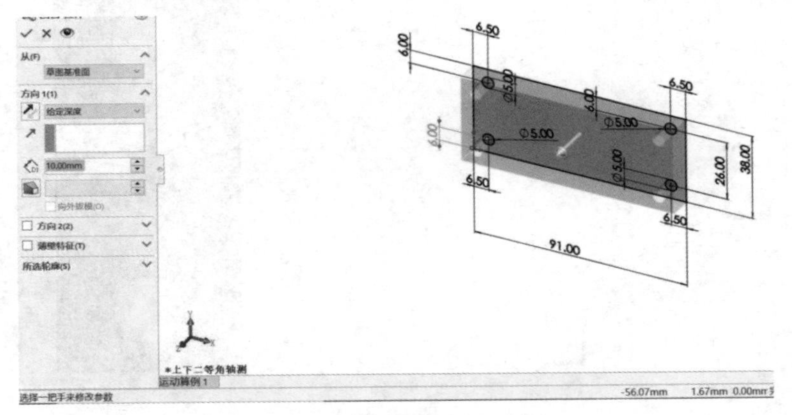

图 5 - 52

(3)绘制草图,如图 5 - 53 所示。

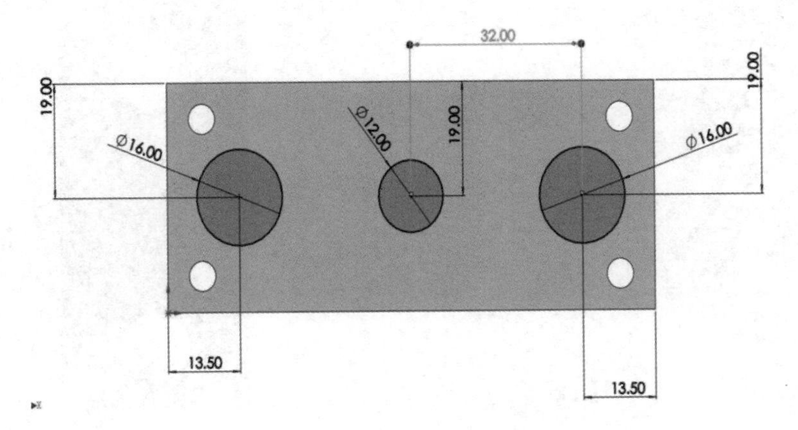

图 5 - 53

(4)如图 5－54 所示,执行拉伸操作,深度为 175 mm。

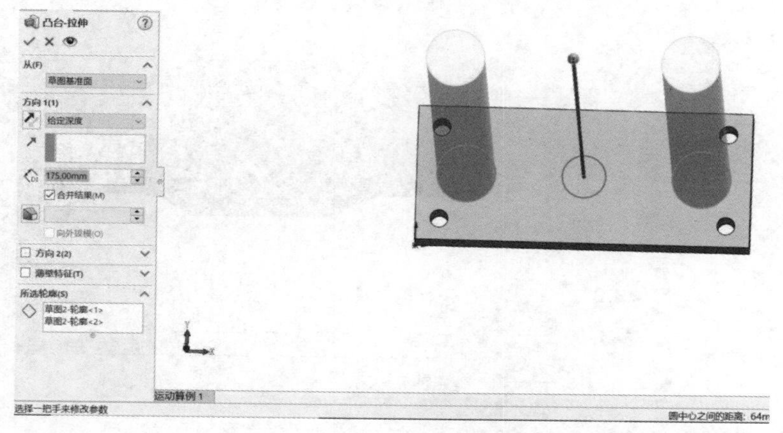

图 5－54

(5)选择中间的圆,执行拉伸操作,深度为 106 mm,如图 5－55 所示。

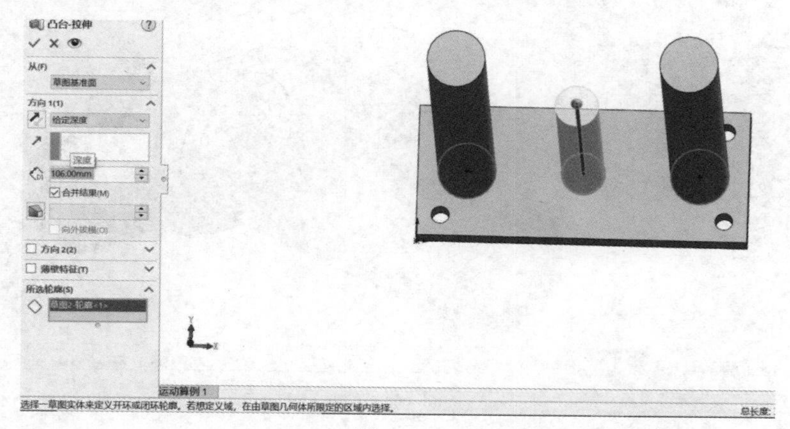

图 5－55

5.2.11　夹爪零部件 11 建模步骤

(1)创建文件,命名为“零部件 11”。如图 5－56 所示,绘制草图。

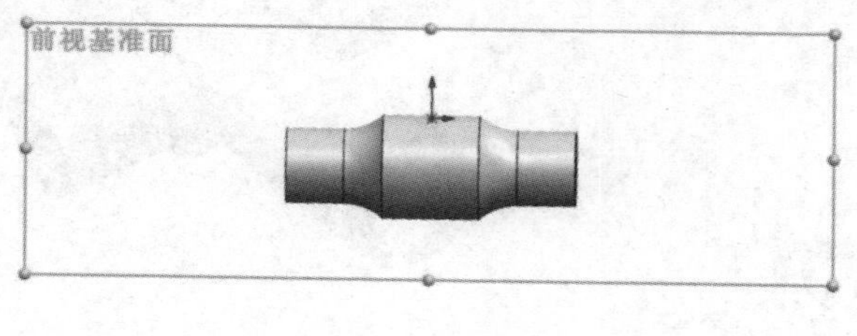

图 5－56

(2)如图 5－57 所示,绘制两个圆。

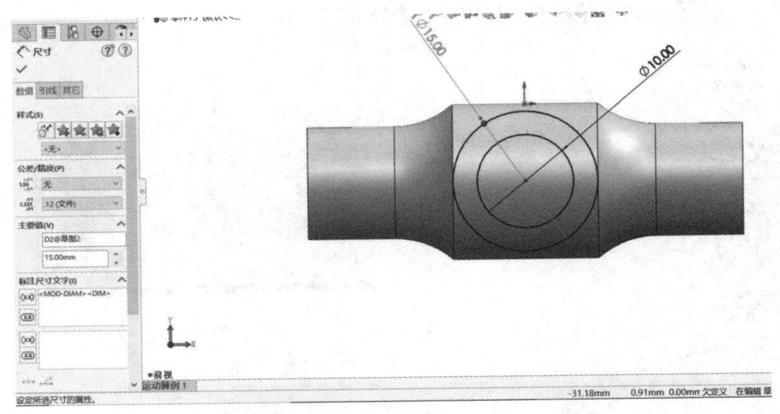

图 5 - 57

(3)完成草图拉伸,如图 5 - 58 所示。

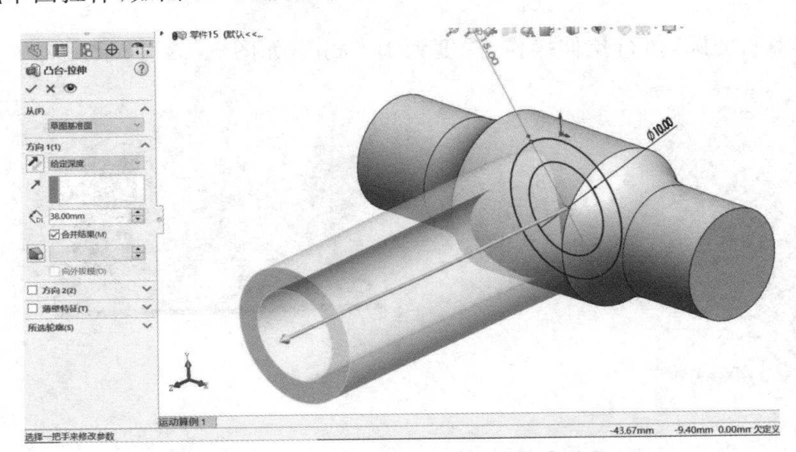

图 5 - 58

(4)选择里面的圆,再次拉伸,如图 5 - 59 所示。

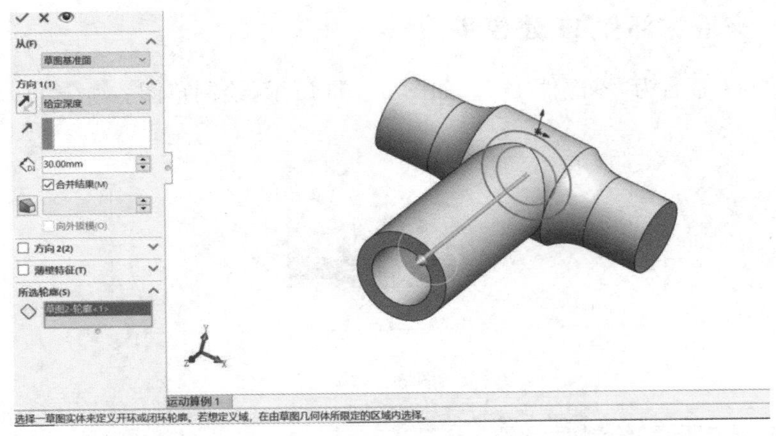

图 5 - 59

5.2.12 夹爪零部件12建模步骤

(1)创建文件,命名为“零部件12”。如图5-60所示,绘制草图。

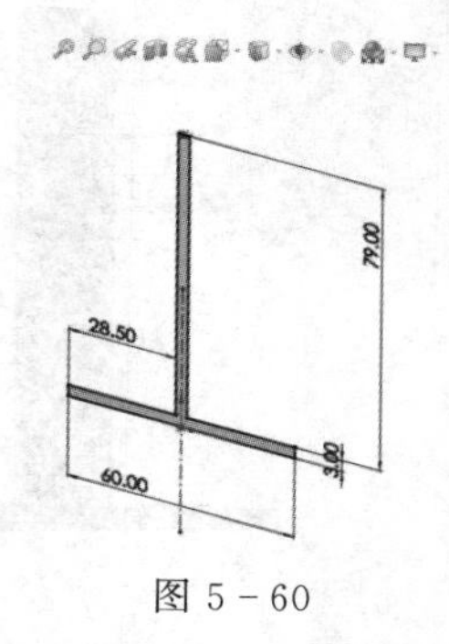

图5-60

(2)如图5-61所示,对草图进行拉伸,方向选择“两侧对称”。

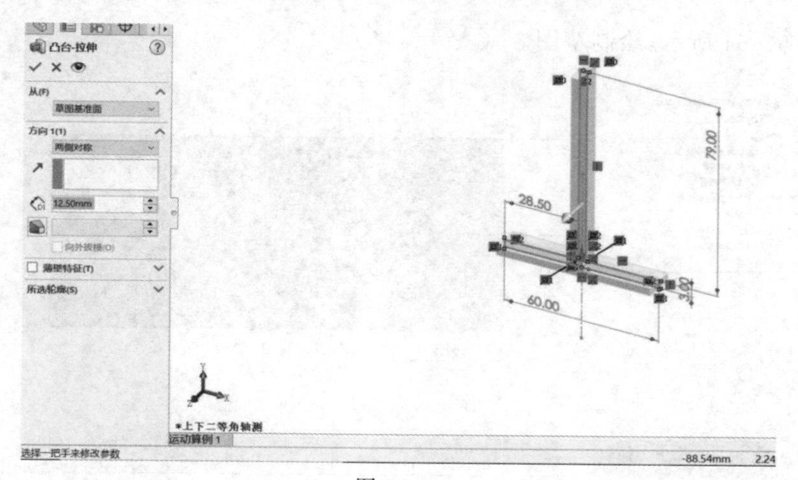

图5-61

(3)如图5-62所示,绘制草图。

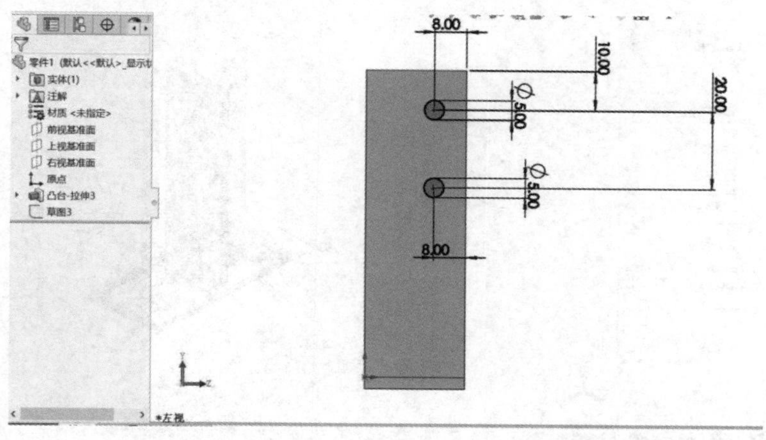

图5-62

(4)如图 5-63 所示,执行拉伸切除操作。

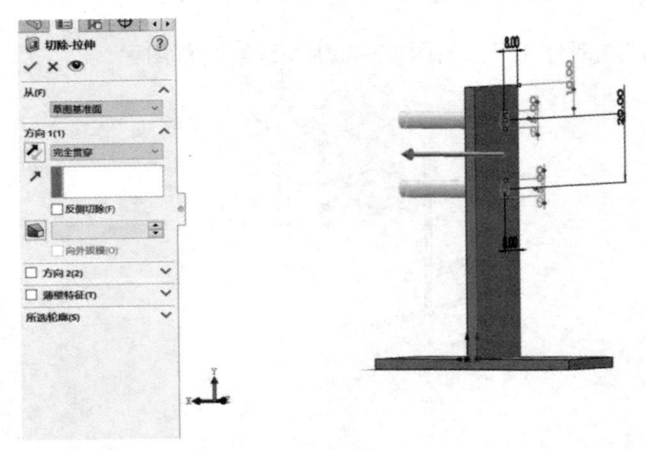

图 5-63

(5)如图 5-64 所示,绘制草图。

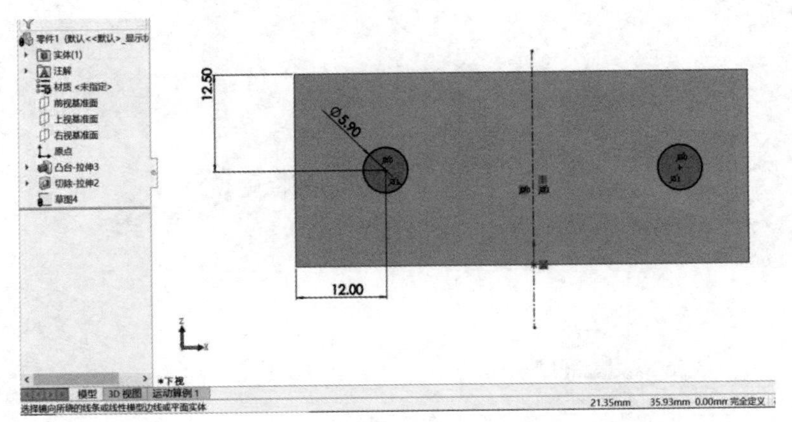

图 5-64

(6)如图 5-65 所示,执行拉伸切除操作。

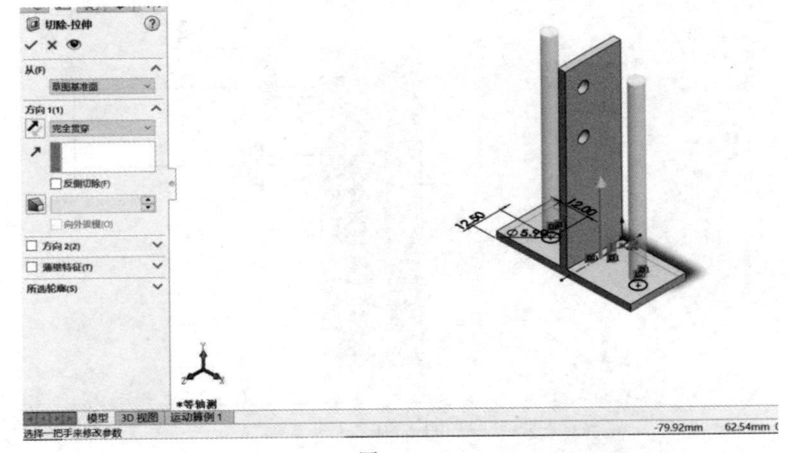

图 5-65

5.2.13 夹爪零部件 13 建模步骤

（1）创建文件，命名为“零部件 13”。如图 5－66 所示，绘制矩形。

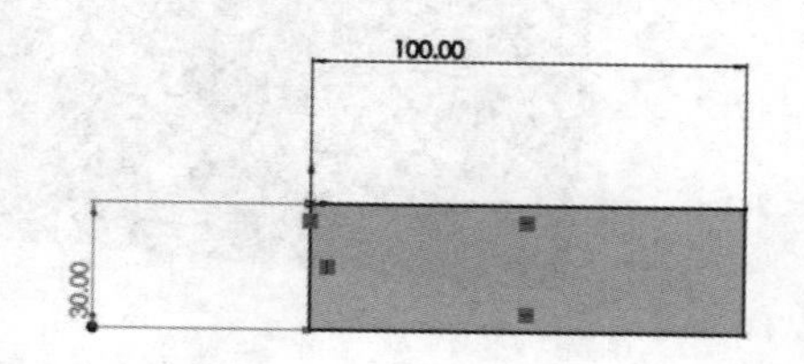

图 5－66

（2）如图 5－67 所示，将矩形拉伸 27 mm。

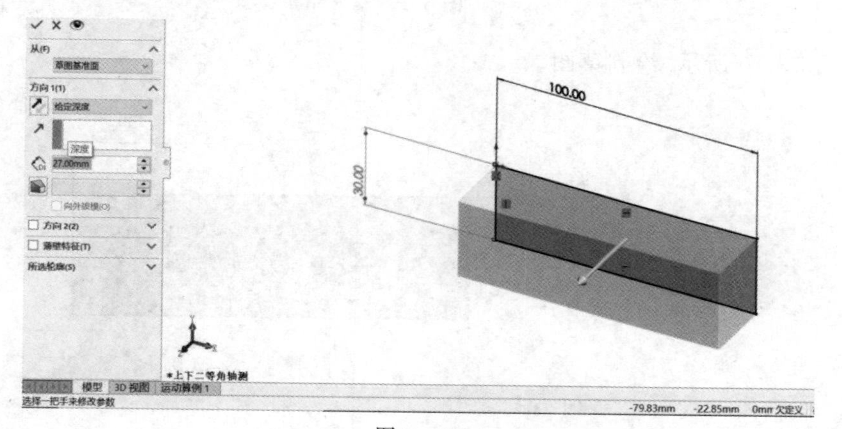

图 5－67

（3）如图 5－68 所示，绘制草图。

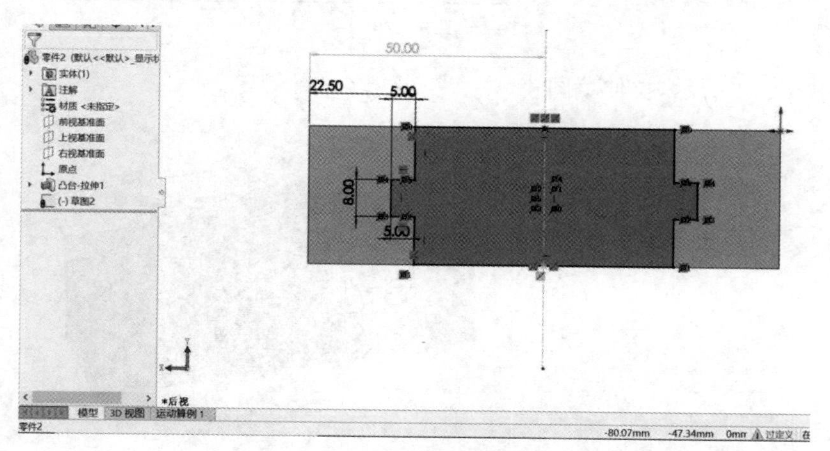

图 5－68

（4）如图 5－69 所示，执行拉伸操作且合并结果。

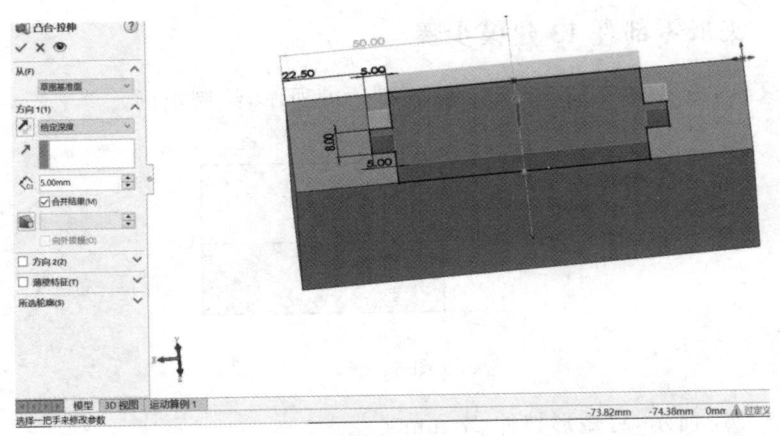

图 5-69

(5)如图 5-70 所示,绘制草图。

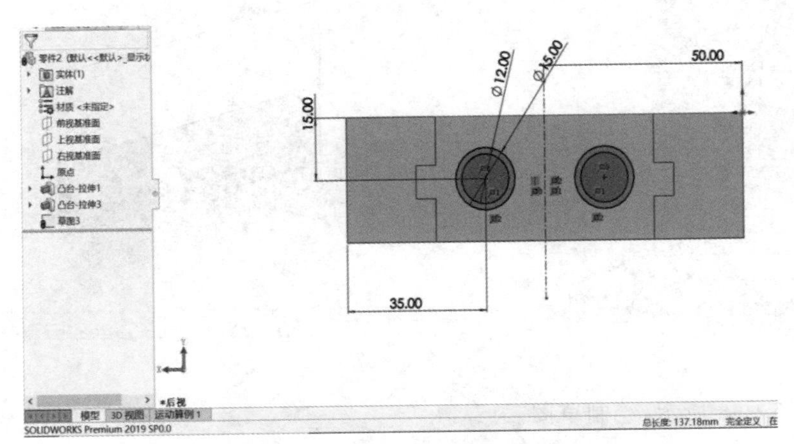

图 5-70

(6)如图 5-71 所示,拉伸草图。

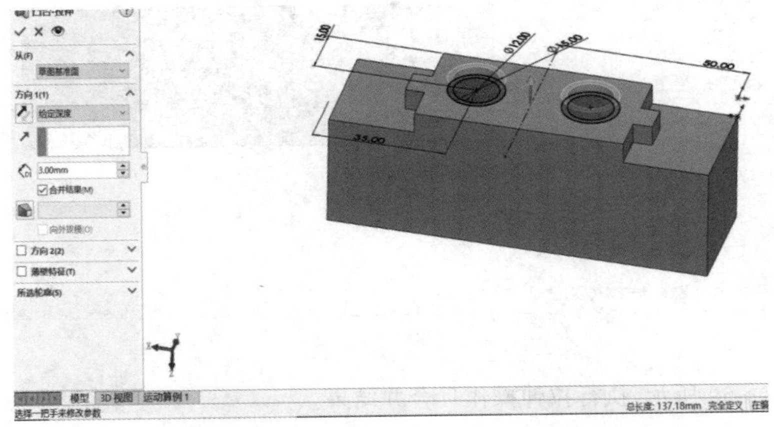

图 5-71

(7)如图 5-72 所示,再次拉伸。

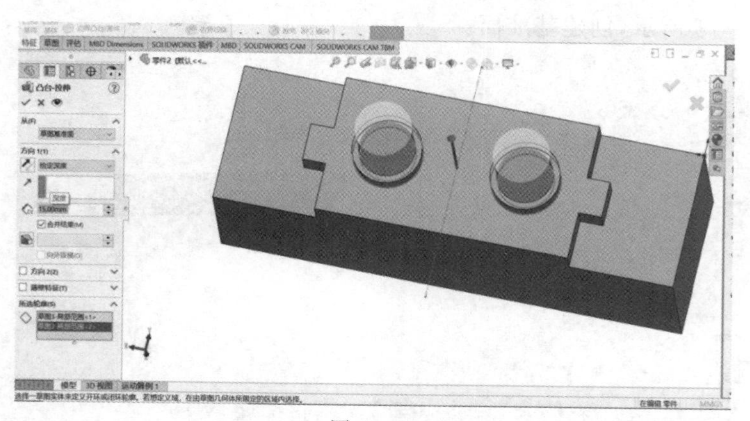

图 5-72

5.2.14 夹爪零部件 14 建模步骤

(1)创建文件,命名为“零部件 14”。如图 5-73 所示,绘制草图。

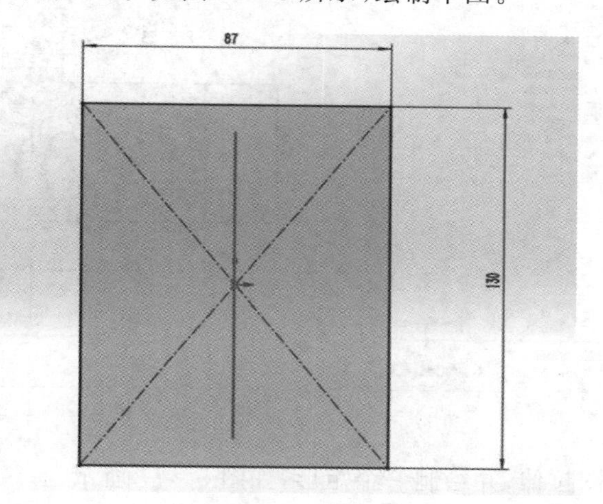

图 5-73

(2)如图 5-74 所示,拉伸草图。

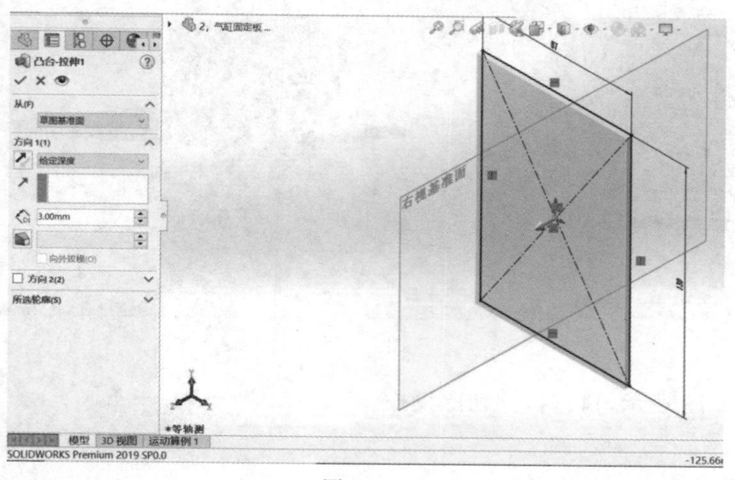

图 5-74

(3)如图 5－75 所示,创建基准面。

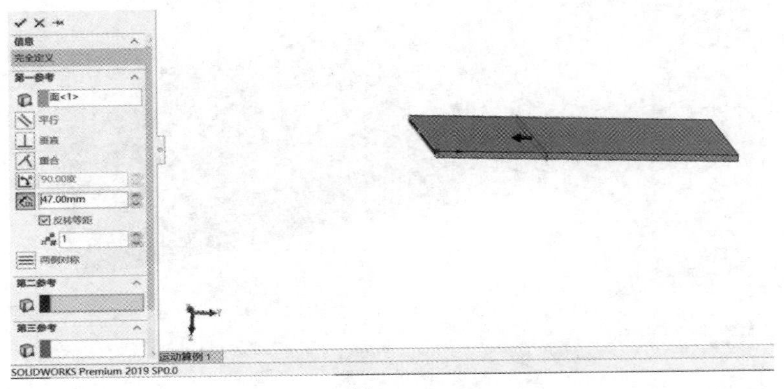

图 5－75

(4)如图 5－76 所示,选择刚才创建好的基准面绘制草图。

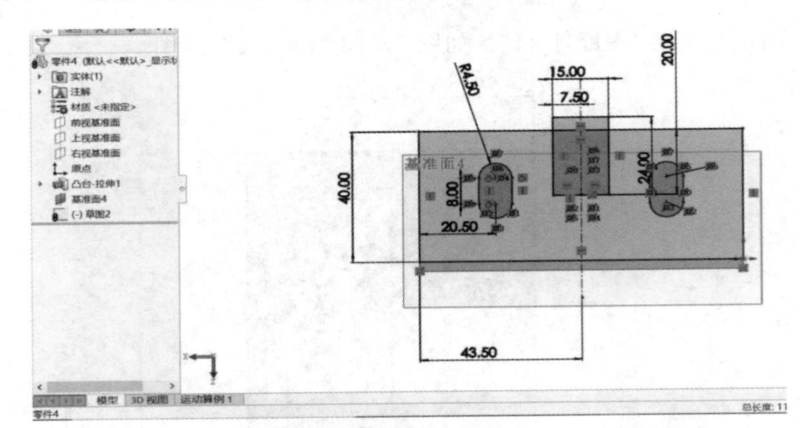

图 5－76

(5)完成草图拉伸,并绘制一个矩形,如图 5－77 所示。

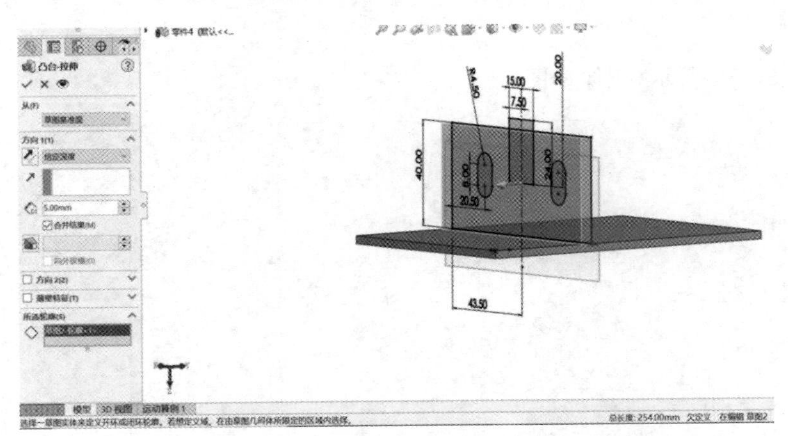

图 5－77

(6)如图 5－78 所示,执行拉伸切除操作。

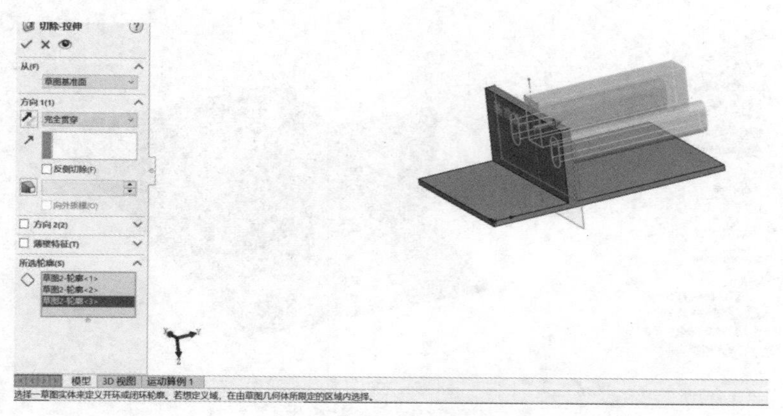

图 5-78

(7)如图 5-79 所示，选择侧面后绘制草图。

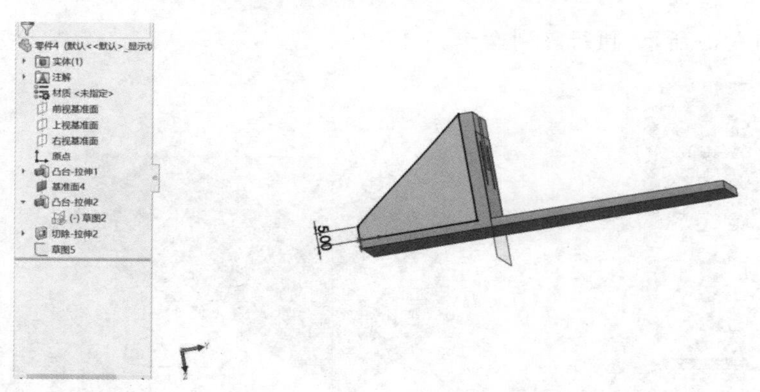

图 5-79

(8)如图 5-80 所示，对草图进行拉伸。

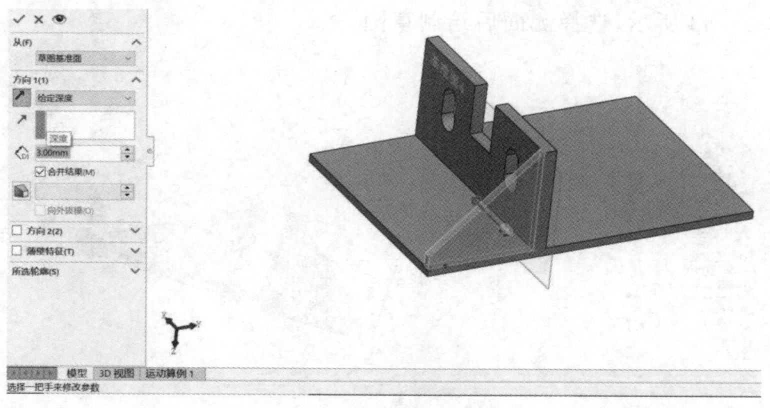

图 5-80

(9)如图 5-81 所示，执行镜向操作。

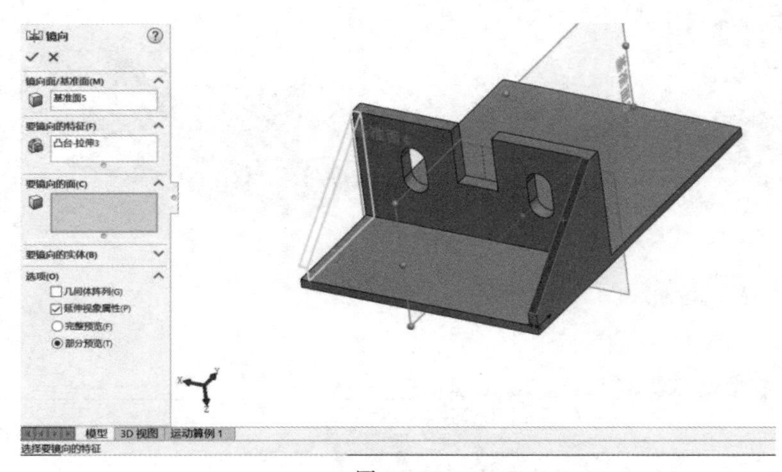

图 5-81

(10)如图 5-82 所示,执行阵列操作。

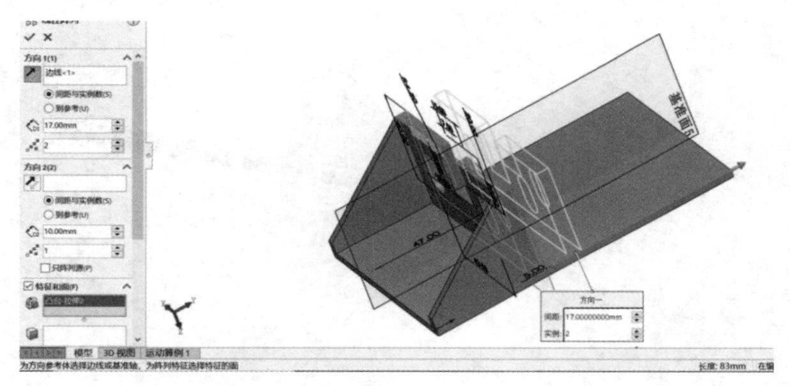

图 5-82

(11)如图 5-83 所示,选择侧面后绘制草图。

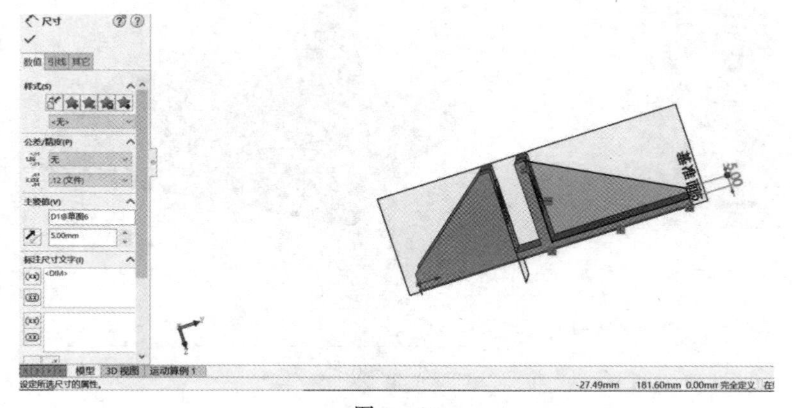

图 5-83

(12)如图 5-84 所示,对草图进行拉伸。

图 5-84

(13)如图 5-85 所示,执行镜向操作。

图 5-85

(14)如图 5-86 所示,执行打孔操作并绘制草图。

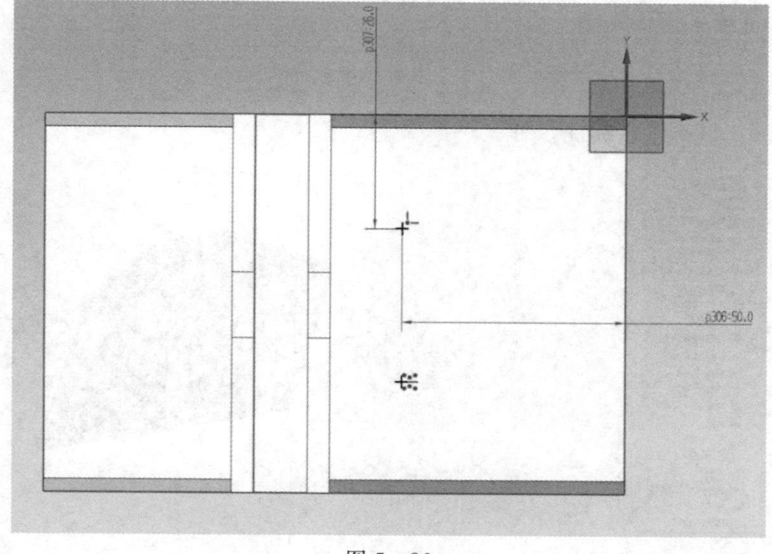

图 5-86

(15)如图 5－87 所示，设置孔参数。

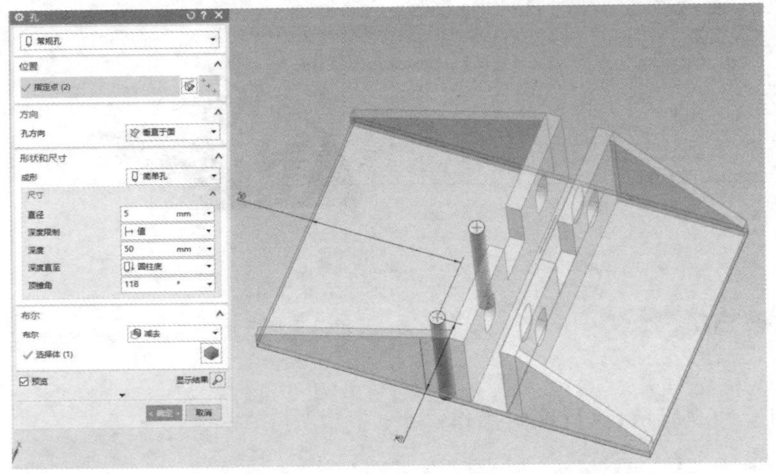

图 5－87

(16)如图 5－88 所示，执行打孔操作并绘制草图。

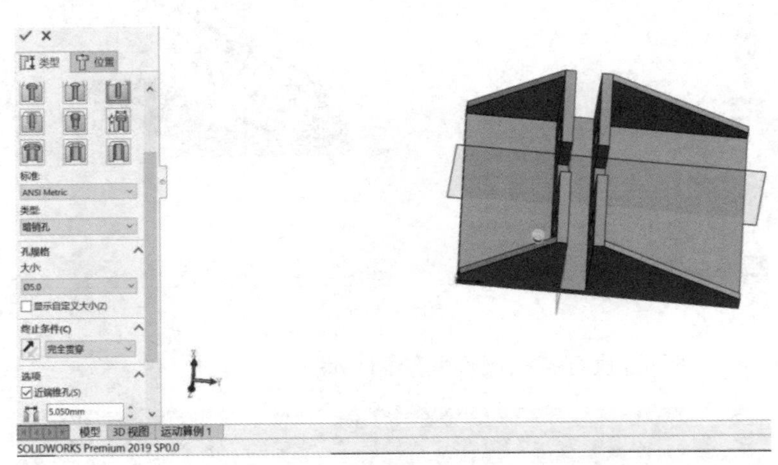

图 5－88

(17)如图 5－89 所示，标注尺寸。

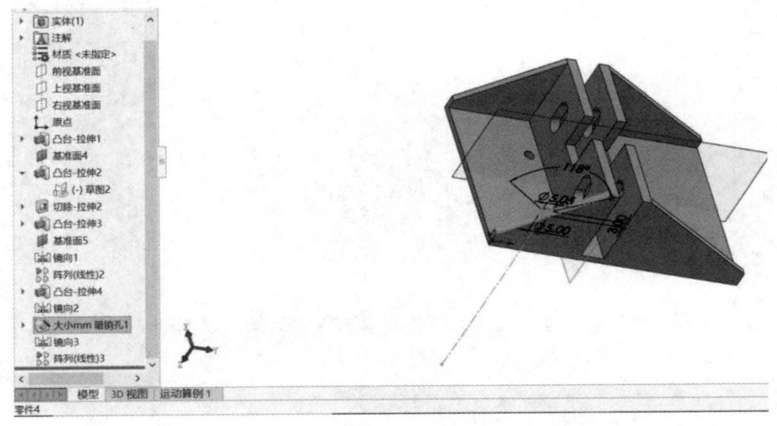

图 5－89

5.2.15 夹爪零部件 15 建模步骤

(1)创建文件,命名为“零部件 15”。绘制草图,如图 5 - 90 所示。

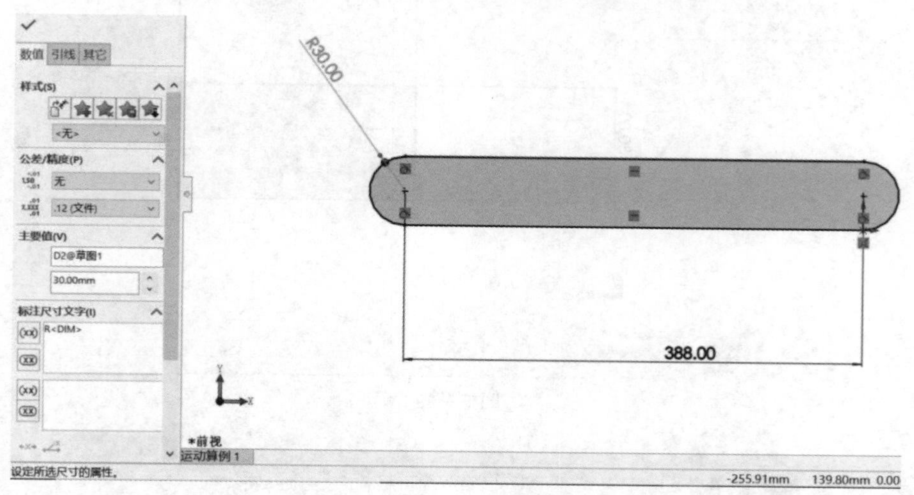

图 5 - 90

(2)如图 5 - 91 所示,选择“圆形轮廓”。

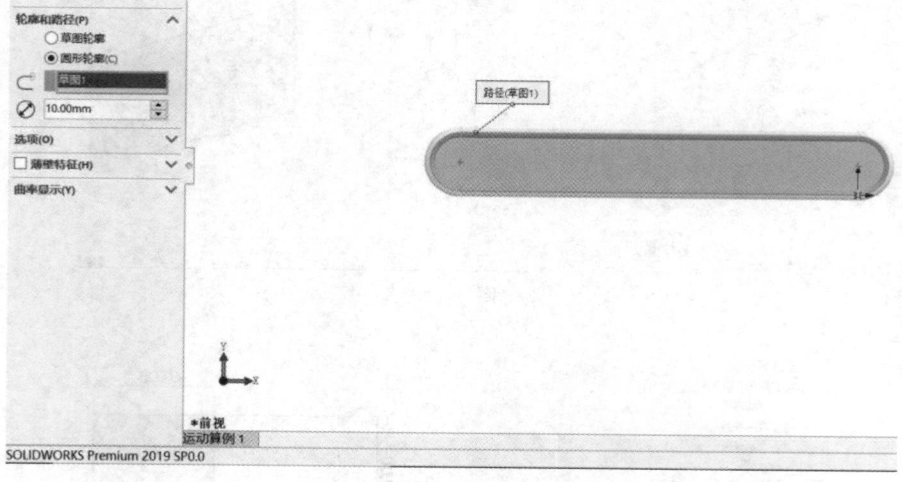

图 5 - 91

5.2.16 夹爪零部件 16 建模步骤

(1)创建文件,命名为“零部件 16”。绘制草图,如图 5 - 92 所示。
(2)如图 5 - 93 所示,将草图拉伸 3 mm。

5.2.17 夹爪零部件 17 建模步骤

(1)创建文件,命名为“零部件 17”。如图 5 - 94 所示,绘制草图。
(2)如图 5 - 95 所示,将草图拉伸 3 mm。

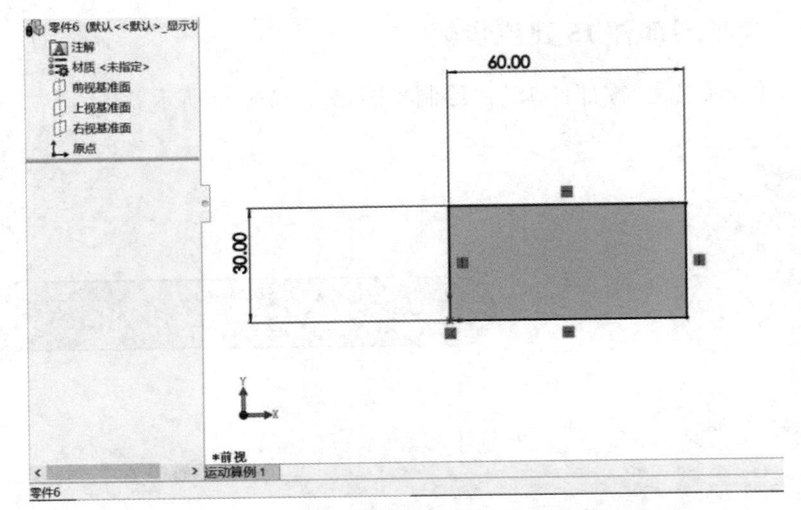

图 5-92

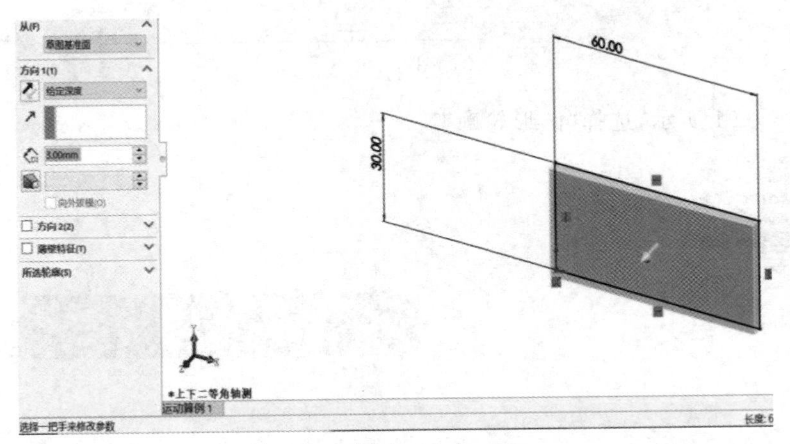

图 5-93

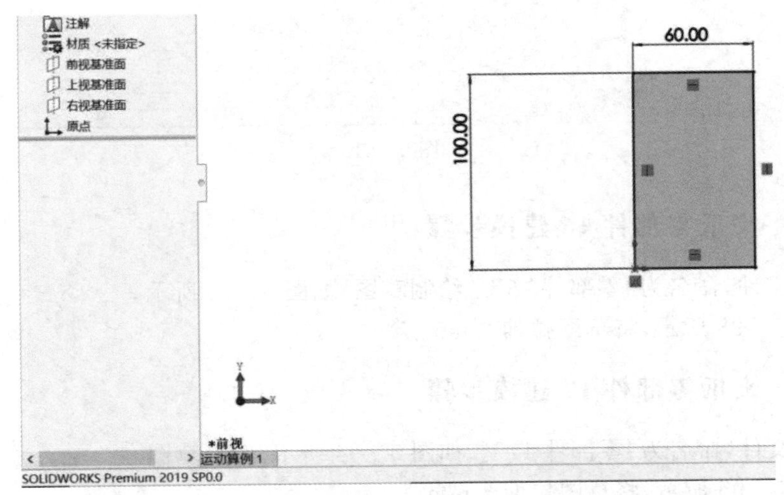

图 5-94

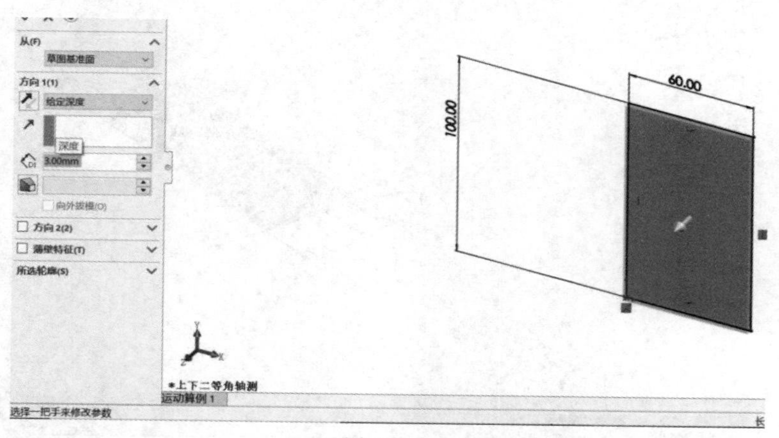

图 5-95

(3)如图 5-96 所示,执行阵列操作。

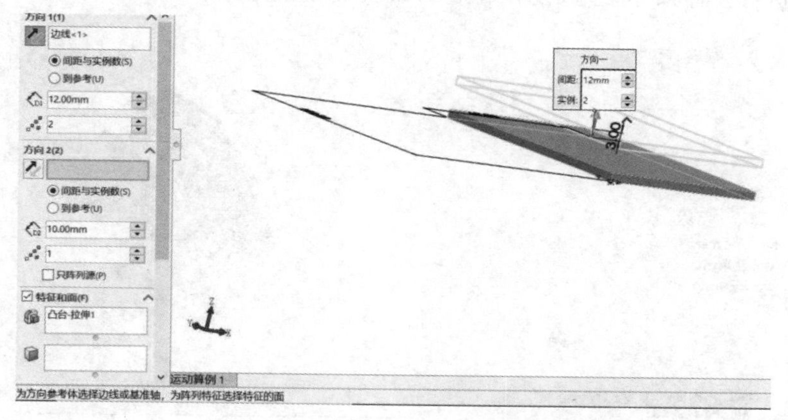

图 5-96

(4)如图 5-97 所示,绘制草图。

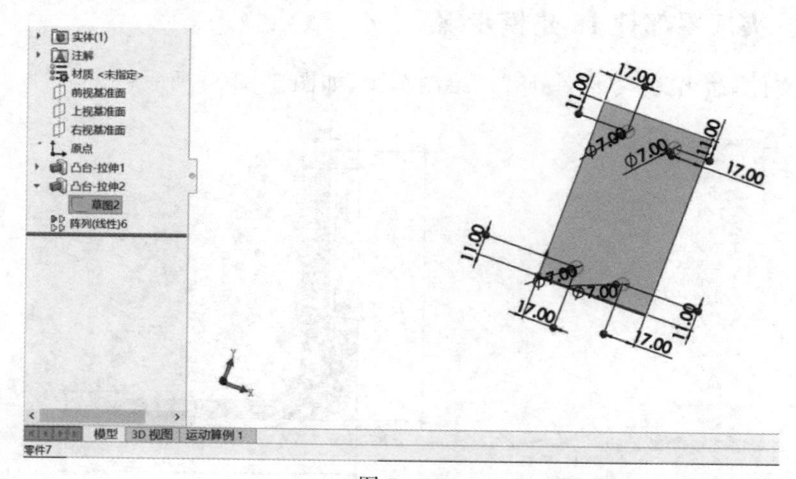

图 5-97

(5)如图 5-98 所示,将草图拉伸 35 mm。

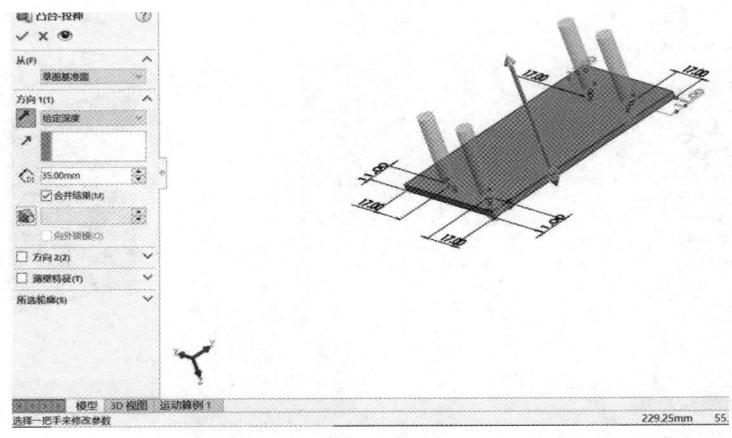

图 5 - 98

(6)再次执行拉伸操作,参数设置和效果如图 5 - 99 所示。

图 5 - 99

5.2.18　夹爪零部件 18 建模步骤

(1)创建文件,命名为“零部件 18”。绘制草图,如图 5 - 100 所示。

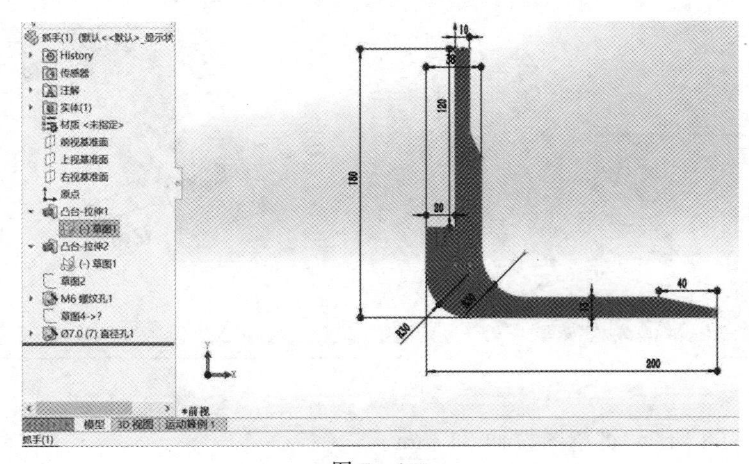

图 5 - 100

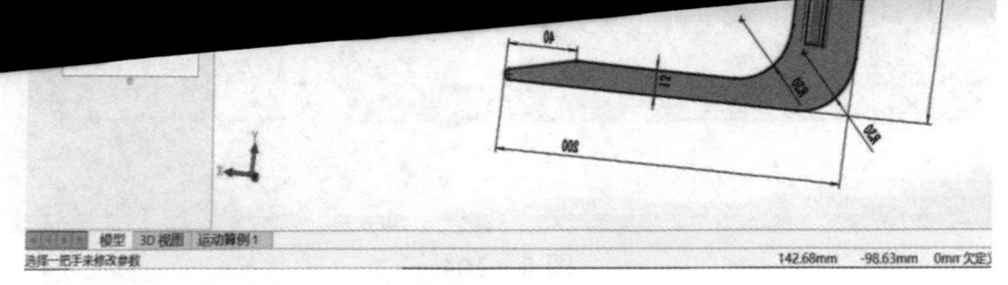

图 5－101

(3)如图 5－102 所示，选择图中的面绘制草图。

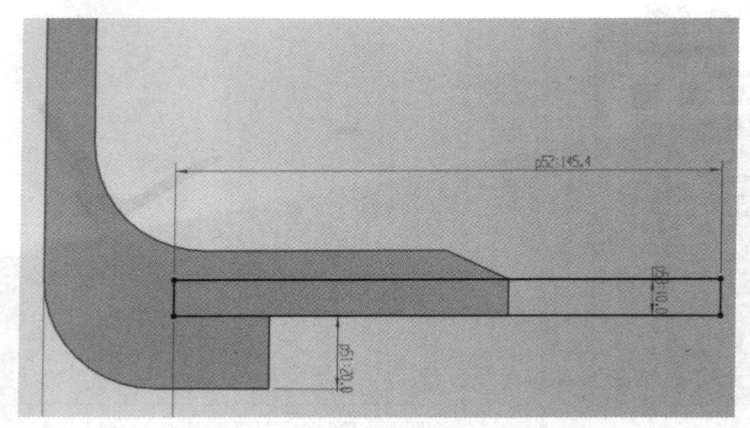

图 5－102

(4)如图 5－103 所示，拉伸草图且合并结果。

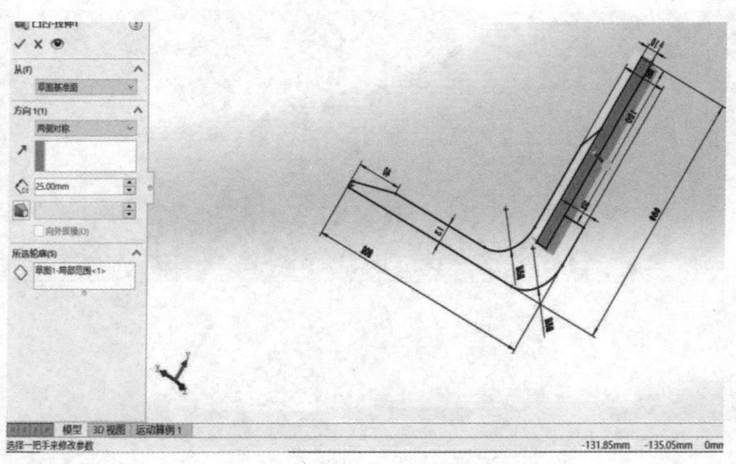

图 5－103

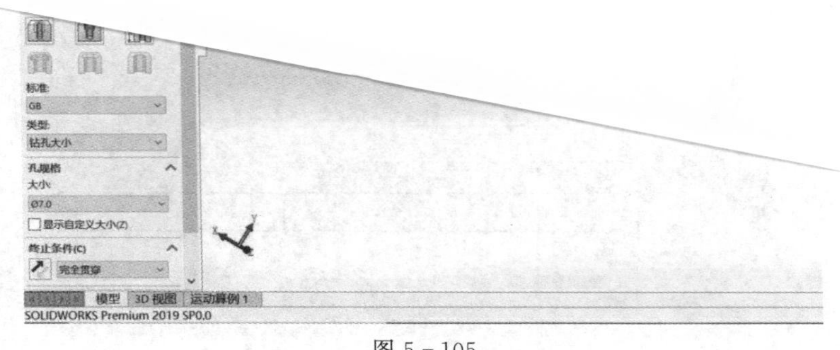

图 5－105

(7)如图 5－106 所示,选择图中的面绘制草图。

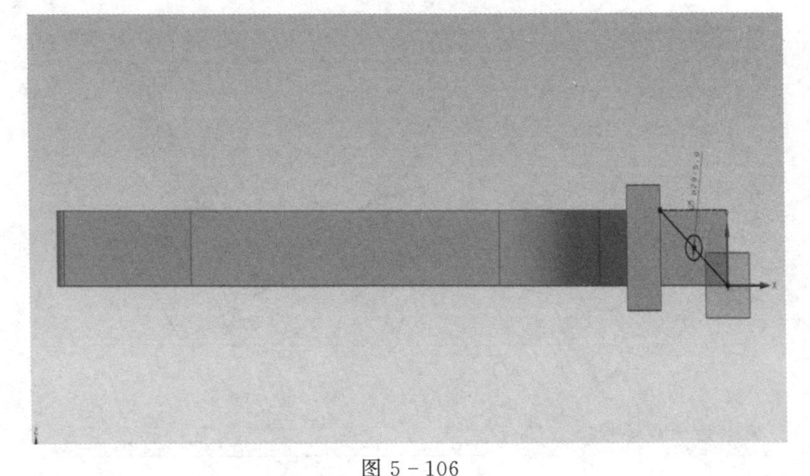

图 5－106

(8)对草图进行拉伸切除后设置孔参数,如图 5-107 所示。

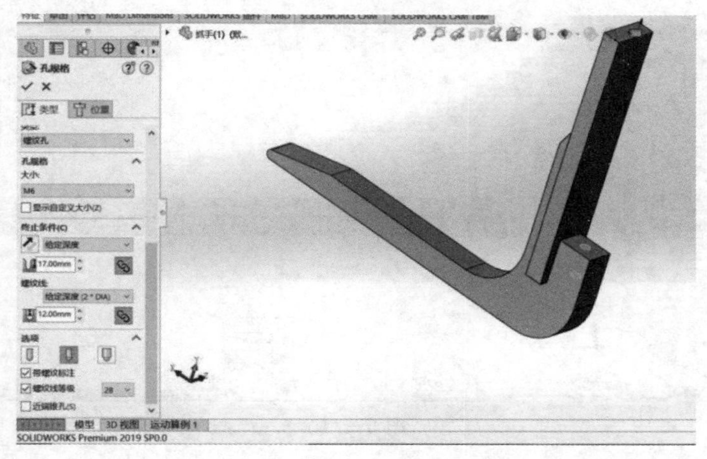

图 5-107

5.2.19 夹爪零部件 19 建模步骤

(1)创建文件,命名为“零部件 19”。如图 5-108 所示,进入草图绘制环境,绘制矩形。

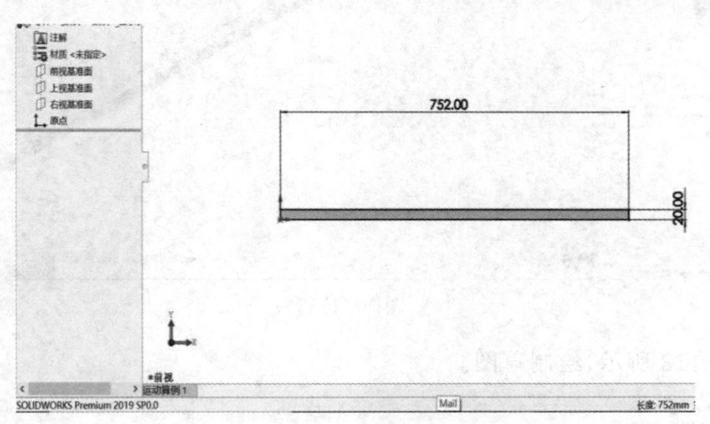

图 5-108

(2)如图 5-109 所示,对矩形进行拉伸。

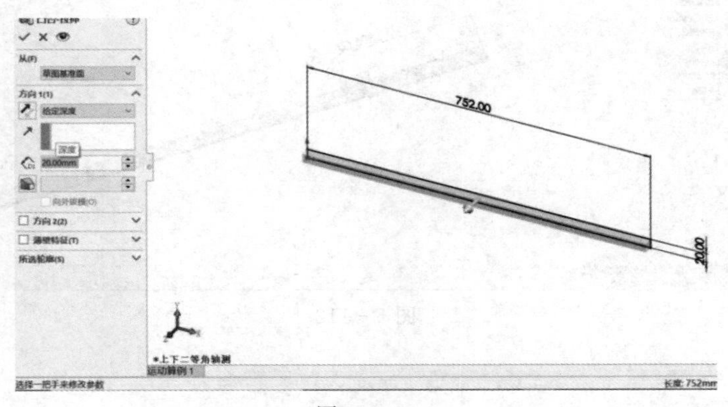

图 5-109

(3)如图 5－110 所示,选择图中的面,进入草图阵列。

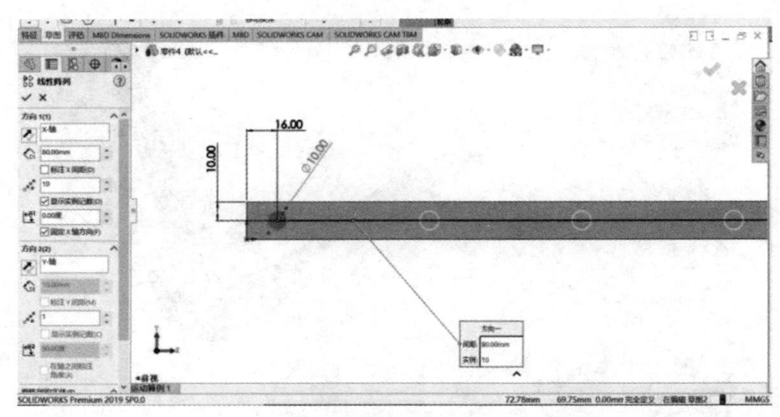

图 5－110

(4)如图 5－111 所示,执行拉伸切除操作。

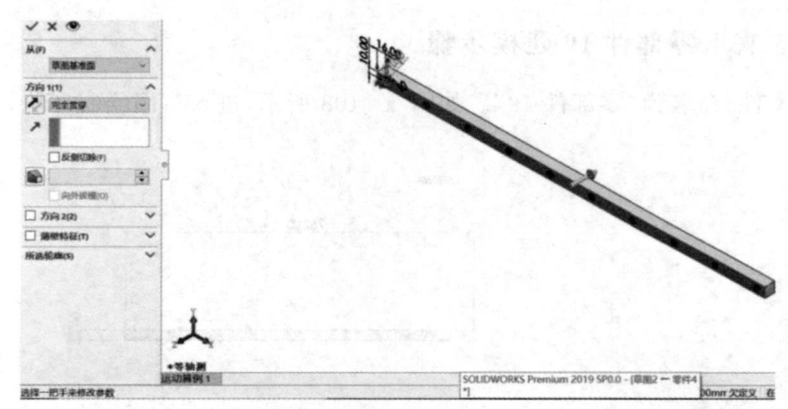

图 5－111

(5)如图 5－112 所示,绘制草图。

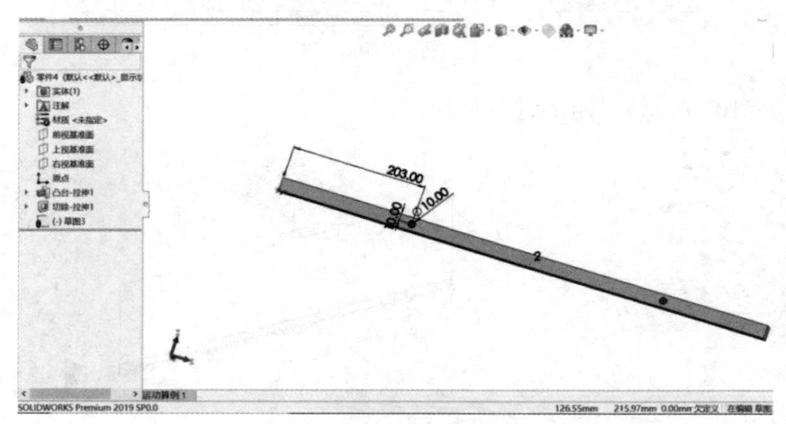

图 5－112

(6)如图 5-113 所示,进行拉伸切除操作。

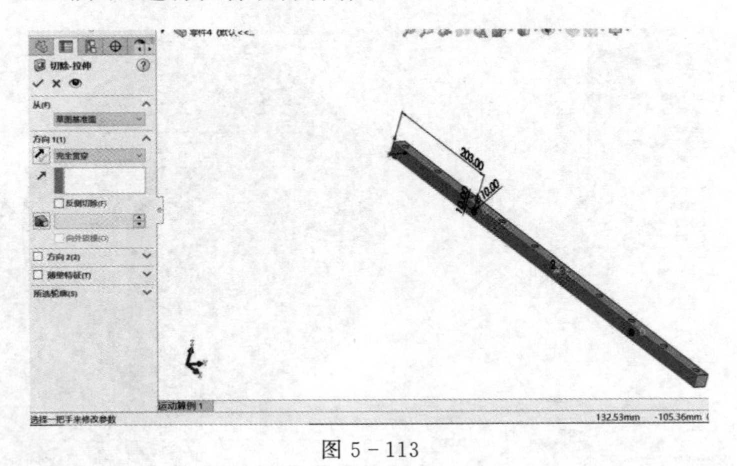

图 5-113

5.2.20 夹爪零部件 20 建模步骤

(1)创建文件,命名为"零部件 20"。进入草图绘制环境,如图 5-114 所示,绘制草图。

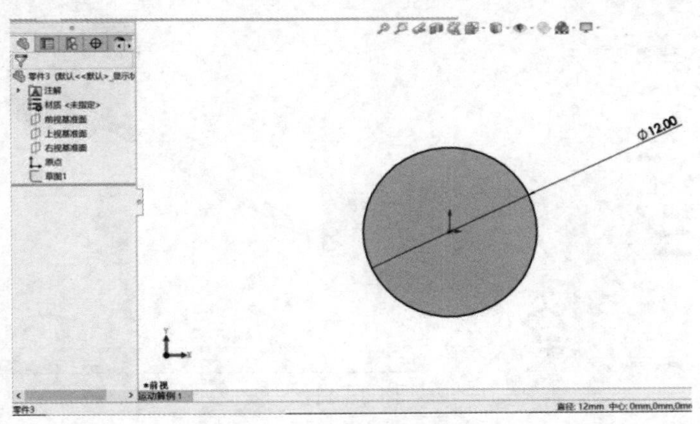

图 5-114

(2)如图 5-115 所示,对草图进行拉伸。

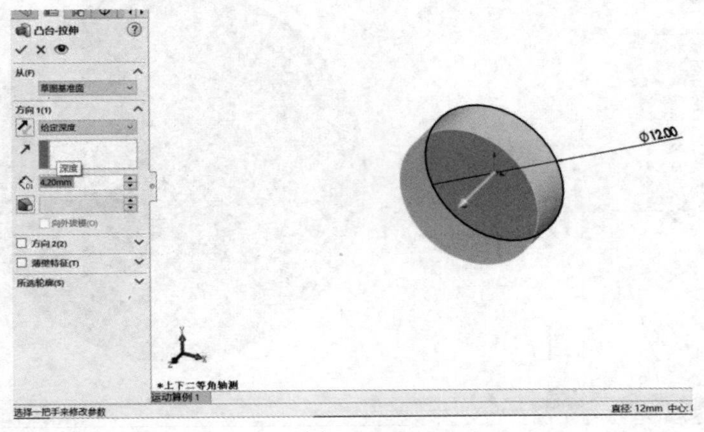

图 5-115

(3)如图 5－116 所示，再次绘制草图。

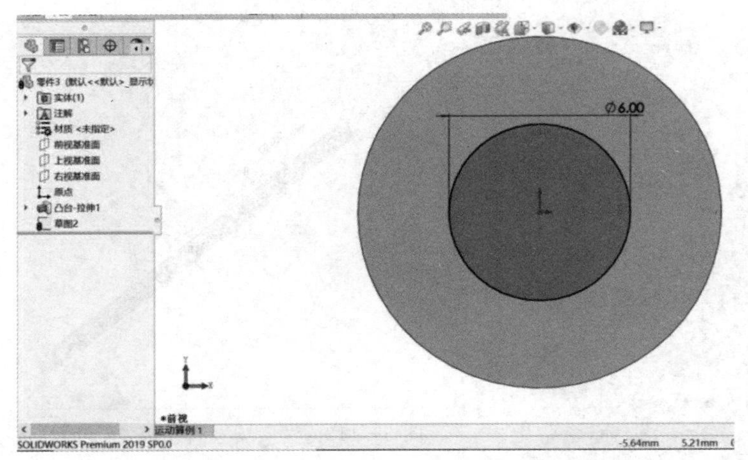

图 5－116

(4)如图 5－117 所示，对刚绘制的草图执行拉伸操作。

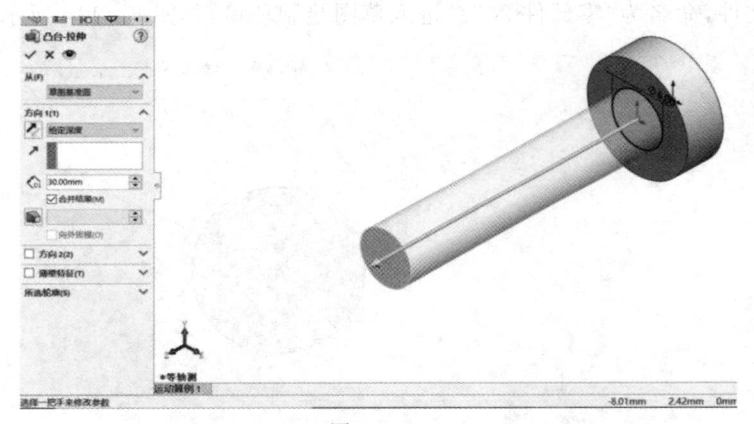

图 5－117

(5)如图 5－118 所示，选择图中的面绘制草图。

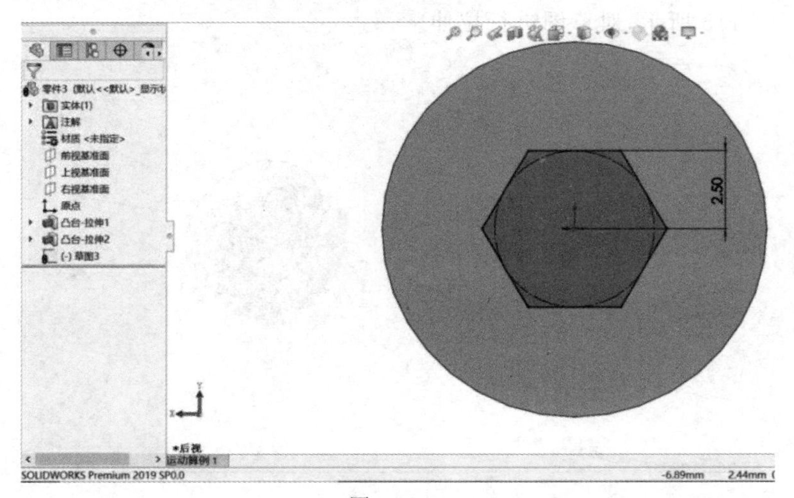

图 5－118

(6)完成草图拉伸切除,如图 5-119 所示。

图 5-119

5.2.21 夹爪零部件 21 建模步骤

(1)创建文件,命名为“零部件 21”。如图 5-120 所示,绘制长 752 mm、宽 20 mm 的矩形。

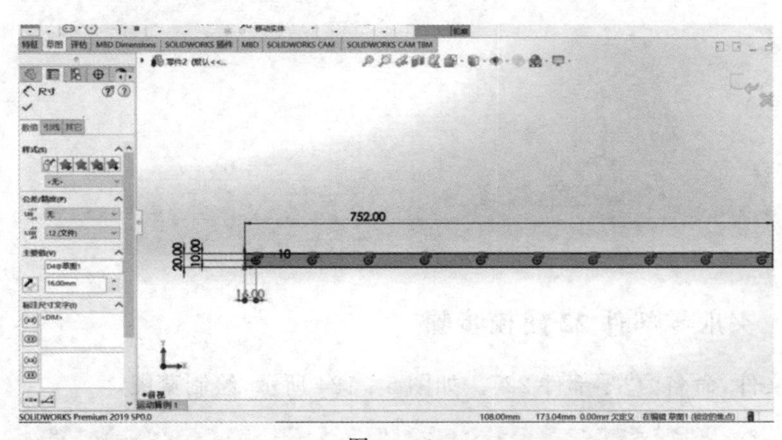

图 5-120

(2)如图 5-121 所示,执行线性阵列命令并设置参数。

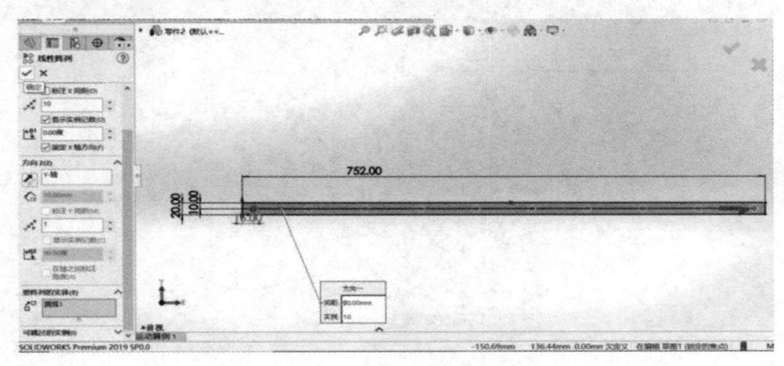

图 5-121

(3)如图 5－122 所示，绘制标记距离为 31 mm 的圆并且使其对称。

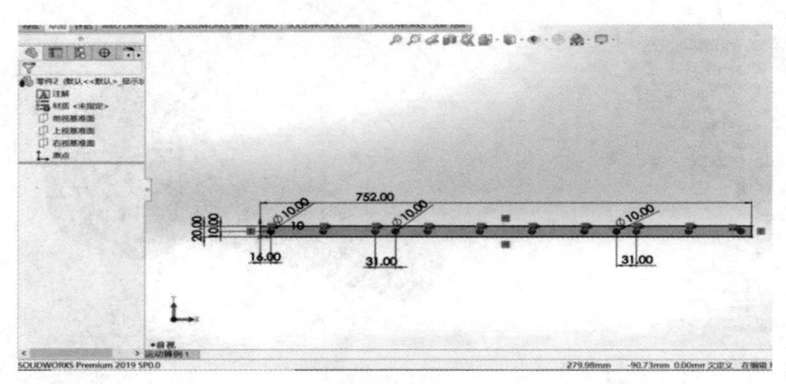

图 5－122

(4)如图 5－123 所示，执行拉伸操作。

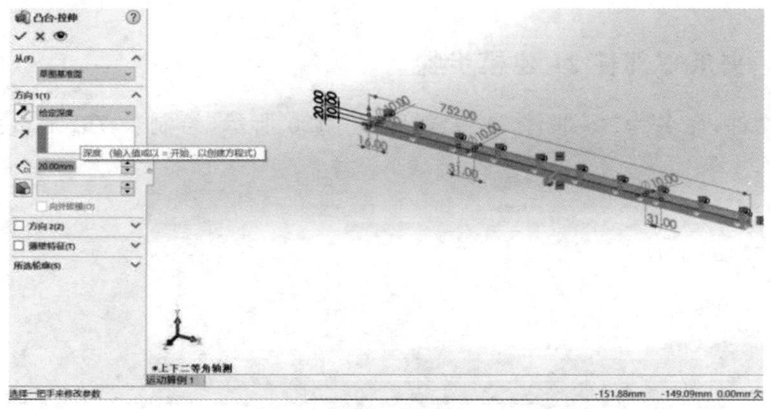

图 5－123

5.2.22　夹爪零部件 22 建模步骤

(1)创建文件，命名为“零部件 22”。如图 5－124 所示，绘制草图。

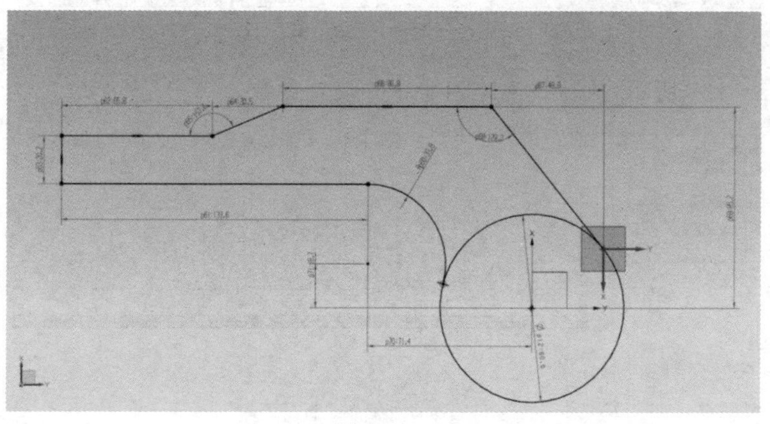

图 5－124

(2)如图 5－125 所示,对绘制的草图进行拉伸。

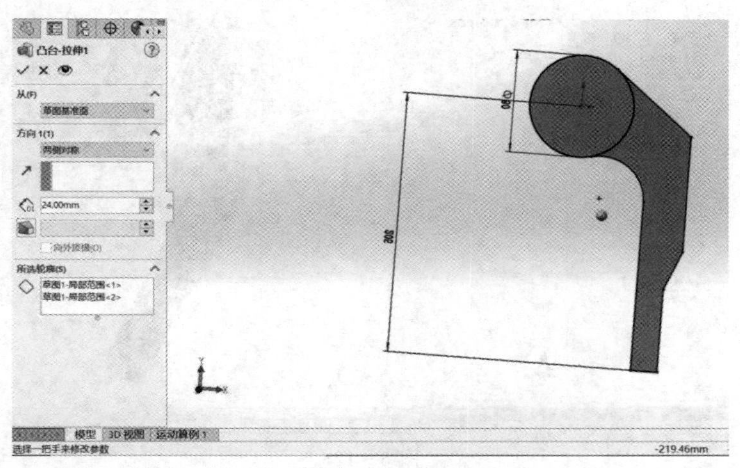

图 5－125

(3)如图 5－126 所示,对图中的圆进行拉伸。

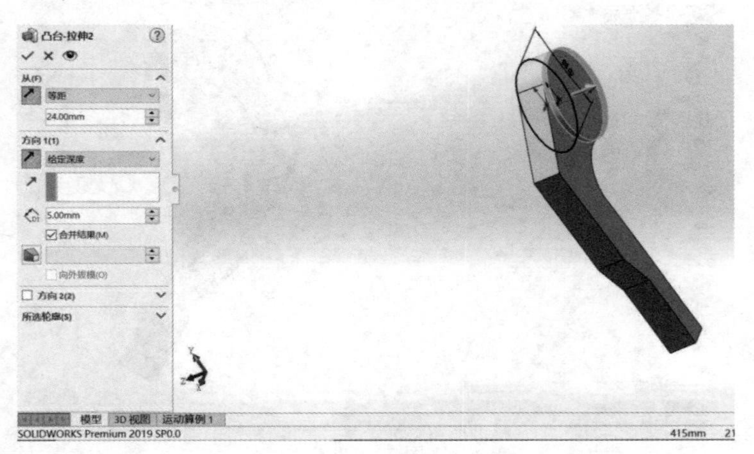

图 5－126

(4)如图 5－127 所示,绘制草图。

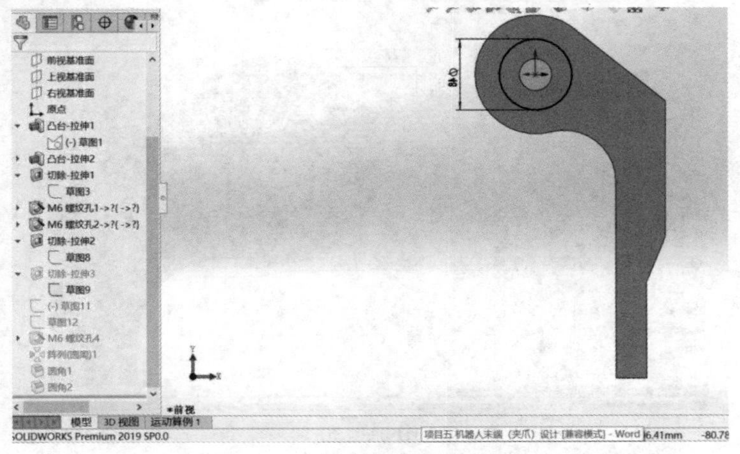

图 5－127

(5)进行拉伸切除操作，如图 5－128 所示。

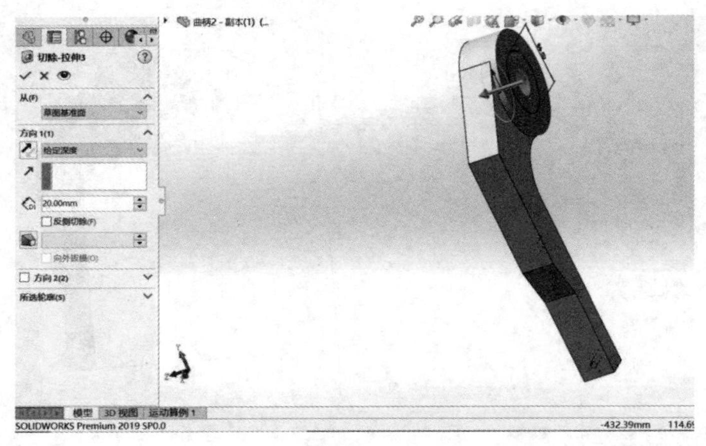

图 5－128

(6)选择图 5－129 中的面绘制草图。

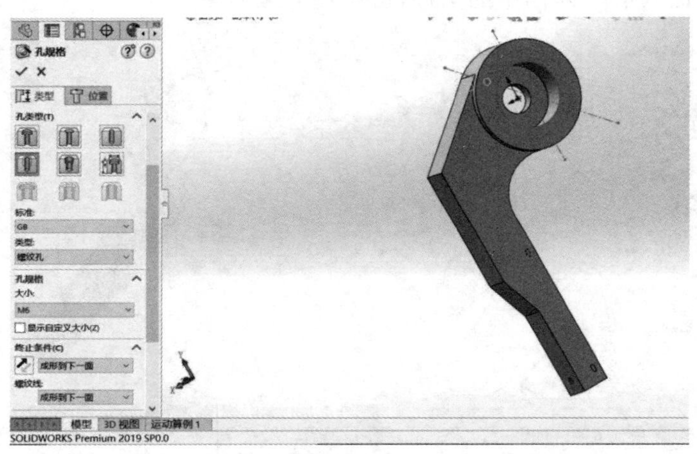

图 5－129

(7)对刚绘制的草图进行拉伸切除，然后进行阵列，如图 5－130 所示。

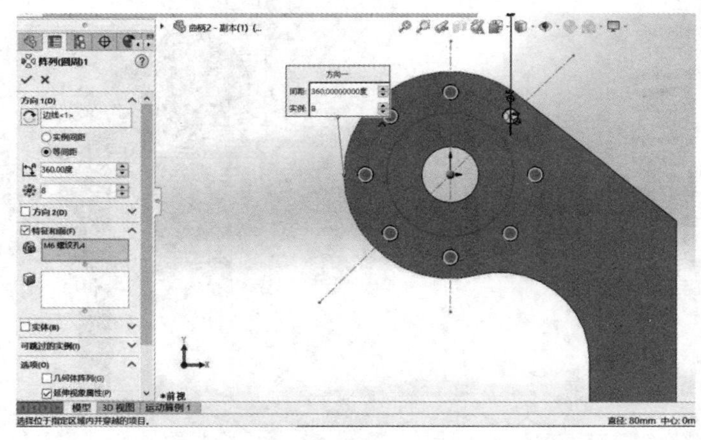

图 5－130

(8)如图 5-131 所示,选择图中的面,绘制草图。

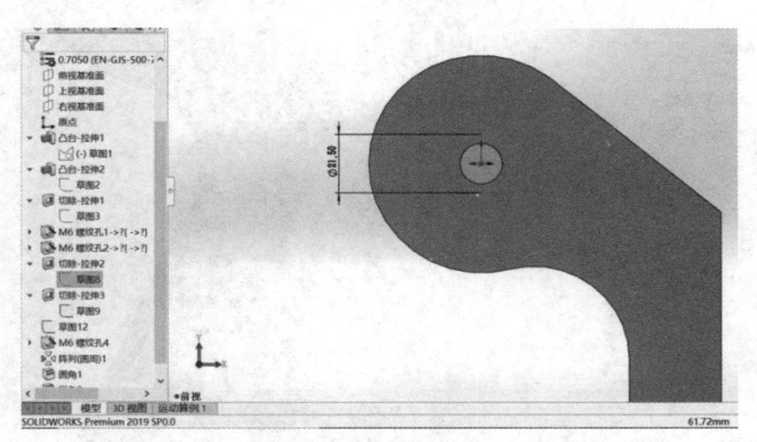

图 5-131

(9)如图 5-132 所示,完成草图拉伸切除。

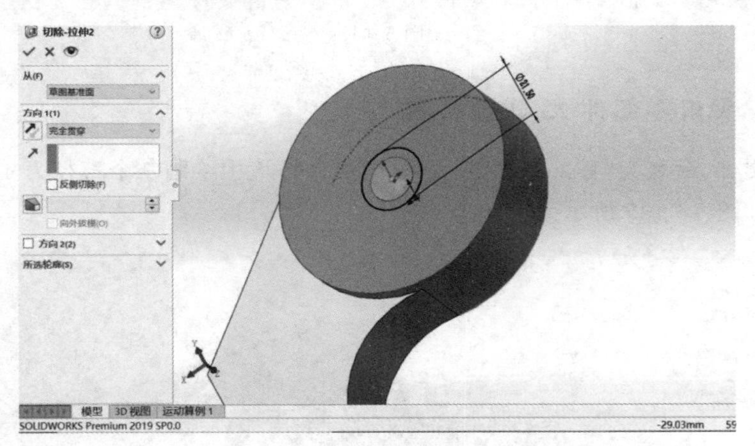

图 5-132

(10)如图 5-133 所示,选择图中的面绘制草图。

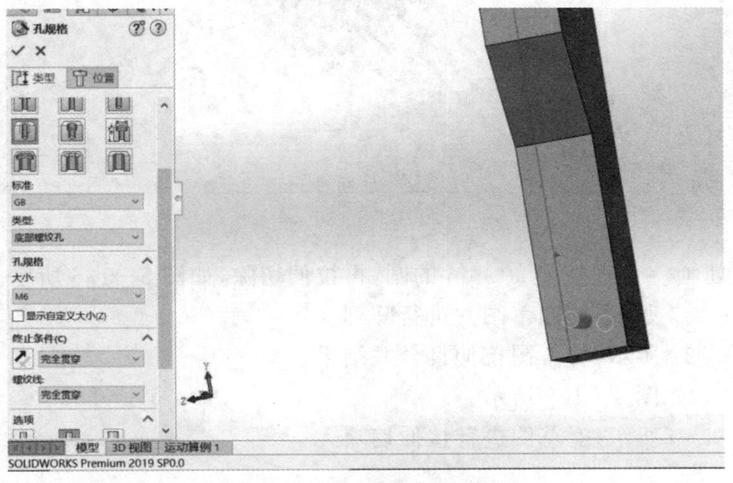

图 5-133

(11)进行拉伸切除并设置孔参数,如图 5-134 所示。

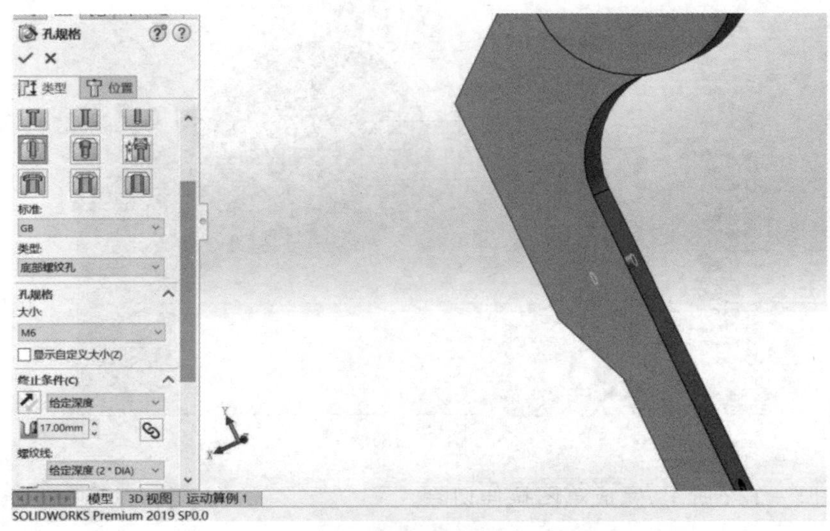

图 5-134

5.2.23 夹爪零部件 23 建模步骤

(1)创建文件,命名为“零部件 23”。在草图绘制环境中绘制一个直径为 47 mm 的圆,然后对其拉伸,如图 5-135 所示。

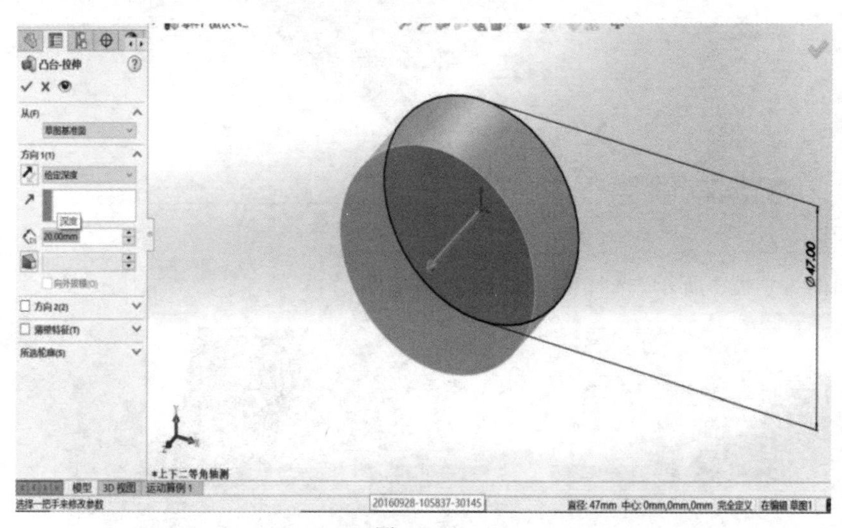

图 5-135

(2)在圆心处画一个直径为 20 mm 的圆,再拉伸切除,如图 5-136 所示。

(3)如图 5-137 所示,绘制草图并进行阵列。

(4)如图 5-138 所示,将草图拉伸且合并结果。

(5)绘制草图,如图 5-139 所示。

(6)如图 5-140 所示,对草图进行拉伸切除。

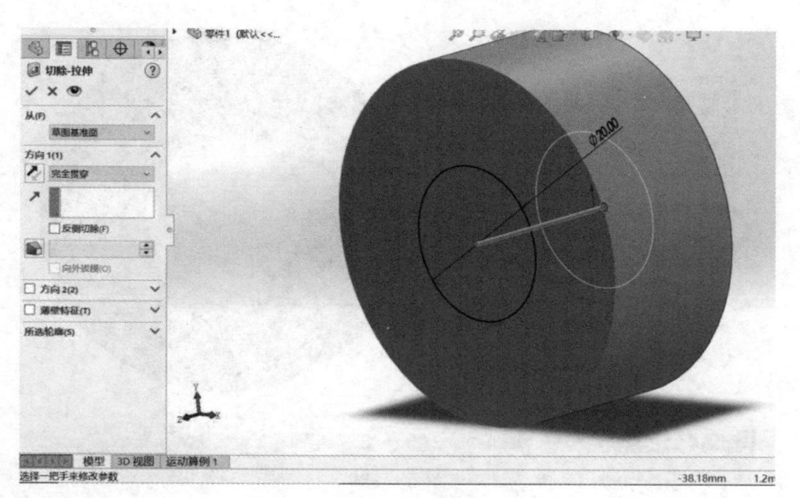

图 5 - 136

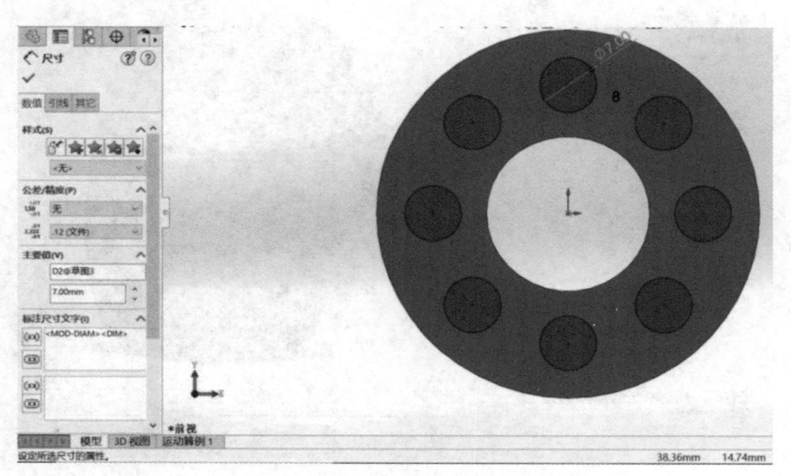

图 5 - 137

图 5 - 138

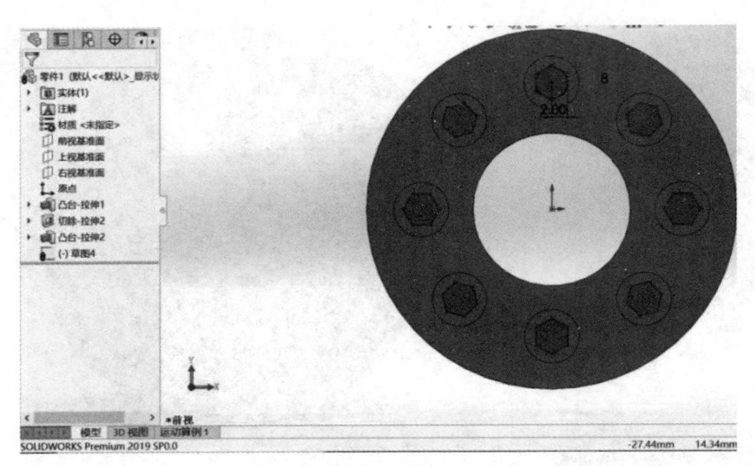

图 5 - 139

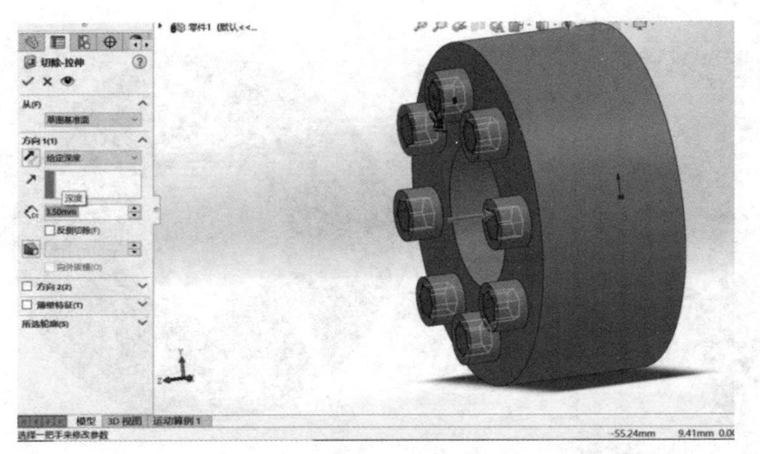

图 5 - 140

5.2.24 夹爪零部件 24 建模步骤

(1)创建文件,命名为“零部件 24”。如图 5 - 141 所示,绘制草图。

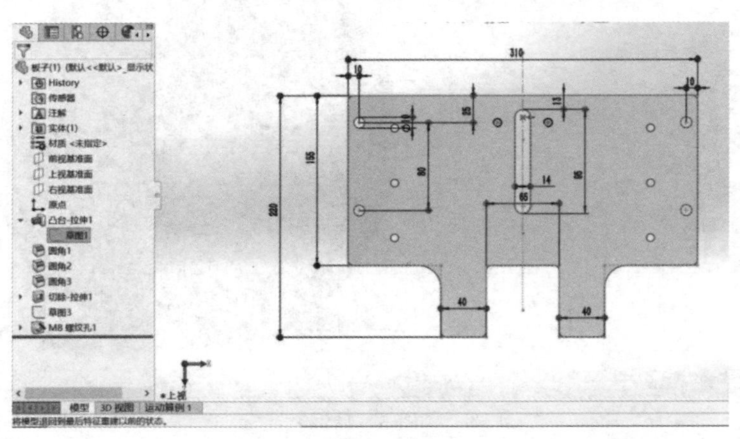

图 5 - 141

(2)如图 5 - 142 所示,拉伸草图。

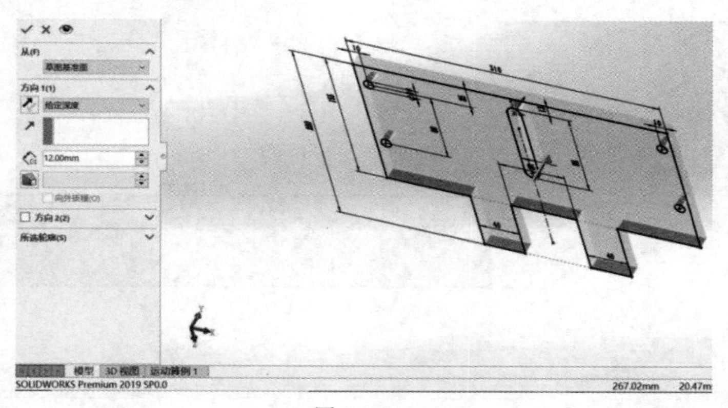

图 5 - 142

(3)如图 5 - 143 所示,执行圆角操作。

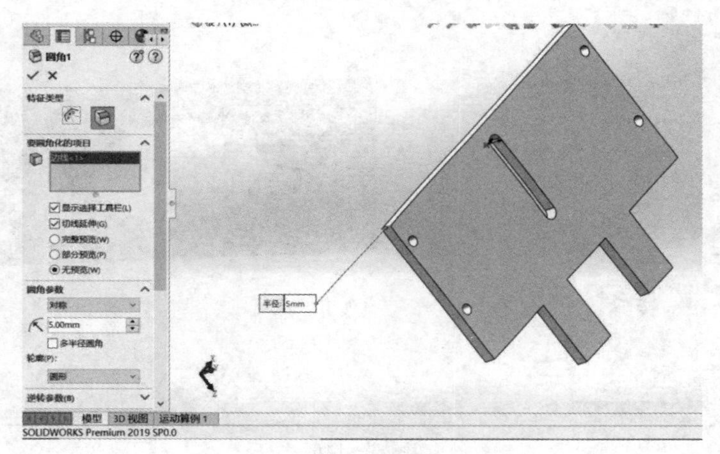

图 5 - 143

5.2.25 夹爪零部件 25 建模步骤

(1)创建文件,命名为“零部件 25”。绘制一个长为 102 mm、宽为 51 mm 的矩形和一个直径为 47 mm 的圆,如图 5 - 144 所示。

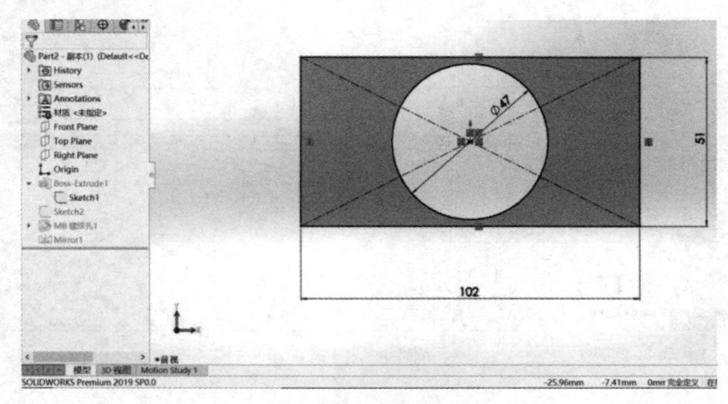

图 5 - 144

(2)如图 5－145 所示,绘制草图。

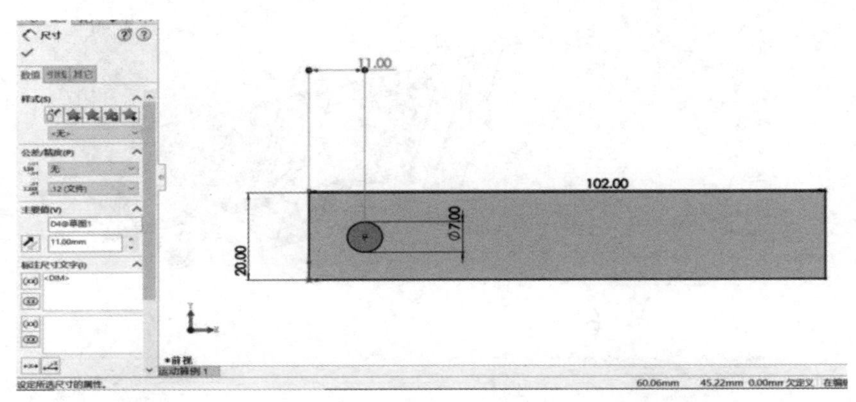

图 5－145

(3)如图 5－146 所示,执行拉伸切除后设置孔参数。

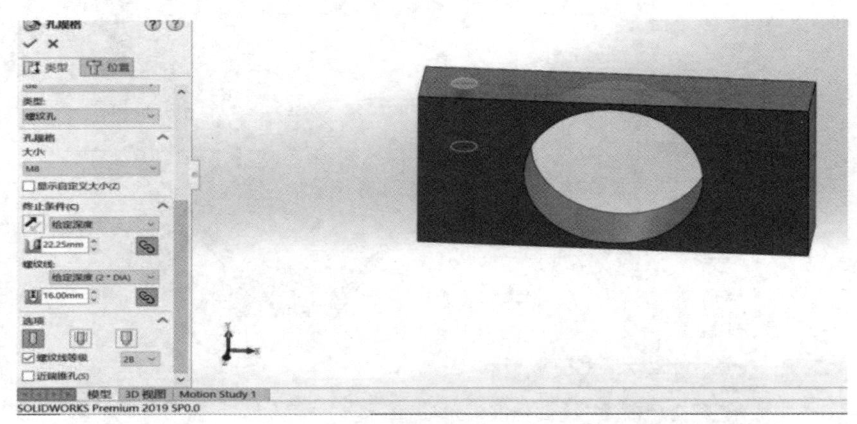

图 5－146

5.2.26 夹爪零部件 26 建模步骤

(1)创建文件,命名为“零部件 26”。绘制草图,如图 5－147 所示。

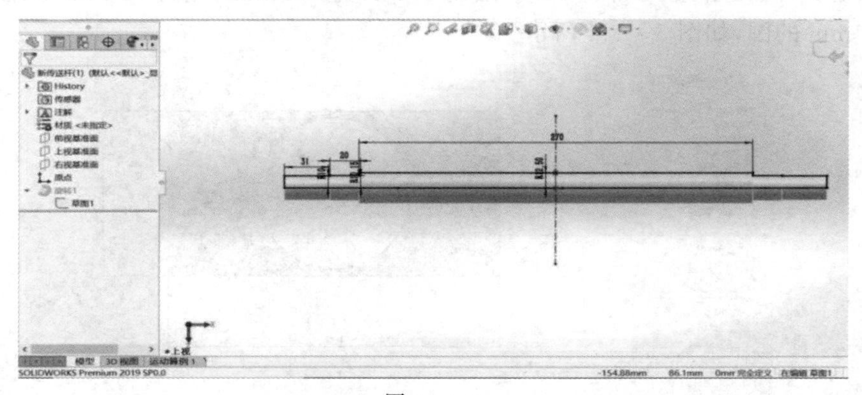

图 5－147

(2)如图 5－148 所示,进行旋转。

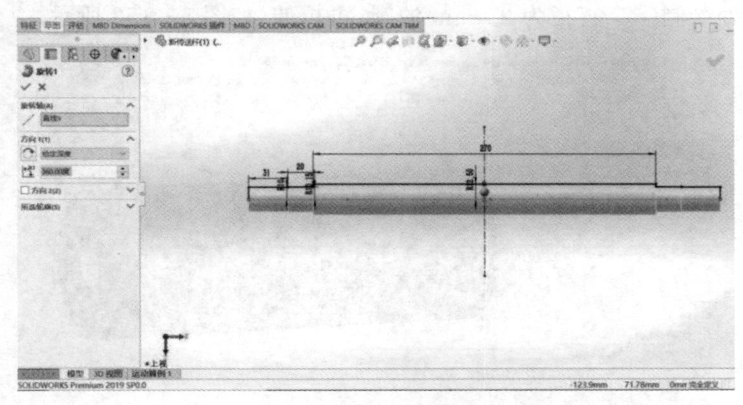

图 5－148

5.2.27 夹爪零部件 27 建模步骤

(1)创建文件,命名为“零部件 27”。如图 5－149 所示,绘制一个直径为 63 mm 的圆,并对其拉伸。

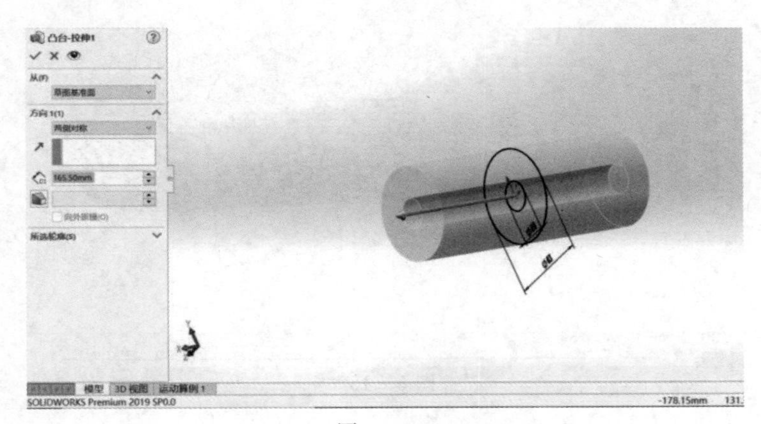

图 5－149

(2)如图 5－150 所示,绘制圆。

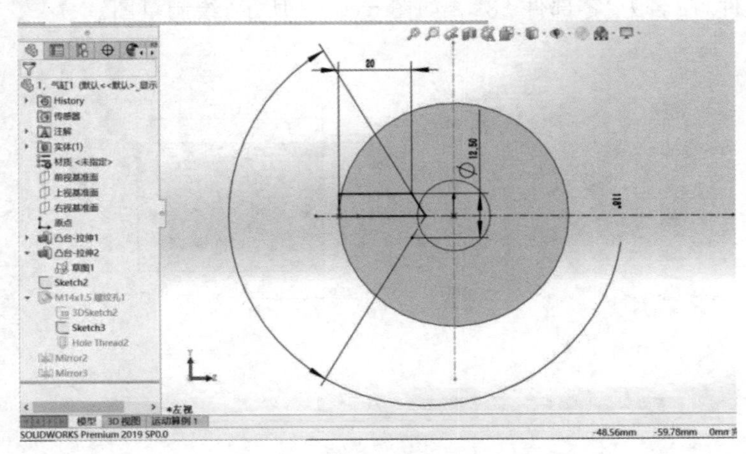

图 5－150

(3)如图 5 - 151 所示,进行拉伸切除后设置孔参数。

(4)在圆心处绘制一个直径为 21 mm 的圆,再拉伸,如图 5 - 152 所示。

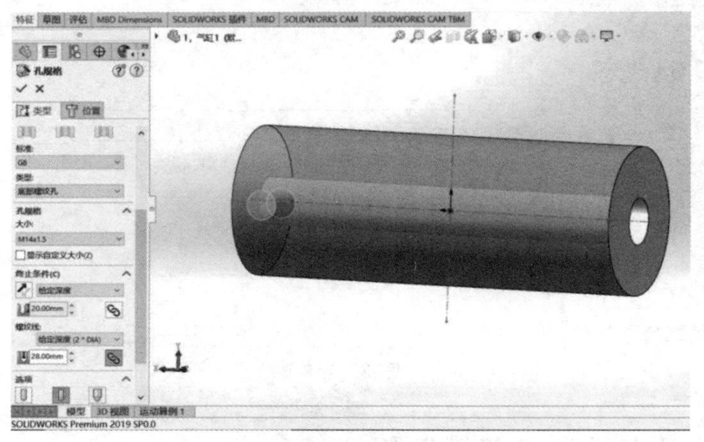

图 5 - 151

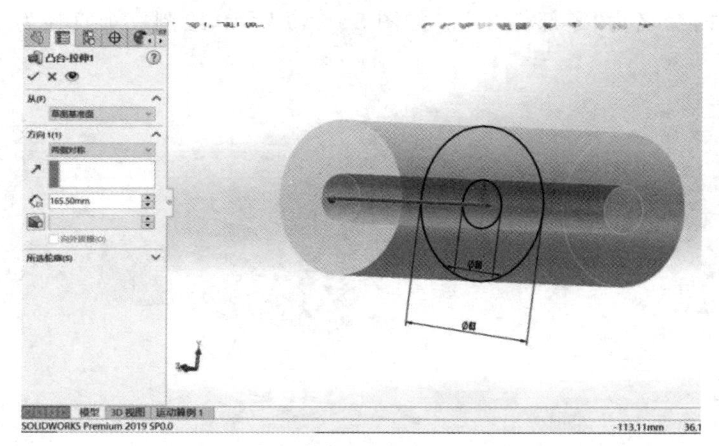

图 5 - 152

5.2.28　夹爪零部件 28 建模步骤

(1)创建文件,命名为“零部件 28”。如图 5 - 153 所示,绘制草图。

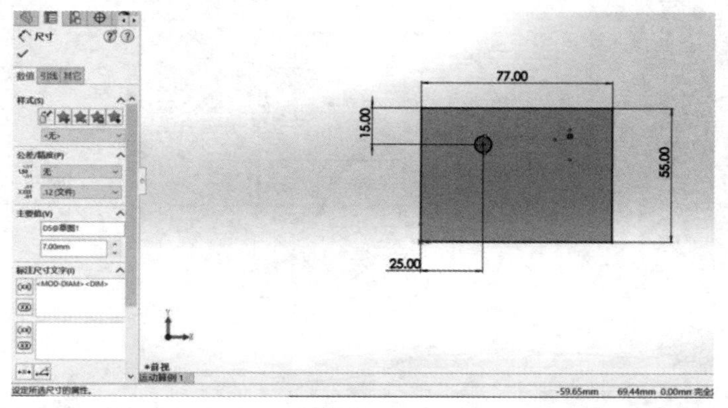

图 5 - 153

(2)如图 5 - 154 所示,对草图进行拉伸。

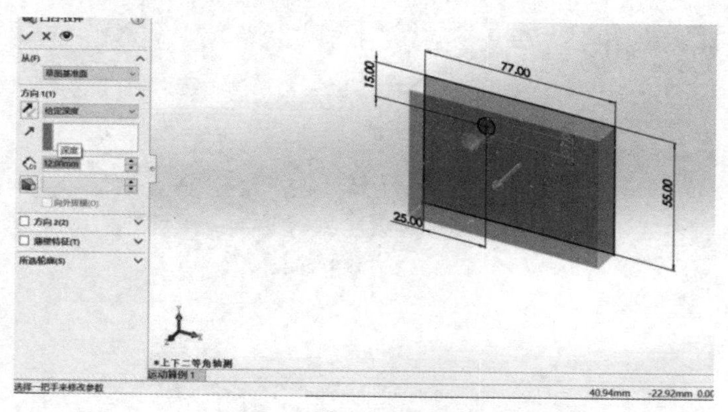

图 5 - 154

5.2.29 夹爪零部件 29 建模步骤

(1)创建文件,命名为“零部件 29”。如图 5 - 155 所示,绘制直径为 20 mm 的圆,然后拉伸。

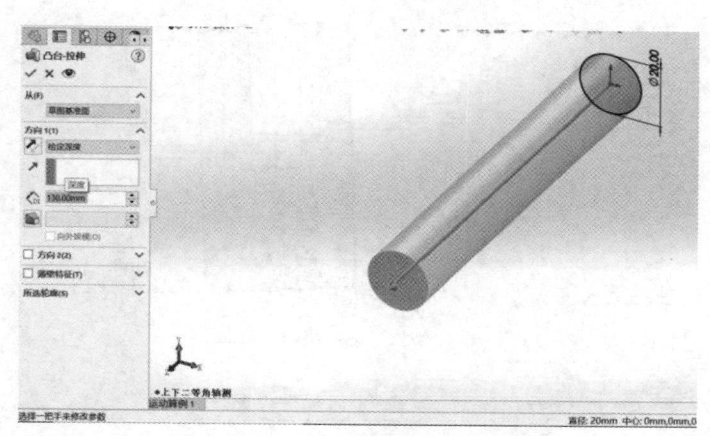

图 5 - 155

(2)如图 5 - 156 所示,进入草图绘制环境,绘制六边形。

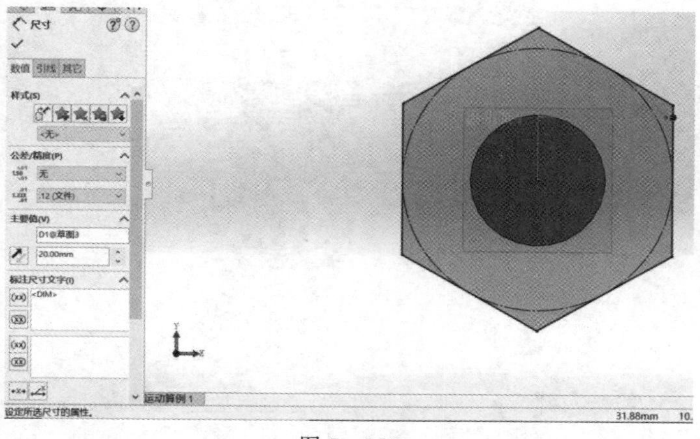

图 5 - 156

(3)如图 5－157 所示,对六边形进行拉伸。

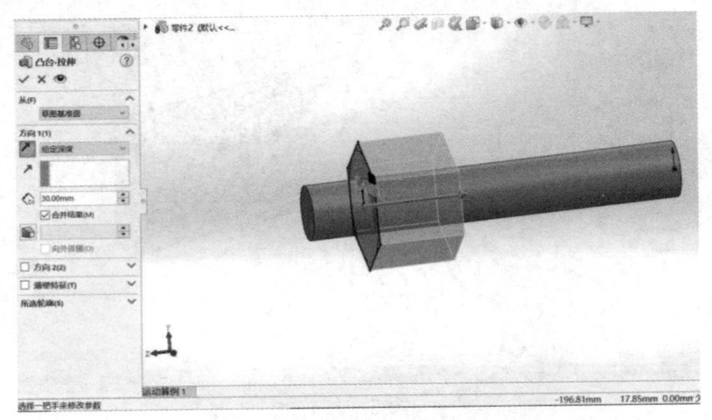

图 5－157

5.2.30 夹爪零部件 30 建模步骤

(1)创建文件,命名为“零部件 30”。如图 5－158 所示,绘制草图。

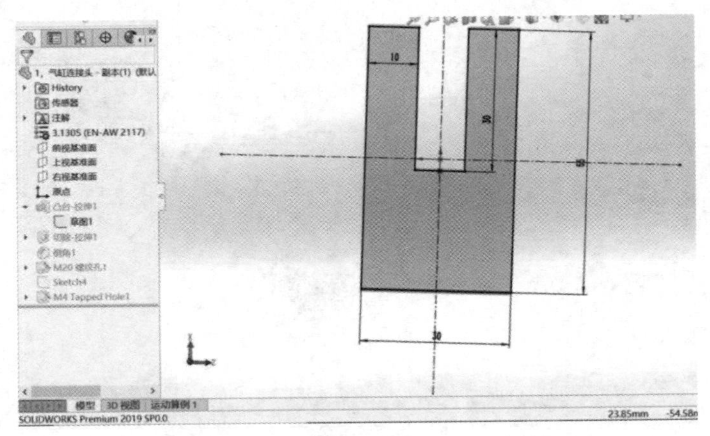

图 5－158

(2)如图 5－159 所示,对草图进行拉伸。

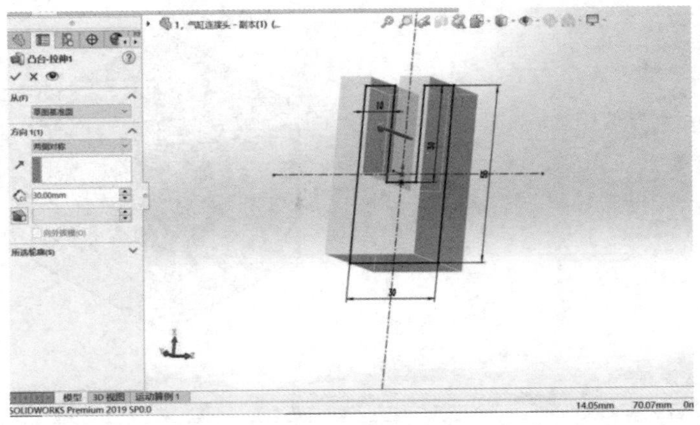

图 5－159

(3)如图 5－160 所示,执行倒角操作。

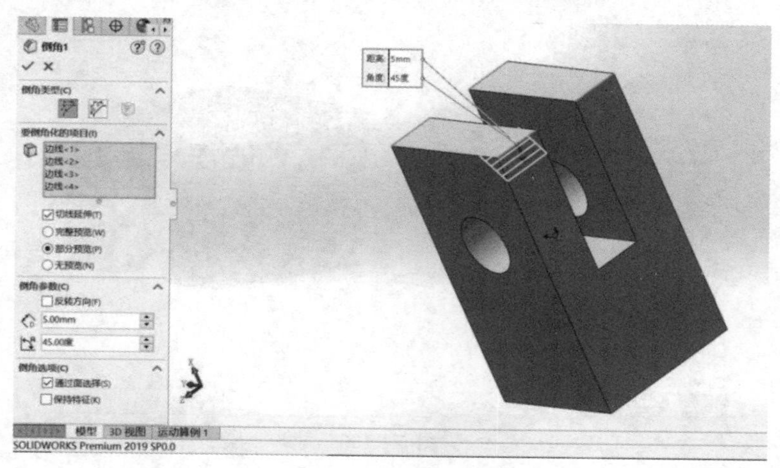

图 5－160

(4)如图 5－161 所示,选择图中的面,绘制草图。

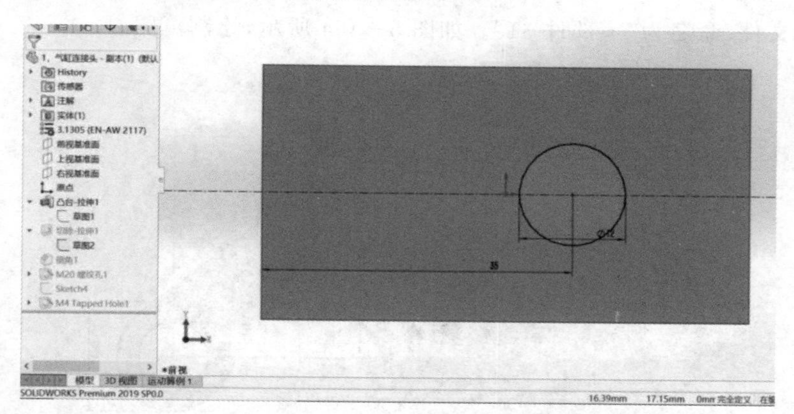

图 5－161

(5)如图 5－162 所示,执行拉伸切除操作。

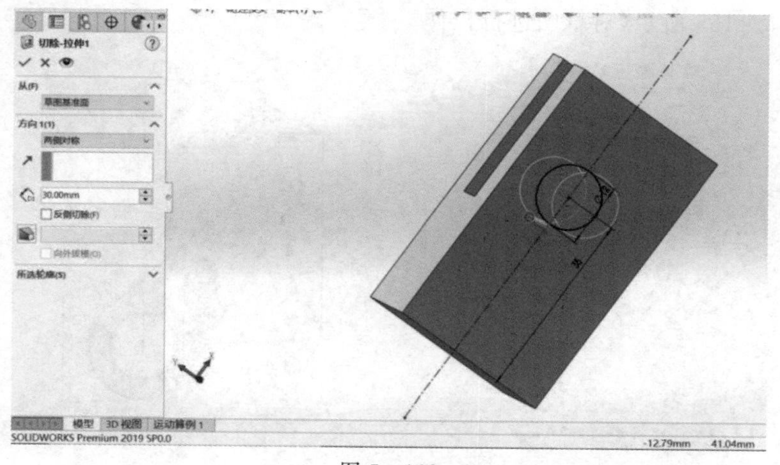

图 5－162

(6)如图 5-163 所示,设置孔参数。

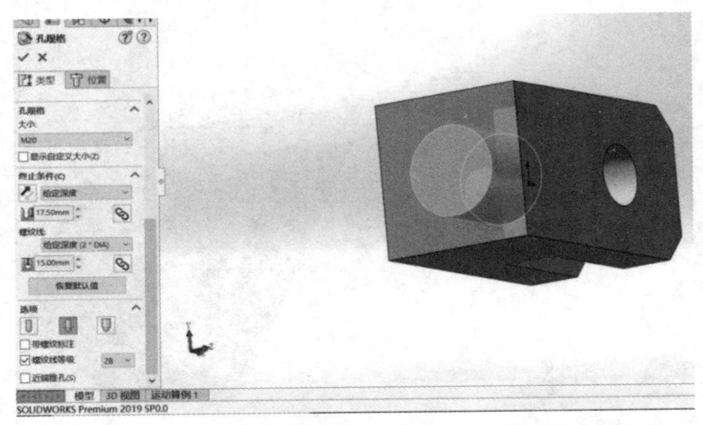

图 5-163

5.2.31 夹爪零部件 31 建模步骤

(1)创建文件,命名为“零部件 31”。如图 5-164 所示,绘制草图。

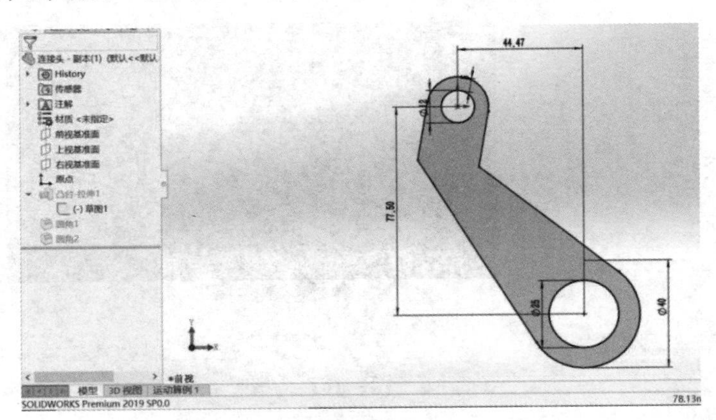

图 5-164

(2)如图 5-165 所示,对草图进行拉伸。

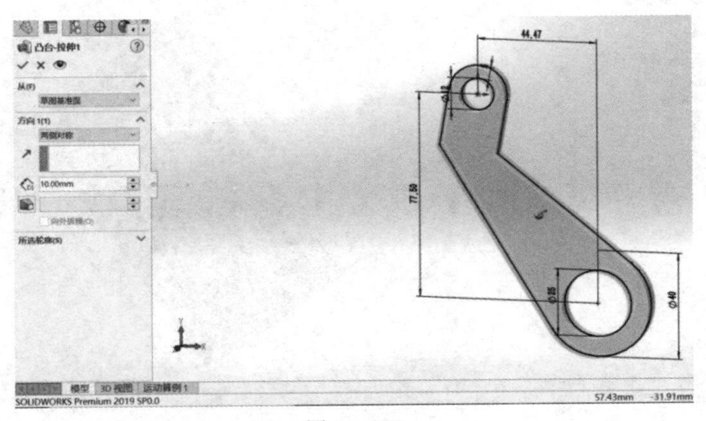

图 5-165

5.3.32 夹爪零部件32建模步骤

(1)创建文件,命名为“零部件32”。如图5-166所示,绘制草图。

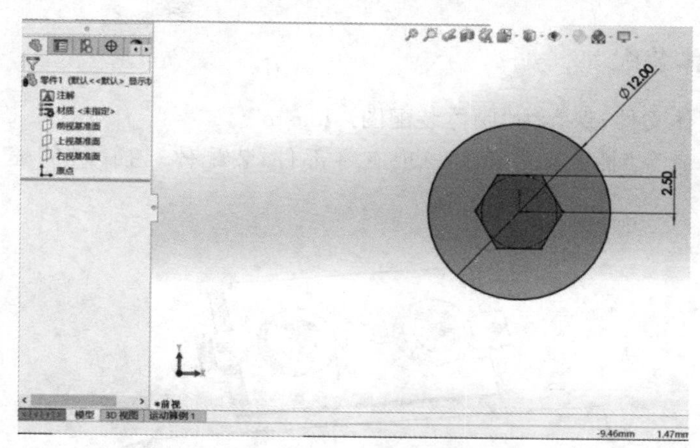

图5-166

(2)如图5-167所示,对草图进行拉伸。

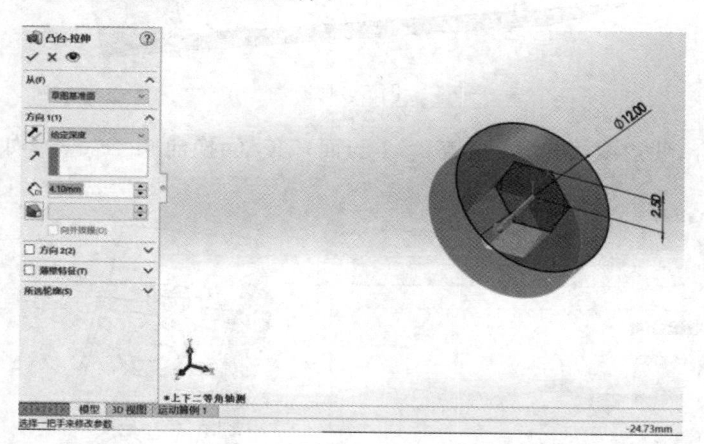

图5-167

(3)在圆心处绘制一个直径为6 mm的圆并且拉伸,如图5-168所示。

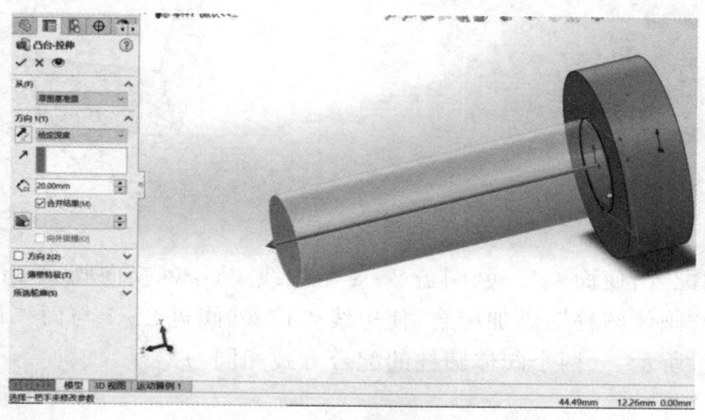

图5-168

5.3 码垛机器人末端夹爪装配

5.3.1 阀体装配

(1)新建装配体文件,保存为“阀体装配图.sldasm”。

(2)选择菜单命令“插入—零部件—现有零部件/装配体”,插入“阀盖 2”“换向阀”,如图 5 - 169所示。

图 5 - 169

(3)添加配合,使边线＜1＞@阀盖 2 - 1 与面＜1＞@换向阀- 1 重合,如图 5 - 170 所示。

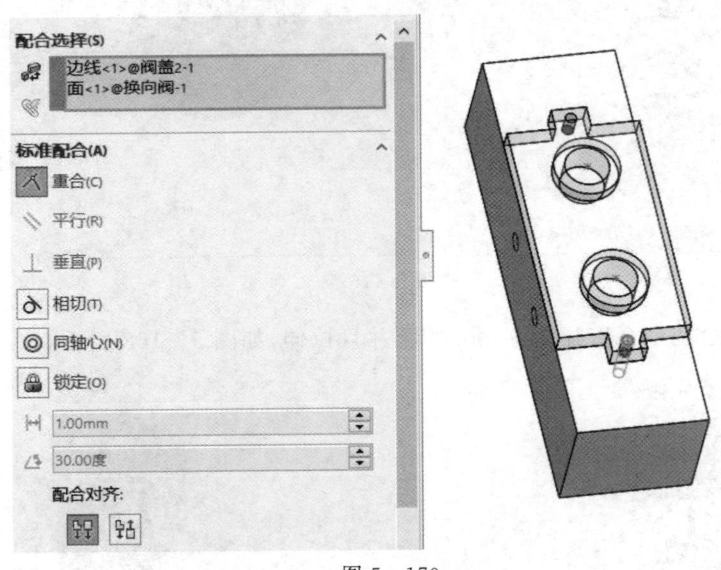

图 5 - 170

(4)继续添加配合,使面＜1＞@阀盖 2 - 1 与边线＜1＞@换向阀- 1 重合。

(5)插入两个“阀体圆柱”,添加配合,使边线＜1＞@阀盖 2 - 1 与面＜1＞@阀体圆柱- 1 重合,如图 5 - 171 所示。(两个阀体圆柱的配合方式相同。)

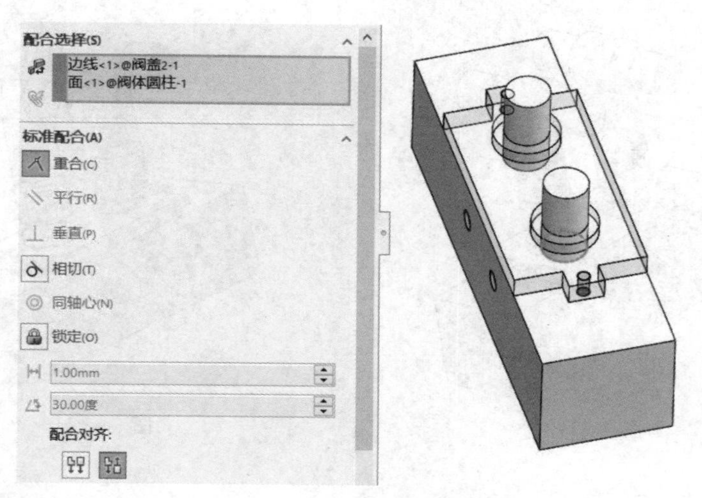

图 5－171

(6)插入两个“管套”,添加配合,使面＜1＞@阀体圆柱－1 与面＜2＞@管套－1 重合,如图 5－172 所示。(两个管套的配合方式相同。)

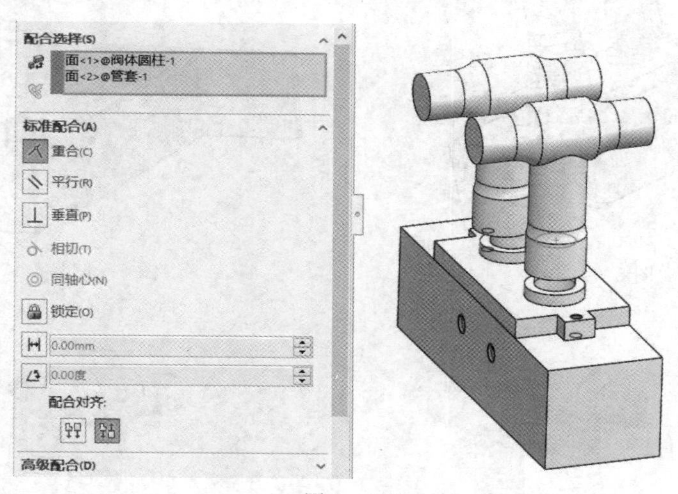

图 5－172

(7)添加配合,使边线＜1＞@阀体圆柱－1 与面＜1＞@管套－1 同轴心配合,如图 5－173所示。

(8)添加配合,使面＜1＞@管套－1 与面＜2＞@换向阀－1 垂直,如图 5－174 所示。

(9)添加配合,使面＜1＞@管套－2 与面＜2＞@阀体圆柱－2 相切,如图 5－175 所示。

(10)插入“气阀支架-副本”,添加配合,使面＜1＞@换向阀－1 与面＜2＞@气阀支架-副本－1 重合,如图 5－176 所示。

(11)添加配合,使面＜1＞@换向阀－1 与边线＜1＞@气阀支架-副本－1 同轴心配合,如图 5－177 所示。

(12)添加配合,使面＜1＞@换向阀－2 与面＜2＞@气阀支架-副本－2 平行,如图 5－178所示。

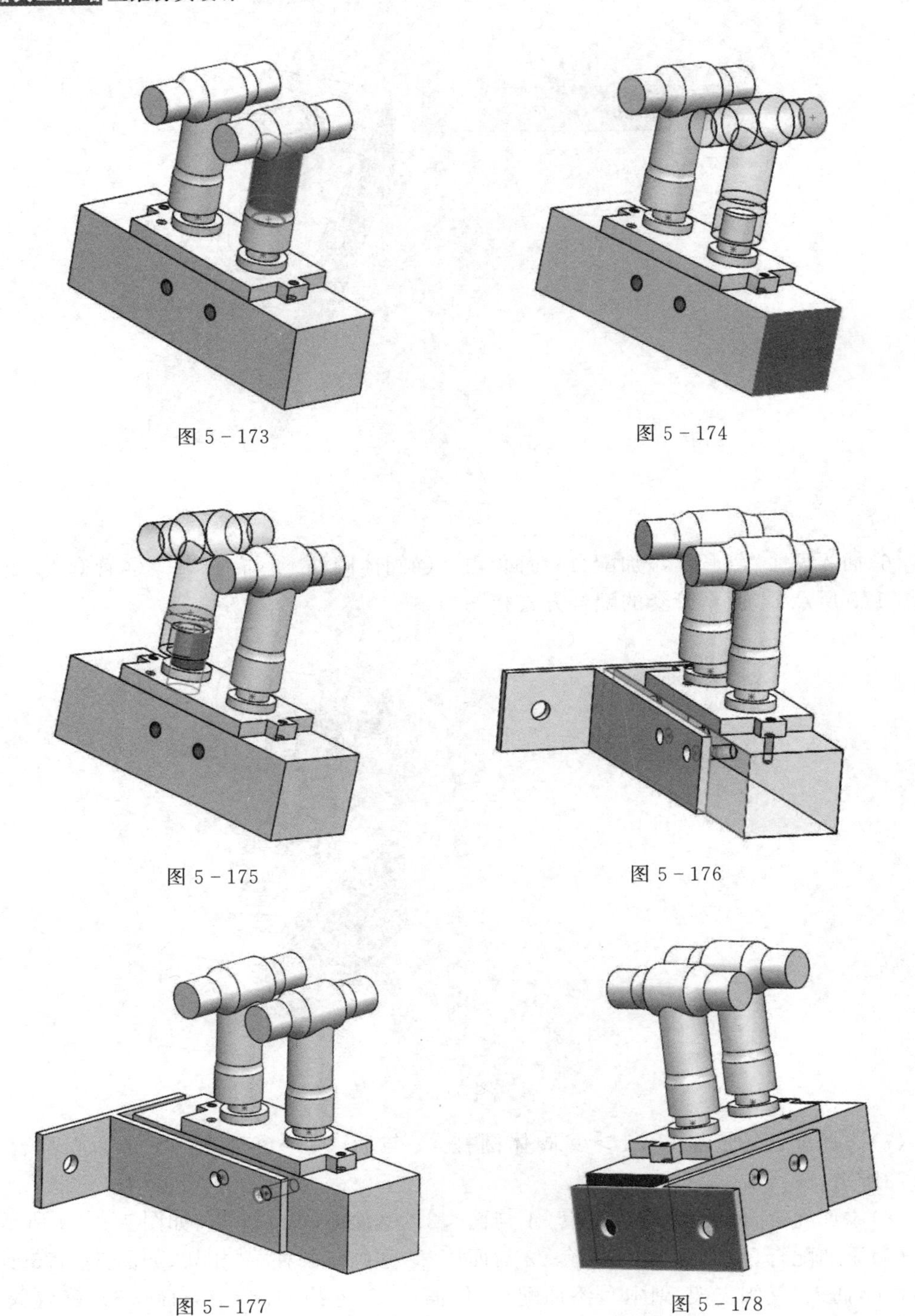
图 5-173

图 5-174

图 5-175

图 5-176

图 5-177

图 5-178

5.3.2 抓子装配

(1)新建装配体文件,保存为“抓子装配体. sldasm”。

(2)选择菜单命令“插入—零部件—现有零部件/装配体”,插入“抓手”“手抓固定棒”,如图 5-179 所示。

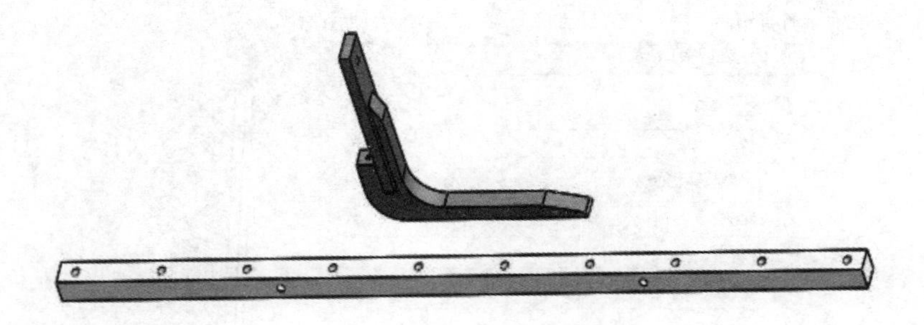

图 5－179

(3)添加配合,使面＜1＞@抓手-1 与面＜2＞@手抓固定棒-1 重合,如图 5－180 所示。

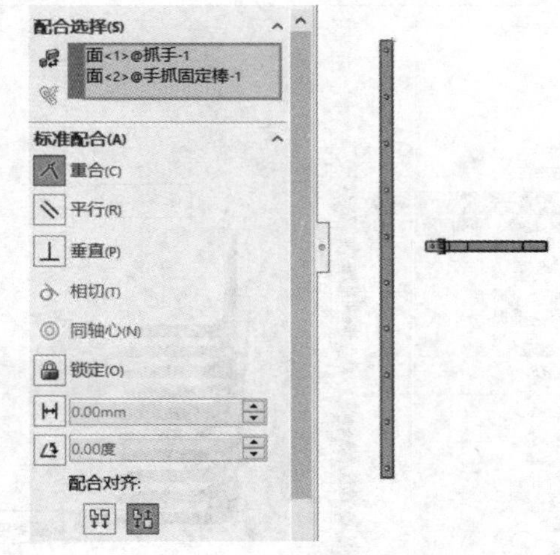

图 5－180

(4)添加配合,使面＜1＞@抓手-1 与面＜2＞@手抓固定棒-1 重合,如图 5－181 所示。

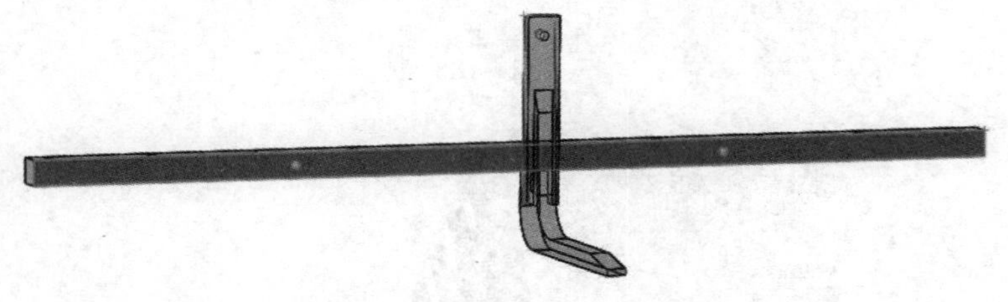

图 5－181

(5)利用线性阵列,产生 10 个抓手,如图 5－182 所示。

(6)添加高级配合,利用宽度确定抓手和手抓固定棒的位置关系,如图 5－183 所示。

(7)插入“手抓固定棒 2”,添加配合,使面＜1＞@手抓固定棒 2－1 与面＜2＞@抓手-10 重合,如图 5－184 所示。

(8)继续添加配合,使面＜2＞@手抓固定棒-1 与面＜1＞@手抓固定棒 2－1 重合,如图 5－185 所示。

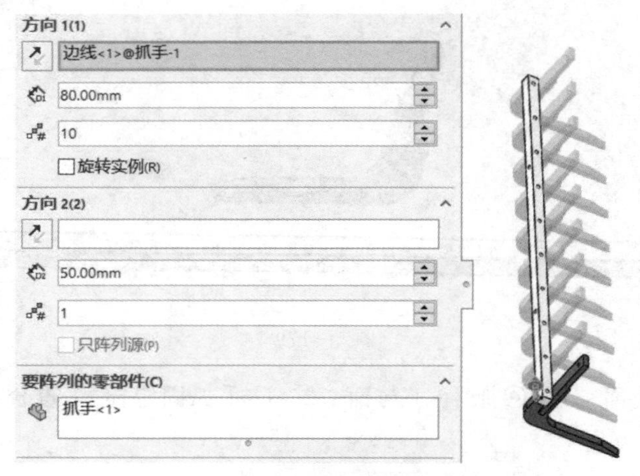

图 5-182

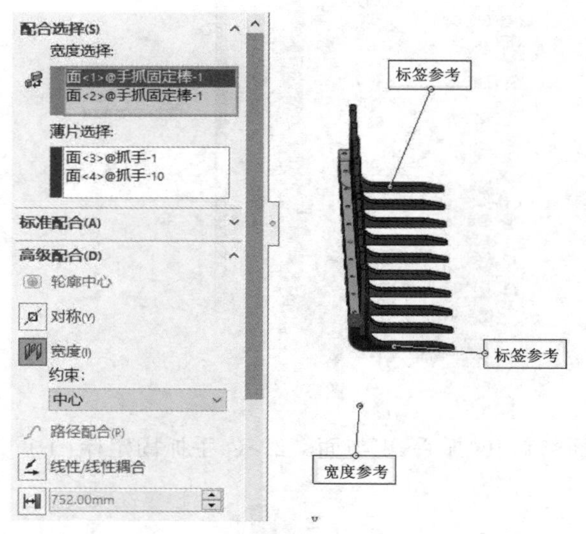

图 5-183

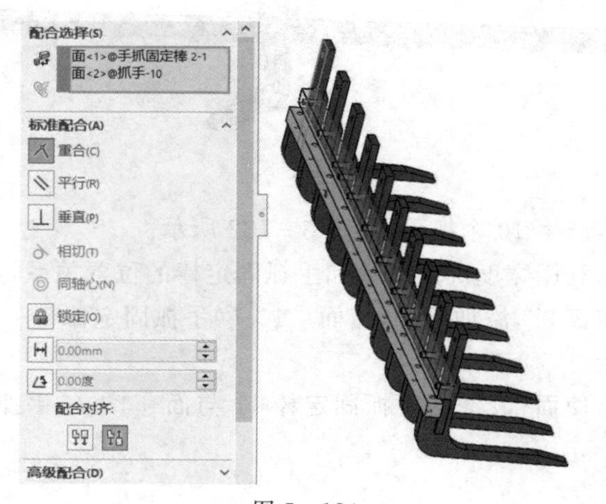

图 5-184

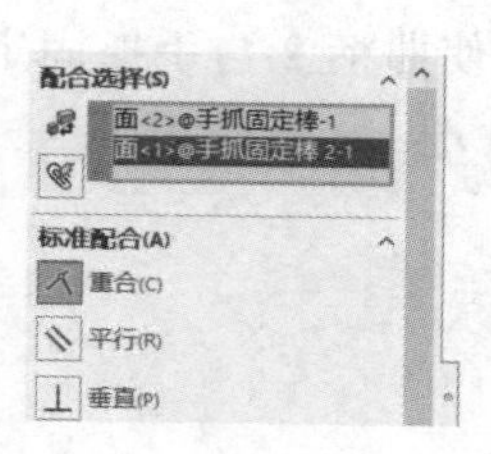

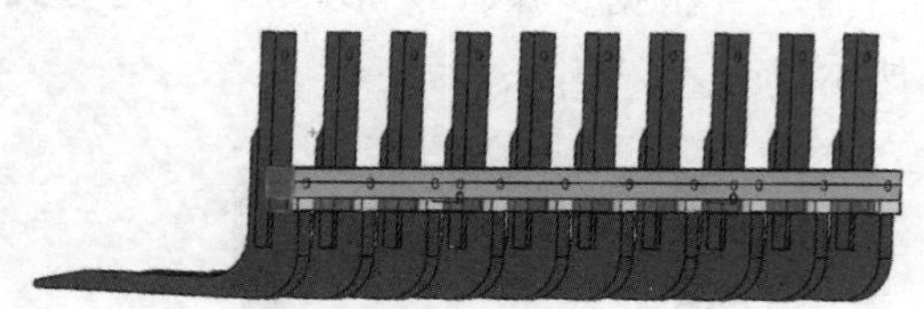

图 5－185

(9)添加配合，使面＜1＞@手抓固定棒-1 与面＜2＞@手抓固定棒 2－1 之间的距离为 75 mm，如图 5－186 所示。

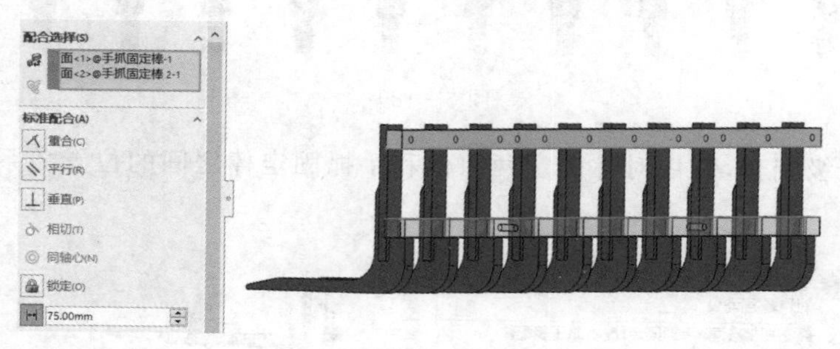

图 5－186

(10)插入“曲柄 2 -副本”，添加配合，使面＜1＞@手抓固定棒-1 与面＜2＞@曲柄 2 -副本-1 重合，如图 5－187 所示。

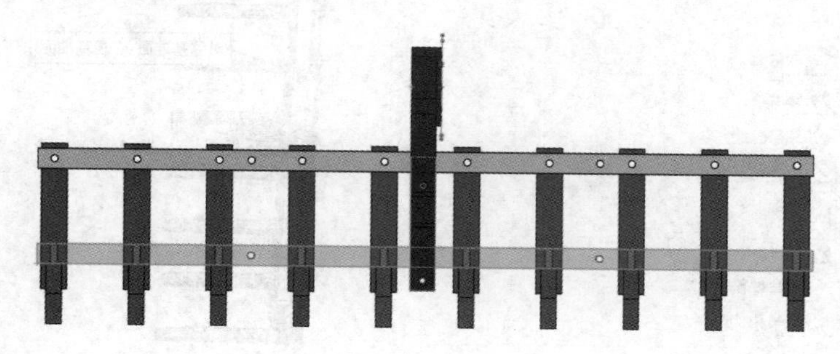

图 5－187

(11)继续添加配合，使面＜1＞@手抓固定棒-1 与面＜2＞@曲柄 2 -副本-1 重合，如图 5－188 所示。

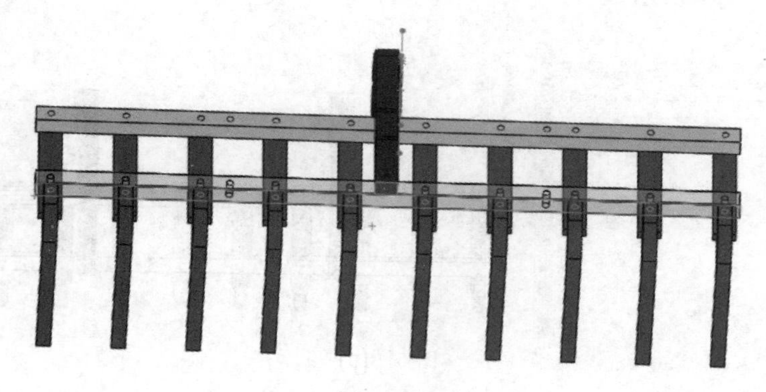

图 5－188

(12)插入“曲柄 2”。根据步骤(10)和步骤(11)的方式使曲柄 2 与手抓固定棒之间的位置如图 5－189 所示。

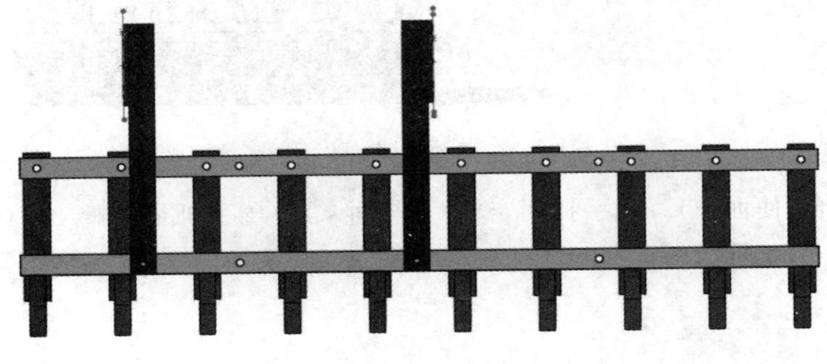

图 5－189

(13)添加高级配合，利用对称确定两曲柄和手抓固定棒之间的位置关系，如图 5－190 所示。

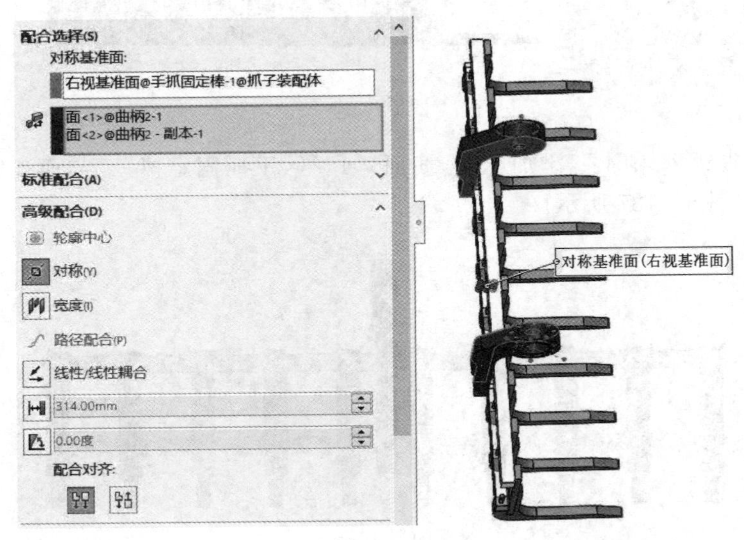

图 5－190

(14)添加配合，使面＜1＞@曲柄 2－1 与面＜2＞@曲柄 2－副本－1 之间的距离为 362 mm，如图 5－191 所示。

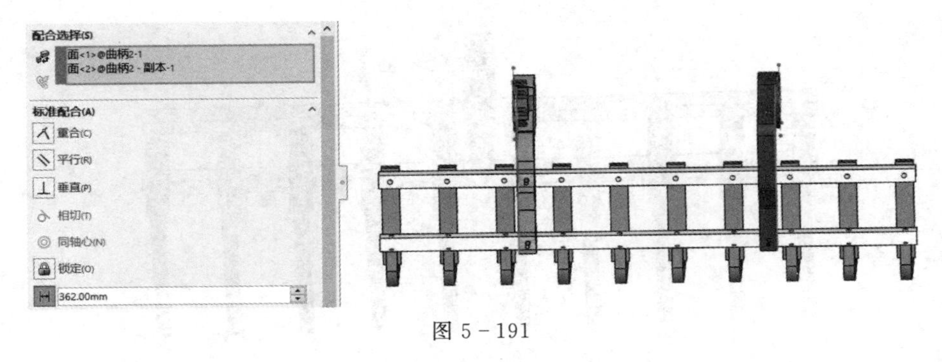

图 5－191

5.3.3 装配体 1

(1)新建装配体文件,保存为“装配体 1. sldasm”。

(2)选择菜单命令“插入—零部件—现有零部件/装配体”,导入“1,气缸连接头”“1,气缸 2”,如图 5-192 所示。

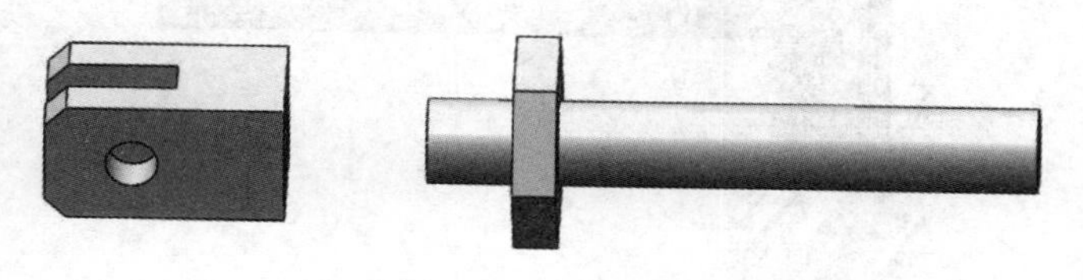

图 5-192

(3)添加配合,使边线＜1＞@1,气缸连接头-1 与边线＜2＞@1,气缸 2-1 同轴心配合,如图 5-193 所示。

(4)继续添加配合,使面＜1＞@1,气缸连接头-1 与面＜2＞@1,气缸 2-1 之间的距离为 10 mm,如图 5-194 所示。

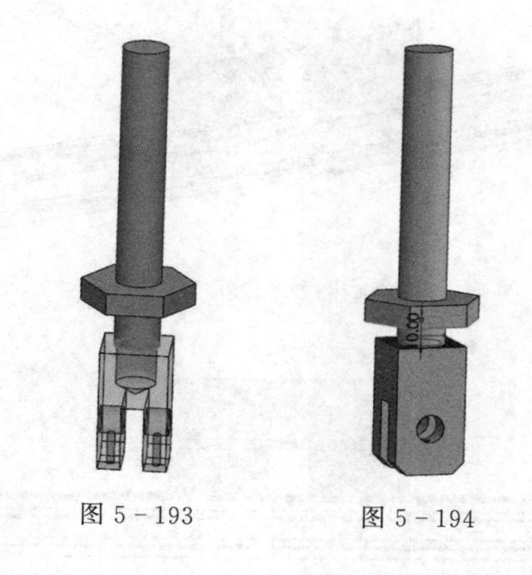

图 5-193　　图 5-194

(5)导入“3060 855”和两个“块 4”。添加面＜1＞@3060 855-1 与面＜2＞@块 4-2 重合配合,如图 5-195 所示;添加面＜1＞@3060 855-1 与面＜2＞@块 4-2 重合配合,如图 5-196所示。

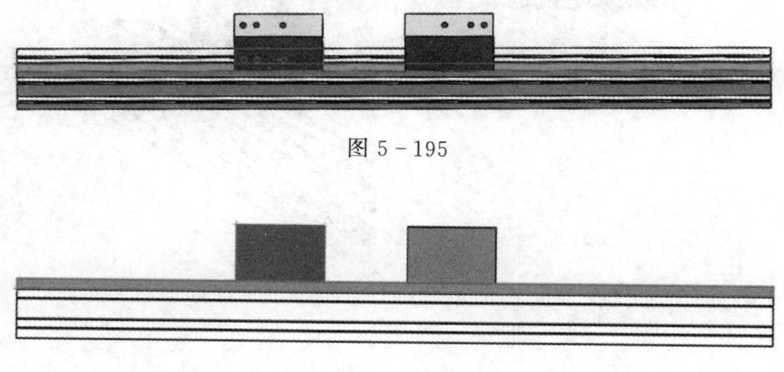

图 5-195

图 5-196

(6)导入“Part3”,添加四次重合配合:使面＜1＞@块 4-3 与面＜2＞@Part3-1 重合配合,如图 5-197 所示;使面＜1＞@块 4-3 与面＜2＞@Part3-1 重合配合,如图 5-198 所示;使面＜1＞@块 4-3 与面＜2＞@Part3-1 重合配合,如图 5-199 所示;使面＜1＞@块 4-2 与面＜2＞@Part3-1 重合配合,如图 5-200 所示。

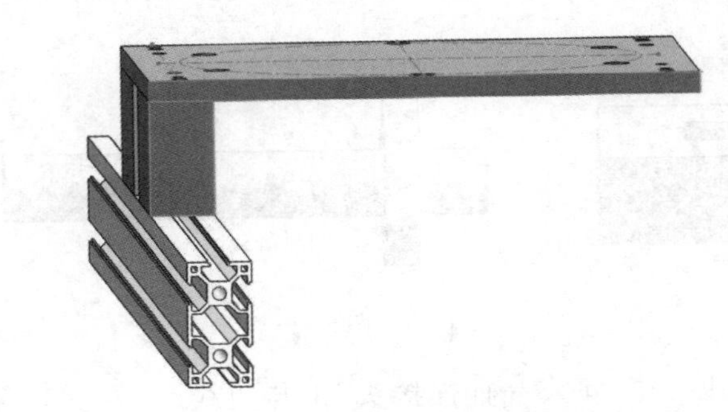

图 5-197

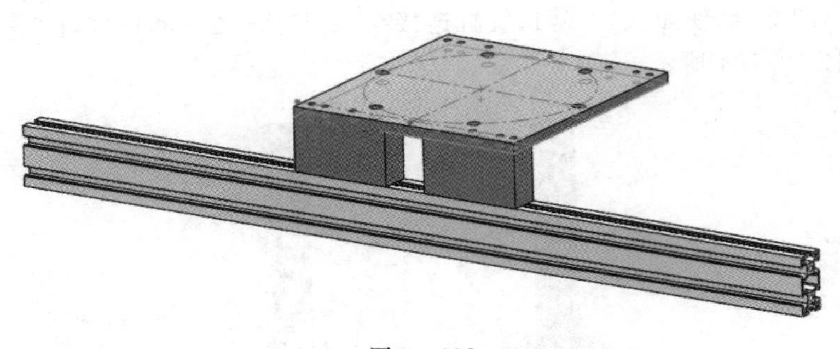

图 5-198

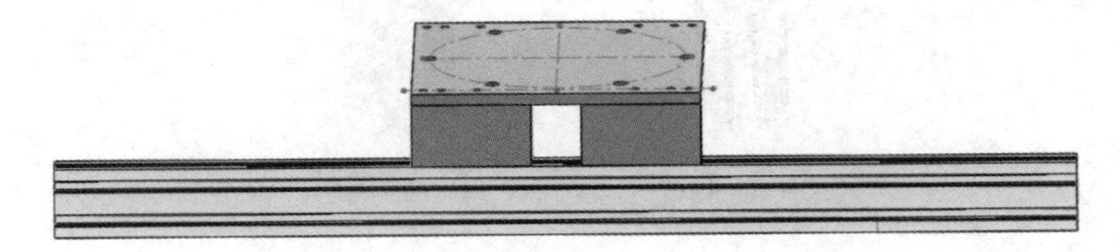

图 5-199

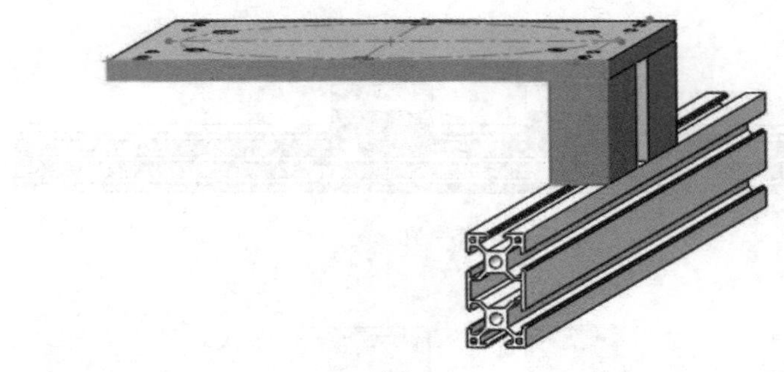

图 5-200

(7)添加一个基准面,镜向 3 个零部件,结果如图 5 - 201 所示。

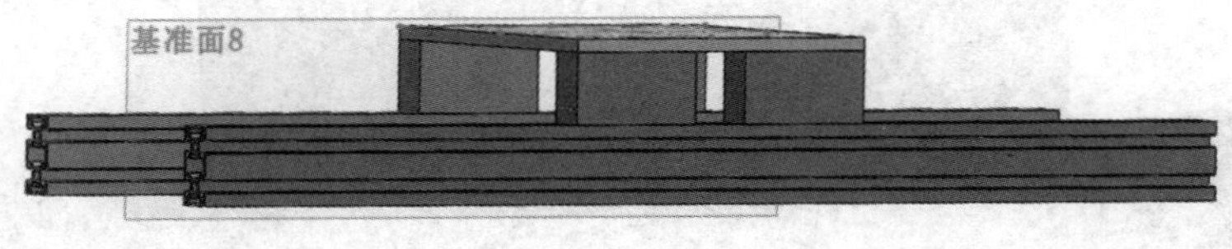

图 5 - 201

(8)导入“1,气缸固定支板”和“板子”,添加重合配合,使其位置如图 5 - 202 所示。

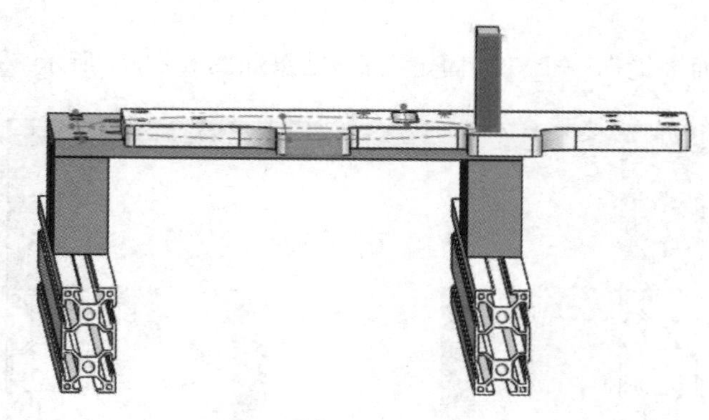

图 5 - 202

(9)添加重合配合和距离配合,使“1,气缸固定支板”与两个“3060 855”之间的位置关系如图 5 - 203 所示。

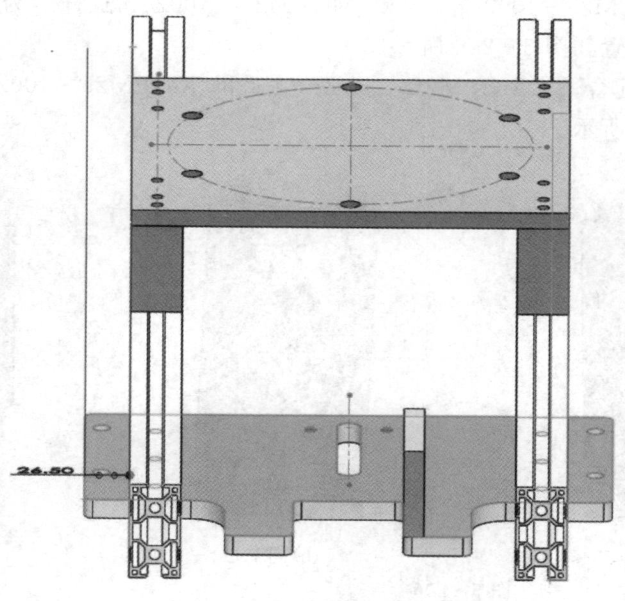

图 5 - 203

(10)添加三次重合配合,使“1,气缸固定支板”与板子重合,如图 5 - 204 所示。

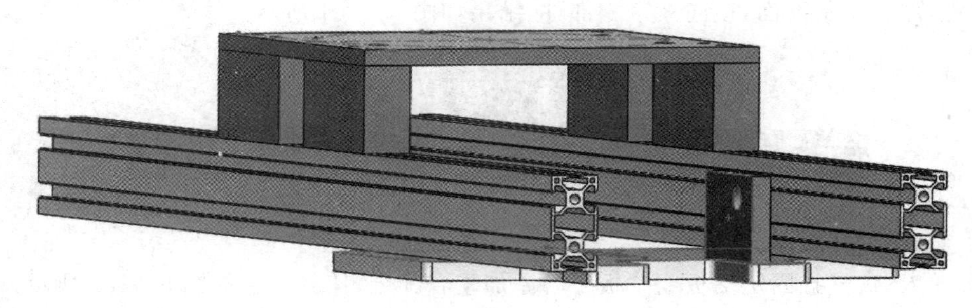

图 5－204

(11)通过基准面 8 镜向一个气缸固定支板,结果如图 5－205 所示。

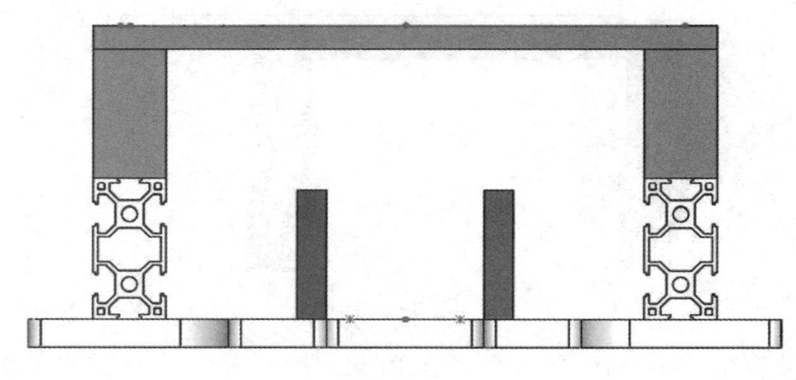

图 5－205

(12)导入“MGPM25－100Z 气缸”和“MGPM25－100Z 气缸杆”,为其添加重合配合和同轴心配合,使其位置如图 5－206 所示。

(13)添加距离配合,使“MGPM25－100Z 气缸”和“MGPM25－100Z 气缸杆”之间的距离关系如图 5－207 所示。

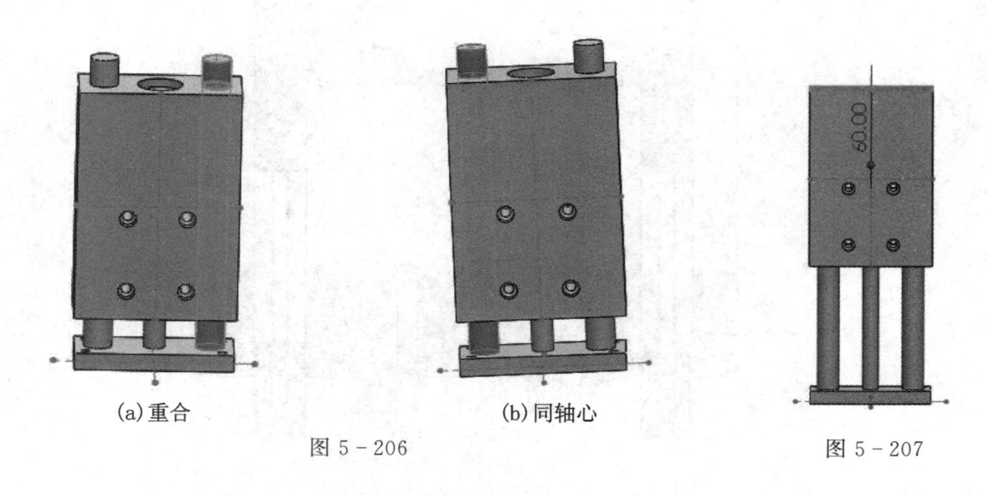

(a)重合　　(b)同轴心

图 5－206　　图 5－207

(14)导入“压圈”,添加重合配合和同轴心配合,使其位置如图 5－208 所示。

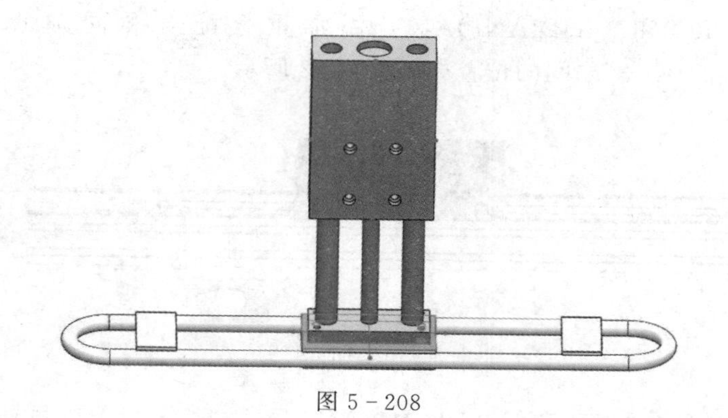

图 5-208

(15)导入“1,气缸 1”,添加距离配合和重合配合,使“1,气缸 1”和“1,气缸 2”之间的位置关系如图 5-209 所示。

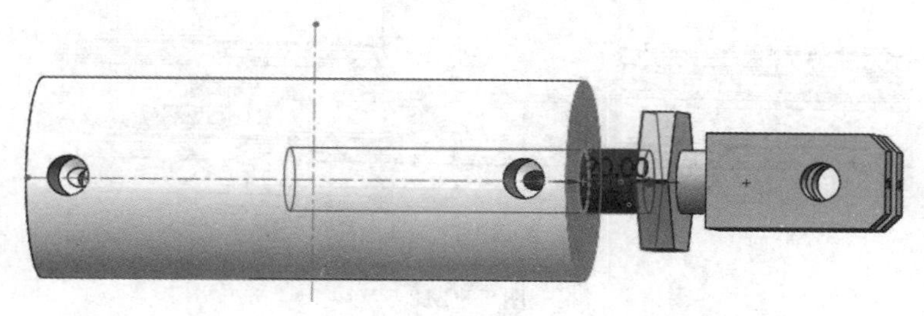

图 5-209

(16)继续添加配合,使“1,气缸 1”“1,气缸 2”和“1,气缸固定支板”的位置如图 5-210 所示。

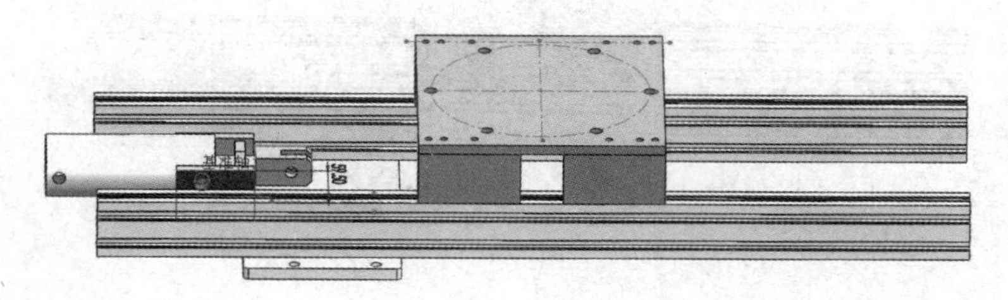

图 5-210

(17)导入“Part2”,添加同轴心配合和重合配合,使“Part2”和“板子”之间的关系如图 5-211所示。

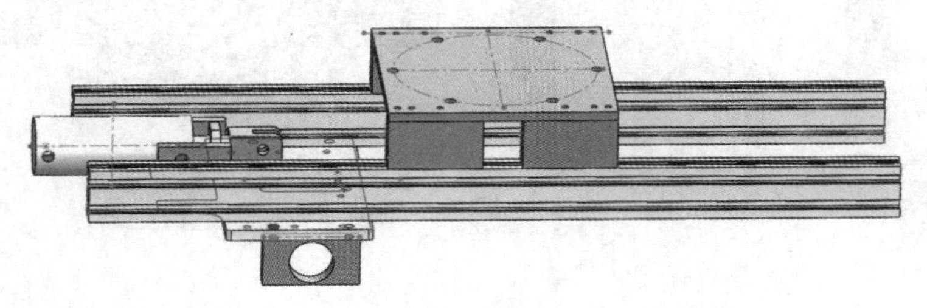

图 5-211

(18) 导入“M6”和“M6DIANPIAN”，添加重合配合和同轴心配合，使“M6”“M6DIANPIAN”和“Part3”之间的位置如图 5-212 所示。

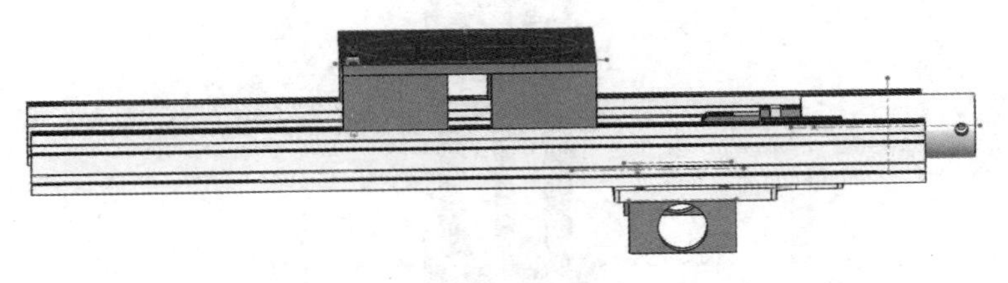

图 5-212

(19)再次导入两个“M6”和“M6DIANPIAN”，添加重合配合和同轴心配合，结果如图 5-213所示。

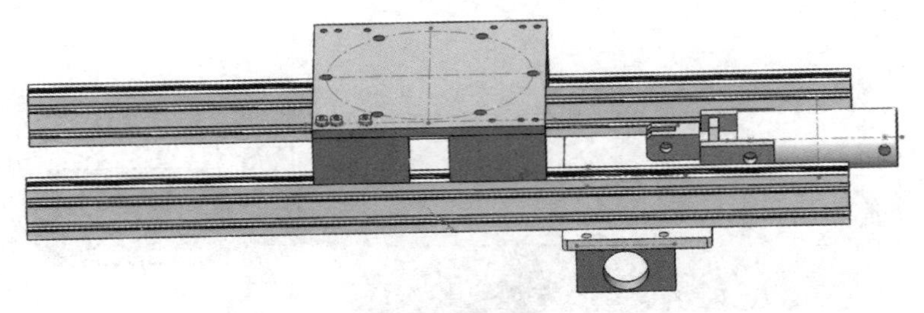

图 5-213

(20)分别通过基准轴 8 和基准轴 9 进行镜向，最后生成的结果如图 5-214 所示。

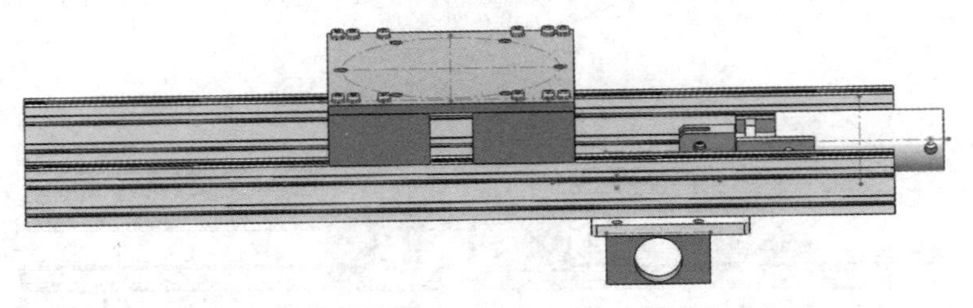

图 5-214

(21)导入 3 个“M6LUOMAO”，添加两次重合配合，使其最终位置如图 5-215 所示。再对其分别通过基准轴 8 和基准轴 9 进行镜向。

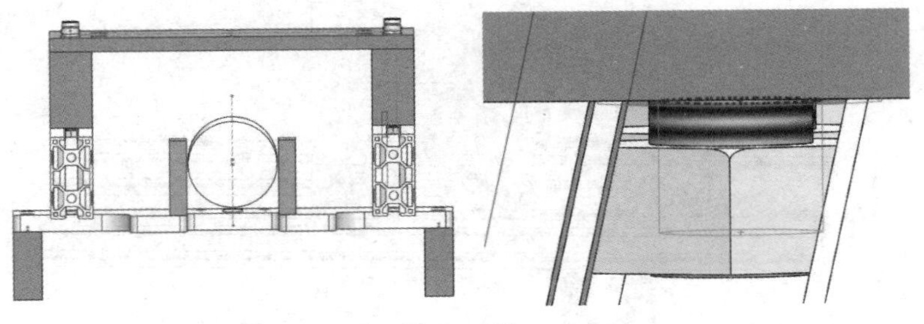

图 5-215

(22)导入 2 个“6.16”,添加重合配合和同心轴配合,使“6.16”和“板子”之间的位置如图 5-216所示。

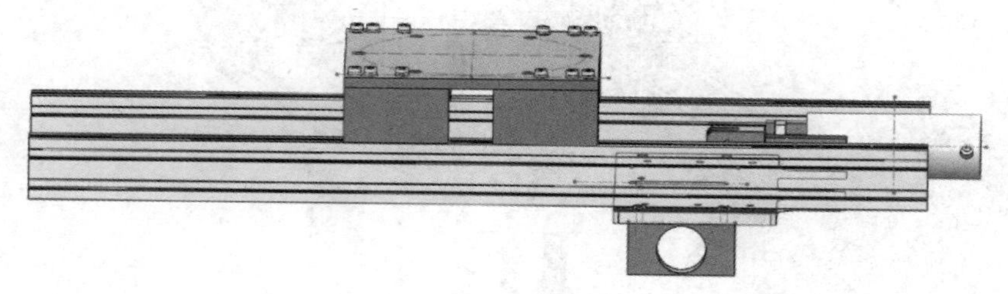

图 5-216

(23)导入“2,气缸固定板”,添加重合配合和距离配合,使其与“板子”之间的位置如图 5-217所示。

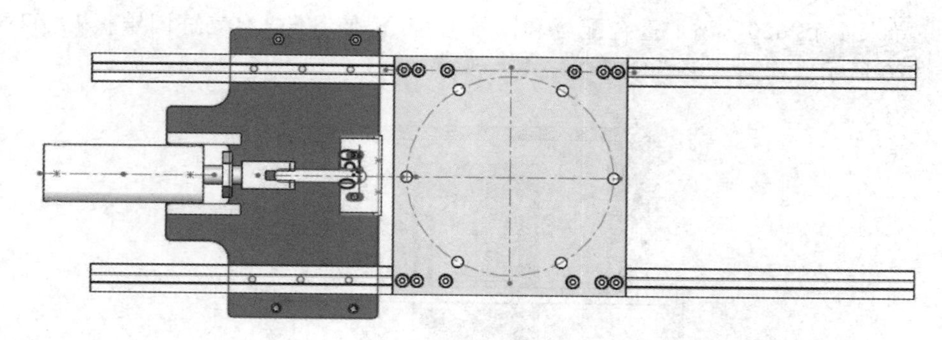

图 5-217

(24)导入 2 个“6.16”,添加重合配合和同轴心配合,使其最终位置如图 5-218 所示。

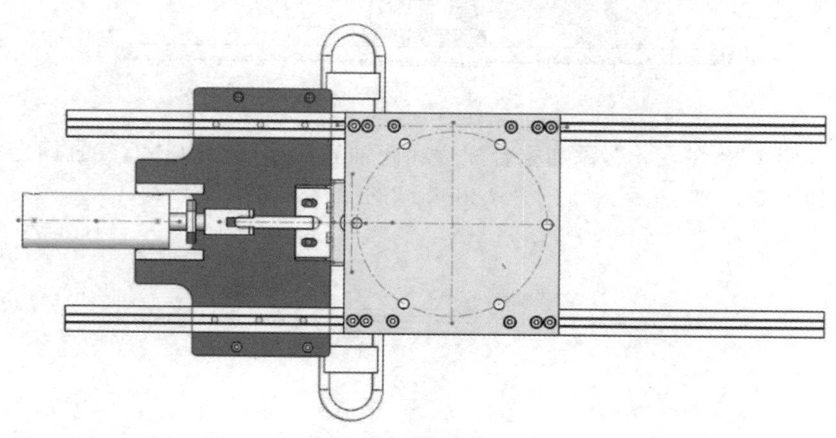

图 5-218

(25)继续添加重合配合与同轴心配合,使“MGPM25-100Z 气缸”和“2,气缸固定板”之间的位置如图 5-219 所示。

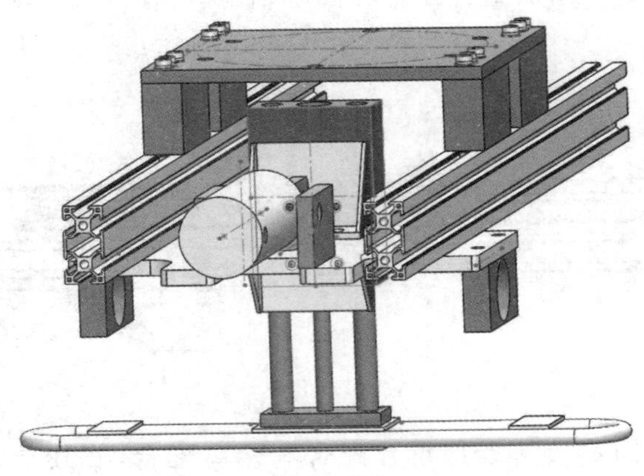

图 5 - 219

(26)导入 4 个“620”,添加重合配合和同轴心配合,使其与“2,气缸固定板”之间的位置如图 5 - 220 所示。(4 个“620”的配合方式一致。)

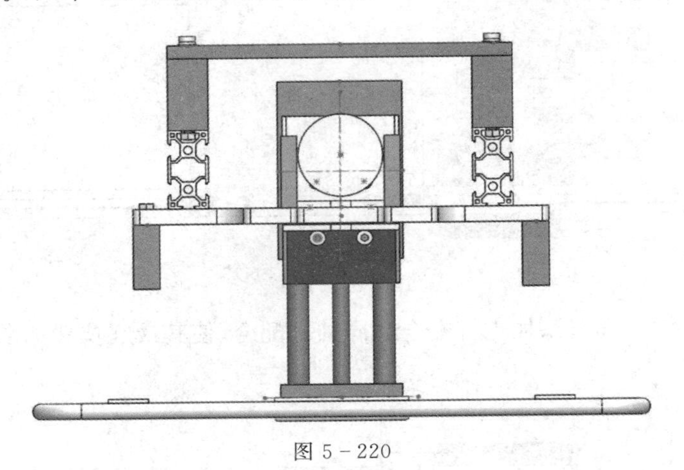

图 5 - 220

(27)导入两个“8.30pian”,添加重合配合和同轴心配合,使其与“2,气缸固定板”“板子”之间的位置如图 5 - 221 所示。(两个“8.30pian”的配合方式一致。)

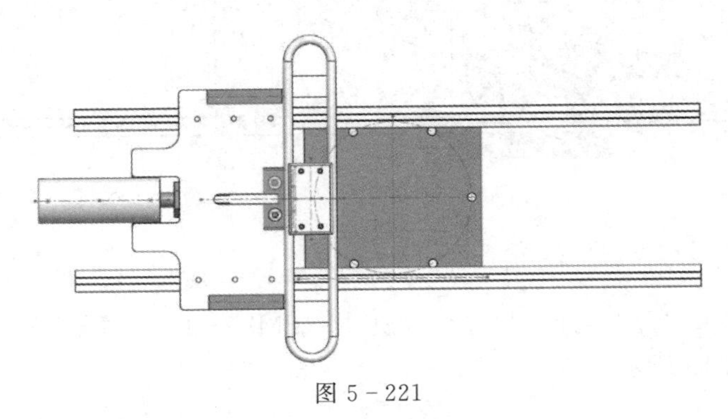

图 5 - 221

(28)再导入两个“8.30pian”,添加重合配合和同轴心配合,使其最终位置如图 5 - 222 所示。

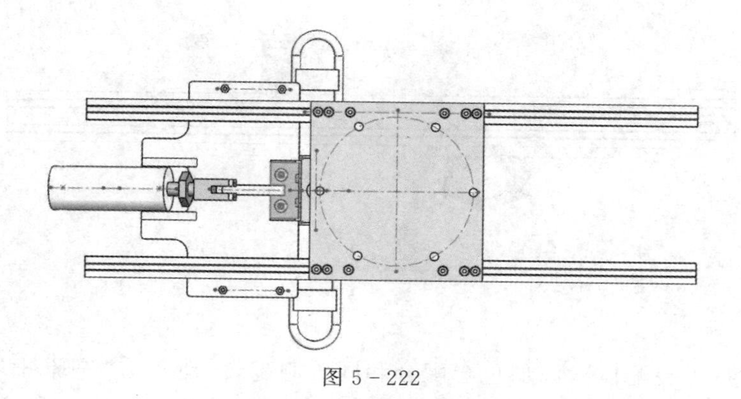

图 5-222

(29)导入两个“8.30”,添加重合配合和同轴心配合,使其与“8.30pian”“板子”之间的位置如图 5-223 所示。(两个“8.30”的配合方式一致。)

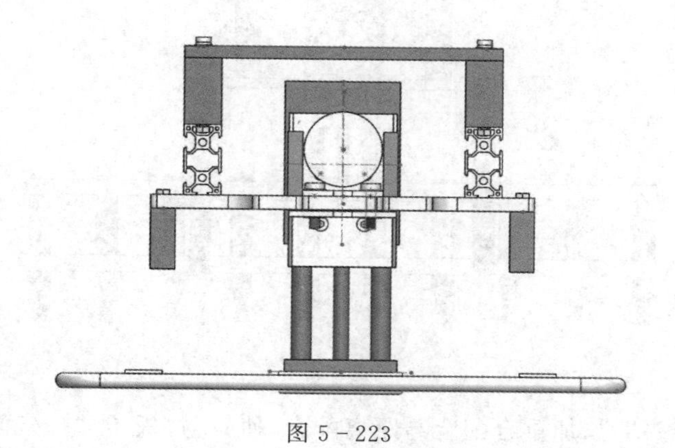

图 5-223

(30)导入两个“8.34”,添加重合配合和同轴心配合,使其与“8.30pian”“8.30”之间的位置如图 5-224 所示。(两个“8.34”的配合方式一致。)

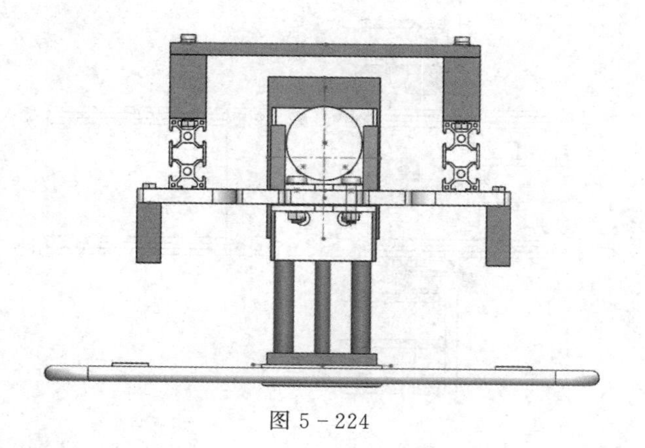

图 5-224

(31)导入“连环杆”,添加重合配合和同轴心配合,再通过基准轴 8 镜向,使其与“Part2”之间位置如图 5-225 所示。

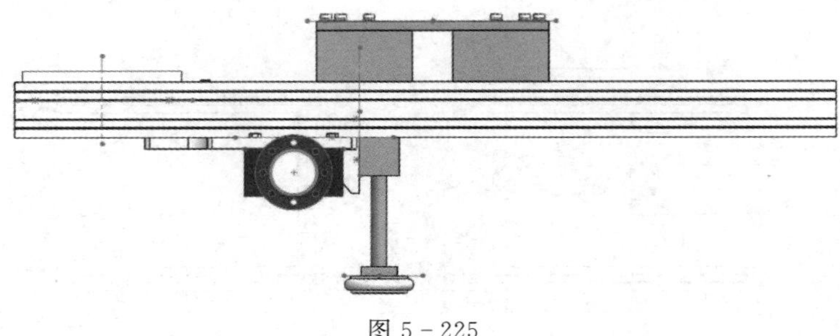

图 5-225

(32)导入“抓子装配体”,添加重合配合和同轴心配合,使其与“连环杆”之间的位置如图 5-226所示。

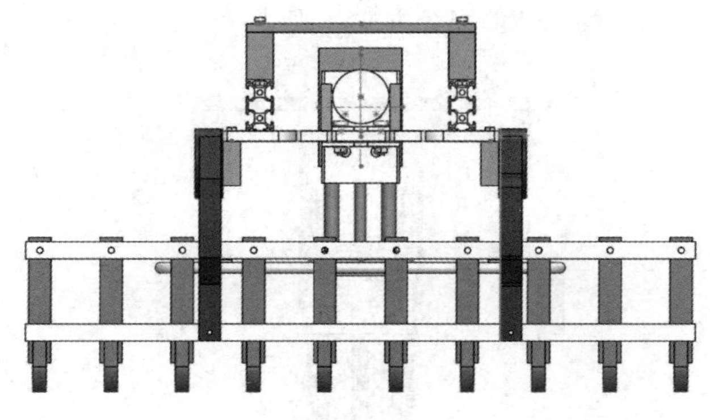

图 5-226

(33)导入“连接头”,添加重合配合与距离配合,使其与“板子”“1,气缸连接头”之间的位置如图 5-227 所示。

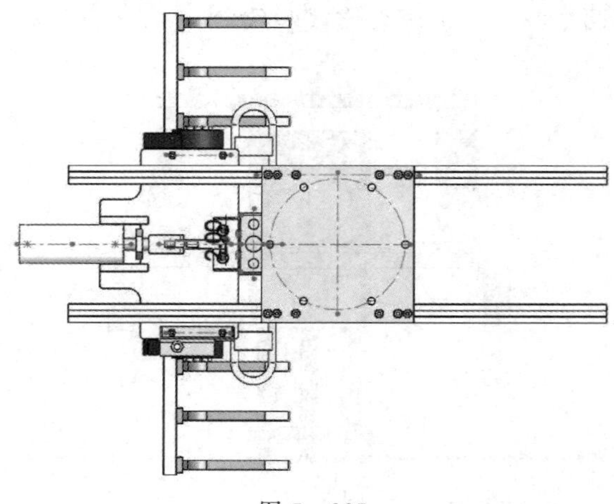

图 5-227

(34)导入“20 胀紧套”,添加重合配合和同轴心配合,使其与“抓子装配体”之间的位置如图 5-228 所示。

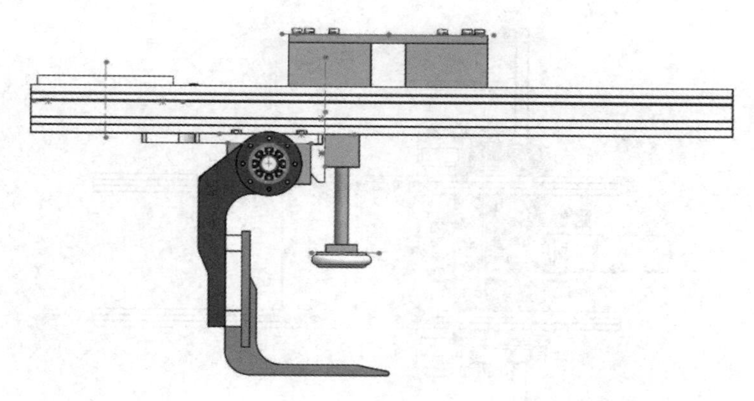

图 5－228

(35)添加距离配合,使“板子”和“3060 855”之间的距离为 50 mm,如图 5－229 所示。

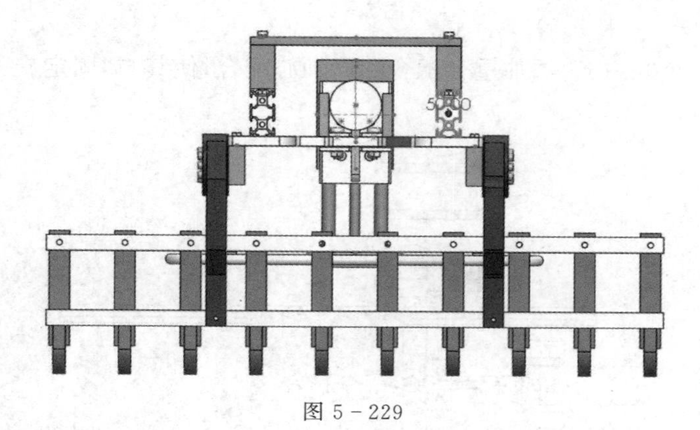

图 5－229

(36)再添加距离配合,使“块 4”和“3060 855”之间的距离为 306.5 mm,如图 5－230 所示。

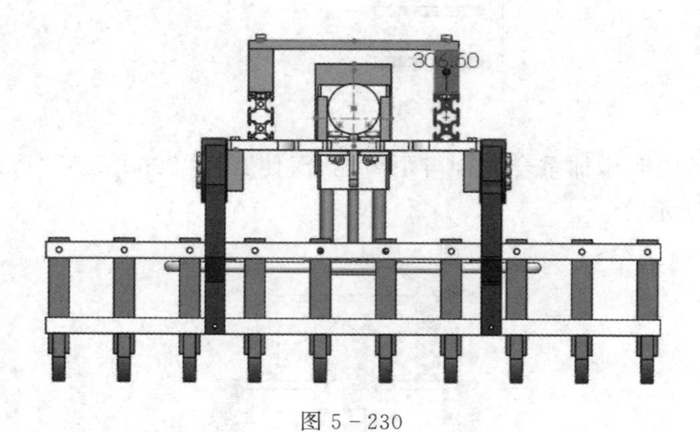

图 5－230

(37)导入“固定支架”,添加重合配合和同轴心配合,使其与“板子”之间的位置如图 5－231所示。

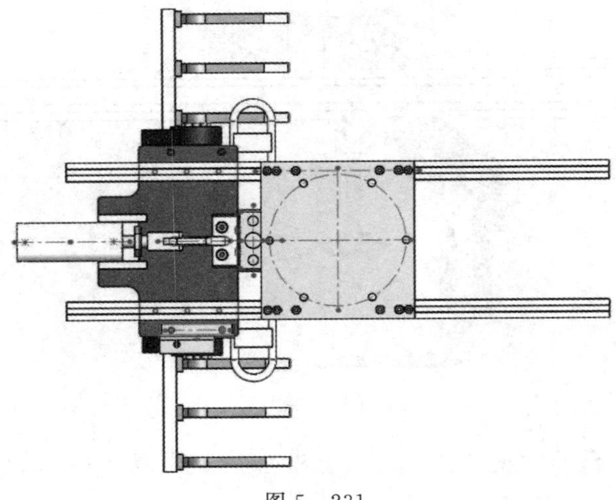

图 5－231

(38)再导入 2 个“6.16”,添加重合配合和同轴心配合,使其与“固定支架”之间的位置如图 5－232 所示。

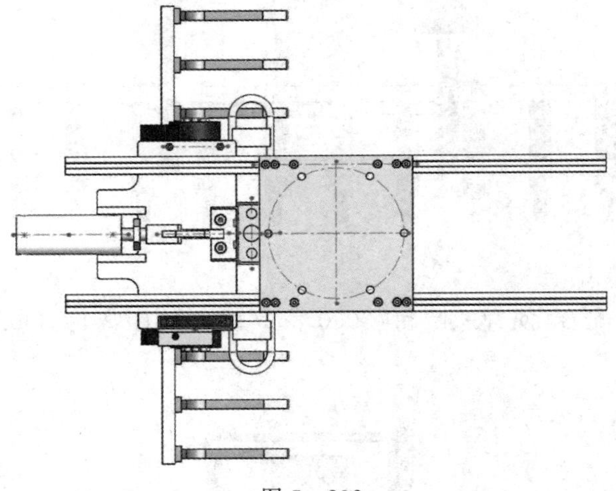

图 5－232

(39)导入“钣金 1”,添加重合配合与距离配合,使其与“3060 855”“Part3”“块 4”之间的位置如图 5－233 所示。

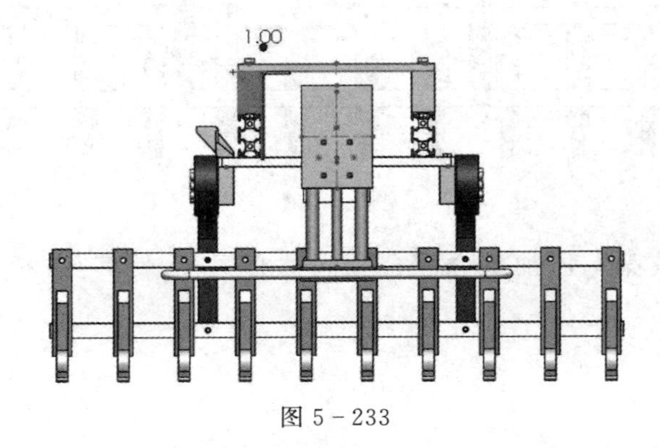

图 5－233

(40)导入“10 限位”,添加两次重合配合,使其与“固定支架”之间的位置如图 5 - 234 所示。

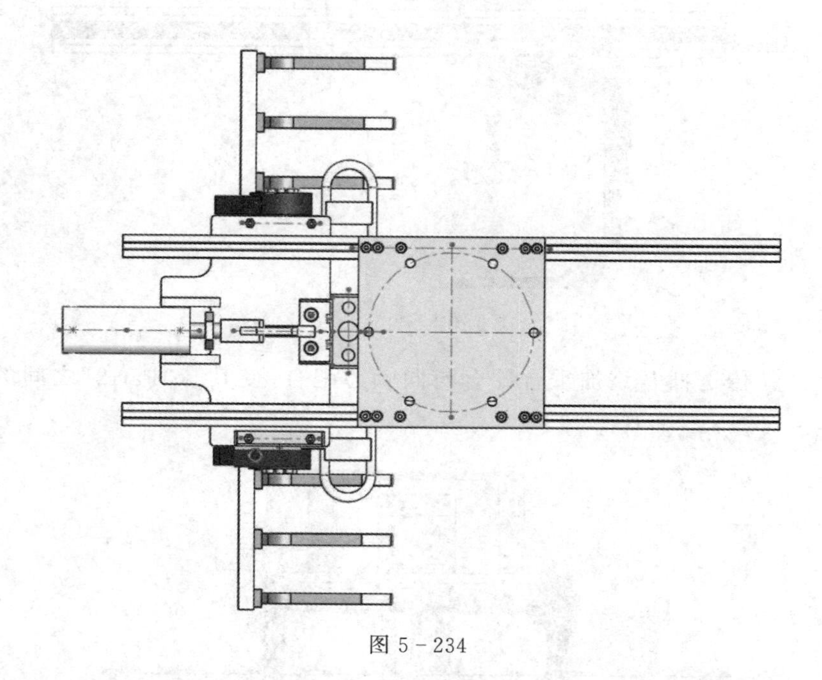

图 5 - 234

(41)导入“限位 1”,添加重合配合与距离配合,使其与“固定支架”之间的位置如图 5 - 235所示。

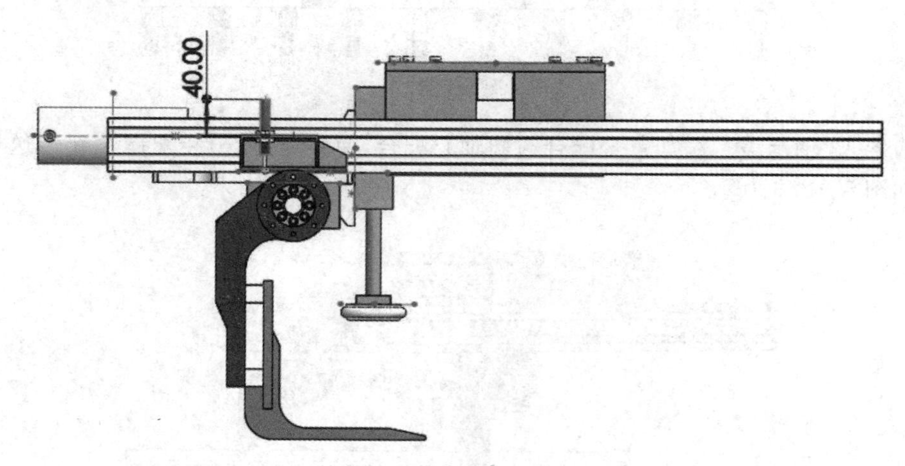

图 5 - 235

(42)再导入“10 限位”,添加两次重合配合,使其与“限位 1”之间的位置如图 5 - 235 所示。

(43)导入两个“阀体装配图”,添加重合配合与距离配合,使其与“3060 855”之间的位置如图 5 - 236 所示。两个“阀体装配图”的下底面与“3060 855”的下底面之间的距离为 2.5 mm,左边的“阀体装配图”的最左面与“3060 855”的左面之间的距离为300 mm,右边的“阀体装配图”的最左面与“3060 855”的左面之间的距离为468 mm。

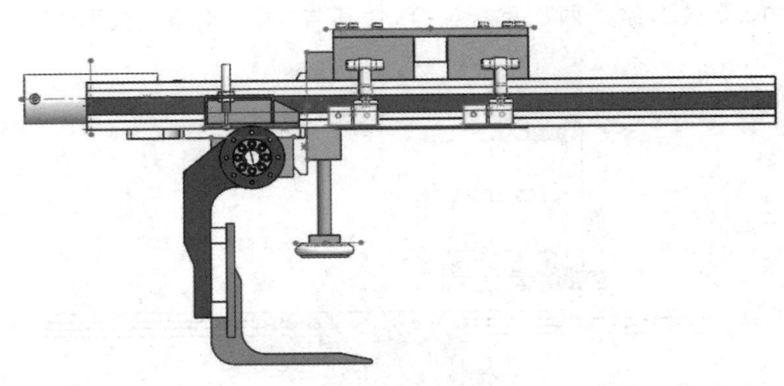

图 5-236

(44)导入“新传送杆”,添加重合配合与同轴心配合,使其与“Part2”之间的位置如图5-237所示。

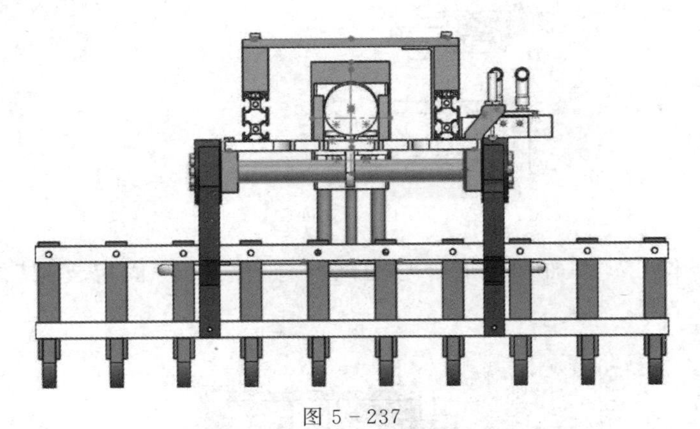

图 5-237

(45)导入“轴承盖”,添加重合配合与同轴心配合,使其与“抓子装配体”“新传送杆”之间的位置如图 5-238 所示。

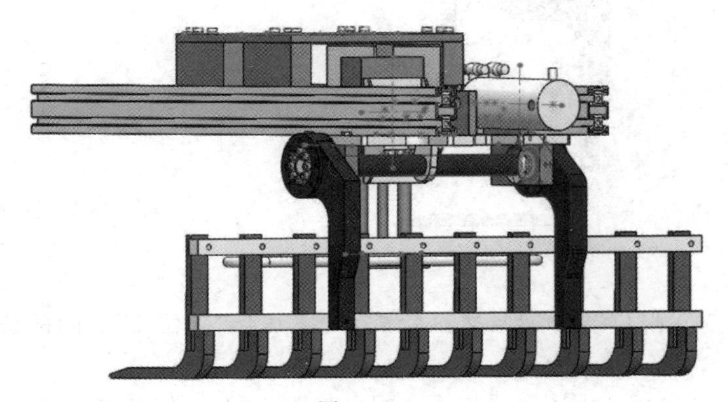

图 5-238

(46)导入“轴承 1”,添加重合配合与同轴心配合,使其与“Part2”“新传送杆”之间的位置如图 5-239 所示。

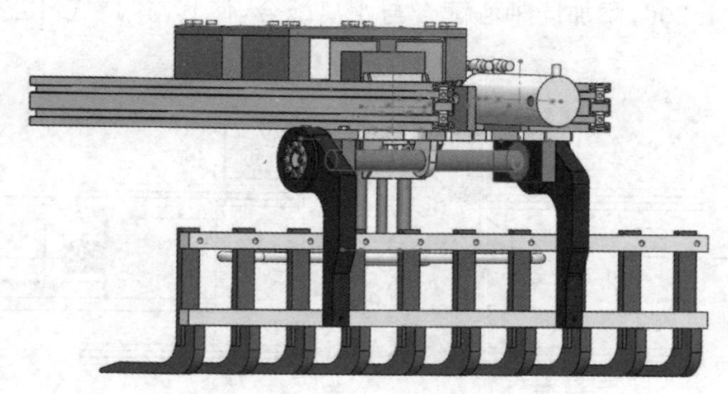

图 5-239

(47)通过基准面 8 将装配好的“轴承盖”和“轴承”镜向。

(48)导入“8.30”,添加重合配合与同轴心配合,确定其与“板子”之间的位置。再使用线性阵列(距离为 50 mm)共做出 3 个,然后通过基准轴 8 镜向。最终 6 个“8.30”零件的位置如图 5-240 所示。

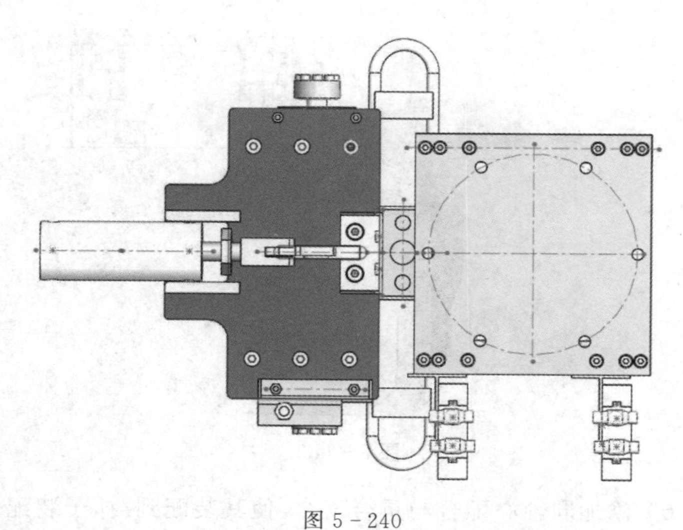

图 5-240

(49)导入“xiaoding”,添加两次重合配合,使其与“1,气缸连接头”之间的位置如图 5-241所示。

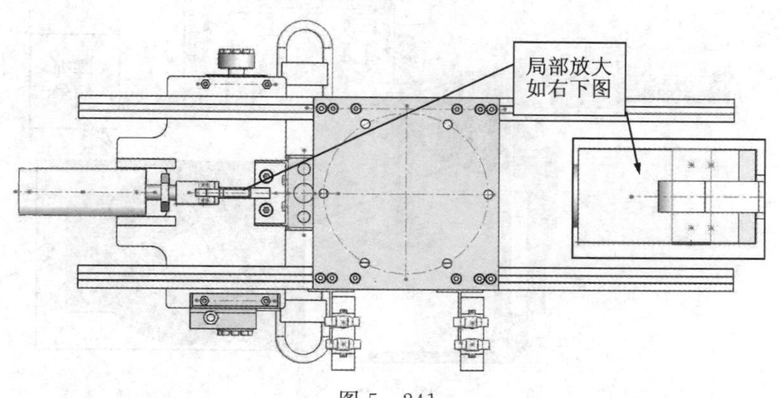

图 5-241

(50)导入两个“4.20”,添加同轴心配合与距离配合,使其与“1,气缸连接头”之间的位置如图 5 - 242 所示。

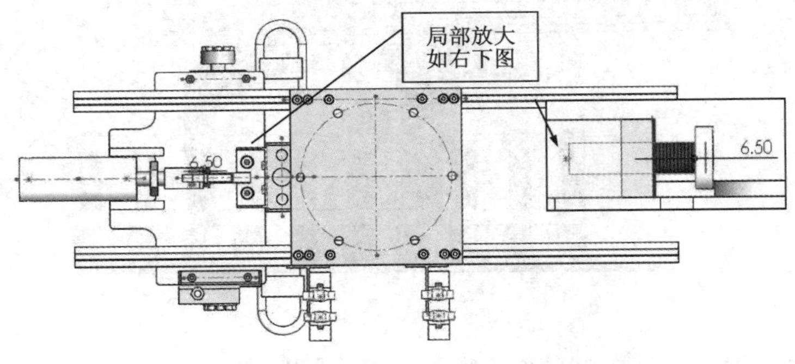

图 5 - 242

(51)导入两个“14.32”,添加两次重合配合,使其与“1,气缸固定支板”之间的位置如图 5 - 243所示。(两个“14.32”的装配方式相同。)

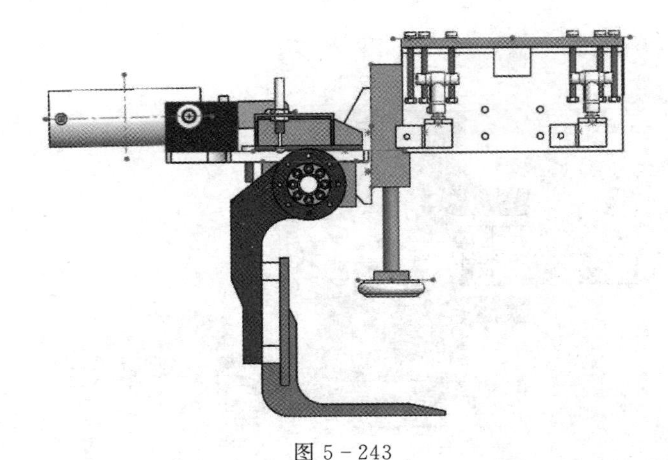

图 5 - 243

(52)导入“6.30”,添加同轴心配合与重合配合,使其装配到“抓子装配体”上,然后选择圆周阵列(360°、8 个),再基于基准轴 8 镜向阵列后的 8 个“6.30”。最终结果如图 5 - 244 所示。

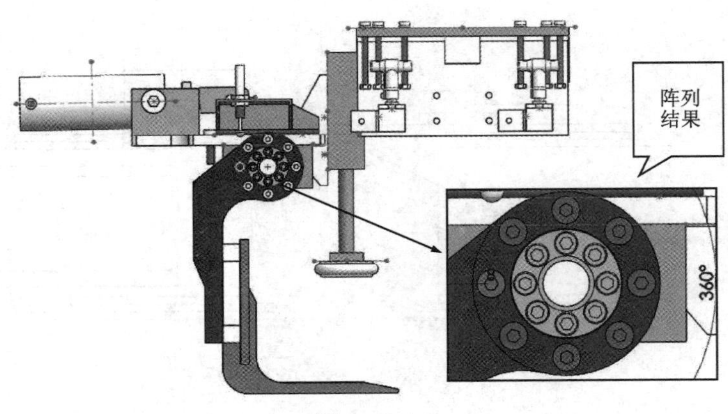

图 5 - 244

(53)导入两个“6.9”,添加同轴心配合与重合配合,使其与“阀体装配图”之间的位置如图 5-245 所示。(两个“6.9”的装配方式一致。)

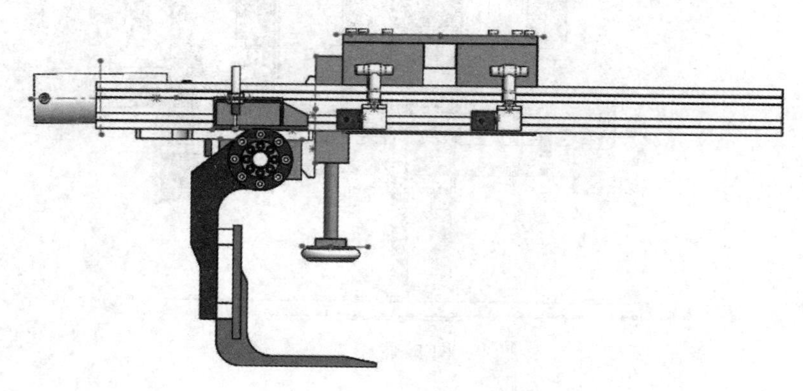

图 5-245

(54)重复上一步,使另外两个“6.9”与“阀体装配图”之间的位置如图 5-246 所示。

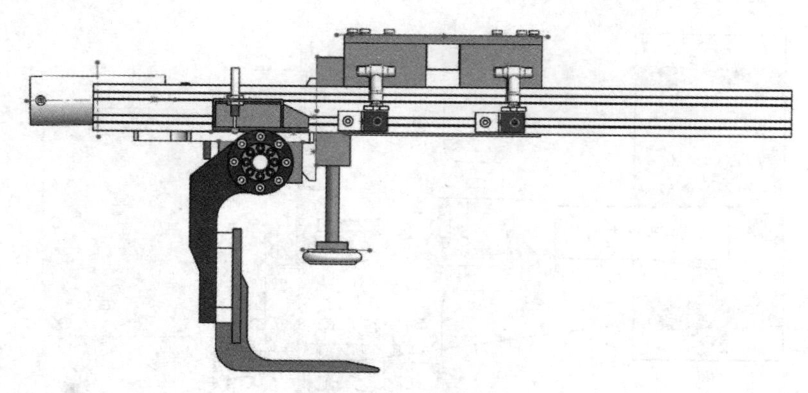

图 5-246

(55)导入 4 个“M6LUOMAO”,添加同轴心配合与重合配合,使其与“6.9”“3060 855”之间的位置如图 5-247 所示。(4 个“M6LUOMAO”的装配方式一致。)

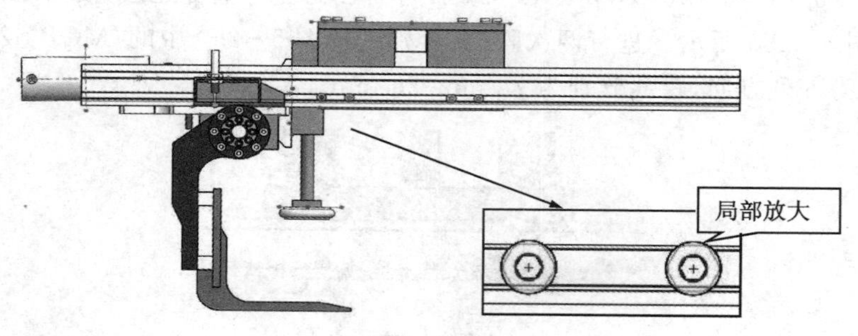

图 5-247

(56)导入 4 个“5.11”,添加同轴心配合与重合配合,使其与“阀体装配图”之间的位置如图 5-248 所示。(4 个“5.11”的装配方式一致。)

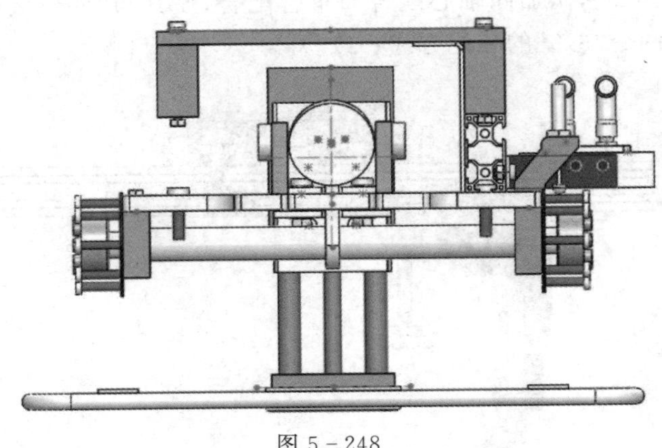

图 5-248

(57)导入 4 个“3.11”,添加同轴心配合与重合配合,使其与“阀体装配图”之间的位置如图 5-249 所示。(4 个“3.11”的装配方式一致。)

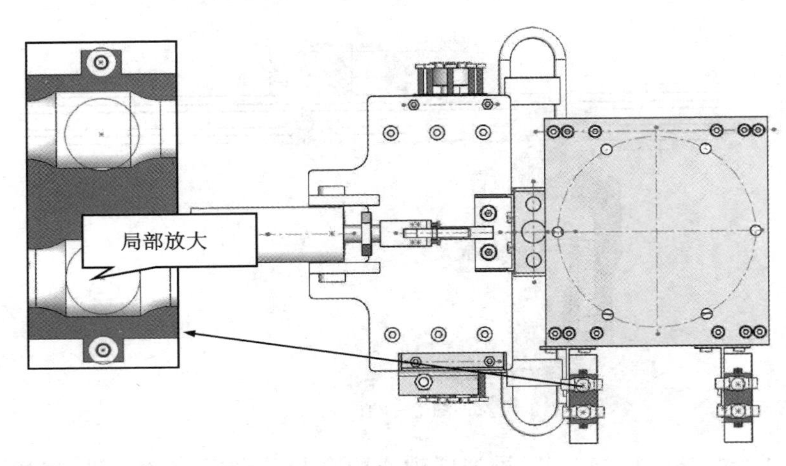

图 5-249

(58)导入“6.24”和“M6LUOMAO”,添加同轴心配合与重合配合,使其之间与“压圈”之间的位置如图 5-250 所示。进行两次阵列,分别选择图 5-250 中的“MGPM25-100Z 气缸杆”的两条边为阵列方向,距离分别为 78 mm、26 mm。

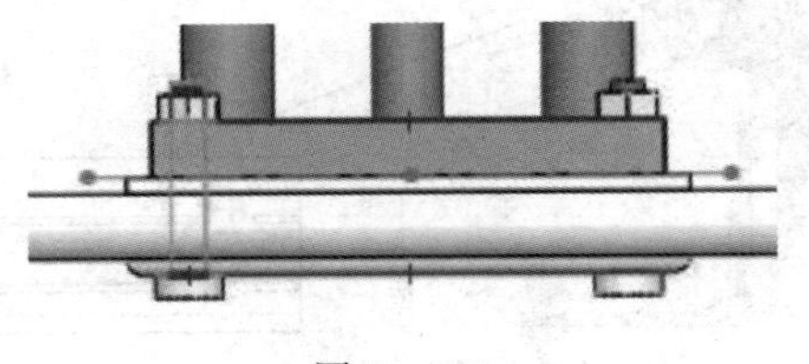

图 5-250

(59)导入两个“6.30”,添加同轴心配合与重合配合,使其与“抓子装配体”之间的位置如图 5-251 所示。再进行线性阵列,距离为 80 mm,方向如图 5-251 所示。

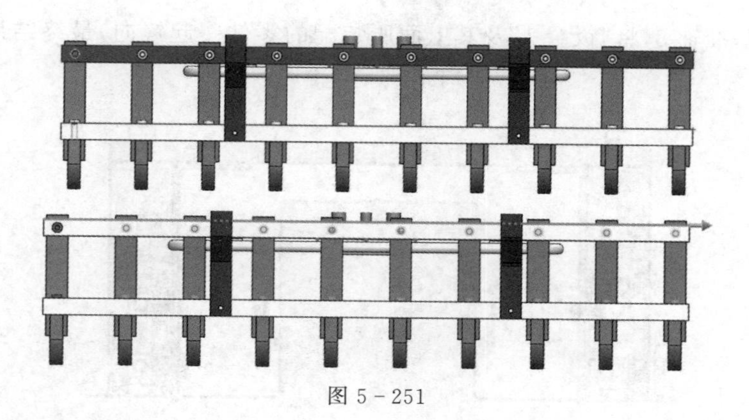

图 5-251

(60)导入两个“5.40”,添加同轴心配合与重合配合,使其与“抓子装配体”之间的位置如图 5-252 所示。再进行线性阵列,距离为 338 mm,方向如图 5-252 所示。

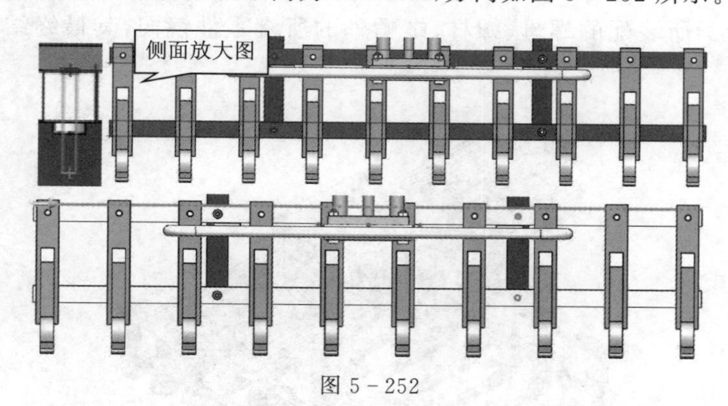

图 5-252

(61)导入“6.9”和“M6LUOMAO”,添加同轴心配合与重合配合,使其与“钣金 1”“3060 855”之间的位置如图 5-253 所示。再进行阵列,方向 1 的距离为 60 mm,4 个,方向 2 的距离为 30 mm,2 个。

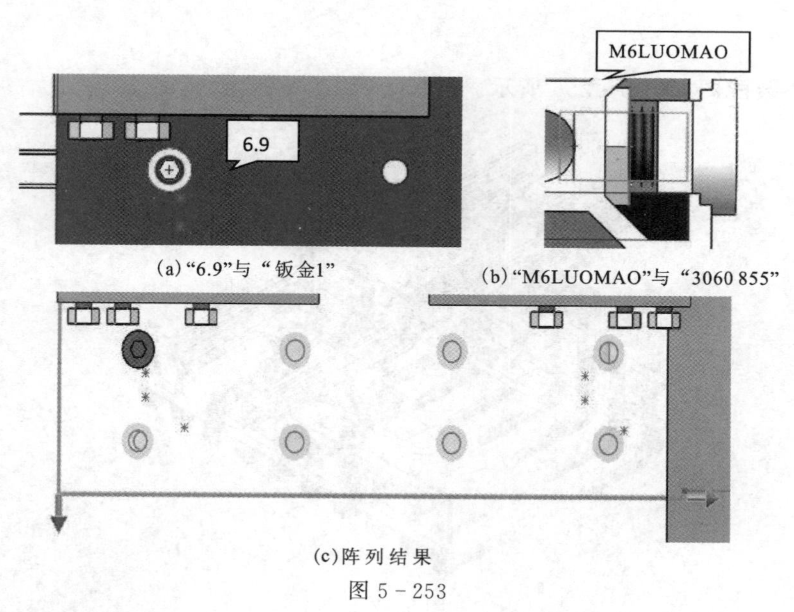

(a)“6.9”与“钣金1”

(b)“M6LUOMAO”与“3060 855”

(c)阵列结果

图 5-253

(62)基于基准轴 8,将“钣金 1”及其上面所装配的零件一起镜向,最终结果如图 5－254 所示。

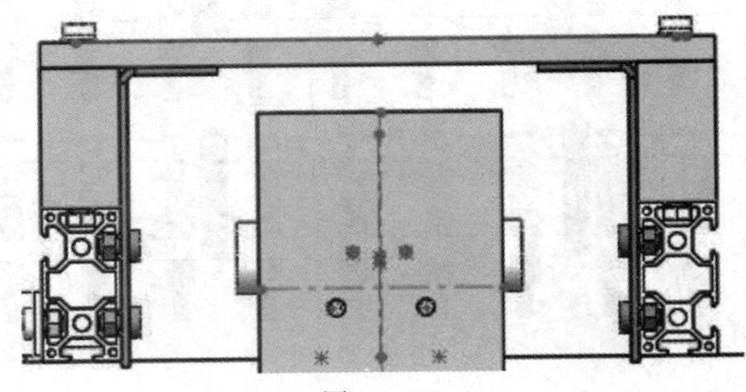

图 5－254

(63)基于基准轴 9,将除“3060 855”“钣金 1”“块 4”“阀体装配图”“固定支架”“限位 1”“10 限位”及其上面所装配的螺母、螺杆、螺帽外的所有零件镜向,其最终结果如图 5－255 所示。

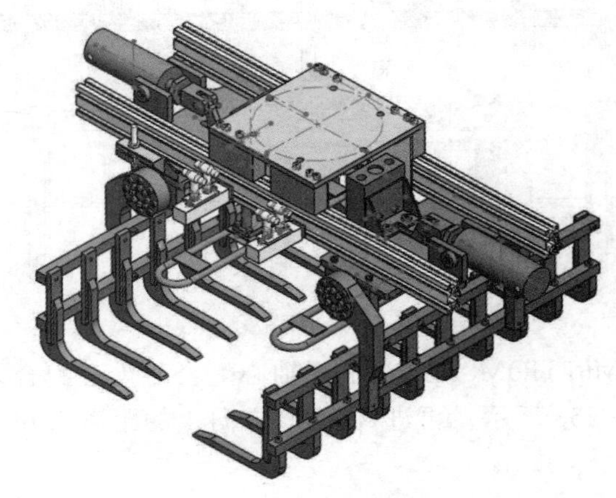

图 5－255

(64)最终装配图如图 5－256 所示。

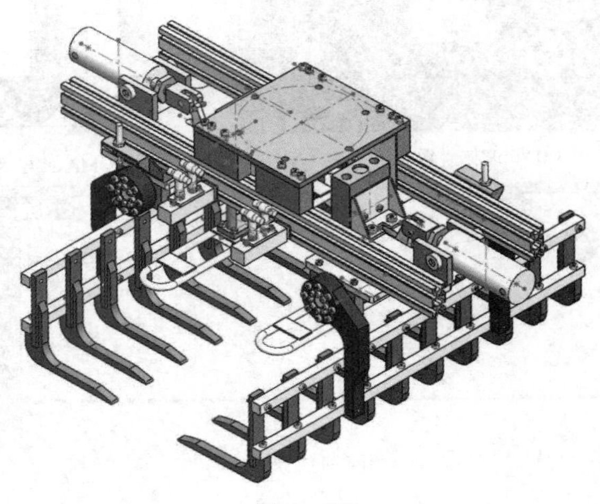

图 5－256

习题五

5.1 根据图 5-257 所示的机器人末端夹爪实物,设计三维模型。

5.2 根据图 5-258 所示的机器人末端吸盘实物,设计三维模型。

5.3 图 5-259 是一款搬运机器人夹吸一体末端,请完成三维设计。

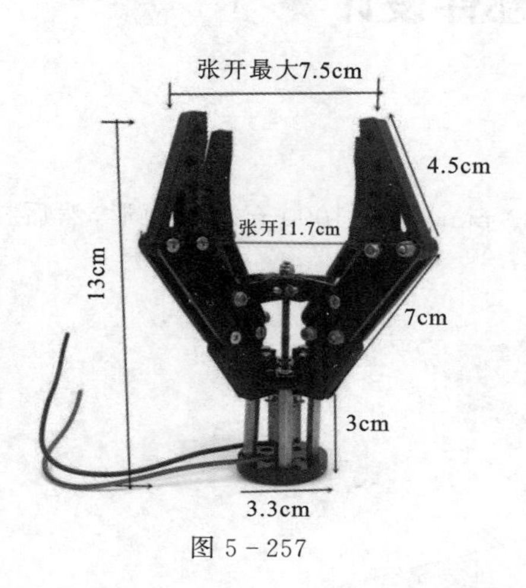

图 5-257

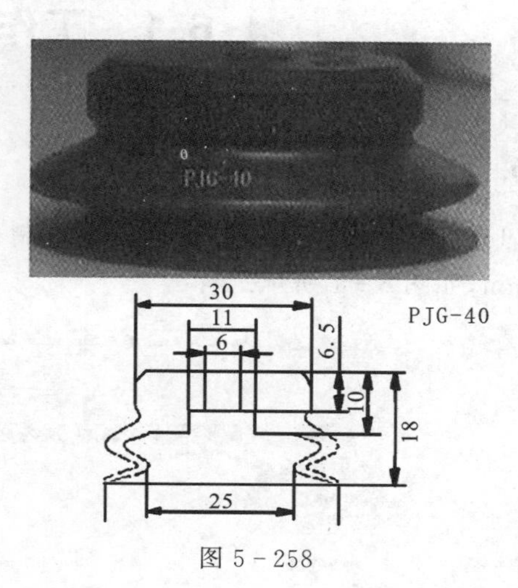

图 5-258

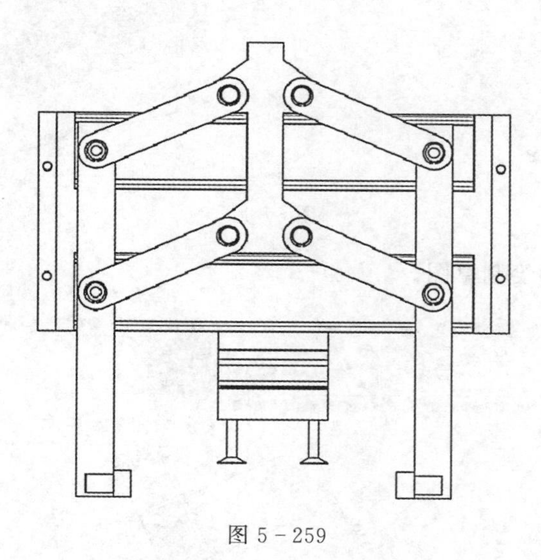

图 5-259

项目六 机器人系统工作站设计

6.1 工作站零部件设计

6.1.1 零部件工作台

(1)创建一个建模文件,在草图中绘制长为 3280 mm、宽为 1000 mm 的矩形,然后拉伸 850 mm,如图 6-1 所示。

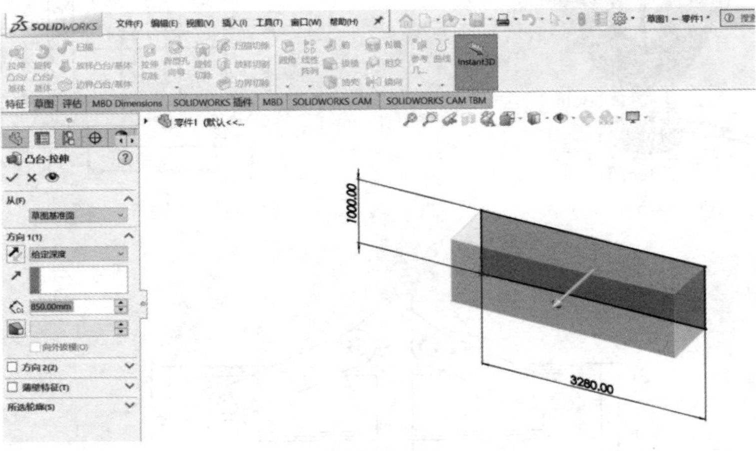

图 6-1

(2)如图 6-2 所示,绘制草图。

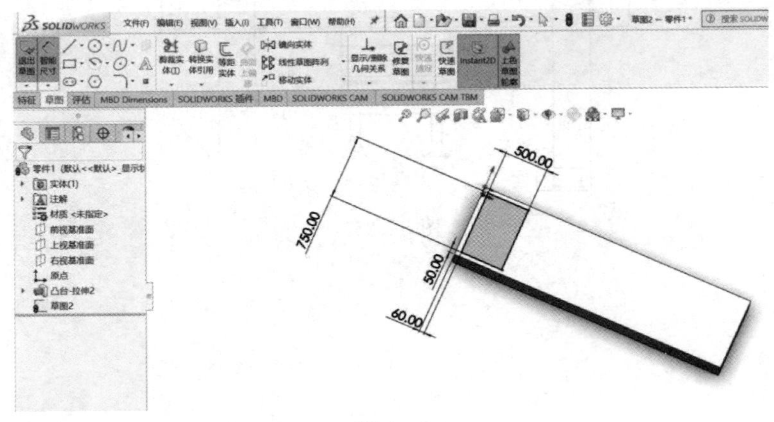

图 6-2

(3)如图 6-3 所示,进行线性阵列,数量为 5 个。

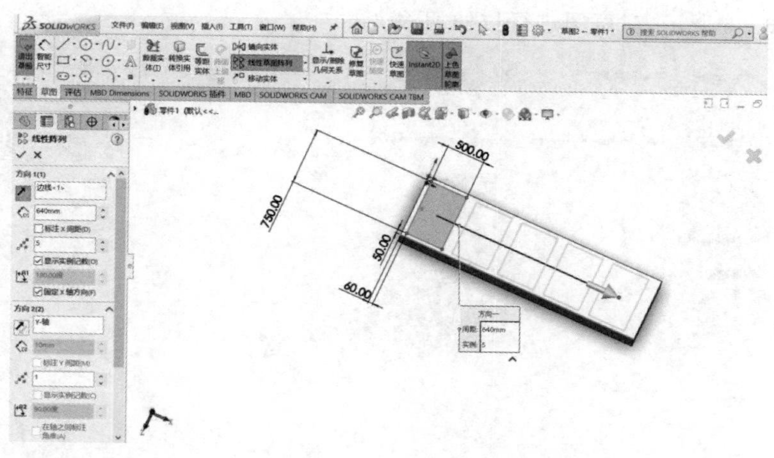

图 6-3

(4)进行拉伸切除,如图 6-4 所示。

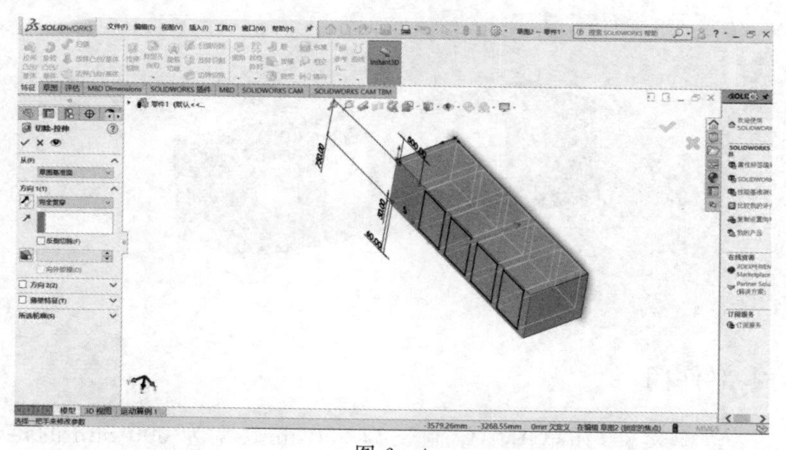

图 6-4

(5)如图 6-5 所示,选择图中的面绘制草图。

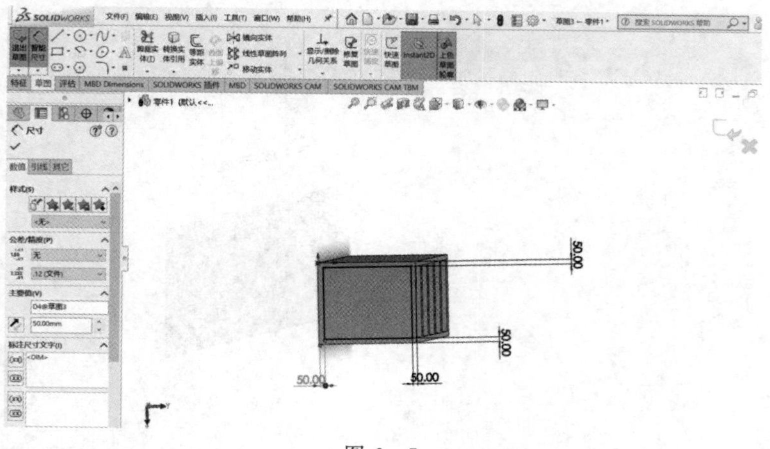

图 6-5

(6)如图 6-6 所示,对草图进行拉伸切除。

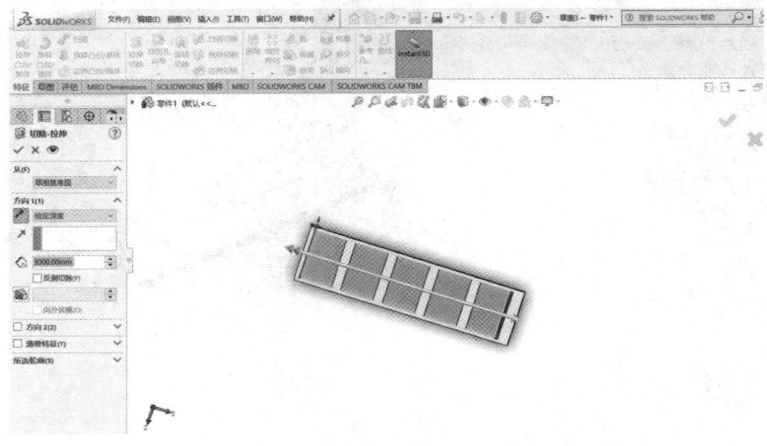

图 6-6

(7)如图 6-7 所示,设计完成。

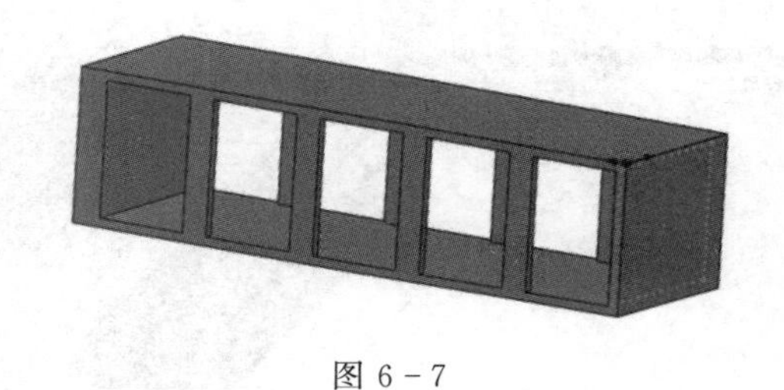

图 6-7

6.1.2 零部件门

(1)创建一个建模文件,在草图中绘制长为 750 mm、宽为 600 mm 的矩形,然后拉伸 10 mm,如图 6-8 所示。

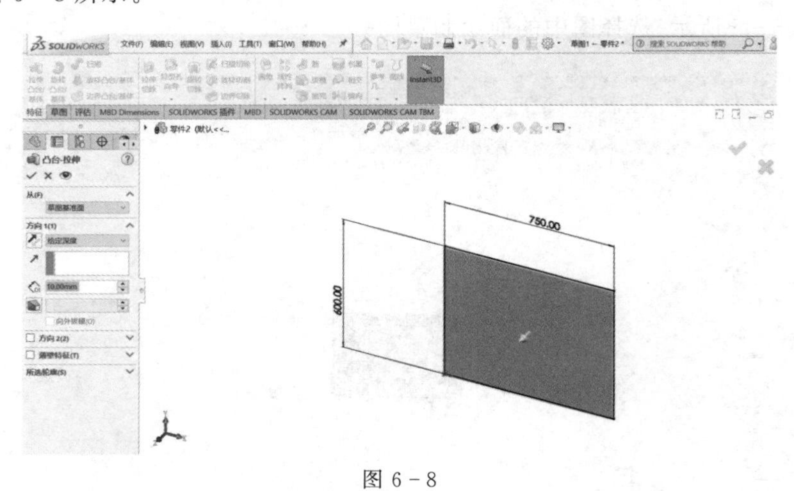

图 6-8

(2)如图 6-9 所示,选择图中的面,绘制草图。

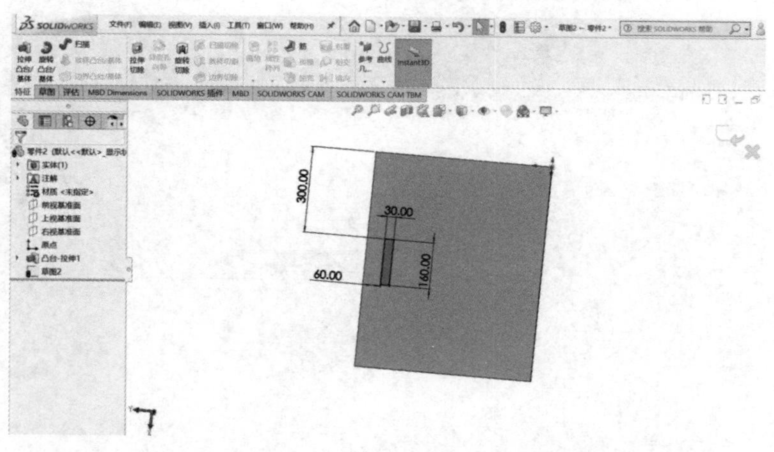

图 6－9

(3)如图 6－10 所示,将草图拉伸 45 mm。

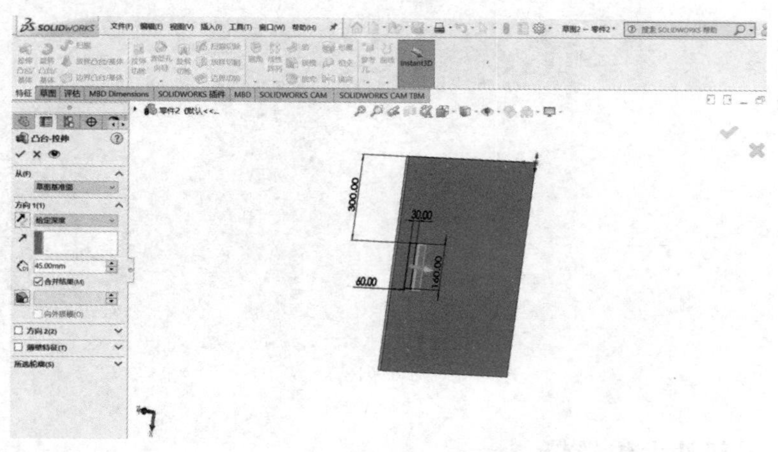

图 6－10

(4)在侧面绘制草图,如图 6－11 所示。

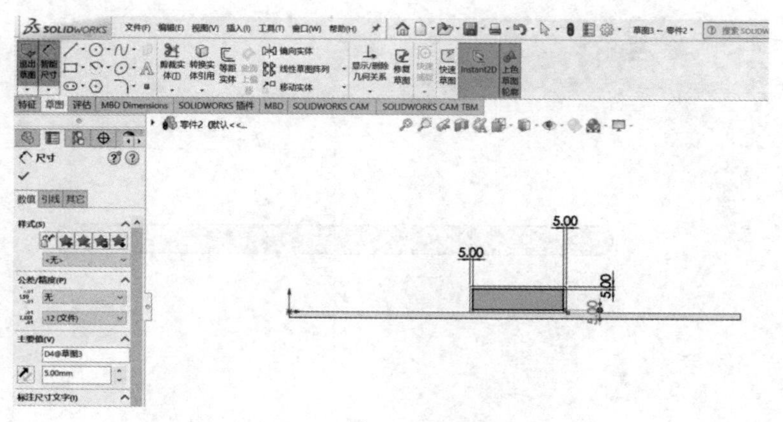

图 6－11

(5)进行拉伸切除,如图 6－12 所示。

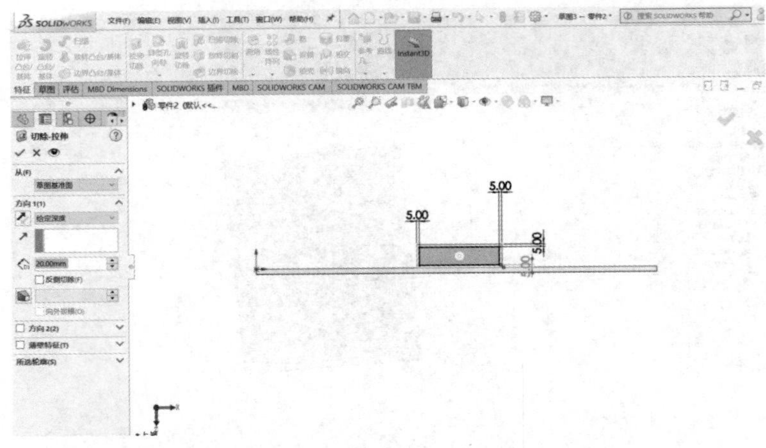

图 6 - 12

(6)制作完成,如图 6 - 13 所示。

图 6 - 13

6.1.3 零部件大传送带

(1)创建一个建模文件,在草图绘制环境中绘制草图,如图 6 - 14 所示。

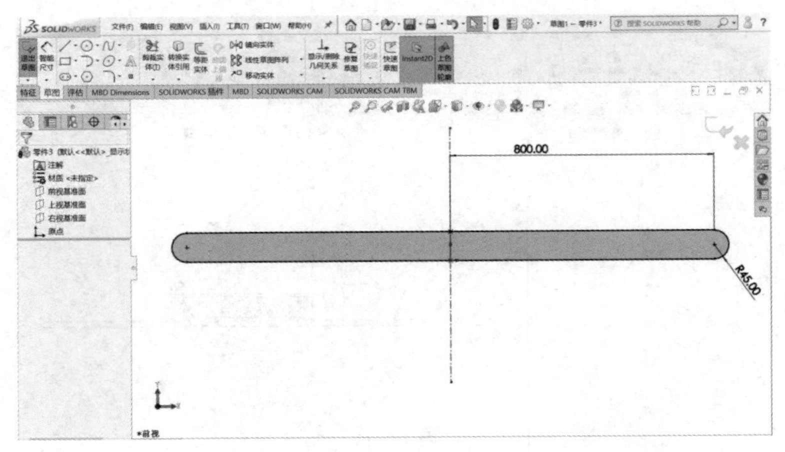

图 6 - 14

(2)拉伸草图,如图 6－15 所示。

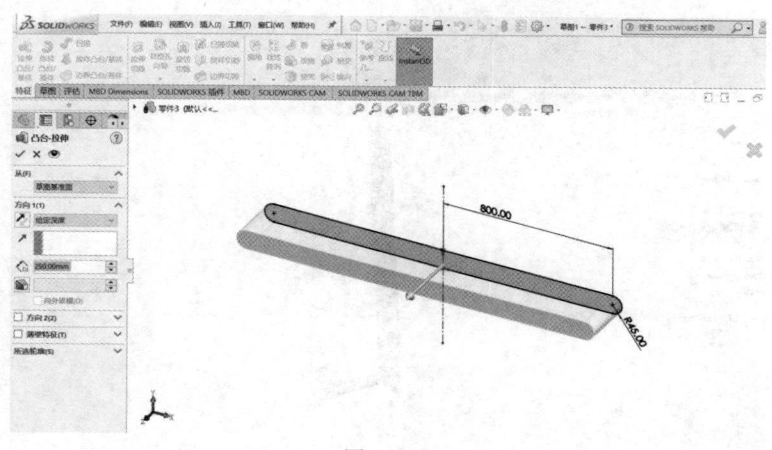

图 6－15

(3)选择图 6－16 所示的面,绘制草图。

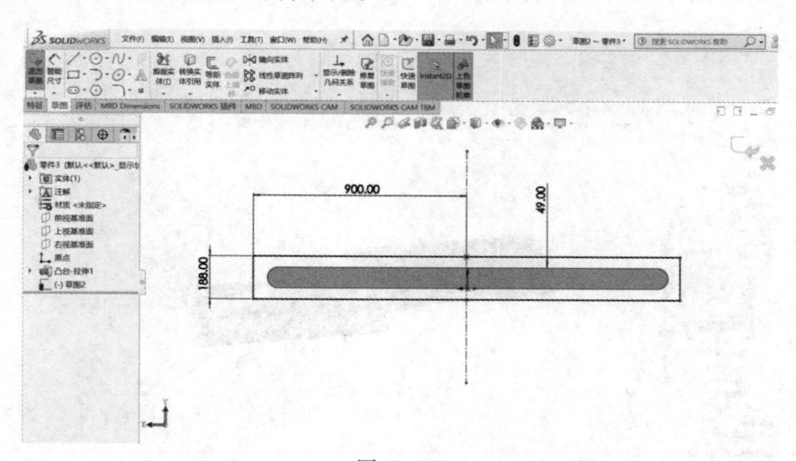

图 6－16

(4)如图 6－17 所示,拉伸草图。

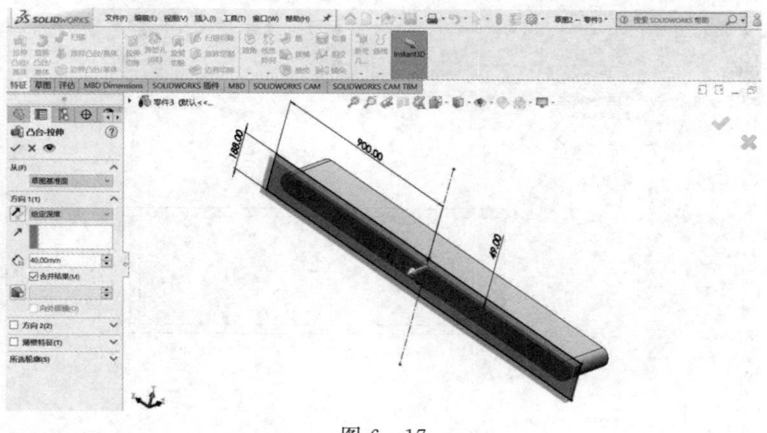

图 6－17

(5)如图 6－18 所示，进行镜向。

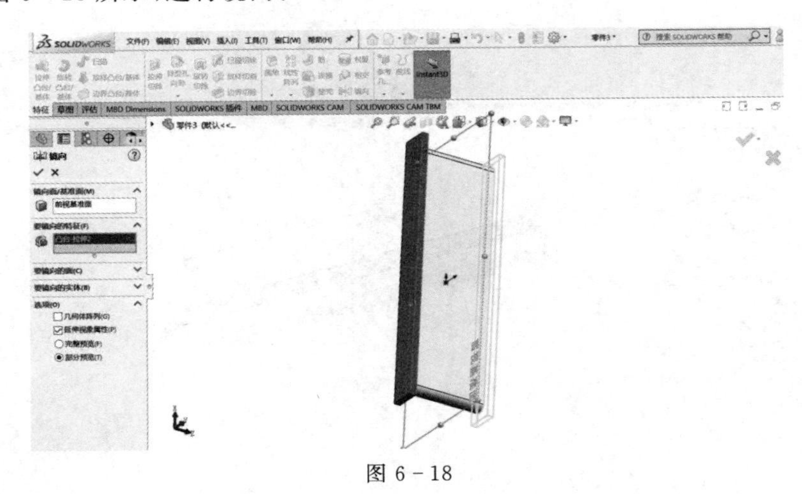

图 6－18

(6)如图 6－19 所示，执行圆角操作。

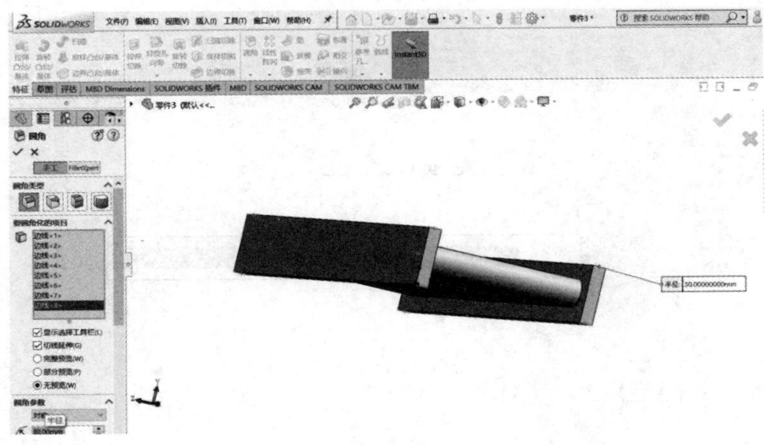

图 6－19

(7)如图 6－20 所示，绘制草图。

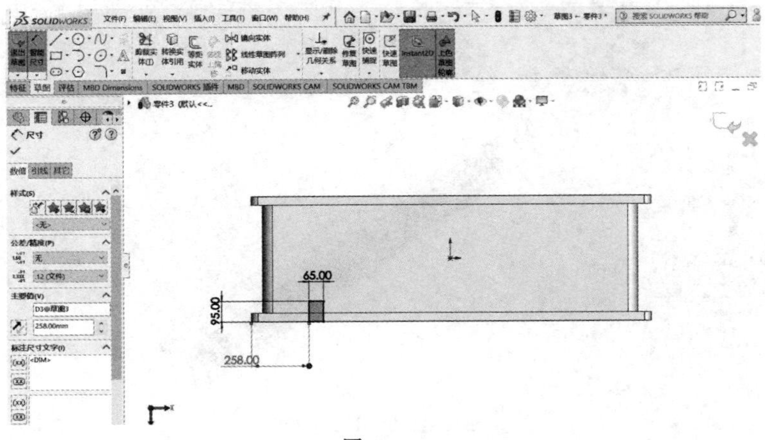

图 6－20

(8)如图 6 - 21 所示,对草图拉伸。

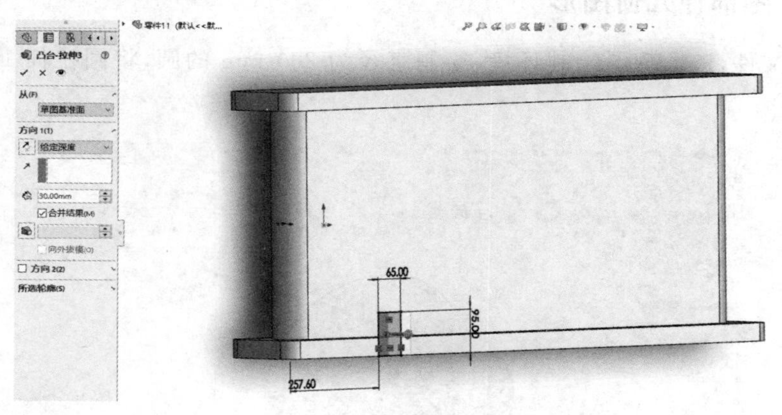

图 6 - 21

(9)如图 6 - 22 所示,执行圆角操作。

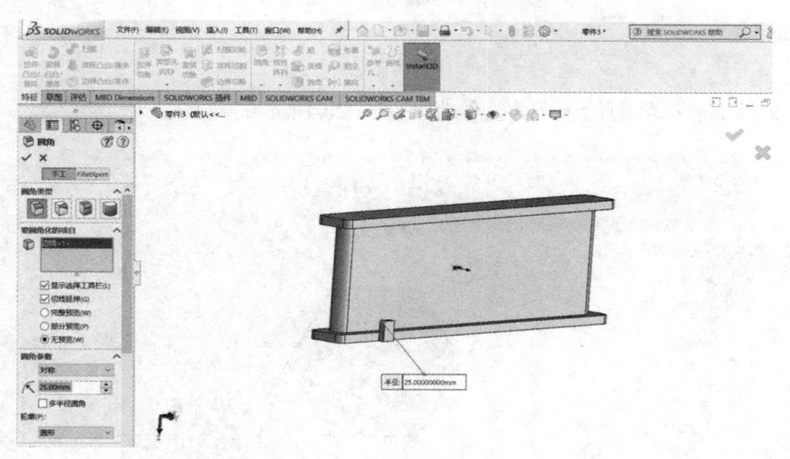

图 6 - 22

(10)如图 6 - 23 所示,设计完成。

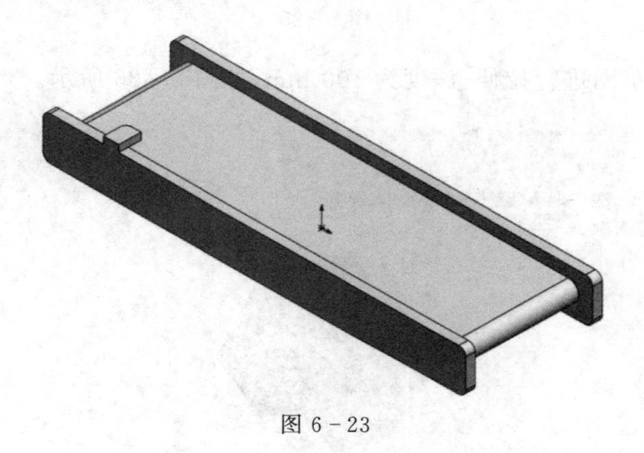

图 6 - 23

6.1.4　零部件几何图形

(1)创建文件,进入草图绘制环境,绘制直径为 200 mm 的圆,将圆拉伸 100 mm,如图 6－24所示。

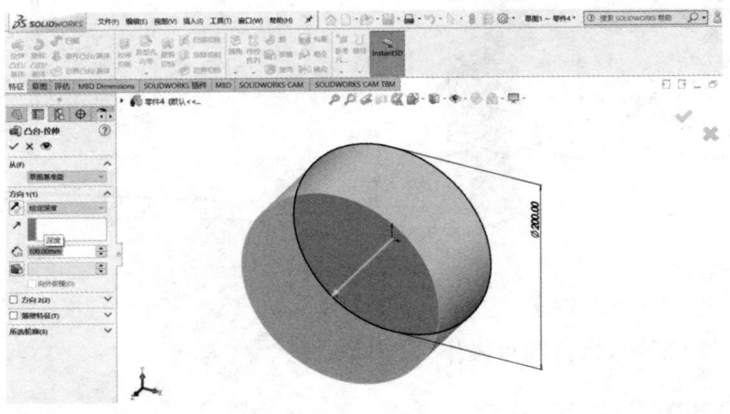

图 6－24

(2)创建文件,进入草图绘制环境,绘制图 6－25 所示的草图。

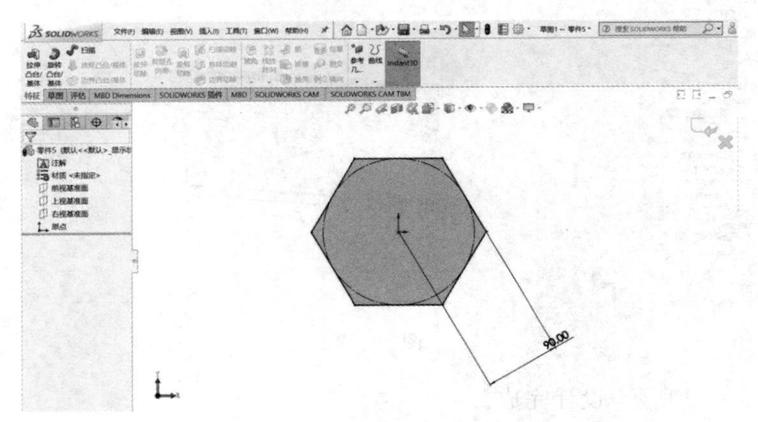

图 6－25

(3)对刚绘制的草图进行拉伸,深度为 100 mm,如图 6－26 所示。

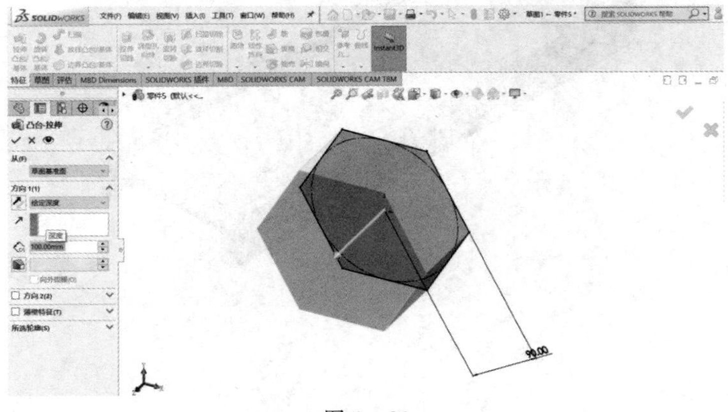

图 6－26

(4)创建文件,进入草图绘制环境,绘制长 220 mm、宽 180 mm 的矩形,并对其进行拉伸,如图 6-27 所示。

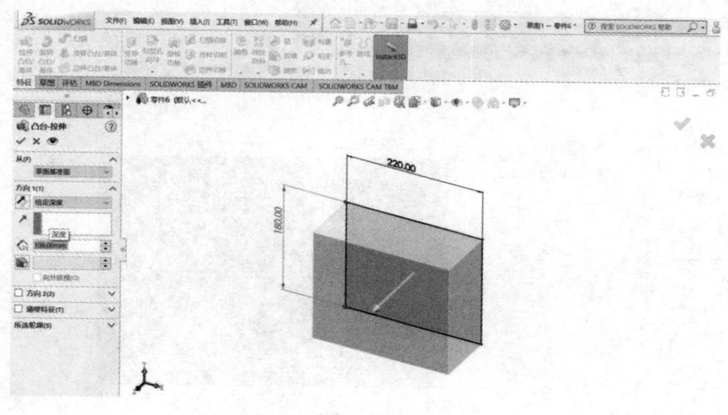

图 6-27

6.1.5 零部件料仓

(1)创建文件,进入草图绘制环境,绘制长 800 mm、宽 540mm 的矩形,并将该矩形拉伸 350 mm,如图 6-28 所示。

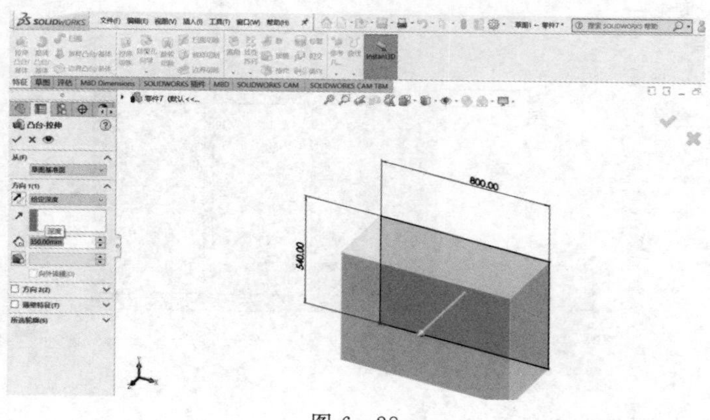

图 6-28

(2)如图 6-29 所示,选择图中的面,绘制草图。

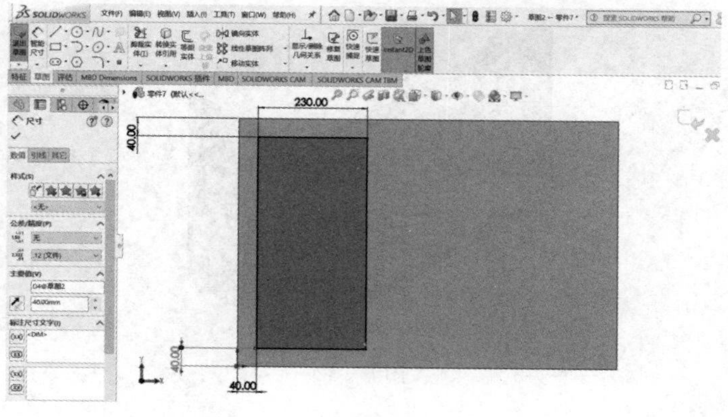

图 6-29

(3)进行线性阵列,如图 6-30 所示。

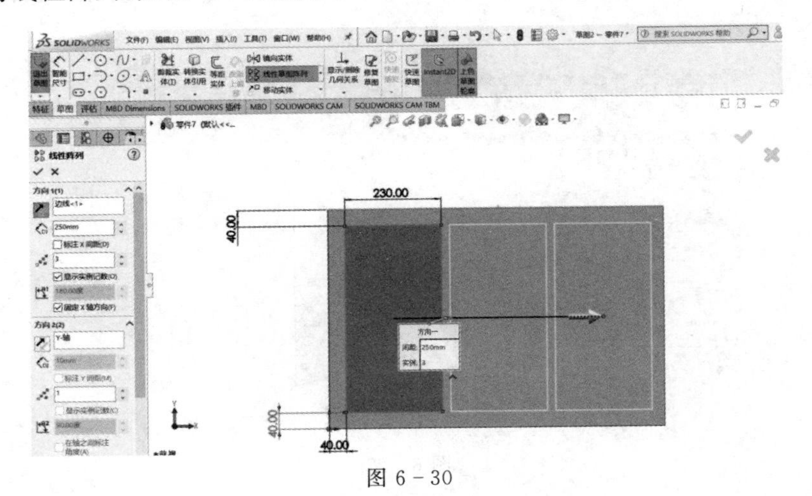

图 6-30

(4)进行拉伸切除,如图 6-31 所示。

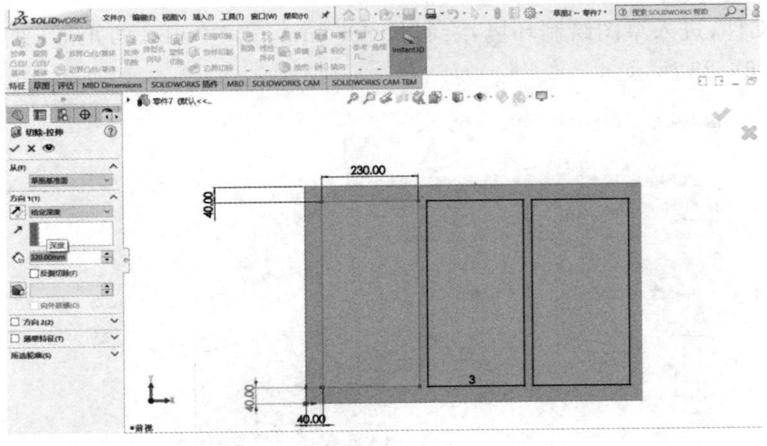

图 6-31

(5)设计完成,如图 6-32 所示。

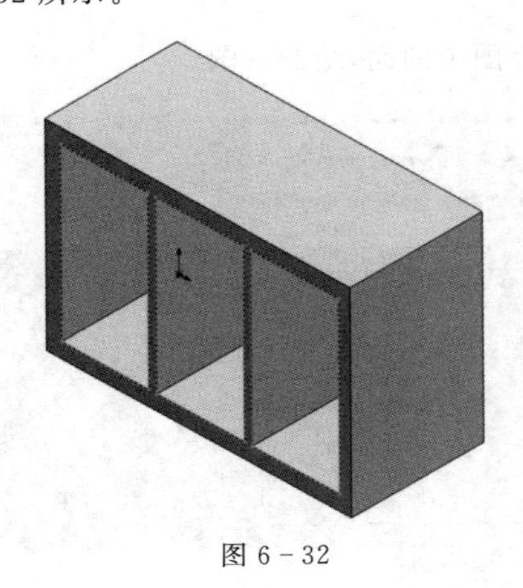

图 6-32

6.1.6 零部件相机

(1)创建文件,进入草图绘制环境,绘制长 2000 mm、宽 100 mm 的矩形,并将该矩形拉伸 50 mm,如图 6-33 所示。

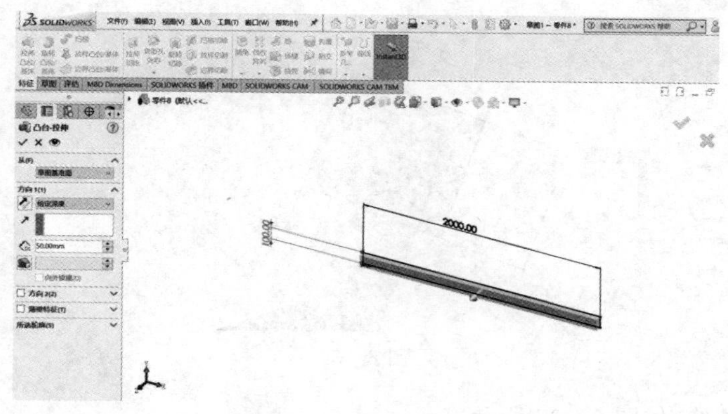

图 6-33

(2)如图 6-34 所示,绘制草图。

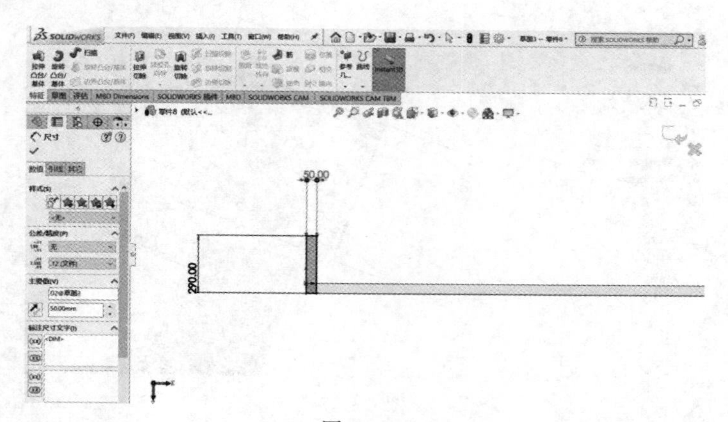

图 6-34

(3)将草图拉伸 100 mm,合并结果,如图 6-35 所示。

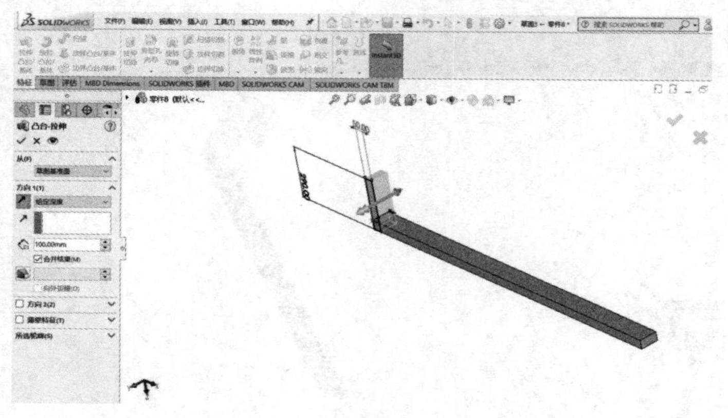

图 6-35

(4)如图 6-36 所示,绘制草图。

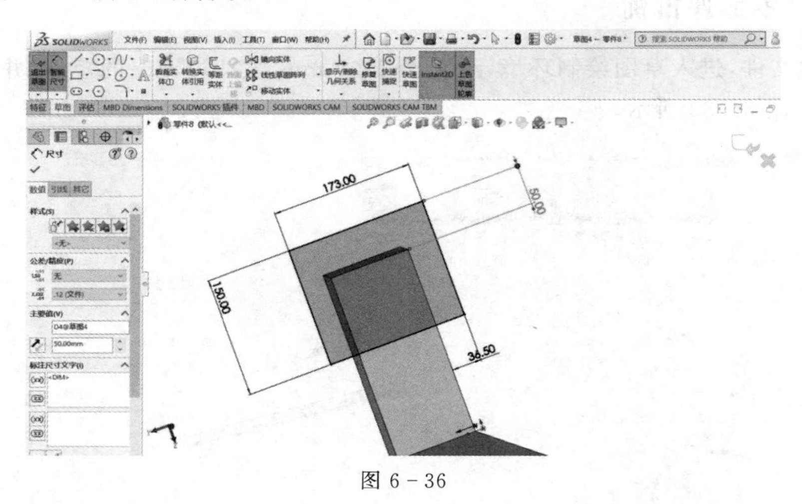

图 6-36

(5)对草图拉伸,如图 6-37 所示。

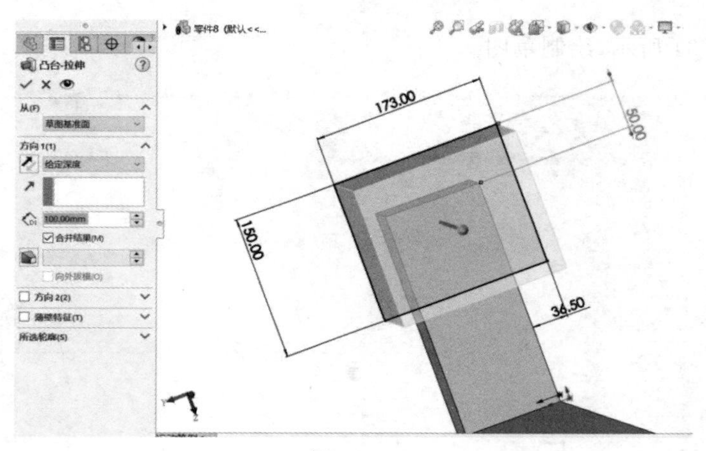

图 6-37

(6)执行圆角操作,如图 6-38 所示。

图 6-38

(7)绘制草图,设置偏置 25 mm,如图 6 - 39 所示。

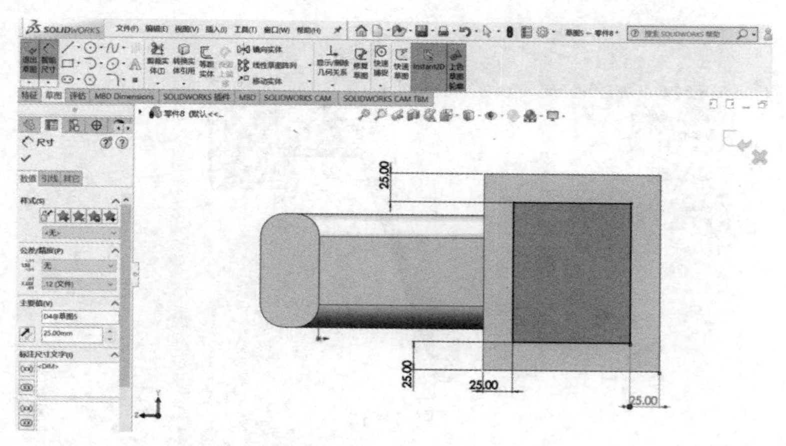

图 6 - 39

(8)将草图拉伸 50 mm,如图 6 - 40 所示。

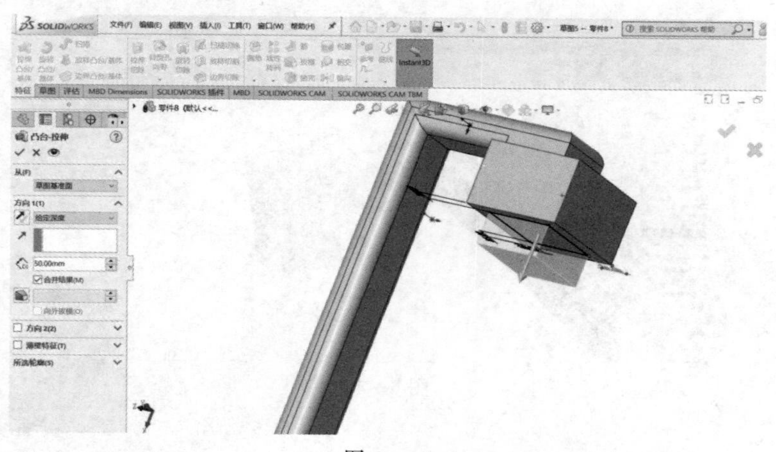

图 6 - 40

(9)绘制草图,圆的直径设置为 70 mm,如图 6 - 41 所示。

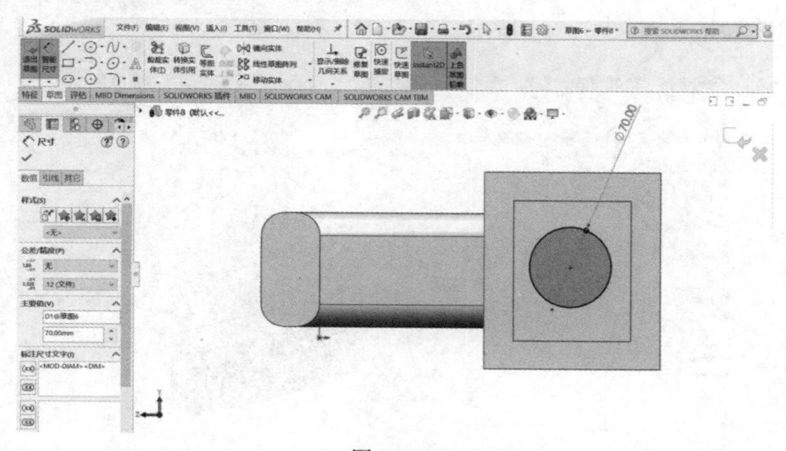

图 6 - 41

(10)对草图拉伸,合并结果,如图 6-42 所示。

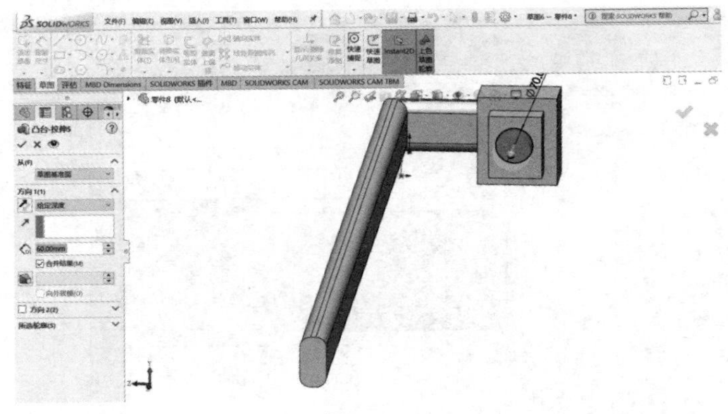

图 6-42

(11)如图 6-43 所示,执行圆角操作。

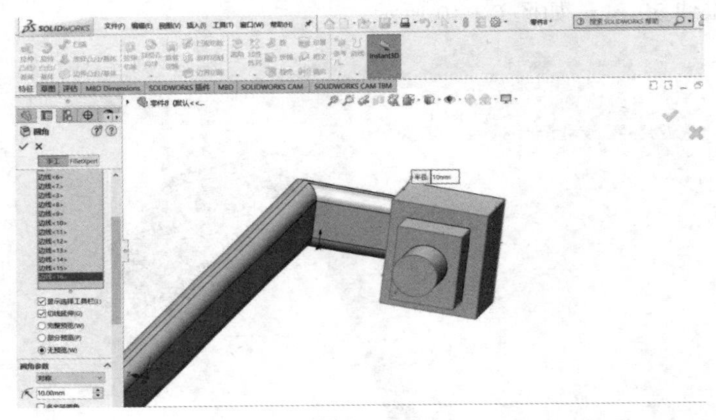

图 6-43

6.1.7 零部件涂胶台

(1)创建一个建模文件,进入草图绘制环境,绘制一个长 950 mm、宽 400 mm 的矩形,并将该矩形拉伸 200 mm,如图 6-44 所示。

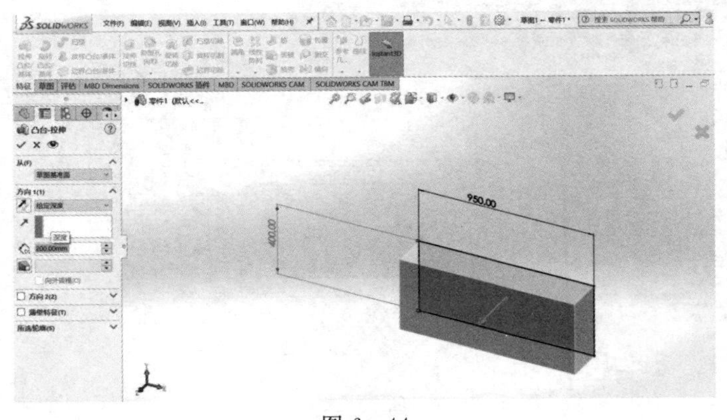

图 6-44

(2)居中绘制草图,如图 6 - 45 所示。

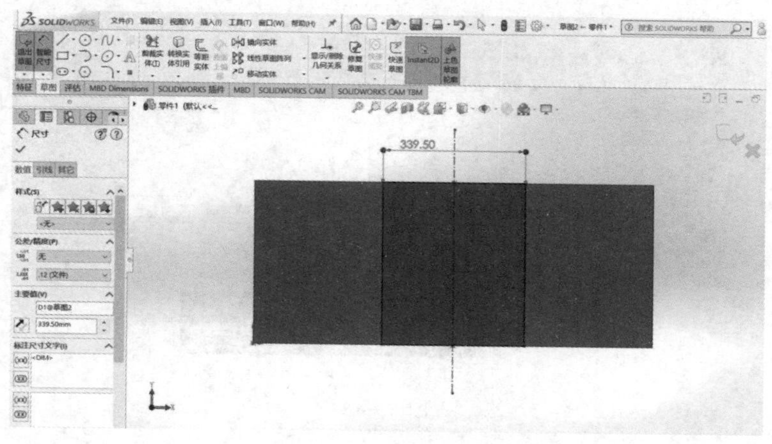

图 6 - 45

(3)将草图拉伸 200 mm,合并结果,如图 6 - 46 所示。

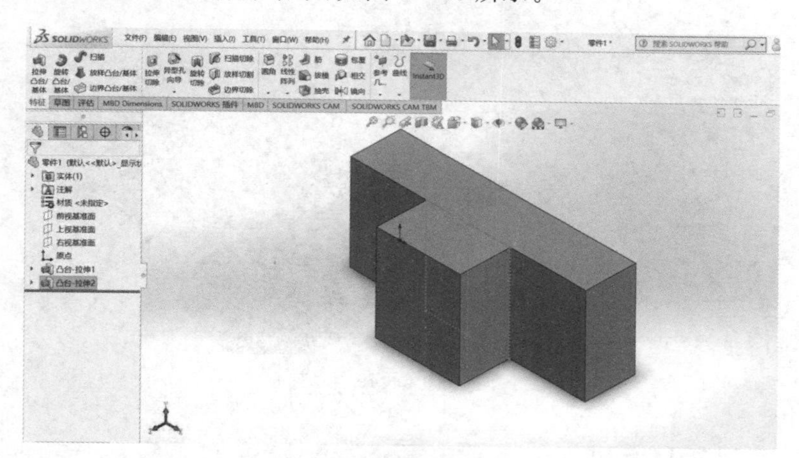

图 6 - 46

(4)如图 6 - 47 所示,执行圆角操作。

图 6 - 47

(5)从侧面绘制草图,如图 6-48 所示。

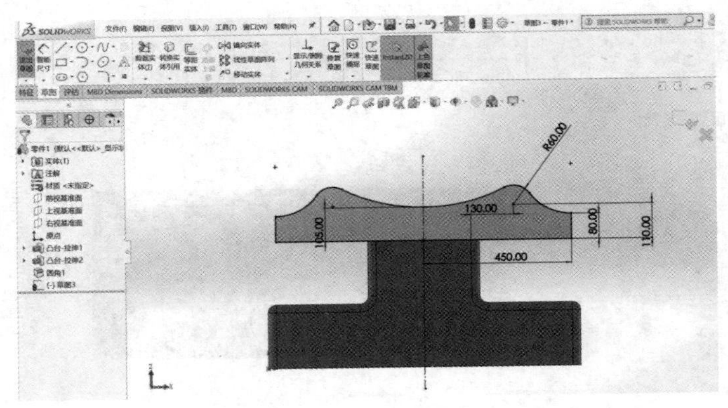

图 6-48

(6)如图 6-49 所示,拉伸草图。

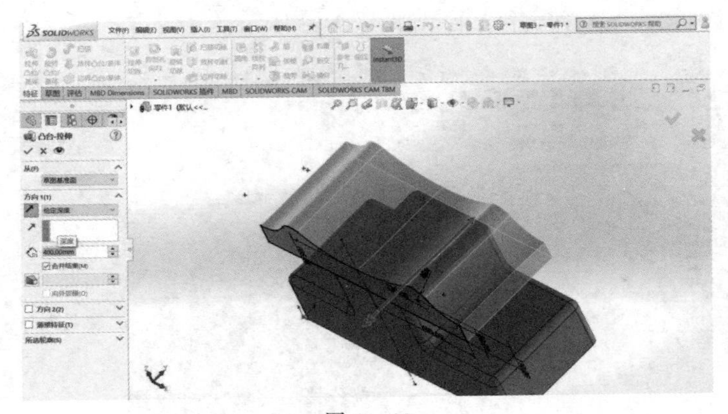

图 6-49

6.1.8 零部件打磨机

(1)创建一个建模文件,进入草图绘制环境,绘制一个长 950 mm、宽 400 mm 的矩形,并将该矩形拉伸 100 mm,如图 6-50 所示。

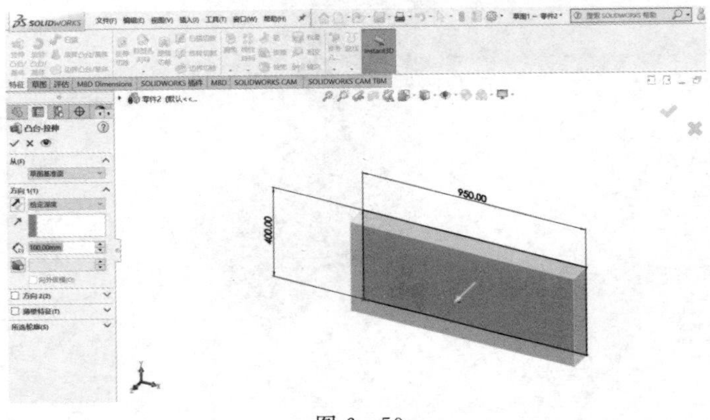

图 6-50

(2)如图 6－51 所示,居中绘制草图。

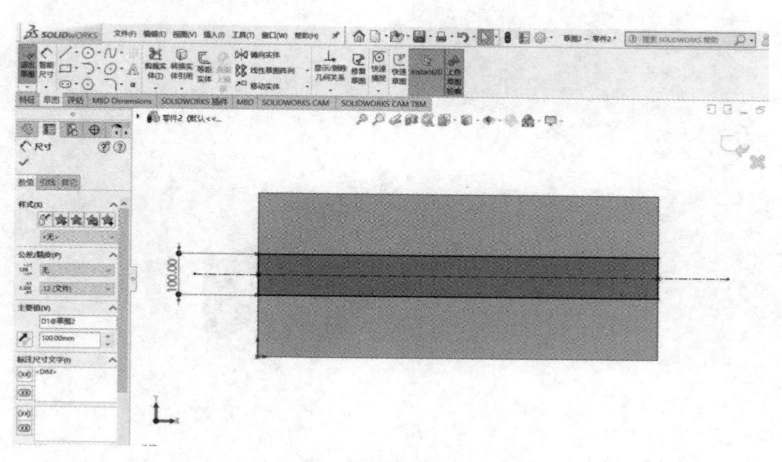

图 6－51

(3)如图 6－52 所示,将草图拉伸 410 mm。

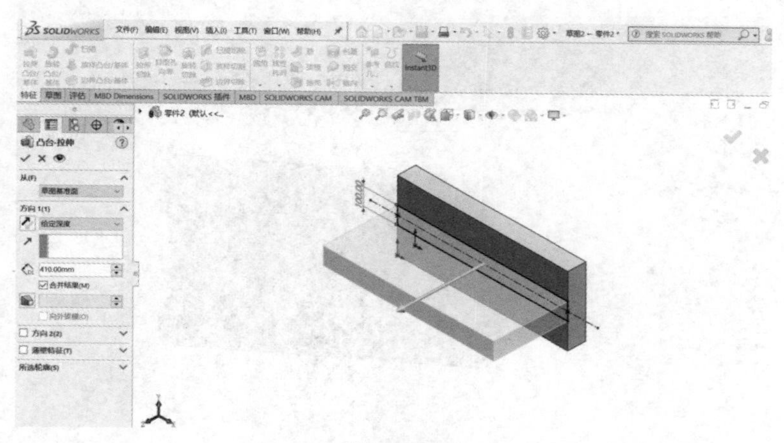

图 6－52

(4)绘制草图,如图 6－53 所示。

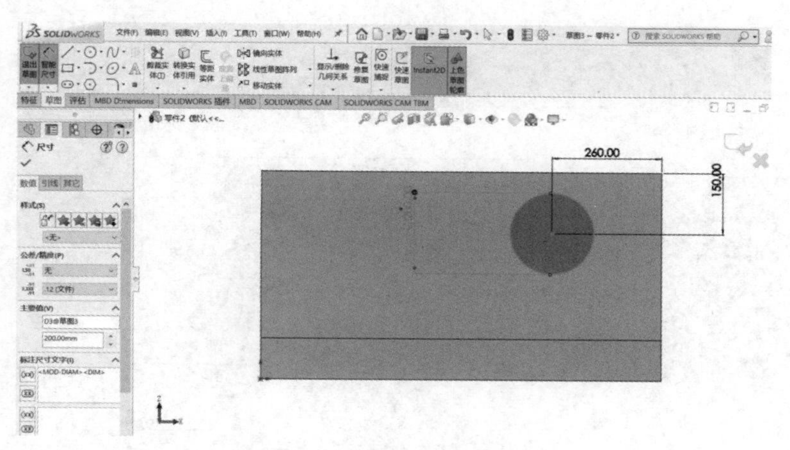

图 6－53

(5)如图 6 - 54 所示，拉伸草图。

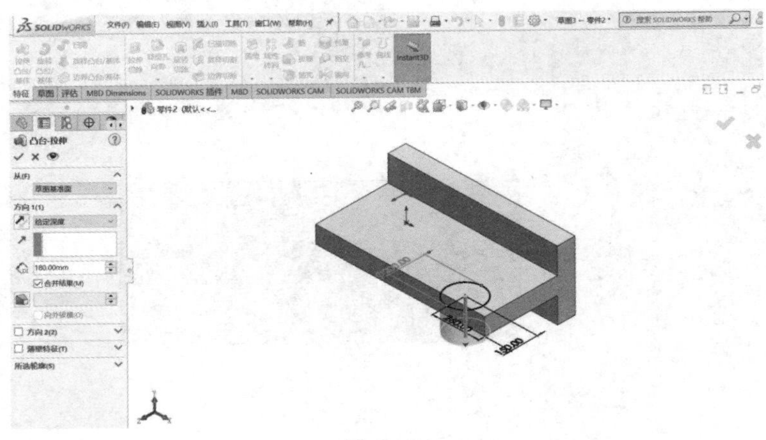

图 6 - 54

(6)如图 6 - 55 所示，设置拉伸偏置为 110 mm。

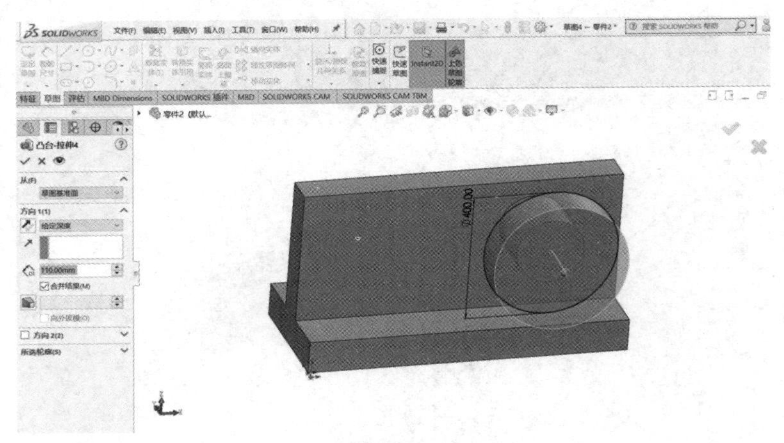

图 6 - 55

(7)如图 6 - 56 所示，绘制草图。

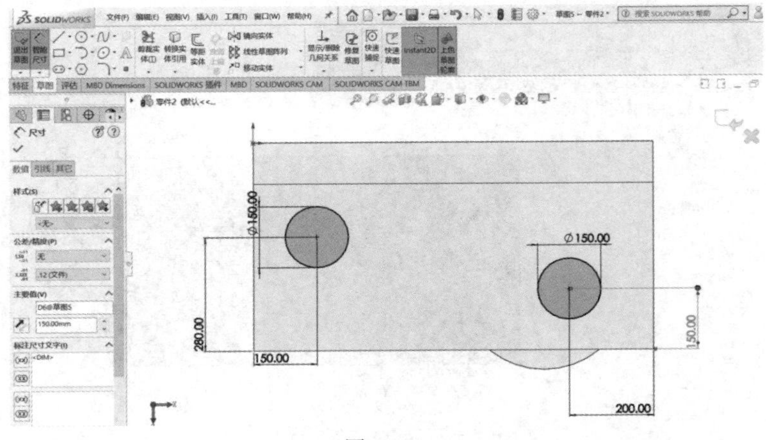

图 6 - 56

(8)如图 6 - 57 所示,拉伸草图并合并结果。

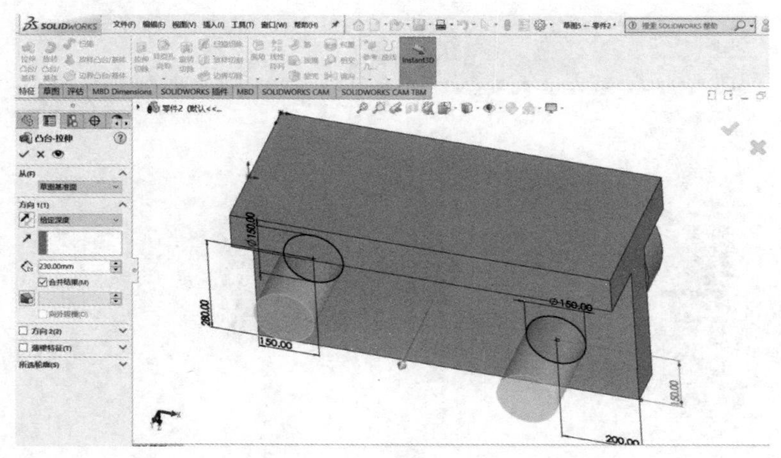

图 6 - 57

(9)如图 6 - 58 所示,绘制草图。

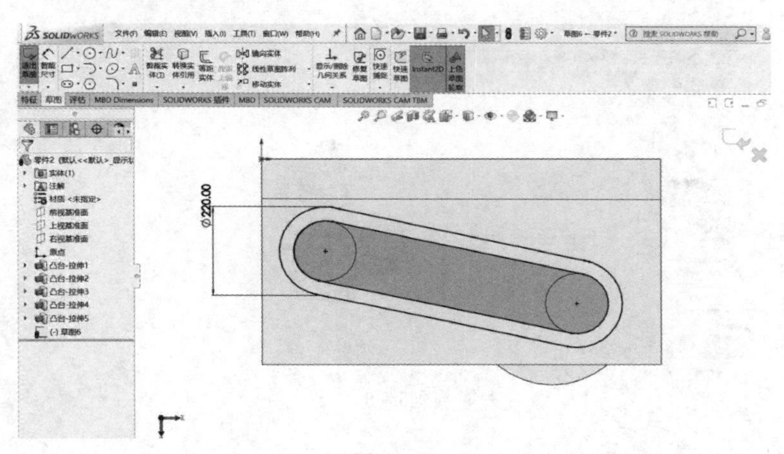

图 6 - 58

(10)如图 6 - 59 所示,拉伸草图。

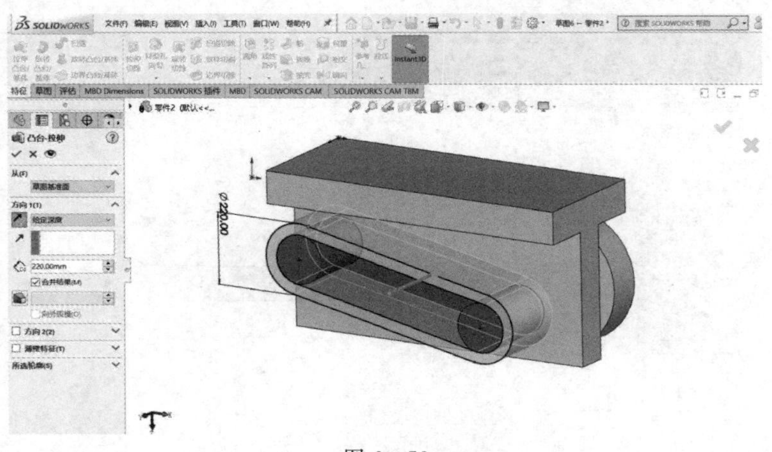

图 6 - 59

(11)如图 6-60 所示,执行圆角操作。

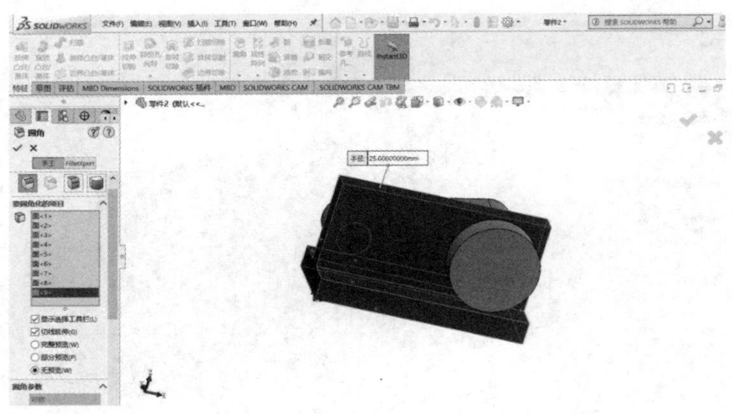

图 6-60

(12)如图 6-61 所示,再次执行圆角操作。

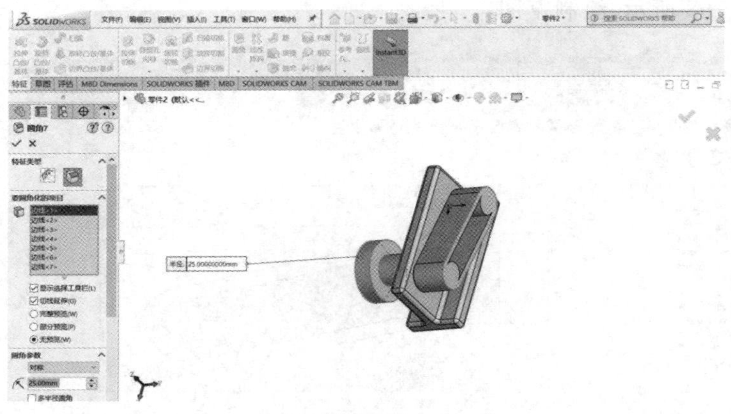

图 6-61

6.1.9 零部件小传送带

(1)创建文件,绘制草图,如图 6-62 所示。

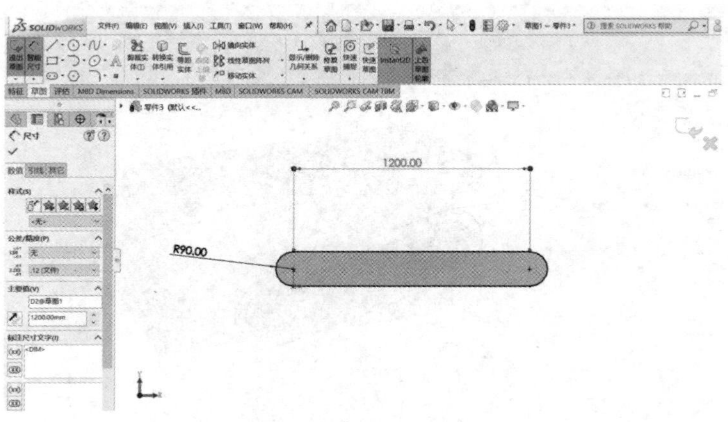

图 6-62

(2)如图 6－63 所示,拉伸草图。

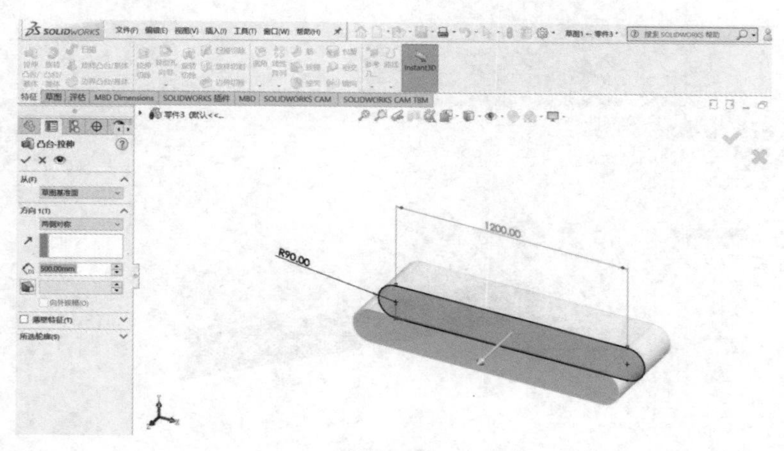

图 6－63

(3)如图 6－64 所示,绘制草图。

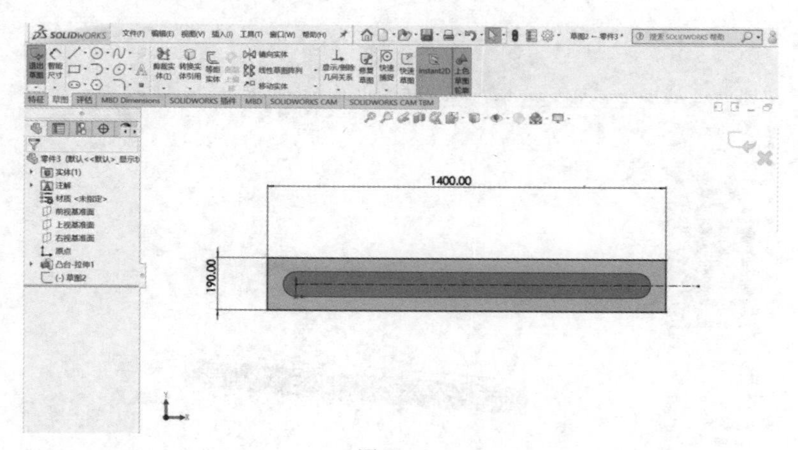

图 6－64

(4)拉伸草图,如图 6－65 所示。

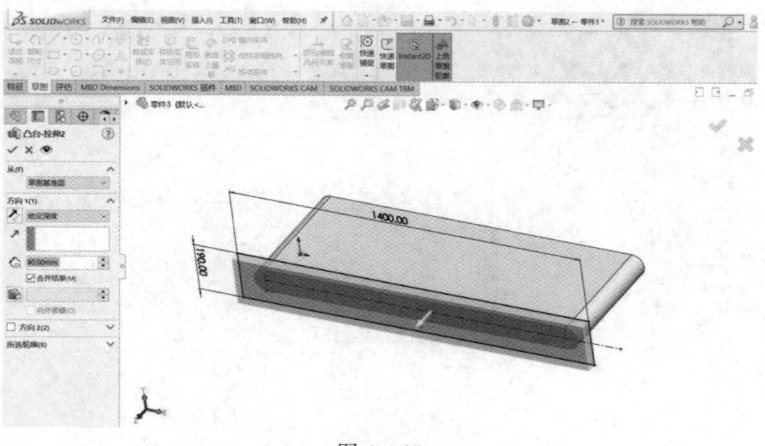

图 6－65

(5)镜向特征,如图 6－66 所示。

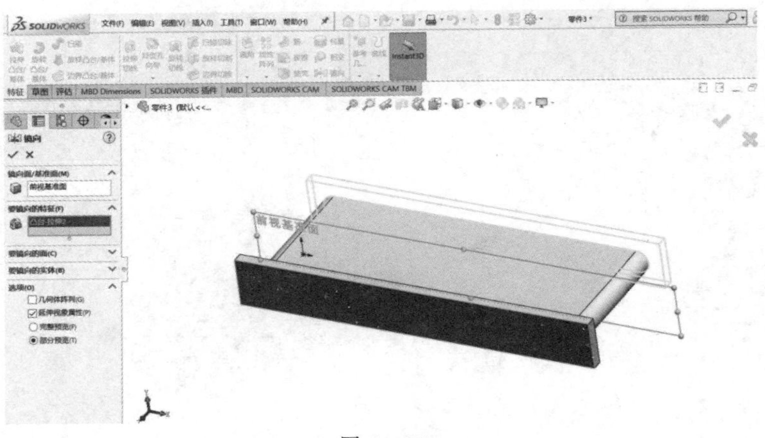

图 6－66

(6)执行圆角操作,如图 6－67 所示。

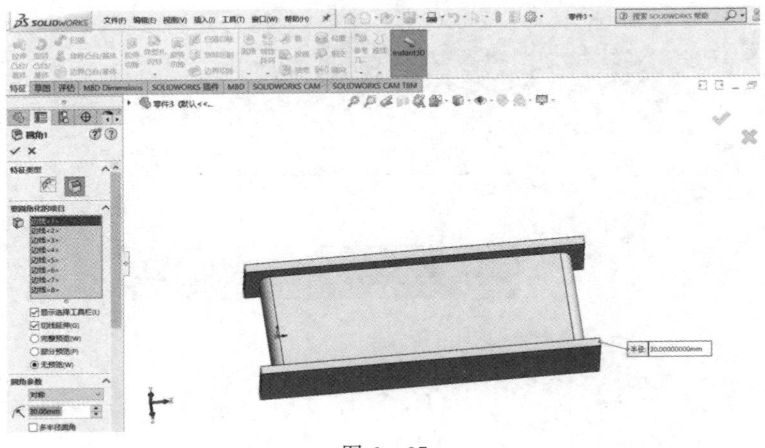

图 6－67

(7)如图 6－68 所示,绘制草图。

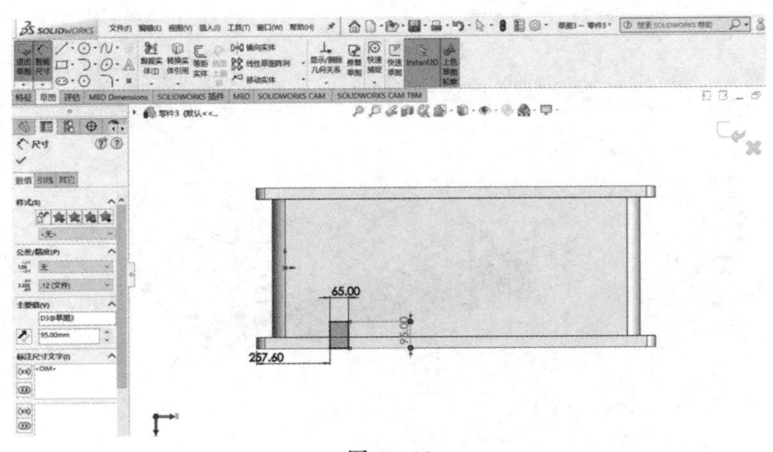

图 6－68

(8)如图 6-69 所示,拉伸草图。

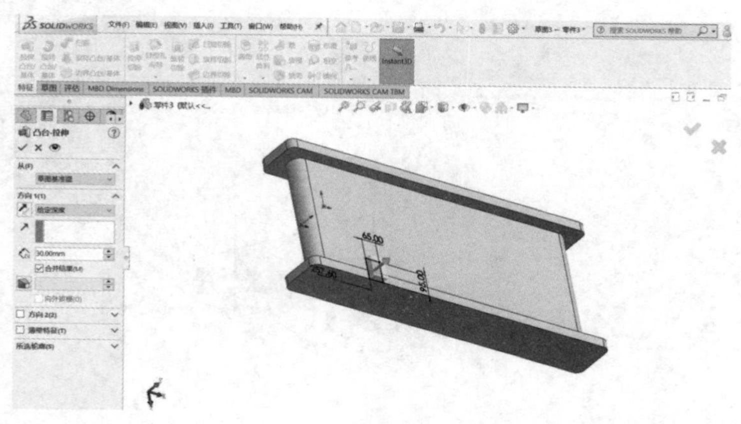

图 6-69

(9)如图 6-70 所示,执行圆角操作。

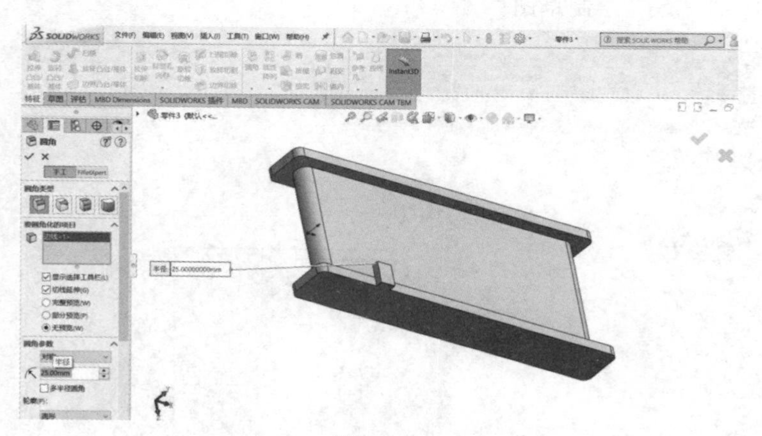

图 6-70

6.1.10 零部件仓库

(1)创建建模文件,绘制草图,如图 6-71 所示。

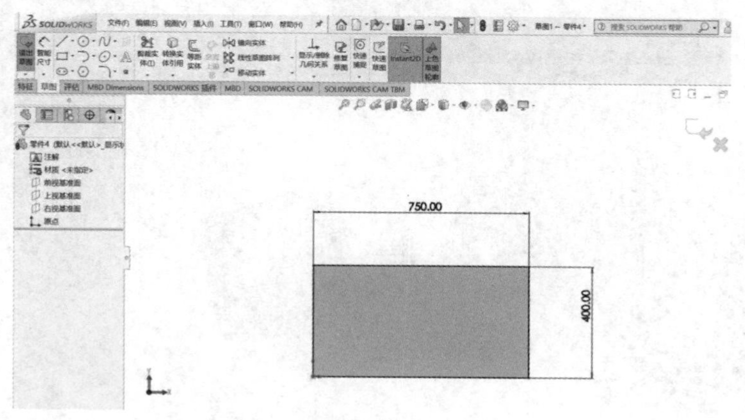

图 6-71

(2)将草图拉伸 750 mm,如图 6-72 所示。

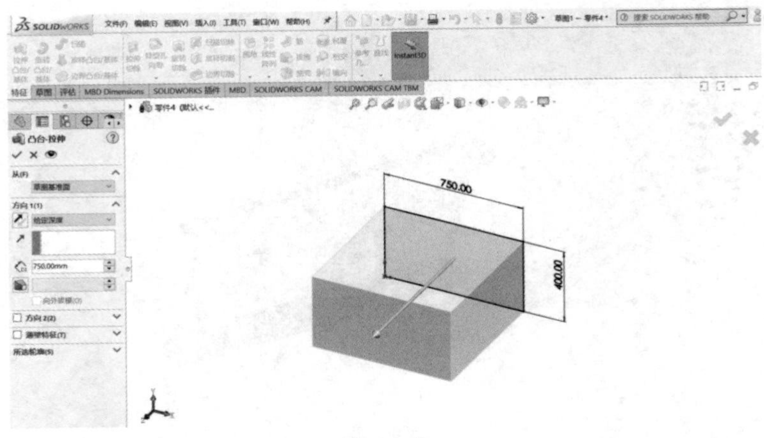

图 6-72

(3)如图 6-73 所示,绘制草图。

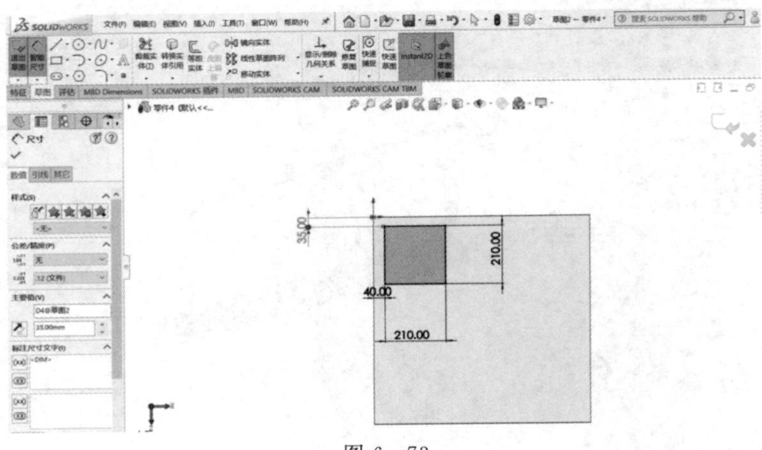

图 6-73

(4)如图 6-74 所示,线性阵列并拉伸切除。

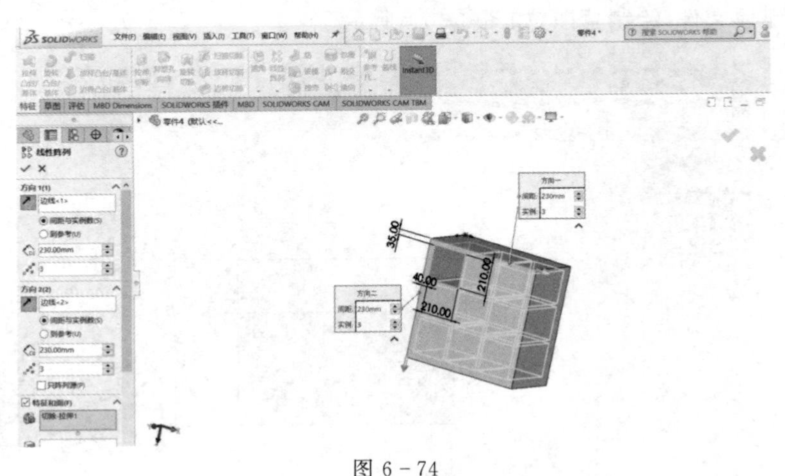

图 6-74

(5)设计完成,如图 6-75 所示。

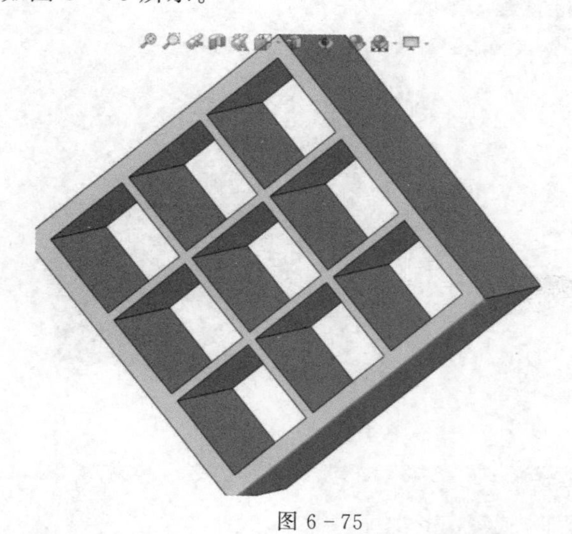

图 6-75

6.2 机器人工作站总体装配

6.2.1 装配工作台

(1)创建一个装配体文件,导入之前创建的工作台和门,如图 6-76 所示。

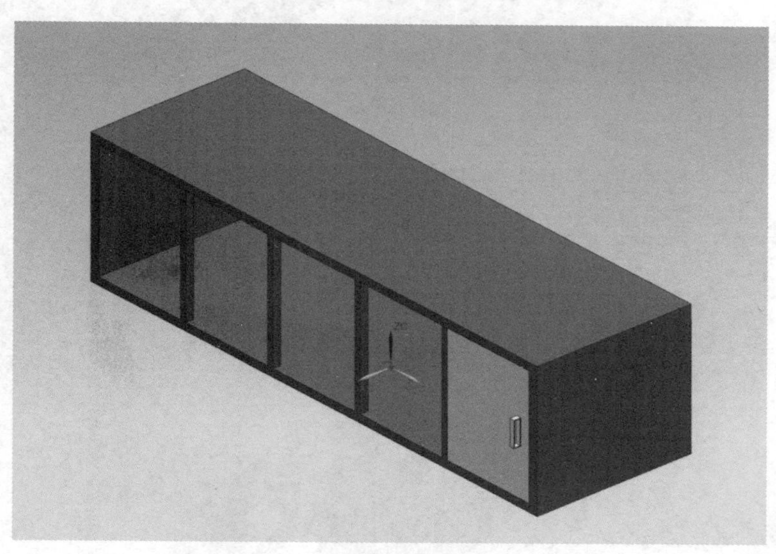

图 6-76

(2)将门装配阵列,如图 6-77 所示,注意反面也要阵列。
(3)将大传送带导入,如图 6-78 所示,放在上方。
(4)导入几何图形,即圆、矩形、多边形,如图 6-79 所示。

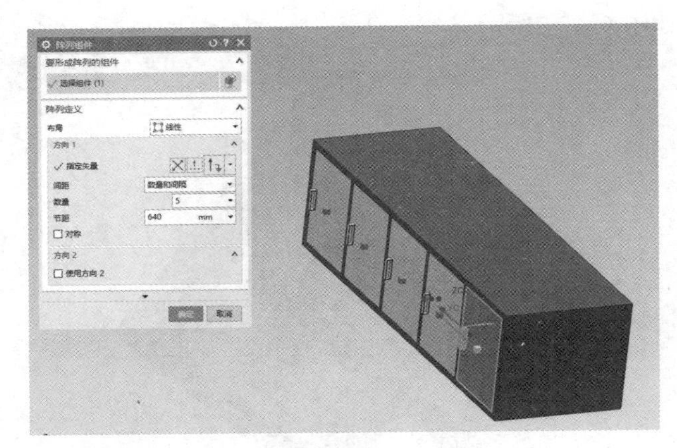

图 6 - 77

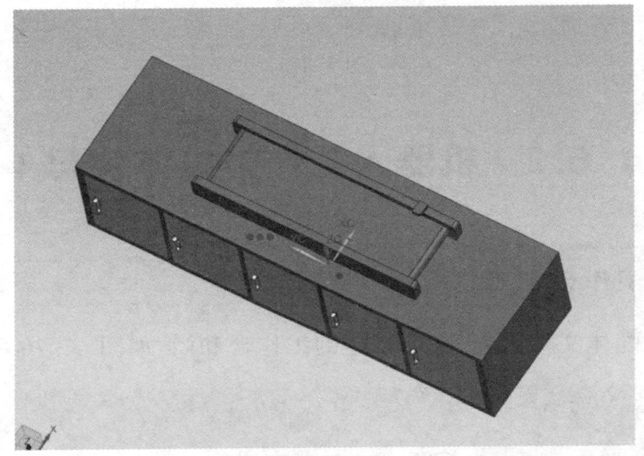

图 6 - 78

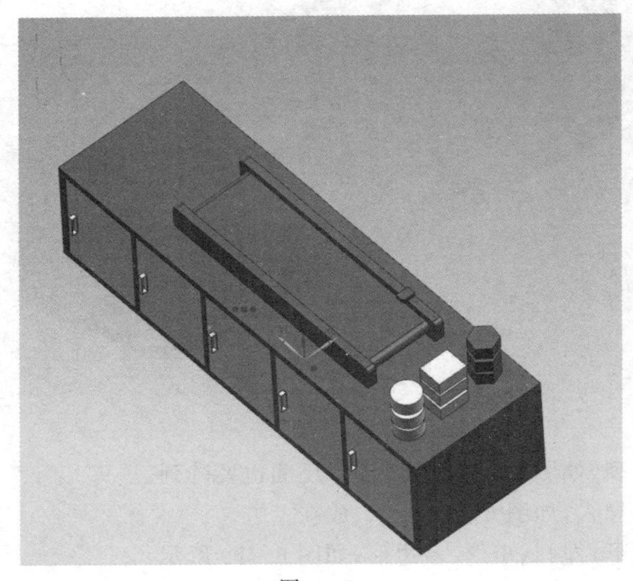

图 6 - 79

(5)将相机和料仓导入,并进行装配,如图 6-80 所示。

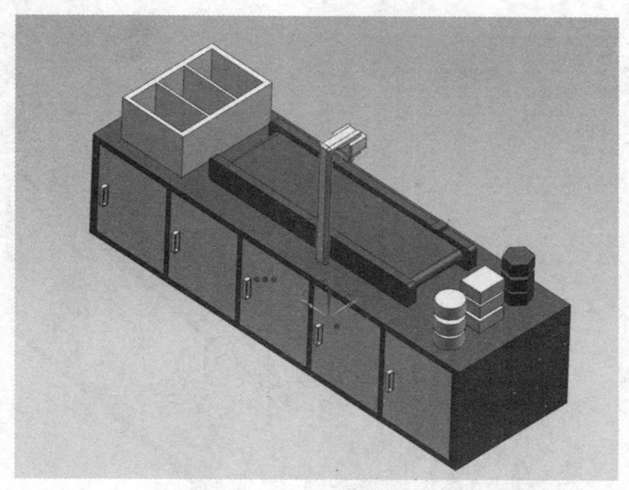

图 6-80

(6)使用镜向命令,把工作台镜向过去,如图 6-81 所示,它们之间的距离为 2150 mm。

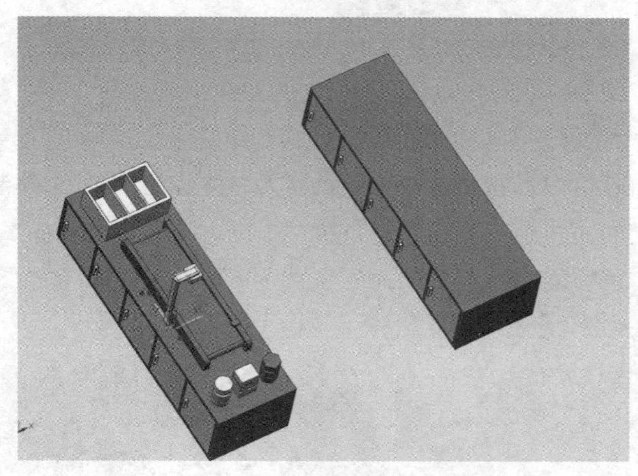

图 6-81

(7)导入打磨机、涂胶台、仓库,如图 6-82 所示,装配后如图 6-83 所示。

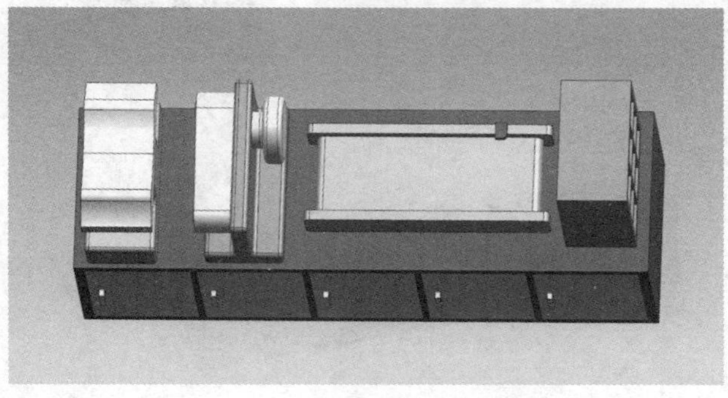

图 6-82

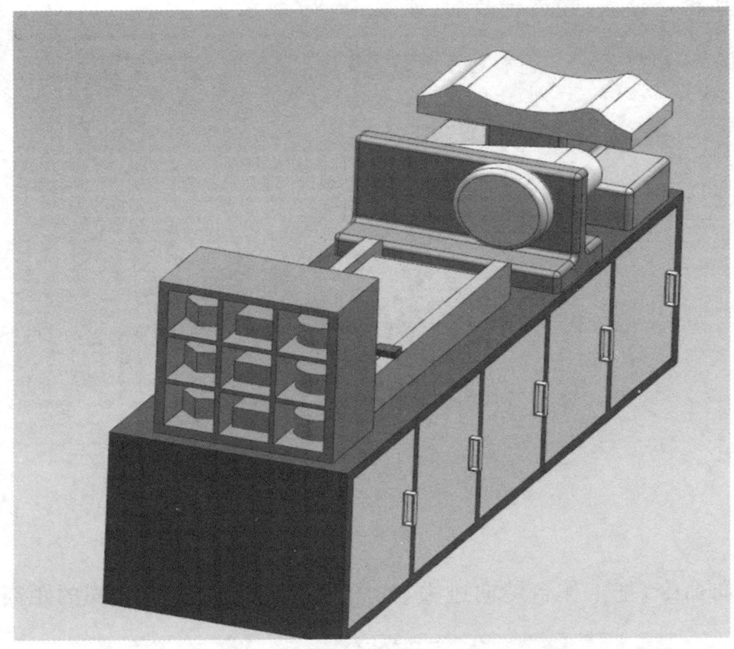

图 6 - 83

6.2.2　总体装配

(1)创建一个装配体文件，把之前的工业机器人总体装配、夹爪总体装配、工作台总体装配导入。图 6 - 84 所示为机器人和工作台布局。

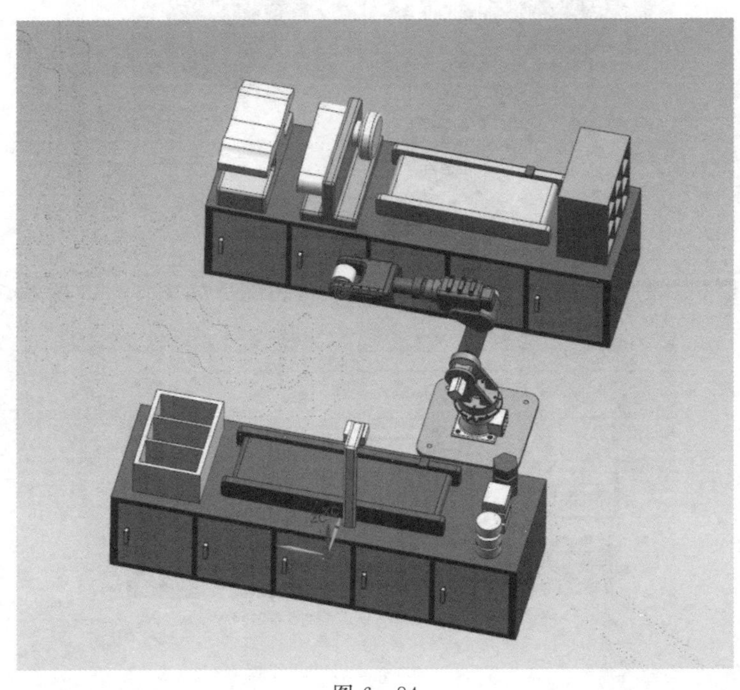

图 6 - 84

(2)进行机器人和夹爪的装配,如图 6-85 所示。

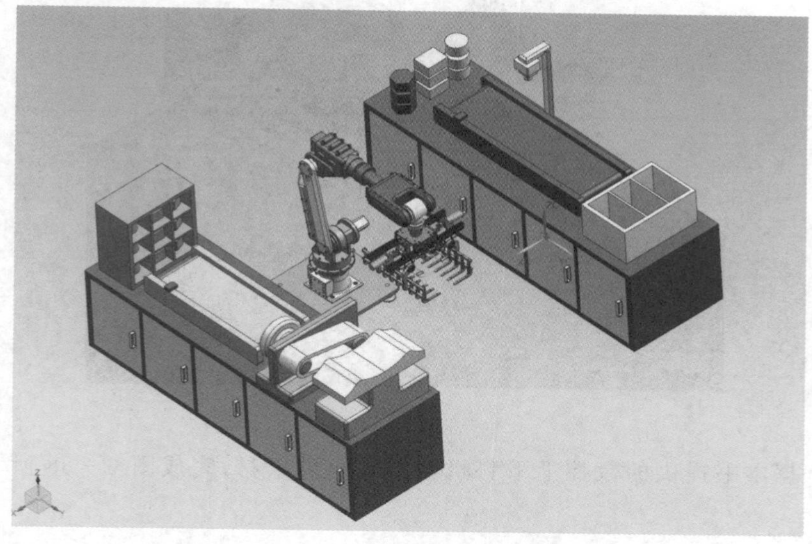

图 6-85

习题六

6.1 图 6-86 为压铸机器人工作站示意图,请根据各部分组成,设计一套压铸机器人系统工作站。

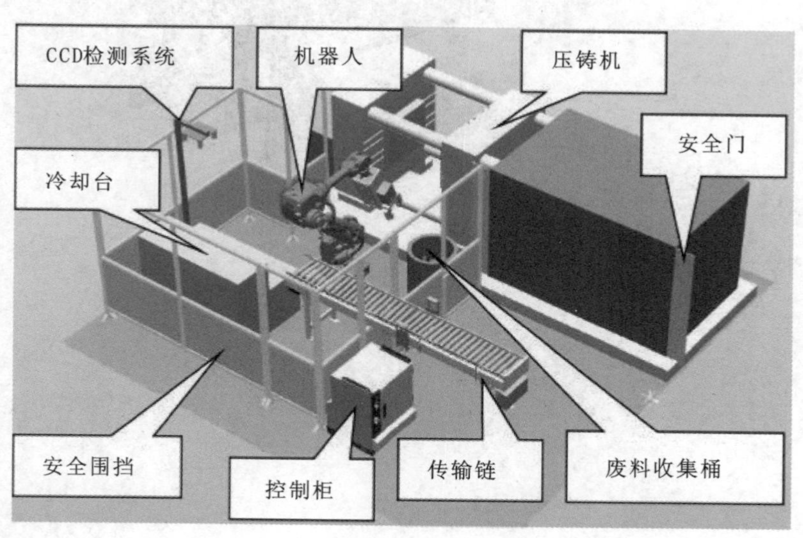

图 6-86

6.2 图 6-87 为某工业机器人综合实训“1+X”工作站,其中 1 为机器人本体,X 为搬运码垛、打磨、涂胶、输送线等模块,请根据设计样例,完成此工作站各模块的设计与装配。

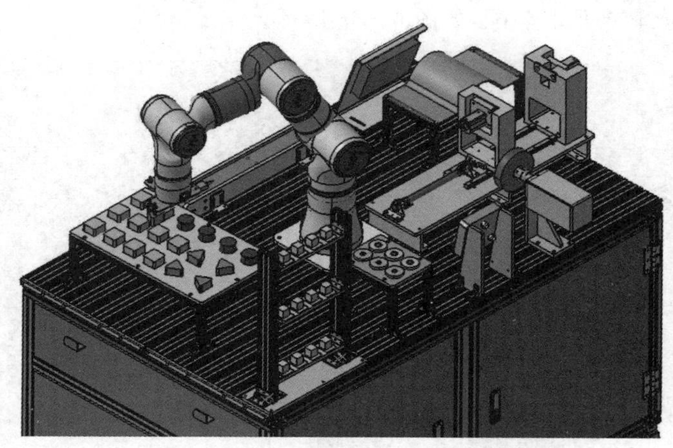

图 6-87

6.3 根据本书提供的数控上下料机器人零部件素材，完成图 6-88 所示的工作站装配。

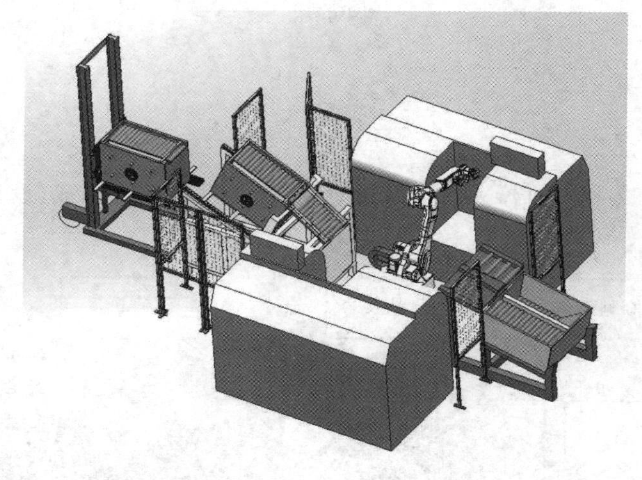

图 6-88

项目七

工业机器人运动仿真

SOLIDWORKS Motion 是一个虚拟原型机仿真工具。借助工业动态仿真分析软件 ADAMS 的强力支持，SOLIDWORKS Motion 能够帮助设计人员在设计前期判断设计是否能达到预期目标。本节对 SOLIDWORKS Motion 的运动仿真界面和运动仿真工具进行简单的介绍，让读者初步认识 SOLIDWORKS Motion 的运动仿真功能。

7.1 SOLIDWORKS Motion 运动仿真模块

(1)单击菜单命令“工具—插件”，在“插件”对话框内勾选“SOLIDWORKS Motion”插件，单击“确定”按钮，如图 7-1 所示。

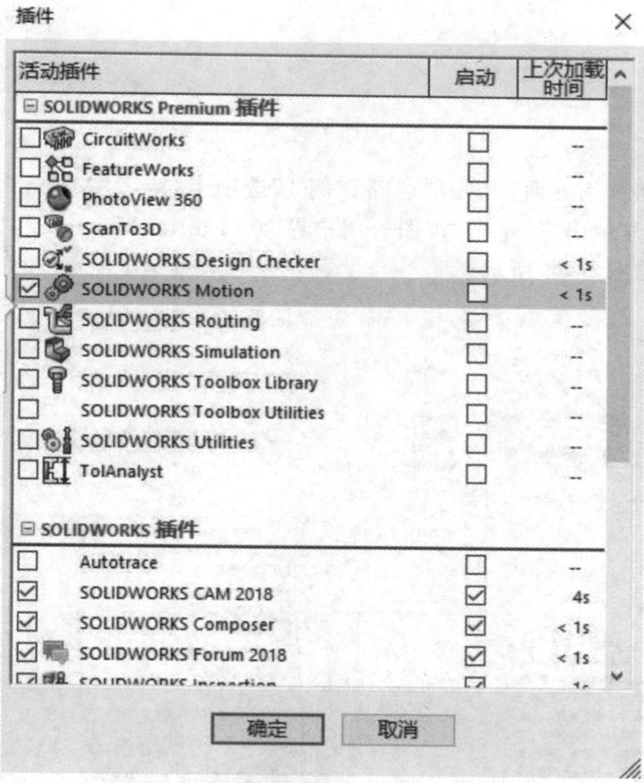

图 7-1

(2)打开一个装配体文件。单击“打开”，选择一个装配体文件并打开。

(3)设置文档单位，SOLIDWORKS Motion 使用 SolidWorks 文档中的文档单位设置。单击“工具—选项—文档属性—单位”，在“单位系统”中选择“MMGS(毫米、克、秒)”。这里将设置中的长度单位改为“毫米”，将力的单位改为“牛顿”，如图 7-2 所示。

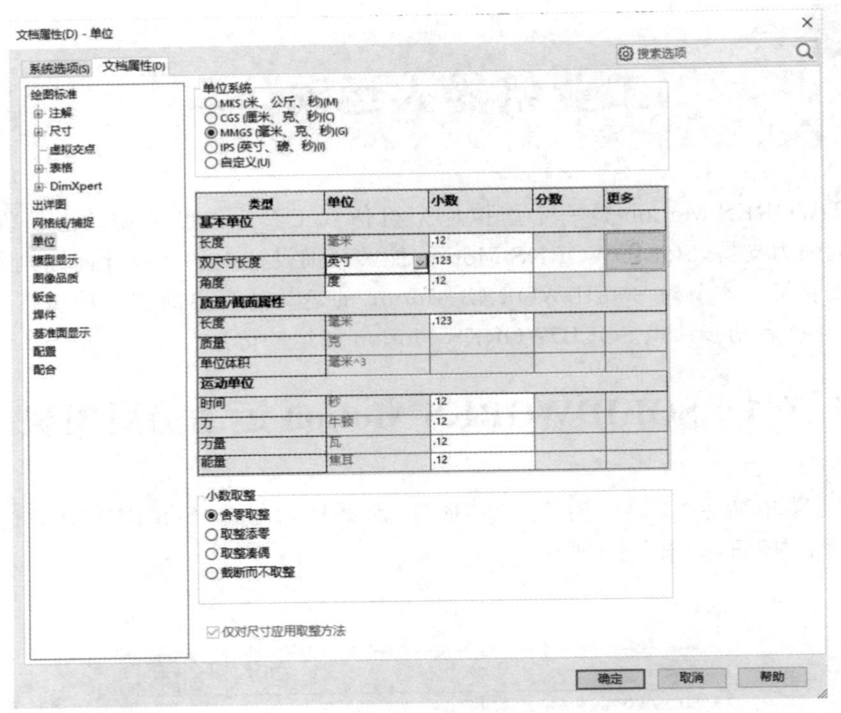

图 7-2

(4)切换到运动算例界面。单击“运动算例 1”选项卡(或者“Motion Study 1”选项卡)。如果该选项卡没有显示出来,单击“视图—用户界面—MotionManager”,如图 7-3 所示。进入运动算例界面,如图 7-4 所示。

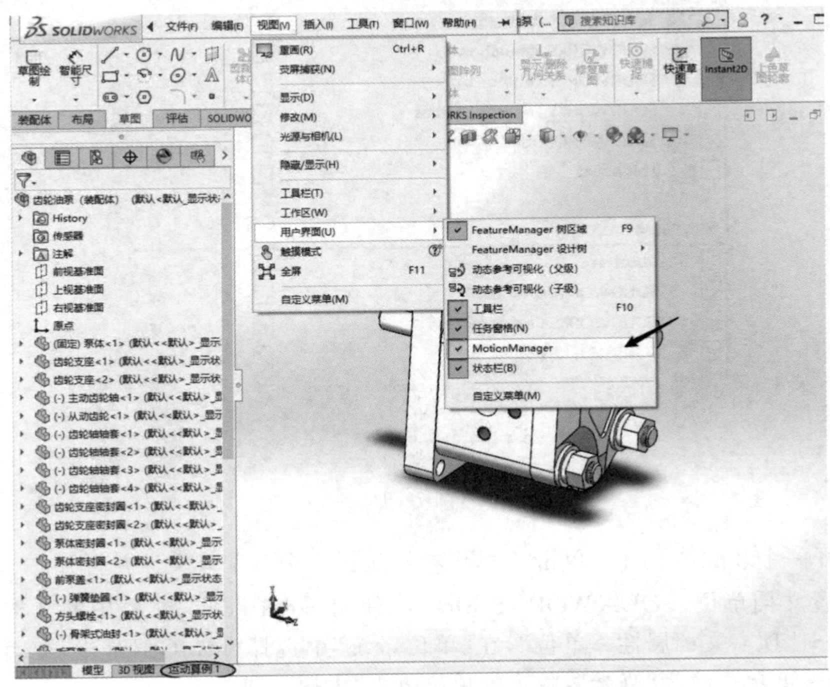

图 7-3

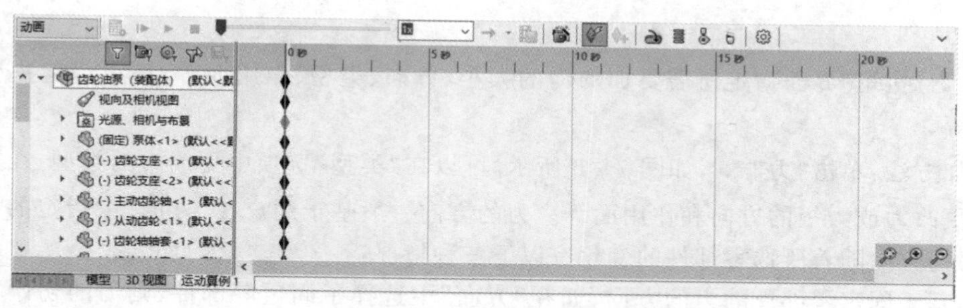

图 7-4

7.2 驱动运动设计

运动可以通过添加引力、弹簧、马达或者力来实现。

1. 马达

马达可以创建线性、旋转或与路径相关的运动，也可以用于阻碍运动。我们可以通过不同的方法定义此运动。

马达的特点：

①等速：马达将以恒定的速度进行驱动。

②距离：马达将移动一个固定的距离或者角度。

③振荡：振荡运动是指在特定频率下以特定距离往复运动。

④线段：运动轨迹由常用的函数进行构建，如线性、半正弦、多项式或其他。

⑤数据点：由一组表格进行驱动的内插值运动。

⑥表达式：通过已有变量和常量创建的函数进行驱动的运动。

⑦伺服马达：该马达用于对基本事件触发的运动实施控制动作。

添加方法：进入运动算例界面后单击“马达”。

2. 引力

我们可以在“引力”中指定引力矢量的方向和大小。通过选择 X、Y、Z 方向，或者指定参考基准面来定义引力矢量，但是加速度的大小必须单独输入。引力矢量的默认值是 9806.65 mm/s^2，而方向默认 Y 方向。

添加方法：单击“引力”，如图 7-5 所示，可以在“引力参数”中选择方向参考，在数字引力值中更改引力的值。

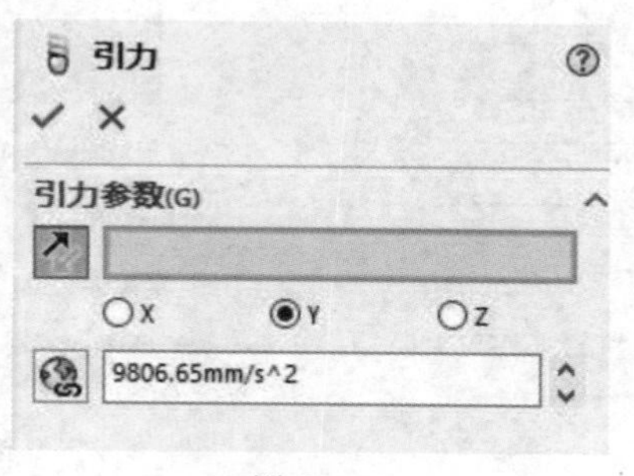

图 7-5

3. 力

在"力/扭矩"界面指定所需要加的力的大小、方向、类型、作用面等，还可以建立变化力的函数等。

添加方法：单击"力"，如图 7－6 所示，可以在"类型"选项中更改力的类型，在"方向"选项中更改力或力矩的方向和作用面等。力的方向一般基于用户在"方向"中指定的参考零部件，力的方向随着所选零部件的变化有以下三种情况：

(1)基于固定零部件的力的方向，如在"方向"中选择了固定零部件，则力的初始方向将在整个仿真过程中恒定不变。

(2)基于所选零部件为移动零部件的力的方向，如果将使加拉力的零部件用作参考，则在整个仿真过程中，力的方向和该零部件的相对方向保持不变。

(3)基于所选零部件为移动零部件的力的方向，如果将另一个移动的零部件用作参考，则力的方向将根据参考实体相对于运动实体的相对方向而变化。这种情况比较难直观地看到。但是如果用户将力施加到保持在适当位置的实体上，并且使用旋转零部件作为参考基准，将会发现力会随着参考实体的转动而转动。

4. 接触

我们可以通过定义多个实体或者曲线的接触来避免实体或者曲线之间相互穿透，也可以通过接触来控制实体之间的摩擦和弹性属性。

添加方法：单击"接触"，如图 7－7 所示，选择两个零件，在"接触类型"中选择"实体"实体(S)，可以在"材料"中更改零件的材料属性。如果所运行的仿真中还需要考虑两零件之间的摩擦，则可以在这里更改摩擦力的类型与数值。在弹性属性中可以更改两零件的刚度、指数、最大阻尼以及穿透度。

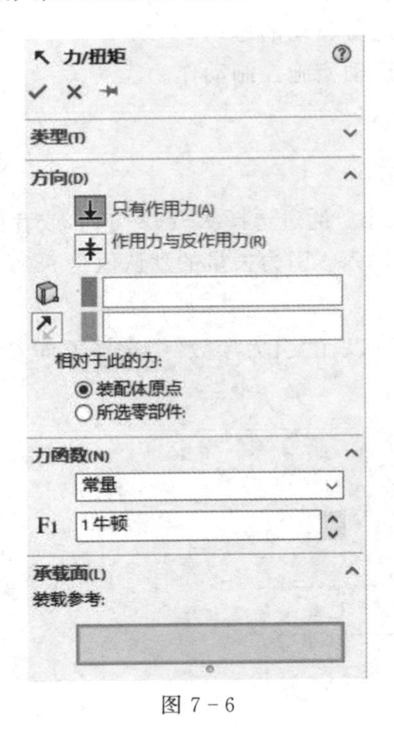

图 7－6

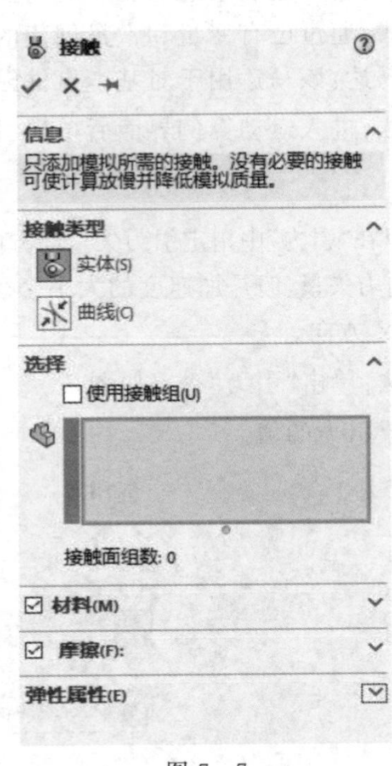

图 7－7

5. 阻尼

我们可以为装配体内的零部件添加阻尼。因为线性弹簧和扭转弹簧中都存在阻尼属性，所以我们可以将弹簧与阻尼放在一起讲解。

添加方法：单击“阻尼”，如图 7－8 所示，在这里更改阻尼类型、阻尼参数以及承载面。

6. 弹簧

在零部件中可以添加线性弹簧和扭转弹簧两种。

添加方法：单击“弹簧”，如图 7－9 所示，用户可以在这里更改弹簧类型、弹簧参数、阻尼属性、显示设置以及承载面，也可以指定弹簧力表达式指数以及刚度系数。

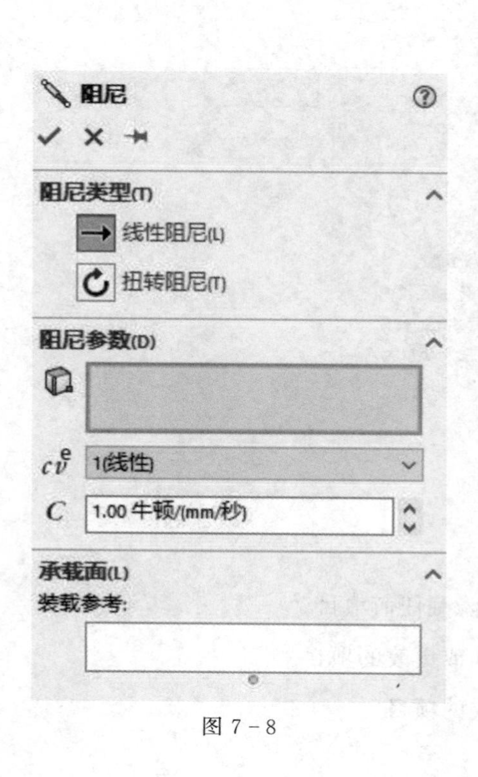

图 7－8

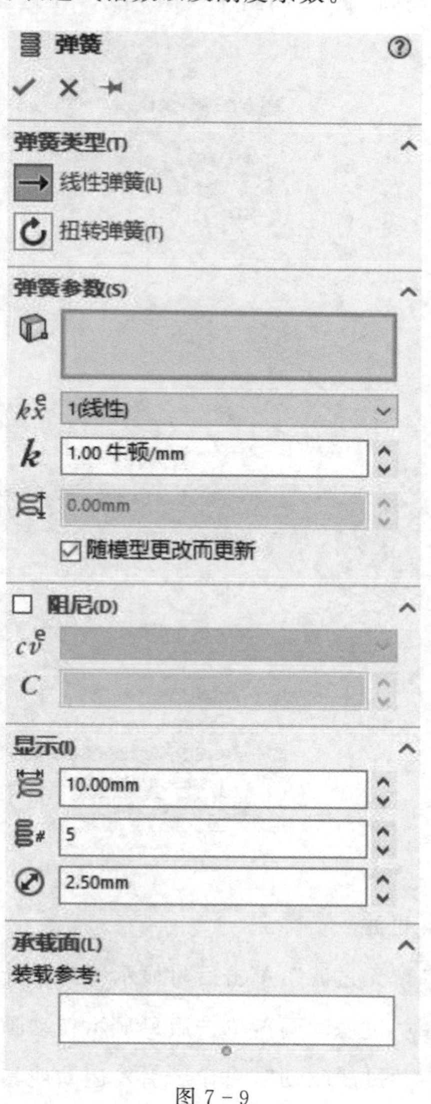

图 7－9

7. 计算算例

计算算例是模拟运动的启动按钮，在其他添加马达等准备工作做完后可以通过计算来分析出零部件的运动状态并以动画的形式表现出来。

添加方法：单击“计算”，随后 SOLIDWORKS Motion 插件开始计算运动动画，一段时间后，“播放” ▶ 高亮，代表已经计算完毕，单击“播放”可以运行动画，单击“暂停” ■ 可以暂停动画，单击“从头播放”可以使这段动画从头开始播放。在“播放速度”中可以选择播放速度以及总播放时间，用以调节动画时限。“播放模式” ➜ 用于调节动画的播放模式，可以调节成正常播放、循环播放以及往复播放。而当需要保存运动仿真动画时，可以单击“保存动画”。如图 7－10 所示，在这里可以更改动画的保存类型、图像大小与高宽比例等。

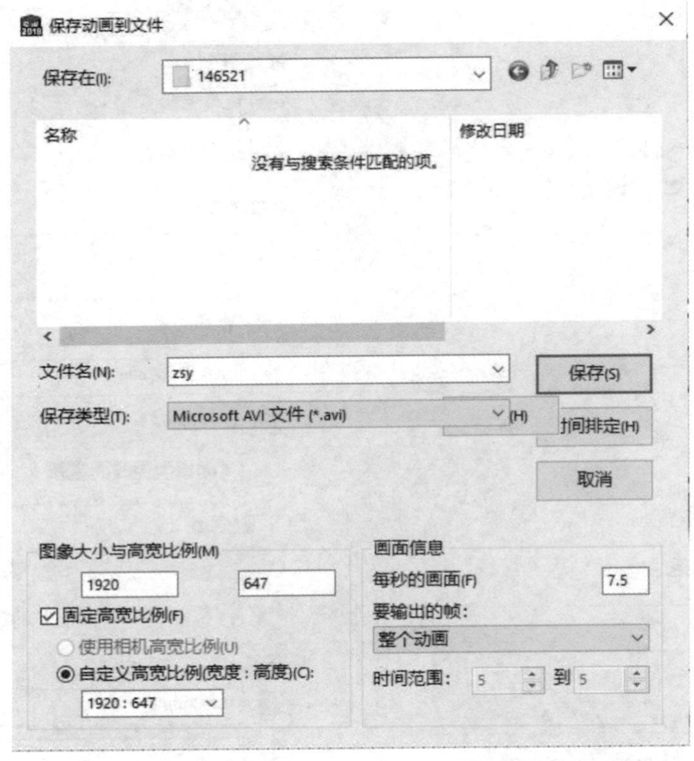

图 7－10

8. 过滤

“无过滤”：单击后将显示所有设计树，不隐藏任何项目。

“过滤动画”：单击后只显示在动画中移动或更改的项目。

“过滤驱动”：只显示引发运动或其他更改的项目。

“过滤选定”：只过滤选中项。

“过滤结果”：只显示模拟结果项目。

7.3 Motion 运动仿真实例——千斤顶

(1)添加引力:单击"引力",在"数字引力值"中输入所需的重力加速度。默认为 9806.65 mm/s^2,在此不做更改,主要查看引力的方向是否符合实际情况,可通过调节"方向参考"来选择不同的方向。"反向"可以使方向反向。在调整好后单击"确定"即可。

(2)添加马达:单击"马达",在"马达类型"中选择"旋转马达"旋转马达(R),然后在"零部件/方向"的"马达位置"中选择零件 3 的圆柱面,在"马达方向"中更改所需运动的方向,单击可以使得方向反向;"要相对此项而移动的零部件"区域保留空白;在"运动"内选择"等速",在"速度"中填写速度值,单位为"RPM",这里填写"100RPM",单击"确定"即可,如图 7-11 所示。

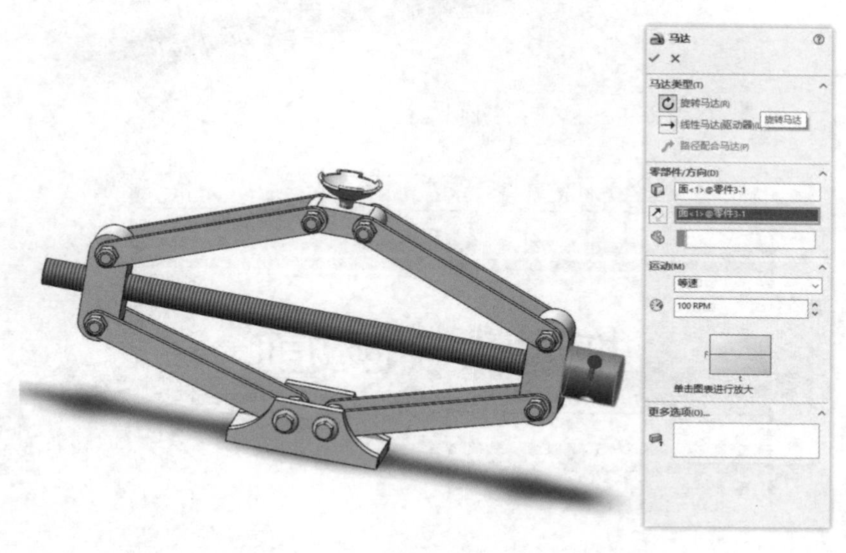

图 7-11

(3)添加外加力:单击"力",在"类型"中选择力(F),在"方向"中选择只有作用力(A),在"作用零件和作用应用点"中选择零件 6 的球形内面,在"方向"中选择零件 5 的上表面,单击可以使力的方向反向,在"力函数"中选择"常量",在 F1 中输入力的数值,单位为牛顿,在此我们输入 146521 牛顿,如图 7-12 所示。

(4)尝试仿真运算:单击"计算",计算完成后单击"播放",SOLIDWORKS Motion 就会播放其计算的运动动画,我们也可以选择是否要保存这段动画。拖动下方的时间键码可以更改动画时间(默认为 5 秒)。如图 7-13 所示,将其拖动到了 10 秒处。在这里我们还可以拖动时间线来观察某一时间节点时实体的状态,便于分析。

(5)创建变量图解:单击"算例类型",选择"Motion 分析",单击"结果和图解"。如图 7-14所示,在"结果"中选择"类别"为"力","子类别"中选择"马达力矩","选取结果分量"

中选择“幅值”，在“选取旋转马达对象来生成结果”中选择创建的“旋转马达 1”即可，然后单击“确定”✓。图 7－15 所示为千斤顶的力矩图解。

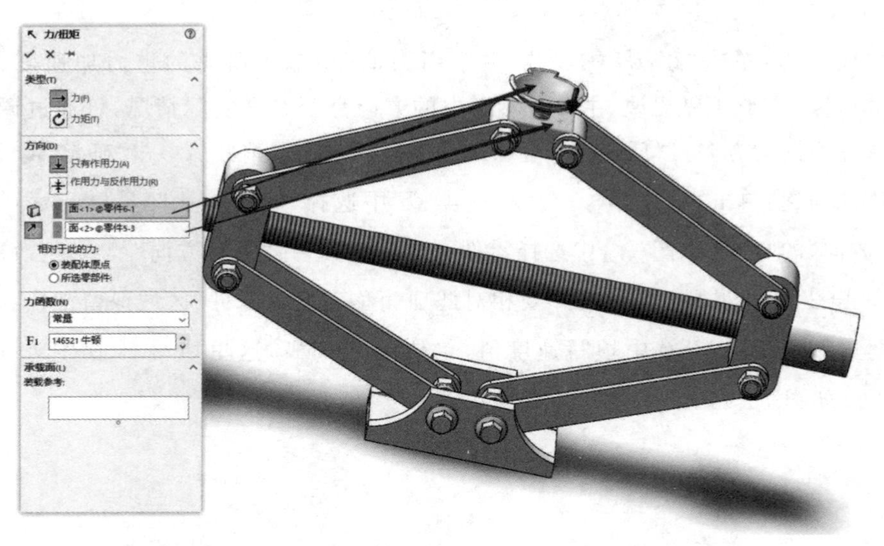

图 7－12

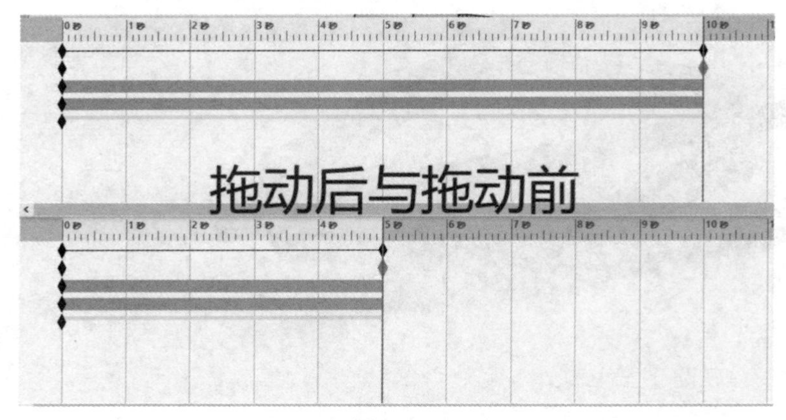

图 7－13

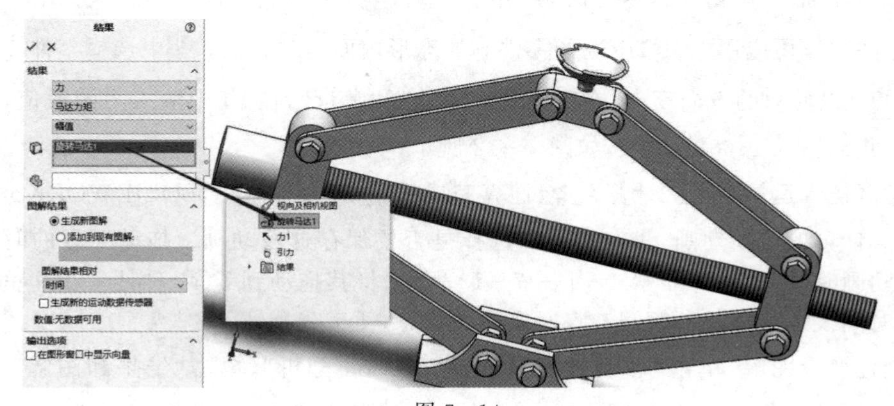

图 7－14

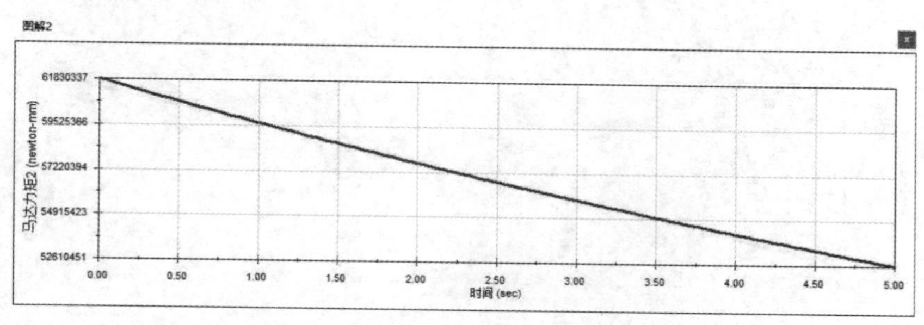

图 7 - 15

创建千斤顶起升 146 521 牛顿所需要的能耗图解：在“结果”中设置类别为“动量/能量/力量”，在子类别中选择“能源消耗”，在“选取马达对象来生成结果”中选取“旋转马达 1”，在“图解结果”中选择“添加到现有图解”，并选取“图解 1”，如图 7 - 16 所示，单击“确定”✓。

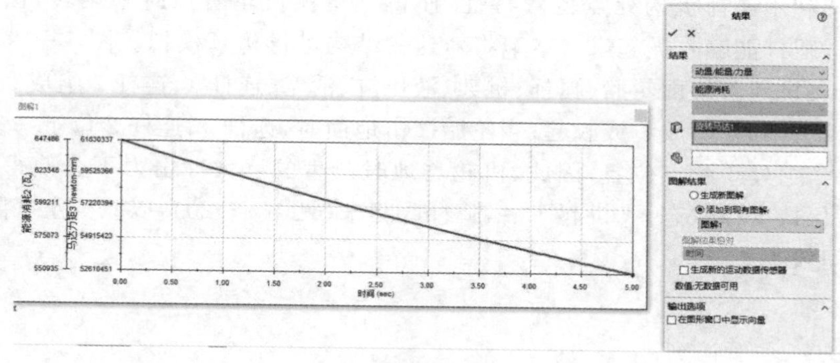

图 7 - 16

创建千斤顶受力点的竖直方向位移图解：在“结果”中设置类别为“位移/速度/加速度”，在子类别中选择“线性位移”，在选取结果分量中选择“Y 分量”，在“选取单独零件上两个点/面或者一个配合/模拟单元来生成结果”中选择零件 6 的顶面，如果没有选择第二个项目，则地面将作为默认的第二个参考，“定义 XYZ 方向的零部件（可选性）”区域保持空白，表明位移将以默认的全局坐标系为基准生成报告，如图 7 - 17 所示。

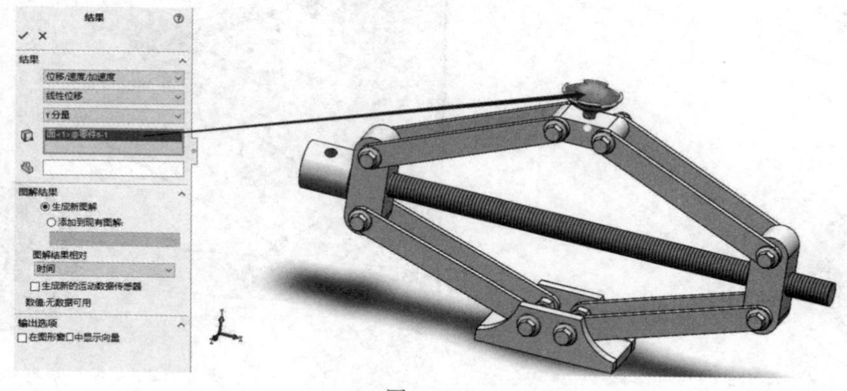

图 7 - 17

位移随时间的变化图解如图 7 - 18 所示。

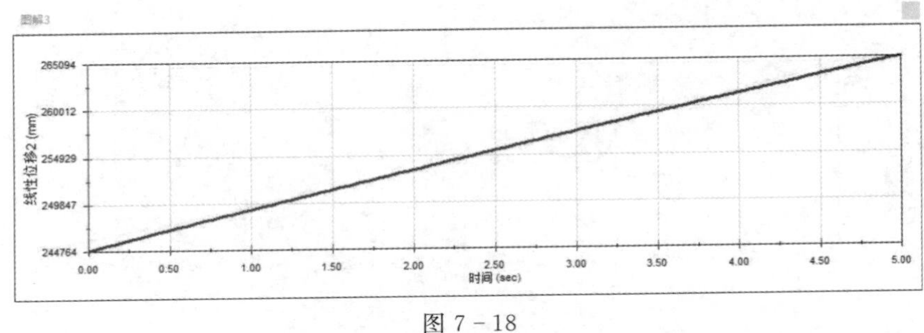

图 7-18

7.4 Motion 运动仿真实例二——飞机起落架

飞机起落架利用连杆机构死点位置特性，使得飞机在机轮着地时不反转，保持支撑状态；飞机起飞后，腿杆能够收拢起来。本节将对这一结构进行仿真模拟。图 7-19 所示为飞机起落架简图，飞机起落架由轮胎、腿杆、机架、液压缸、活塞、连杆 1、连杆 2 组成。当液压缸使活塞伸缩时，腿杆和轮胎放下或收起；当轮胎撞击地面时，连杆 1、连杆 2 位于一条直线上，机构的传动角为零，处于死点位置，因此，机轮着地时产生的巨大冲击力不会使得连杆 2 反方向转动，而是保持支撑状态；飞机起飞后，腿杆收起来（见图 7-20），以减少空气阻力，使整个机构占据空间较小。

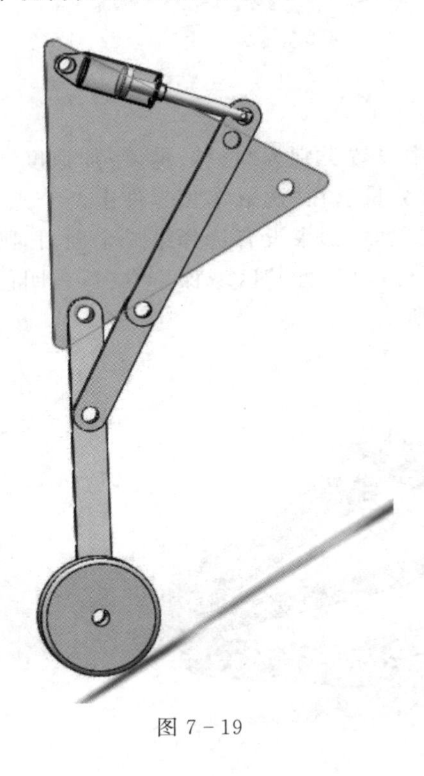

图 7-19

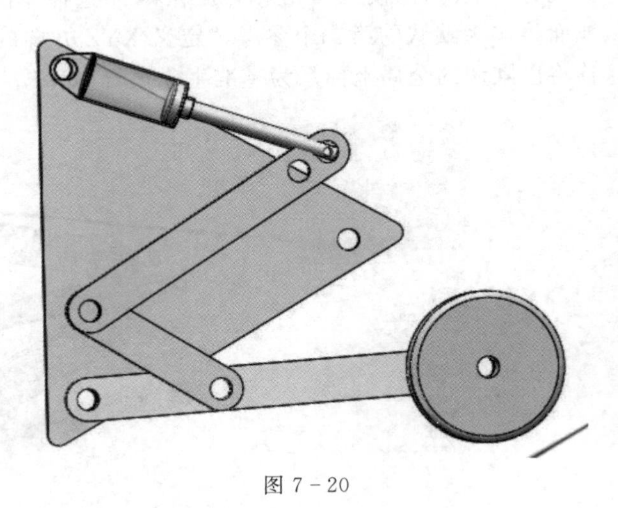

图 7-20

1. 零件构造

(1)轮胎。轮胎由圆拉伸而成,如图 7 - 21 所示,拉伸 200 mm 得到圆柱体。圆角深度设为 30 mm,得到轮胎,如图 7 - 22 所示。

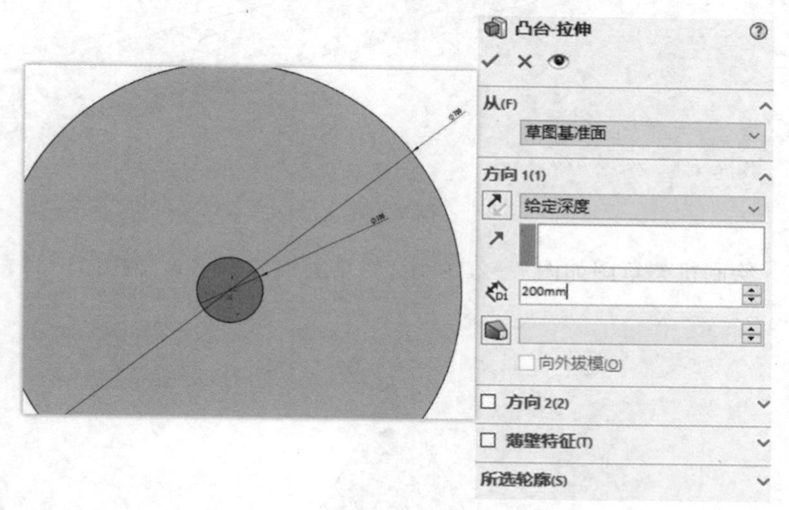

图 7 - 21

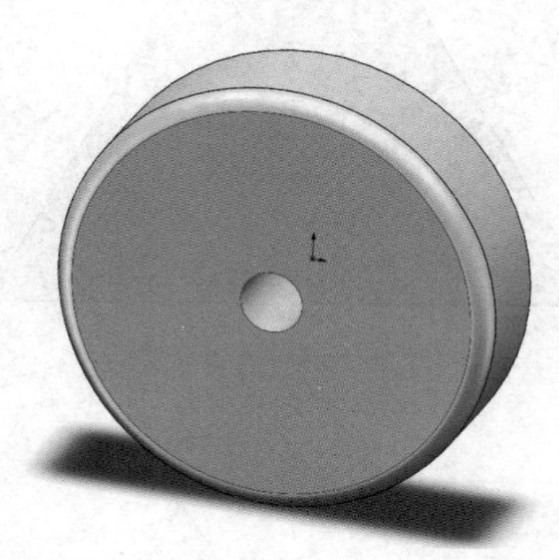

图 7 - 22

(2)腿杆。绘制腿杆草图如图 7 - 23 所示,再将草图拉伸 50 mm 即得到腿杆,如图7 - 24 所示。

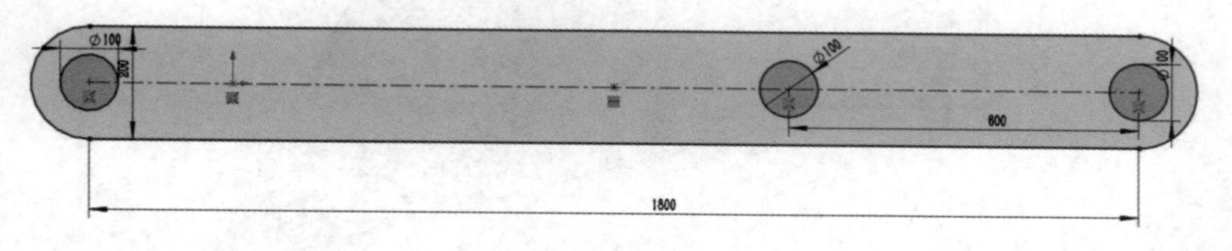

图 7 - 23

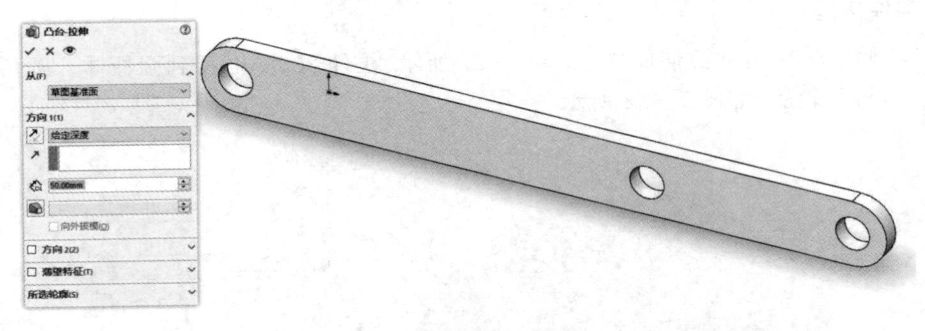

图 7 - 24

(3)机架。绘制机架草图如图 7 - 25 所示，将草图拉伸 50 mm，如图 7 - 26 所示。圆角深度设为 50 mm。

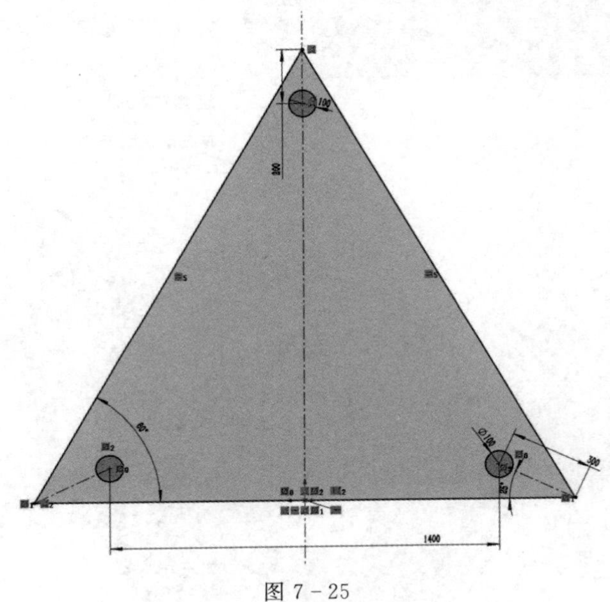

图 7 - 25

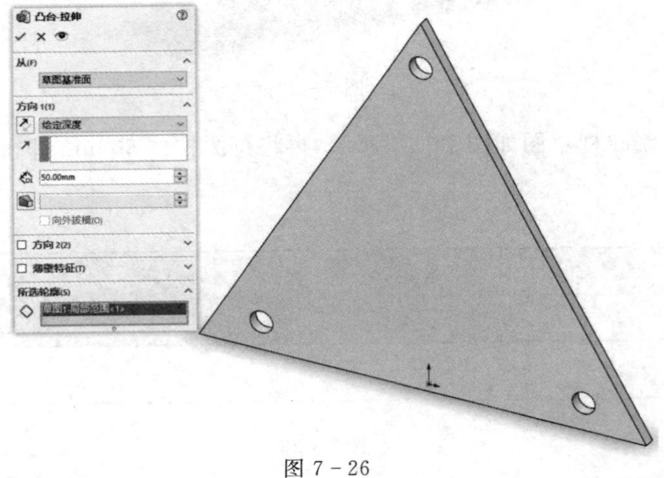

图 7 - 26

(4)液压缸。绘制液压缸草图,如图 7-27 所示。将草图拉伸后旋转 360°,然后抽壳,选择厚度为 10 mm,即可得到液压缸,如图 7-28 所示。

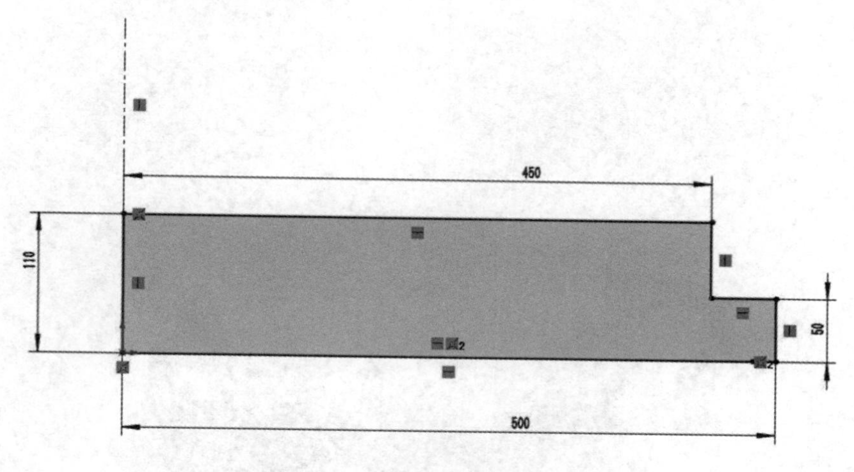

图 7-27

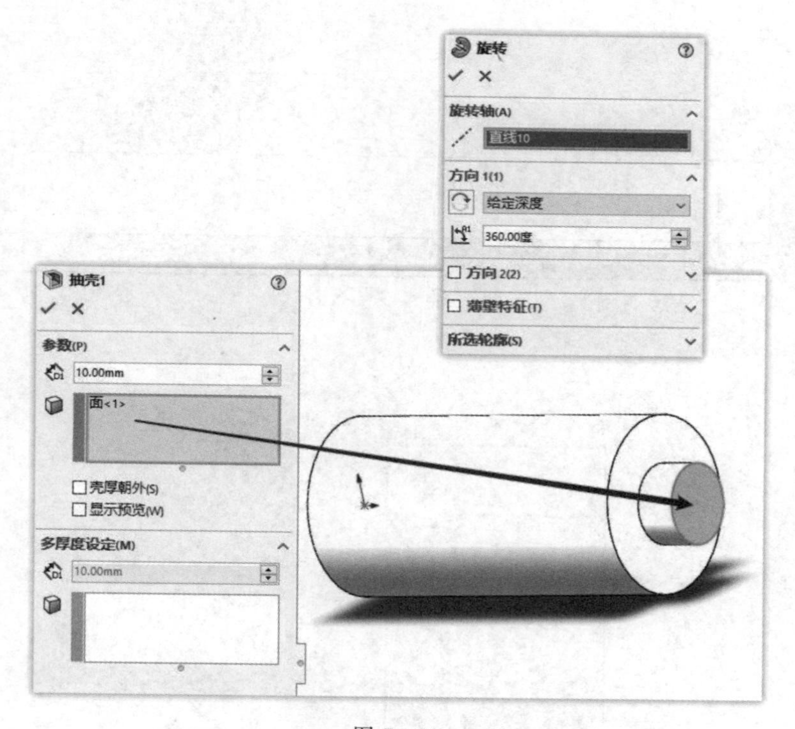

图 7-28

在液压缸尾部绘制安装孔草图并拉伸,如图 7-29 所示。

(5)活塞。绘制活塞草图,如图 7-30 所示,并旋转凸台 360°,然后选择小圆柱端面,绘制图 7-31 所示的草图,拉伸切除 100 mm 后再在切除的面上绘制草图(见图 7-32),拉伸切除,选择两侧对称切除,并完全贯穿。在大端面外端倒角 10×45°。活塞成品如图 7-33 所示。

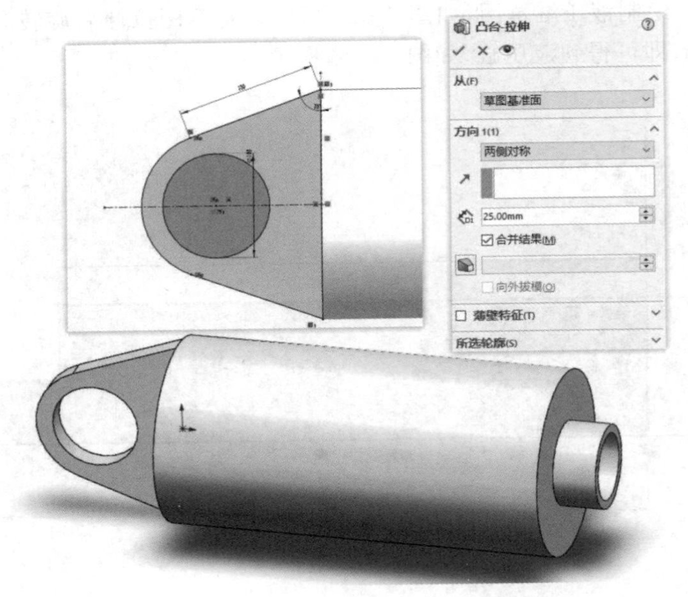

图 7-29

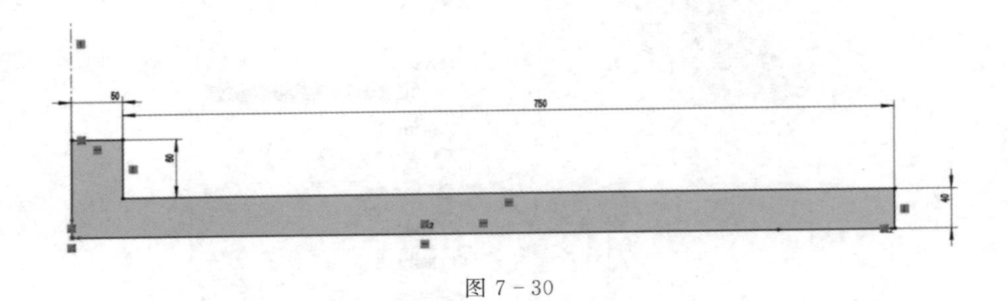

图 7-30

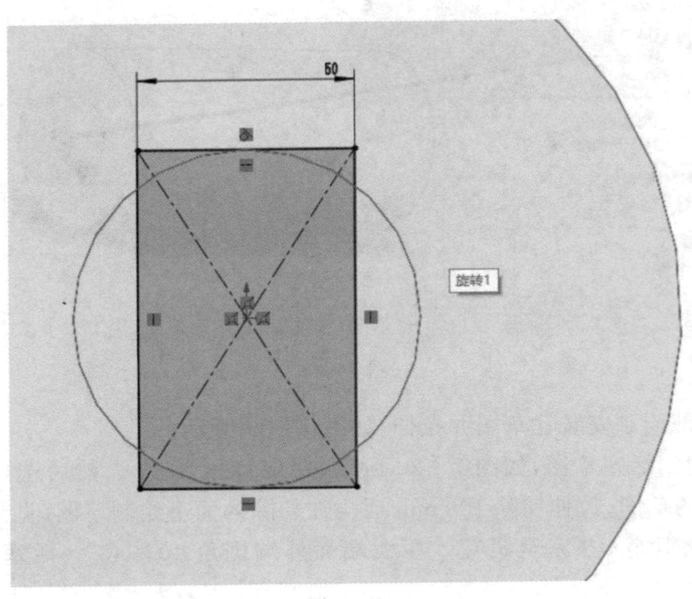

图 7-31

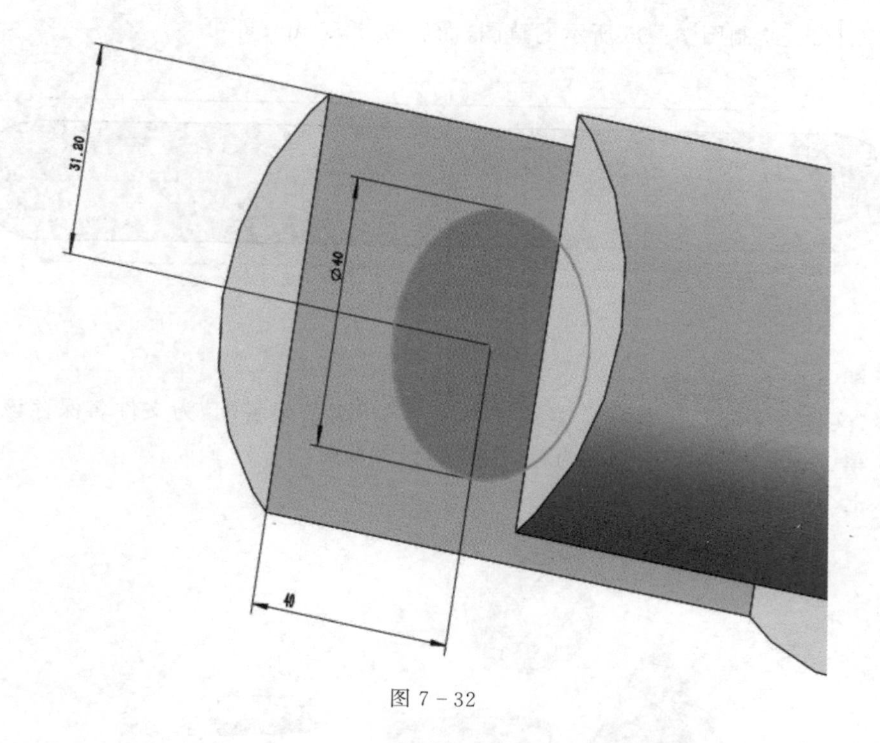

图 7 - 32

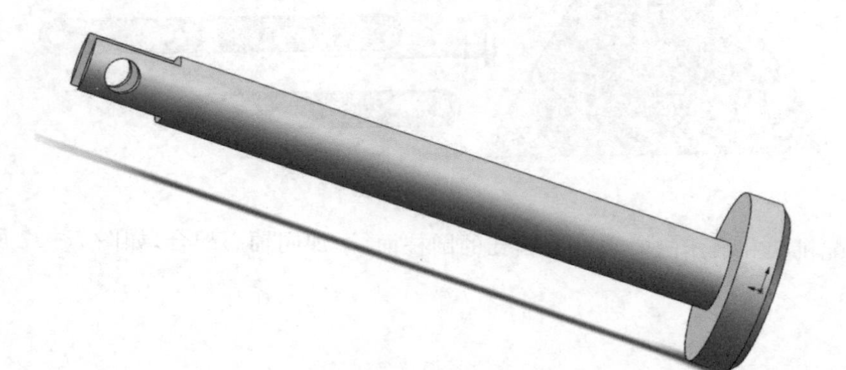

图 7 - 33

(6)连杆 1。绘制图 7 - 34 所示的草图,而后拉伸 50 mm 即可。

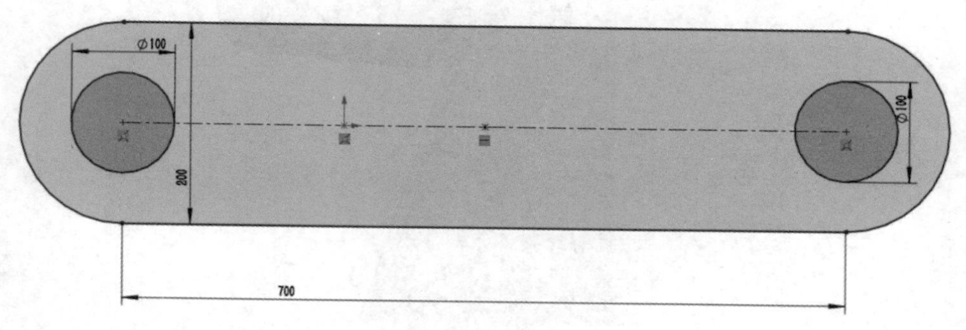

图 7 - 34

(7)连杆 2。绘制图 7 - 35 所示的草图,而后拉伸 50 mm 即可。

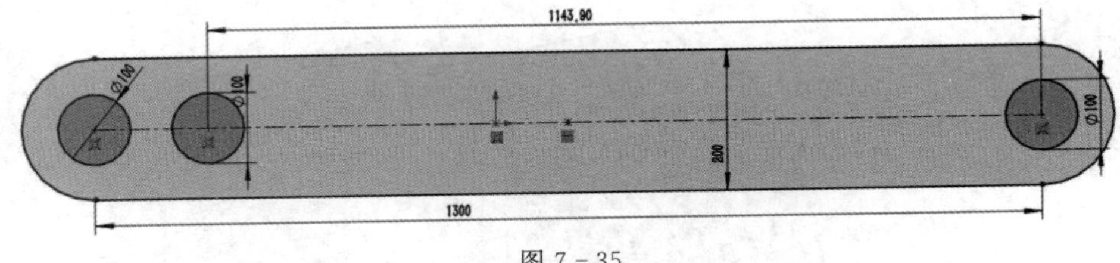

图 7 - 35

2. 装配

选择“文件—新建”,建立一个模型文件,以“飞机起落架装配”为文件名保存该文件。在“开始”菜单中选择“装配”,打开装配应用模块,开始装配。

导入七个零件以备装配,如图 7 - 36 所示。

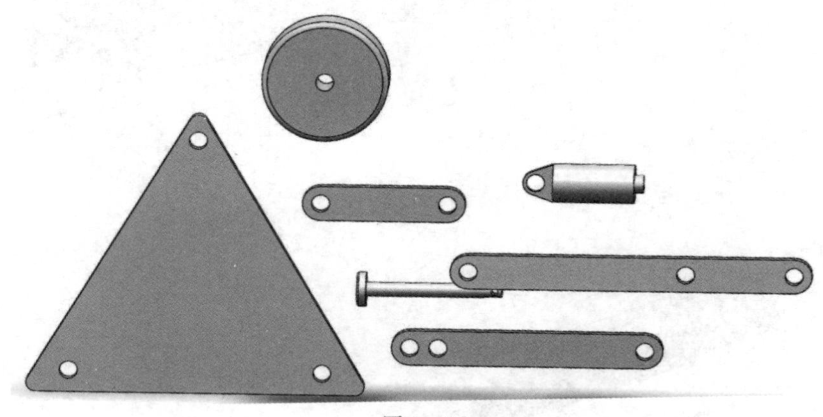
图 7 - 36

(1)装配机架和液压缸。选取两圆孔的圆柱面,添加同轴心配合,如图 7 - 37 所示。

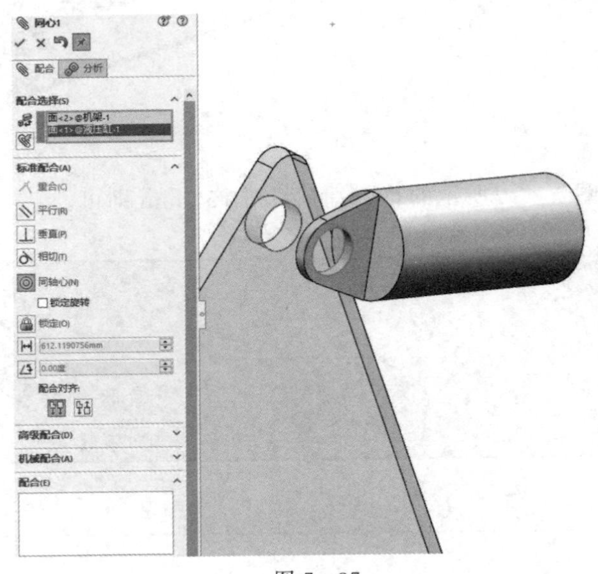

图 7 - 37

再选取机架的外侧面和液压缸孔板的外侧面进行距离配合，距离为 200 mm，如图 7-38 所示。

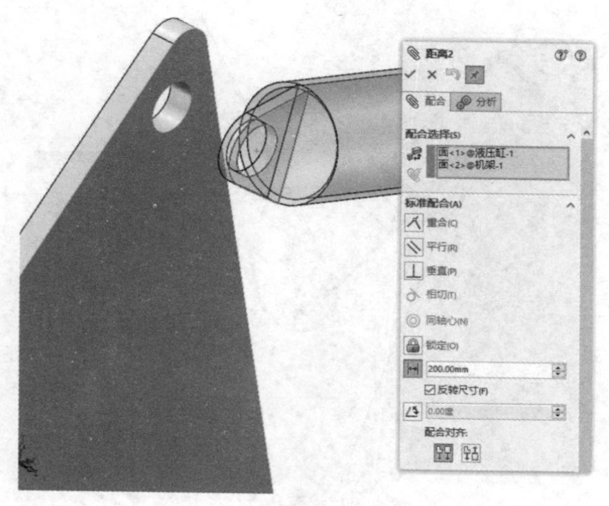

图 7-38

(2)装配液压缸和活塞。选择活塞圆柱面和液压缸圆柱面进行同轴心配合，如图 7-39 所示。

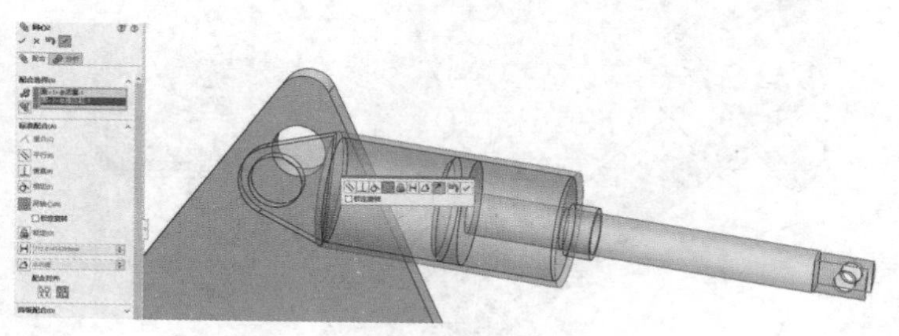

图 7-39

单击“高级配合”，选择活塞大圆面和液压缸底面进行距离配合，在最大值中输入 380 mm，在最小值中输入 0 mm，如图 7-40 所示。

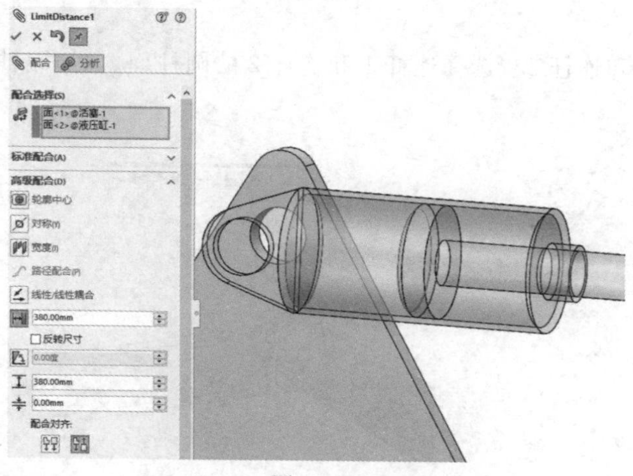

图 7-40

(3)进行活塞和连杆 2 的装配。选择活塞杆前的小圆柱面和连杆 2 的小圆柱面，添加同轴心配合，如图 7－41 所示。

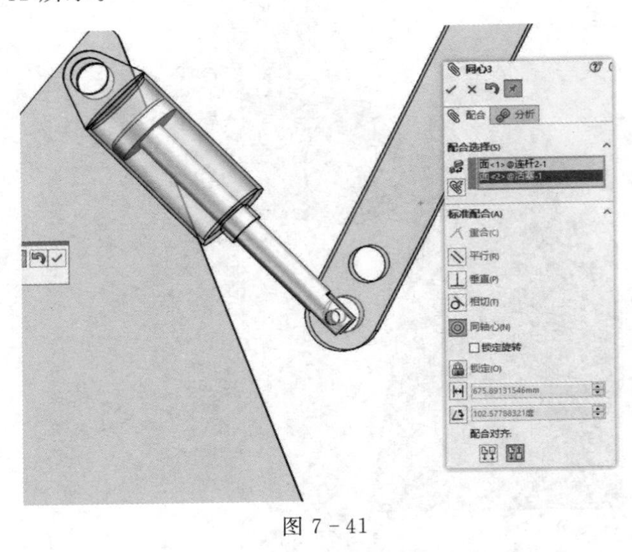

图 7－41

再选择连杆 2 上表面和活塞尾端的内侧面，添加重合配合，如图 7－42 所示。

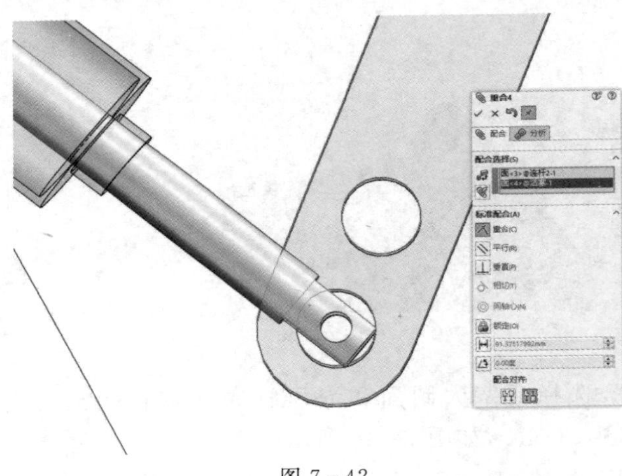

图 7－42

(4)连接连杆 1 和连杆 2。选择连杆 1 和连杆 2 的圆柱面，添加同轴心配合，如图 7－43 所示。

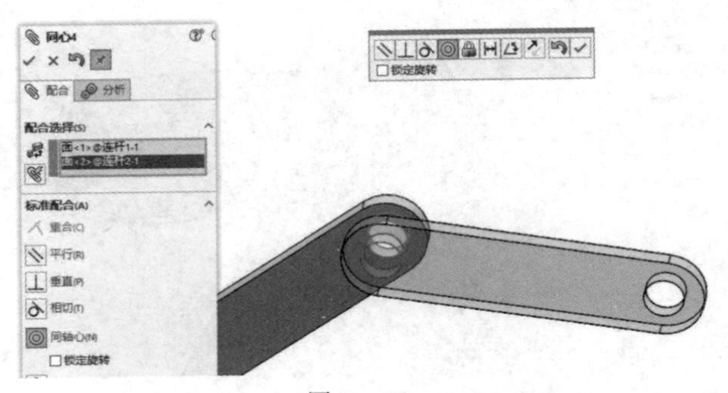

图 7－43

然后单击连杆 2 的下表面和连杆 1 的上表面，添加重合配合，如图 7 - 44 所示。

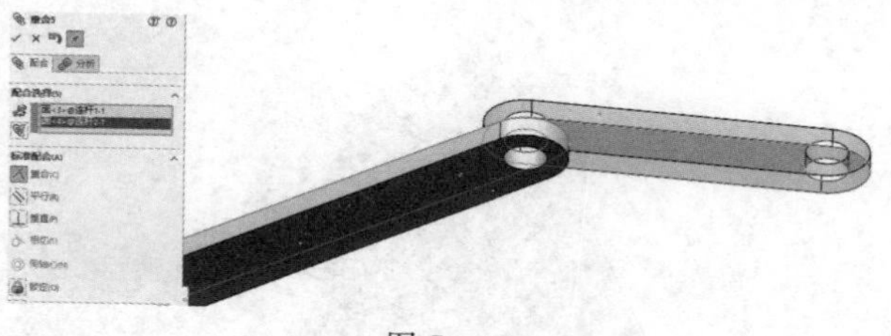

图 7 - 44

(5)连接腿杆和机架以及连杆 1。分别选择腿杆上两圆柱面和机架以及连杆 1 上的圆柱面，添加同轴心配合，然后选择腿杆上表面和连杆 1 下表面，添加重合配合，如图 7 - 45 所示。

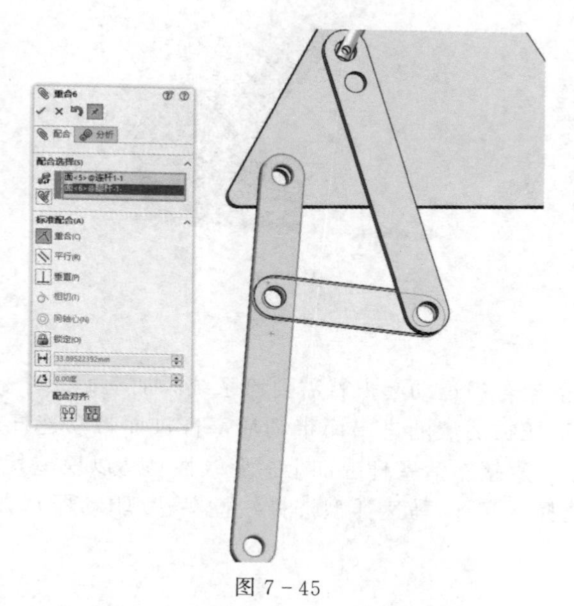

图 7 - 45

(6)连接腿杆和轮胎。选择轮胎和腿杆圆柱面，添加同轴心配合后选择腿杆上表面和轮胎下表面，添加重合配合，如图 7 - 46 所示。

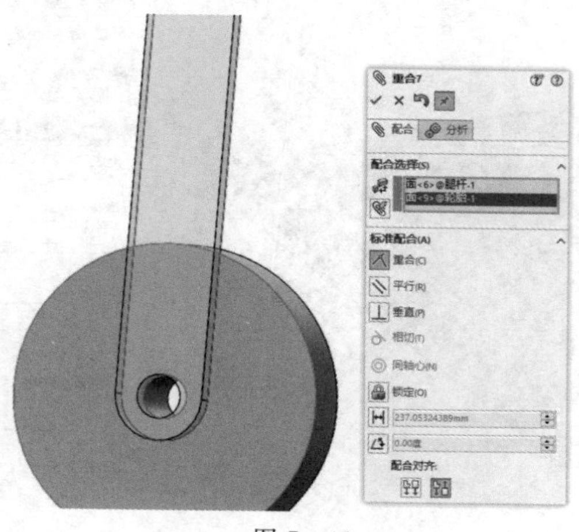

图 7 - 46

自此装配工作完成，装配体如图 7 - 47 所示。

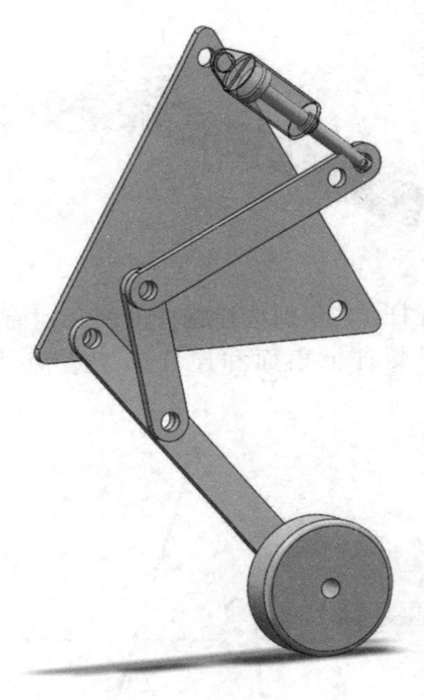

图 7 - 47

3. 开始仿真

装配好的飞机起落架若想运动起来就需要给系统添加动力元件。而飞机起落架实际上是一个液压系统控制液压缸油液的进出而带动活塞杆进而带动连杆运动，但仿真不能做出液压的效果，所以简化后直接在活塞杆上加上一个线性马达以模拟其液压缸的运动效果。

进入马达界面，选择活塞杆，马达类型选择线性马达（驱动器），方向是活塞向液压缸里去的方向，如图 7 - 48 所示。

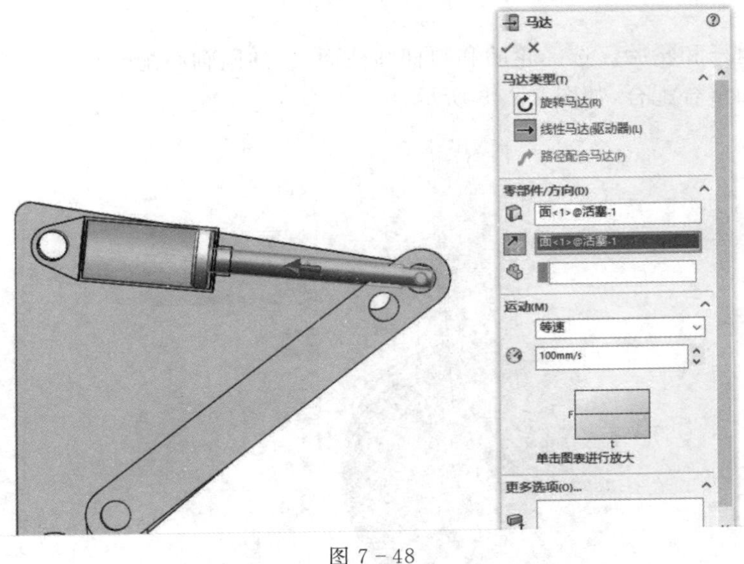

图 7 - 48

进行运动算例计算后模型可以正常运动，然后拖动时间条到初始位置。我们需要模拟飞机起飞时起落架的状态，所以需要使用 Motion 分析功能，对运动过程中的位移、速度、加速度等计算分析并产生图表以便于我们直观地进行分析与判断。由于活塞杆的线速度已经确定，所以我们可以对活塞杆的角位移图像（见图 7－49）进行求解，并分析轮胎的位移图表（见图 7－50）。

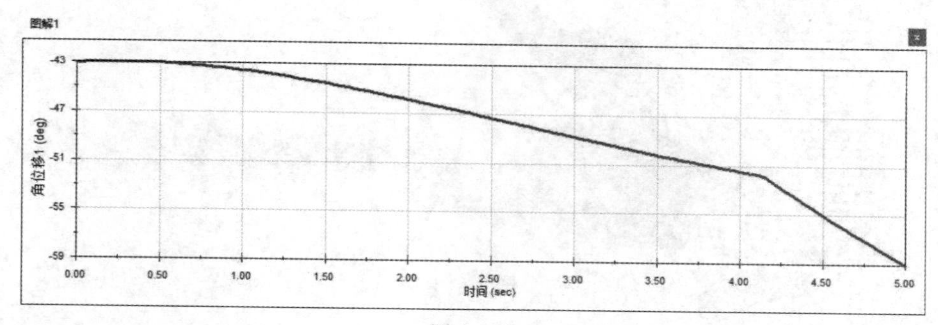

图 7－49

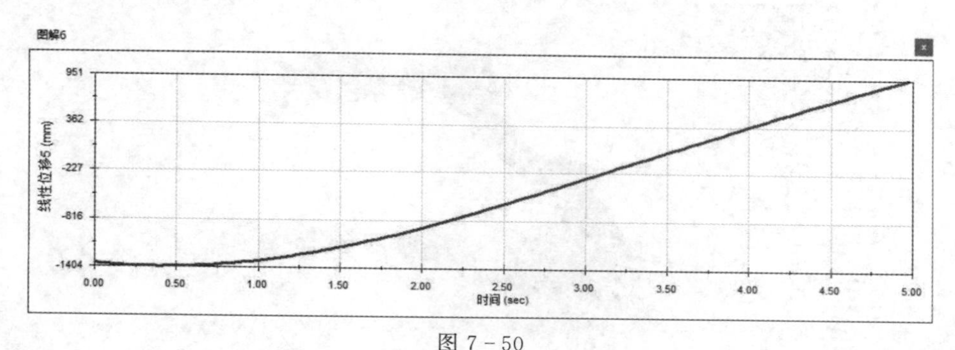

图 7－50

7.5 Motion 运动仿真实例三——六轴工业机器人

（1）打开之前建模完成的工业机器人六轴装配体，如图 7－51 所示，单击 SolidWorks 插件中的 SOLIDWORKS Motion，然后单击 运动算例1 ，如图 7－52 所示。

（2）分别实现机器人六轴的运动模拟。首先单击“引力”，结合机器人所在方位为其添加引力，而引力的默认值就是输入框中的 9806.65 mm/s^2，这里只用更改其方向，如图 7－53所示。单击“确定”。

添加完引力之后我们就只用为机器人的轴添加动力。由于机器人的六轴都是用旋转来完成工作的，所以我们需要为其添加旋转马达。单击“马达”。在“马达类型”中选择“旋转马达” 旋转马达(R)，选择零部件为轴 1，如图 7－54 所示，其中灰色的就是六轴工业机器人的 1 轴。单击“反向”可以更改 1 轴的转动方向，也可在“运动”栏里面更改速度的类型以及速度值等。然后单击“确定”。

图 7-51

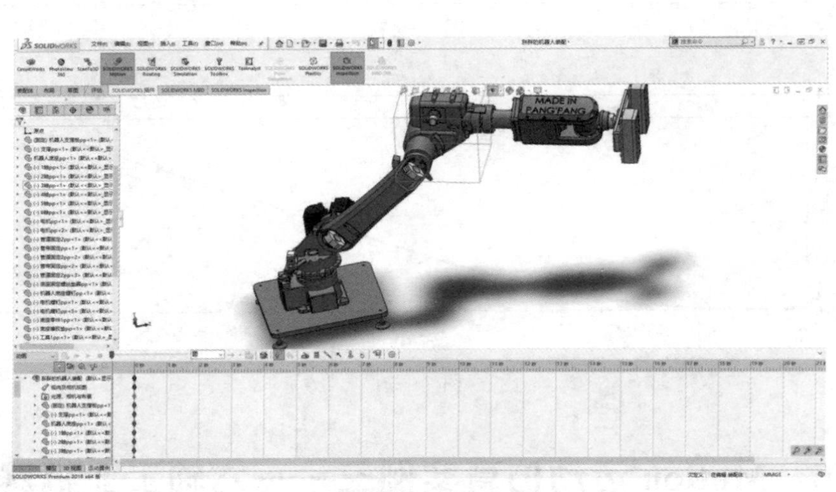

图 7-52

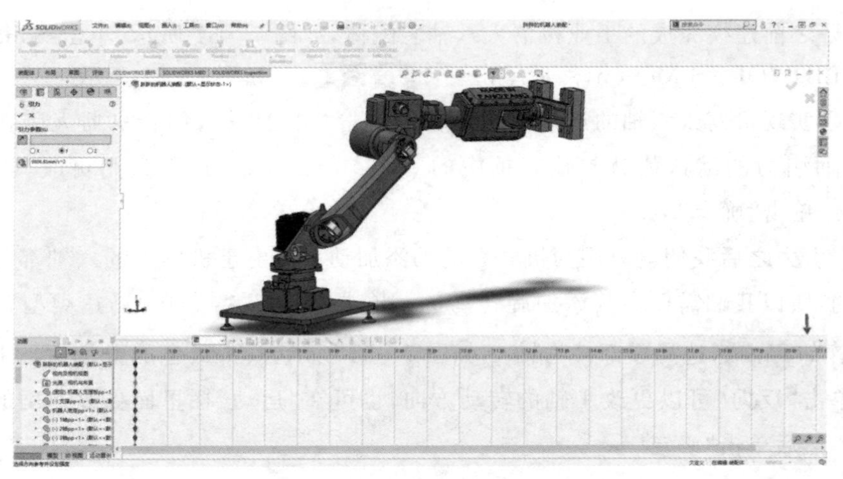
图 7-53

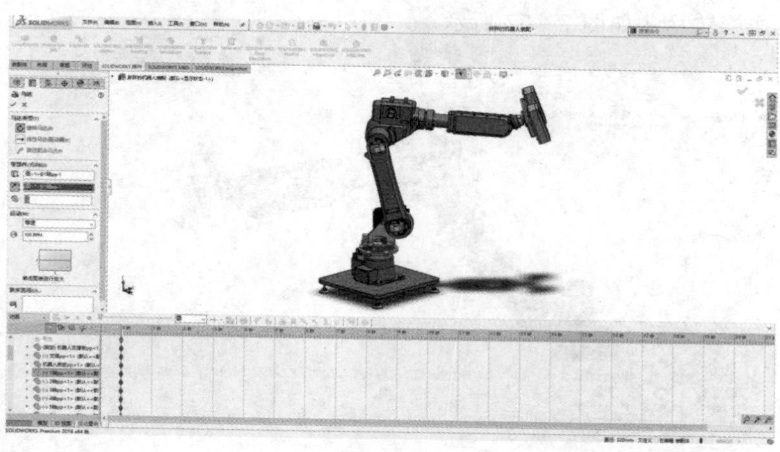

图 7-54

使用相同的方法为其他轴添加旋转马达。

为 2 轴添加旋转马达如图 7-55 所示。

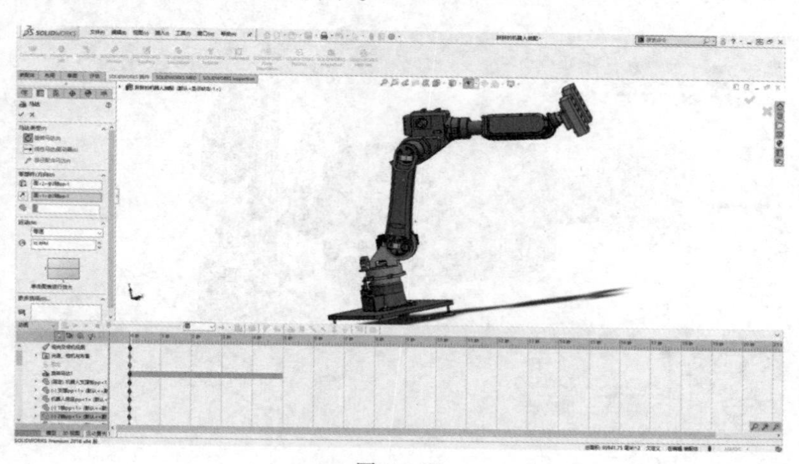

图 7-55

为 3 轴添加旋转马达如图 7-56 所示。

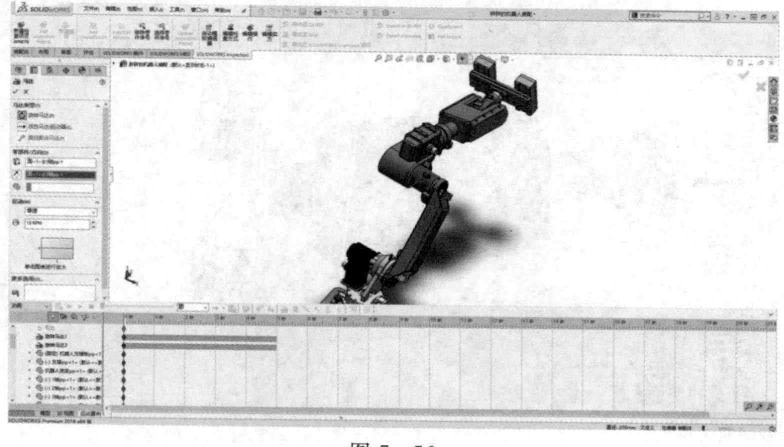

图 7-56

为 4 轴添加旋转马达如图 7－57 所示。

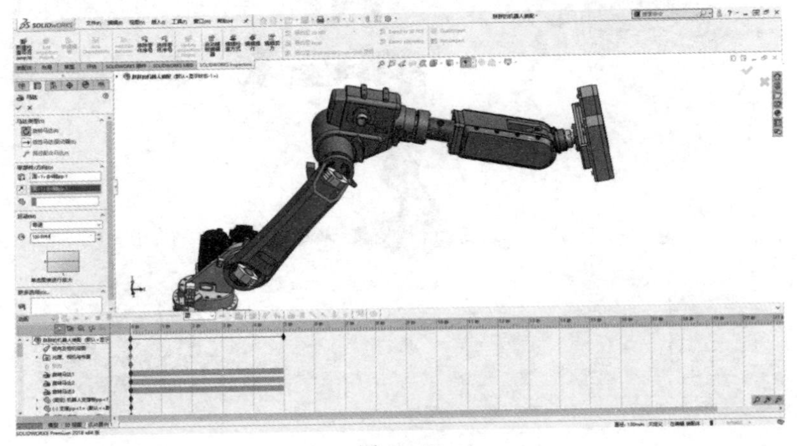

图 7－57

为 5 轴添加旋转马达如图 7－58 所示。

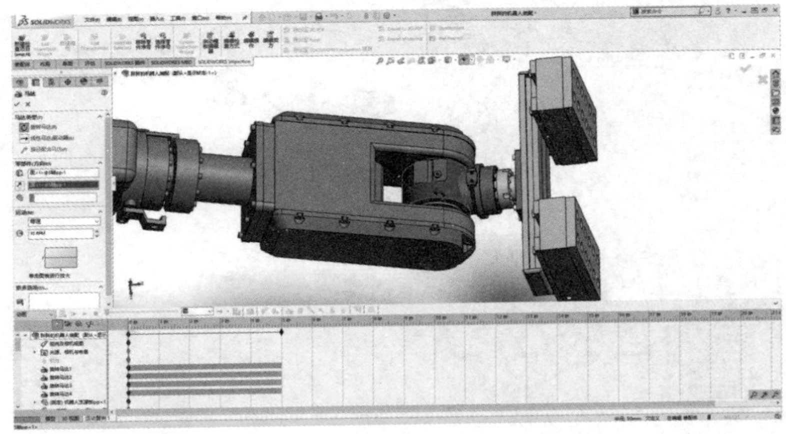

图 7－58

为 6 轴添加旋转马达如图 7－59 所示。

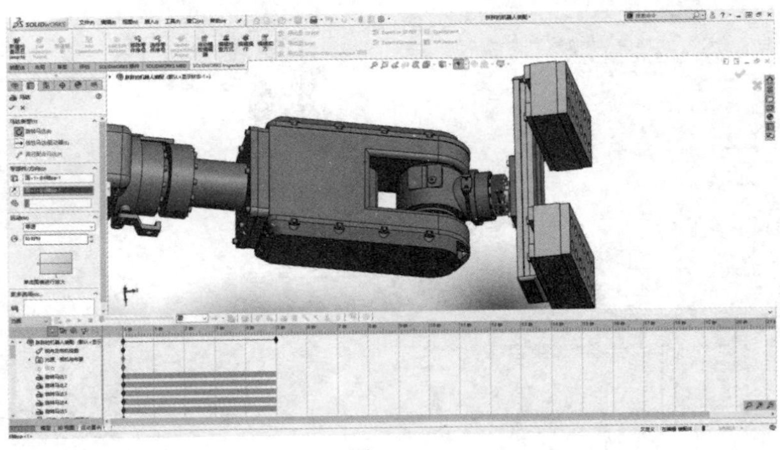

图 7－59

自此六个旋转马达安装完毕，单击“计算”，可以使计算机计算出所添加的马达在机器人身上的表现状态。当需要分开观察机器人轴的运动状态时，需要单击我们要排除的马达，右击，在右键菜单中单击“压缩”即可，如图7－60所示。

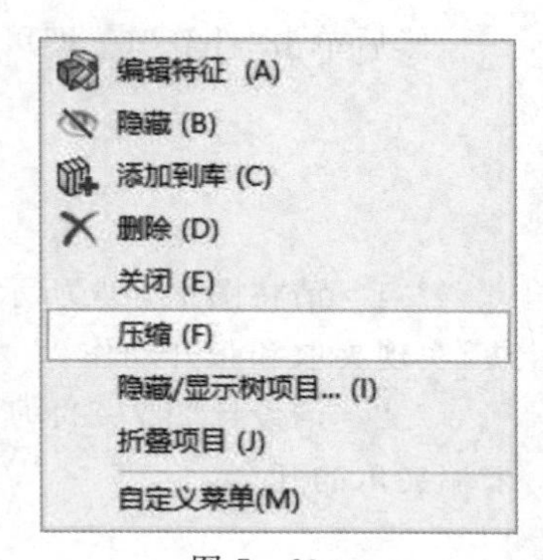

图 7－60

我们也可以更改马达的数据来使机器人表现出不同的状态。

(3)很多时候机器人只有上述六个自由度是不够的，所以我们在机器人底座上面增加一个滑轨来使机器人可以在横向往复移动以增加其工作范围，如图 7－61 所示。

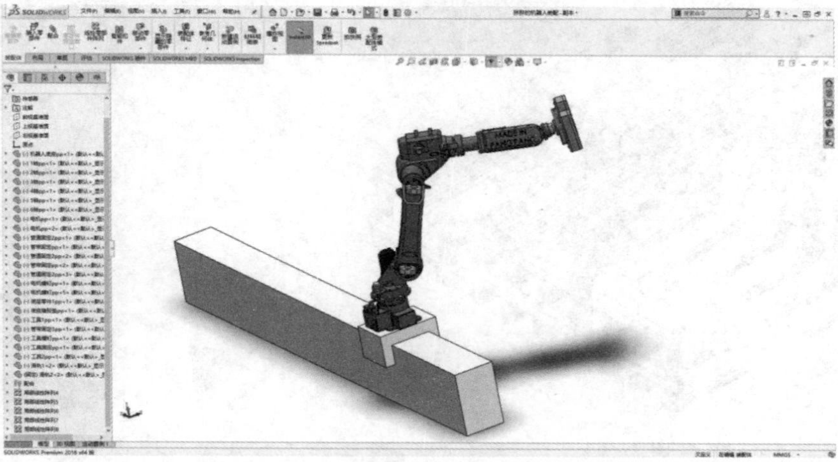

图 7－61

因为两滑轨之间的运动为平动，所以添加线性马达即可。单击“马达”，在“马达类型”中选择“线性马达(驱动器)”线性马达(驱动器)(L)，零件则选择运动的滑轨 1，如图 7－62 所示。单击“反向”可以使滑轨 1 的运动方向反向。在运动中输入速度值为 400 mm/s。单击“确定”。

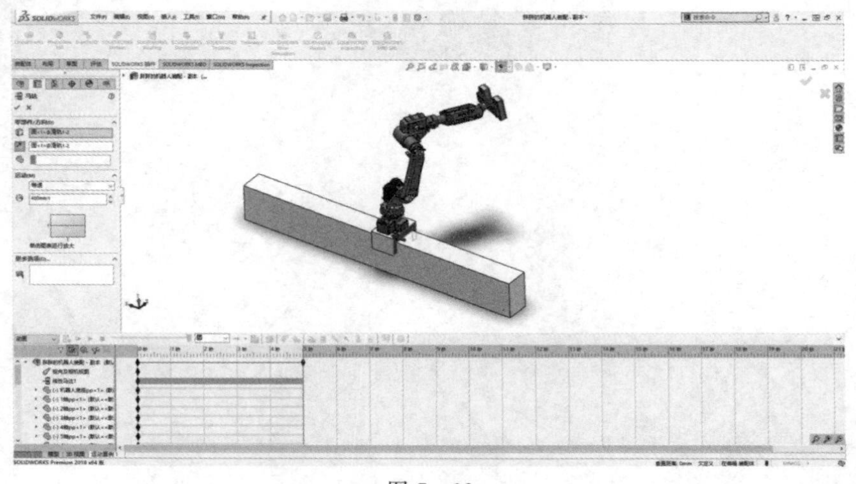

图 7－62

然后单击“计算”，即可使计算机计算出由滑轨带动的工业机器人的运动数据。

习题七

7.1 请将图7-63所示的机器人末端夹爪，通过SOLIDWORKS Motion运动仿真模块，实现夹取和张开动作。

7.2 请设计图7-64所示的夹爪，然后使用SOLIDWORKS Motion模块实现机器人末端夹爪的开合。

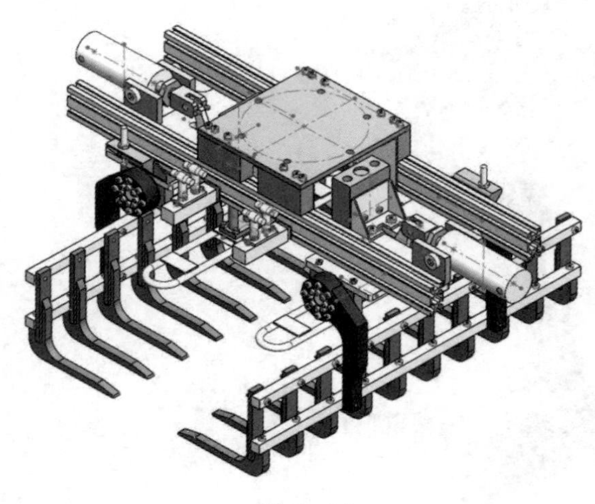

图7-63

图7-64

参考文献

[1] 曹胜男,朱冬,祖国建.工业机器人设计与实例详解[M].北京:化学工业出版社,2018.

[2] 何成平.工业机器人建模[M].北京:电子工业出版社,2018.

[3] 郜海超.工业机器人应用系统三维建模[M].北京:化学工业出版社,2018.

[4] 吴芬,张一心.工业机器人三维建模[M].北京:机械工业出版社,2018.

[5] 林燕文,陈南江,彭赛金.工业机器人应用系统建模[M].北京:人民邮电出版社,2020.

[6] 王旭.竞技机器人设计与制作——基于全国大学生机器人大赛(ROBOTAC)精选案例[M].北京:清华大学出版社,2021.

[7] 薛涛,韩春红.采摘机器人动力学建模及动作规划仿真研究——基于 SolidWorks[J].农机化研究,2021,43(12):65-68.

[8] 刘欢庆,苏宇锋,高建设,侯伯杰.基于 SolidWorks 的涂胶机器人离线编程系统[J].组合机床与自动化加工技术,2020(08):88-91.

[9] 吕健安.基于 SolidWorks 的工业机器人仿真设计研究[J].制造业自动化,2020,42(08):148-151.

[10] 贾磊,朱彦齐.基于 SolidWorks 与 ADAMS 的工业机器人动力学仿真[J].包装工程,2020,41(03):207-210.

[11] 蔡玉强,赵闯,朱佳欢.基于 Solidworks 和 Workbench 下肢康复机器人结构设计与分析[J].华北理工大学学报(自然科学版),2020,42(01):77-84.

[12] 张保真,王战中,杨晨霞.基于 Solidworks 的履带式管道机器人结构设计与实现[J].承德石油高等专科学校学报,2019,21(04):29-35.

[13] 陈榕婷,叶泳仪,杨柳娟,李金林,郑誉煌.基于 Solidworks 的四足机器人的步态分析[J].科学技术创新,2019(07):70-71.

[14] 叶泳仪,陈榕婷,林耿娇,李金林,郑誉煌.基于 SolidWorks 的四足机器人模型建模与仿真分析[J].福建电脑,2019,35(02):18-21.

[15] 高慧,邓世凯.SolidWorks 建模软件在工业机器人离线编程软件中的应用研究[J].科技资讯,2018,16(36):25-26.

[16] 朱宏兴,王柏森,李远航,范素香.基于 SolidWorks 的机械式工业机器人末端执行装置的设计与实现[J].河南科技,2018(14):30-32.

[17] 马江涛,王亚刚.基于 SolidWorks 与 3DMax 的医疗机器人仿真动画设计[J].软件导刊,2018,17(06):32-34+44.

[18] 王汝良,傅高升,陈鸿玲,雷浩浩,黄全杰.SolidWorks 二次开发在工业机器人砂带

磨抛离线编程中的应用[J]. 制造业自动化,2018,40(05):129-132+141.

[19] 高宇,万重重,王晶,王兆,王金鹏. 基于 SolidWorks 的杨树修剪机器人的建模设计[J]. 科技经济导刊,2018(02):7-9.

[20] 金天宝,戴红霞. 基于 SolidWorks 的玩具变形机器人建模设计[J]. 科技创新与生产力,2017(12):114-115+118.

[21] 郭付龙. SolidWorks 在工业机器人基础教学中的应用[J]. 科技与创新,2017(22):154-155.

[22] 樊琛,杨振坤,白园. 基于 SolidWorks 的手部骨骼机器人运动仿真研究[J]. 制造业自动化,2017,39(10):36-41+89.